高等学校环境艺术设计专业教学丛书暨高级培训教材

设计认知、思维与程序

黄艳　编著

清华大学美术学院环境艺术设计系

中国建筑工业出版社

图书在版编目（CIP）数据

设计认知、思维与程序 / 清华大学美术学院环境艺术设计系，黄艳编著. — 北京：中国建筑工业出版社，2022.4

高等学校环境艺术设计专业教学丛书暨高级培训教材

ISBN 978-7-112-27221-1

Ⅰ. ①设… Ⅱ. ①清… ②黄… Ⅲ. ①环境设计—高等学校—教材 Ⅳ. ①TU-856

中国版本图书馆CIP数据核字（2022）第041998号

基于教学大纲和专业的调整和改变，自1992年起，清华大学美术学院（原中央工艺美术学院）环境艺术系与本教材内容相关的课程名称经历了《室内设计基础》《设计表达》《设计认知基础》《空间测绘》等，到2018年至今的《设计程序与认知基础》。作为环境设计专业的主干基础课，至今由作者承担相关的教学工作。本书以《室内设计程序》作为基础，经过2008年和2012年两度修订、改版，结合近年来教学改革的方向和最新的设计理念、技术方法等，在全书的结构关系和内容上都有较大的调整、更新和补充。考虑到与前三版的延续性及发展性，本书命名为《设计认知、思维与程序》。

本书在编写内容上清晰、明确，着重内在的逻辑连贯性与章节内容的相对独立性，因此本教材可以用于"设计初步""设计基础""设计程序"等课程的教学。由于艺术设计专业门类教学的特点，提倡艺术观念与学术观点共融，因此不同类型的高等学校与不同层次的高级培训班在使用或参考时，可根据具体的教学安排选用相应的章节与内容。

本书可供高等院校环境艺术设计专业的教学用书，同时也面向各类成人教育专业培训班的教学，也可作为专业设计师和专业人员提高专业水平的参考书。

为了便于本课程教学与学习，作者自制课堂资源，可加《设计认知 思维与程序》交流QQ群879569973索取。

责任编辑：胡明安
版式设计：锋尚设计
责任校对：姜小莲

本书配套视频资源
扫描上面二维码观看

高等学校环境艺术设计专业教学丛书暨高级培训教材
设计认知、思维与程序
黄艳 编著
清华大学美术学院环境艺术设计系
*
中国建筑工业出版社出版、发行（北京海淀三里河路9号）
各地新华书店、建筑书店经销
北京锋尚制版有限公司制版
北京君升印刷有限公司印刷
*
开本：880毫米×1230毫米 1/16 印张：15 字数：359千字
2022年5月第一版 2022年5月第一次印刷
定价：**68.00**元（赠教师课件）
ISBN 978-7-112-27221-1
（38865）

编者的话

作为设计学科重点的环境设计专业，源于20世纪50年代中央工艺美术学院室内装饰系。在历史中，它虽数异名称（室内装饰、建筑装饰、建筑美术、室内设计、环境艺术设计等），但初心不改，一直是中国设计界中聚焦空间设计的专业学科。经历几十年发展，环境设计专业的学术建构逐渐积累：1500余所院校开设环境设计专业，每年近3万名本科生或研究生毕业，从事环境设计专业的师生每年在国内外期刊发表相关论文近千篇；环境设计专业共同体（专业从业者）也从初创时期不足千人迅速成长为拥有千万人从业，每年为国家贡献产值近万亿元的庞大群体。

一个专业学科的生存与成长，有两个制约因素：一是在学术体系中独特且不可被替代的知识架构；二是国家对这一专业学科的不断社会需求，两者缺一不可，如同具备独特基因的植物种子，也须在合适的土壤与温度下才能生根发芽。1957年，中央工艺美术学院室内装饰系的成立，是这一专业学科的独特性被国家学术机构承认，并在“十大建筑”建设中辉煌表现的“亮相”时期；在之后的中国改革开放时期，环境设计专业再一次呈现巨大能量，在近40年间，为中国发展建设做出了令世人瞩目的贡献。21世纪伊始，国家发展目标有了调整和转变，环境设计专业也需与时俱进，以适应新时期国家与社会的新要求。

设计学是介于艺术与科学之间的学科，跨学科或多学科交融交互是设计学核心本质与原始特征。环境设计在设计学科中自诩为学科中的“导演”，所以，其更加依赖跨学科，只是，环境设计专业在设计学科中的“导演”是指在设计学科内的“小跨”（工业设计、染织服装、陶瓷、工艺美术、雕塑、绘画、公共艺术等之间的跨学科）。而从设计学科向建筑学、风景园林学、社会学之外的跨学科可以称之为“大跨”。环境设计专业是学科“小跨”与“大跨”的结合体或“共舞者”。基于设计学科的环境设计专业还有一个基因：跨物理空间和虚拟空间。设计学科的一个共通理念是将虚拟的设计图纸（平面图、立面图、效果图等）转化为物理世界的真实呈现，无论是工业设计、服装设计、平面设计、工艺美术等大都如此。环境设计专业是聚焦空间设计的专业，是将空间设计的虚拟方案落实为物理空间真实呈现的专业，物理空间设计和虚拟空间设计都是环境设计的专业范围。

2020年，清华大学美术学院（原中央工艺美术学院）环境艺术设计系举行了数次教师专题讨论会，就环境设计专业在新时期的定位、教学、实践以及学术发展进行研讨辩论。2021年，借中国建筑工业出版社对《高等学校环境艺术设计专业教学丛书暨高级培训教材》进行全面修订时机，清华大学美术学院环境艺术设计系部分骨干教师将新的教学思路与理念汇编进该套教材中，并新添加了数本新书。我们希望通过此次教材修订，梳理新时期的教育教学思路；探索环境设计专业新理念，希望引起学术界与专业共同体关注并参与讨论，以期为环境设计专业在新世纪的发展凝聚内力、拓展外延，使这一承载时代责任的新兴专业在健康大路上行稳走远。

博士生杨声丹、硕士生余佩霜、王宣方为本书的资料收集、整理、图片处理、绘制和文字撰写等方面做了大量工作，在此表示衷心的感谢！

清华大学美术学院环境艺术设计系

2021年3月17日

目　录

绪　论

第1章　环境设计认知

1.1　环境的概念 3

1.1.1　自然环境 4

1.1.2　人工环境 6

1.1.3　社会环境 11

1.2　环境设计的对象 15

1.2.1　自然要素 15

1.2.2　城市公共空间 20

1.2.3　建筑室内外空间 22

1.3　环境设计的相关因素 34

1.3.1　城市规划和城市设计 34

1.3.2　建筑风格 37

1.3.3　艺术风格与时尚 45

1.3.4　历史文化、地域性（自然）条件 51

1.3.5　材料与科学技术 53

1.3.6　环境行为与心理、情感 58

1.4　基本概念和术语 63

1.4.1　组成 63

1.4.2　构造 66

1.4.3　制图 69

本章小结 76

参考文献 77

第2章　设计思维与方法

2.1　设计思维概述 79

2.1.1　什么是设计思维 80

2.1.2 多元的设计思维 85
2.1.3 创造性思维 87
2.2 基于设计思维的设计分析 90
2.2.1 图形图像分析 90
2.2.2 对比优选分析 95
2.2.3 网格与图解分析 100
2.2.4 数据可视化分析 108
2.3 设计方法 117
2.3.1 几何构造法 117
2.3.2 自然抽象法 120
2.3.3 模型实验法 125
2.3.4 文本叙事法 137
2.4 设计语言与表达 143
2.4.1 设计过程图（分析图） 143
2.4.2 设计表现图（效果图） 150
2.4.3 设计成果图（施工图） 153
本章小结 168
参考文献 169

第3章 设计程序

3.1 问题的提出——项目研究与调研 171
3.1.1 场地分析 171
3.1.2 设计目标 181
3.1.3 有利和不利条件 184
3.1.4 制约性因素 186
3.2 设计概念的形成 193
3.2.1 什么是设计概念 193
3.2.2 概念的来源与形成 195
3.2.3 从概念到策略 202

3.3　设计策略……206
3.3.1　基于项目调研的解决途径……206
3.3.2　基于理论研究的解决途径……207
3.3.3　基于经验的解决途径……209
3.3.4　基于联想与想象的解决途径……210
3.4　策略实施的途径和手段……212
3.4.1　空间组织的手段……212
3.4.2　空间形态的组合……216
3.4.3　多重途径（综合性途径）……218
3.5　设计方案的发展与优化……219
3.5.1　平面图分析……219
3.5.2　立面图和剖面图分析……220
3.5.3　分层图和模型分析……222
本章小结……228
参考文献……229

绪 论

设计无处不在，从品牌到创新、从产品到服务、从用具到环境，是经济发展的范式，是衣食住行，是现实，也是梦想……设计是设计者对未来环境空间的创造，是把一种设想通过合理的规划、周密的计划、通过各种感觉形式传达出来的过程。设计是人类进行造物活动预先的计划，因此，可以把任何造物活动的技术和计划过程理解为设计。

“设计”一词具有多重含义，包括：安排、设想、计划、策划、打算、规划、制定、意图（企图）等，对应的英文词有：design、project、scheme、plan、arrangement等。它既是**名词**，意味着不同阶段的设计成果或表现形式，如设计、布局、安排、设计艺术、构思、设计图样、方案等；也是**动词**，涵盖了整个设计过程中的各种活动和思维，如：设计、制图、构思、计划、筹划、制订、制造、意欲、安排等（图0–1）。它要求设计师具有观察、体验、想象、联想、组织、提炼、逻辑、管理、研究、抽象、模仿、冒险等各种**能力**；通过计算、演绎、推理、数据处理、图纸表达、安排、再现、参数化等**途径**，采取模仿、对比、参照、直觉、分析、数据、变形、制图、模型、预测等**方法**形成设计方案并进行表达、表现，为施工、制作提供直接的依据（图0–2）。概括起来，最终达成设计的成果——**实用的空间和空间的艺术**。

按今天人们对环境设计的认识，它的空间艺术表现已不是传统的二维或三维，也不是简单的时间或者空间表现，而是两者综合的时空艺术整体表现形式，其精髓在于空间总体艺术氛围的塑造。由于这种塑造过程的多向量化，使得环境设计的整个过程呈现出各种设计要素多层次穿插交织的特点。从概念到方案，从方案到施工，从平面到空间，从装修到陈设，每个环节都要接触到不同专业的内容，只有将这些内容高度地统一，才能在空间中完成一个符合功能与审美的设计。因此阅读本书没必要按照顺序逐章读，可以将第1章、第2章、第3章穿插起来理解，不同章节之间可以彼此呼应（图0–3）。

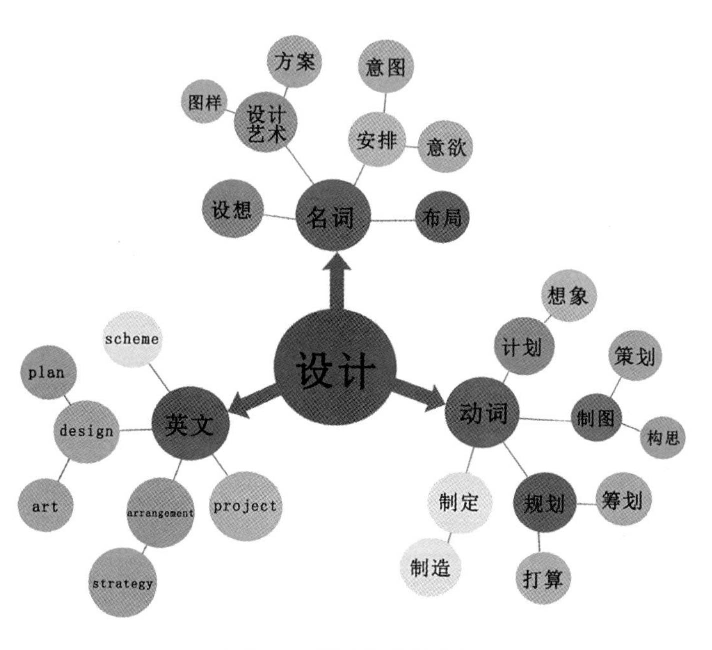

图0–1 设计的多重含义

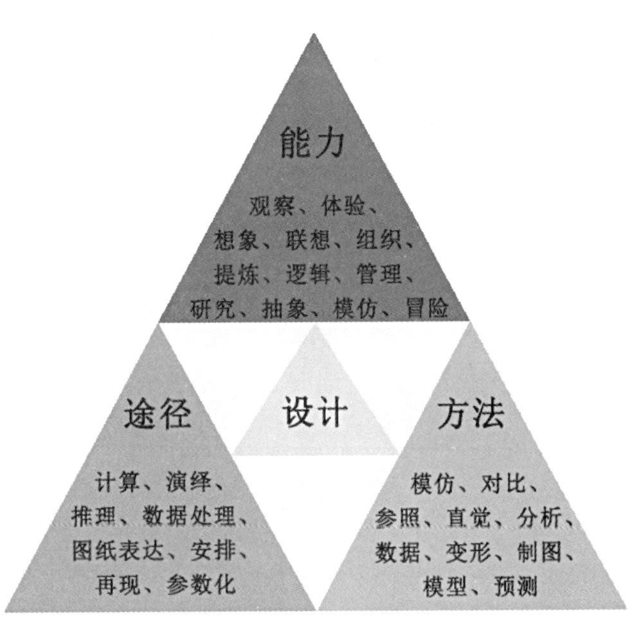

图0-2　设计的能力、方法与途径

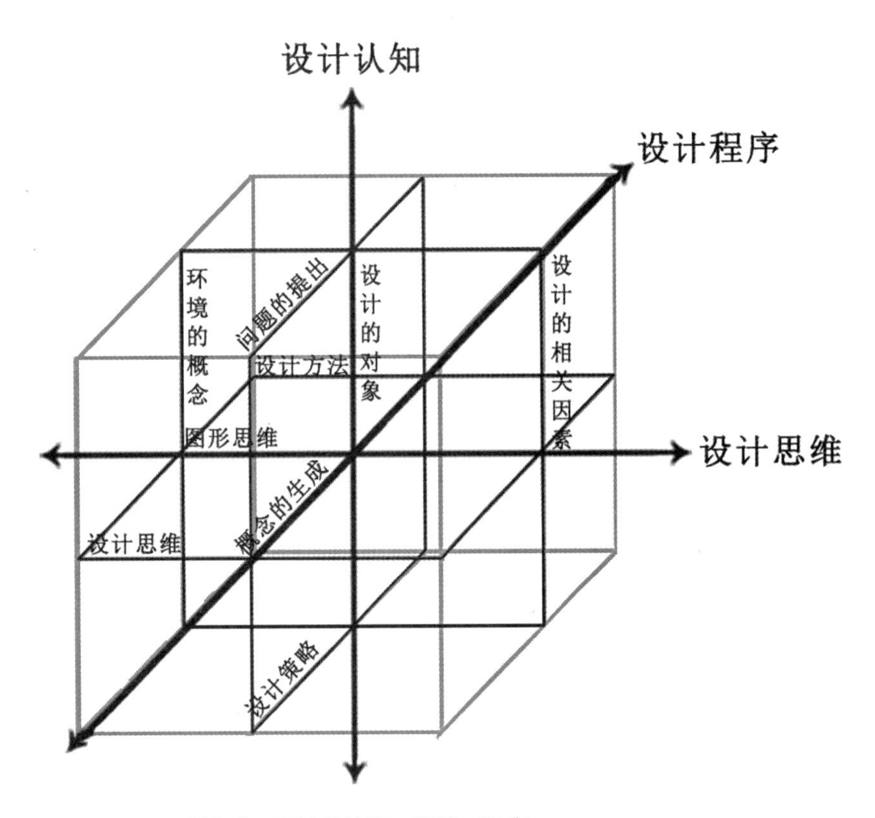

图0-3　设计的认知、思维、程序

第1章　环境设计认知

环境设计是指对构成人类的生存空间进行美化和系统改造的活动，是对生活和工作环境所必需的各种条件进行综合规划的过程。环境设计是一门新兴的学科，它属于艺术设计学科的一个分支；它为人们的生活、工作和社会活动提供一个合理、舒适、美观的空间场所，所涉及的内容多元。

随着社会的发展，人们对人与自然的关系、建筑与人的关系、建筑与环境的关系的认识不断调整与深化，加之人们对艺术的不断追求，完善的环境设计和计划被提升到“艺术”的高度。它不局限于对建筑、室内、庭院和城市设施的美化和装饰，而是从人的整体生活品质、艺术、功能及文化等较高层次来对环境进行综合创造。也就是通过艺术手段把建筑、绘画、雕塑，甚至音乐、舞蹈及其他多种艺术结合起来转化为空间的、可使用的艺术形式，从而提升人们的生活品质，有利于身体健康和精神愉悦。

1.1　环境的概念

环境设计系统的理论基础源于自然环境、人工环境和社会环境中自然科学与社会科学的综合研究成果。了解上述环境中科学的研究结论，有助于对环境设计系统理论基础的认识。

自然环境、人工环境以及社会环境相互制约、相互依赖，形成逐层递进的动态关联网络（图1.1–1）。作为设计师，要善于运用、整合自然、人工、社会环境中的有利条件，处理好三者之间的关系。人们顺应自然环境营造城市空间，依靠现代的技术和材料发展出了新的建筑和景观形式，城市的生成和扩展就是人类改造自然环境变成人工环境的过程。而在城市的发展和建设中，人工环境还会受到历史、社会、经济、文化、科技等多方面的影响，并随着这些因素的变化不断发展，呈现出独特的地域文化和城市风貌。在此背景下，人类运用智慧将自然、人工、社会环境和谐融合到一起，不断地更新着城市的发展格局。因此，城市的布局、形式不仅体现了来源于自然环境的灵气，还聚集了历史记忆、时代观念、审美判断等内涵，具有深刻的生态、人文、社会价值。

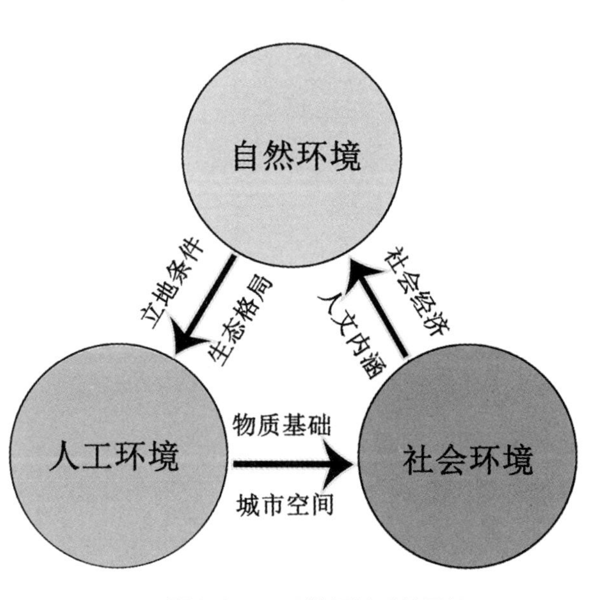

图1.1–1　环境设计系统图解

1.1.1 自然环境

地球是一个巨大的具有圈层结构的扁球形物质实体，从外向内由地壳、地幔、地核逐层构成。厚度达70km的地壳岩石圈；以占据地壳表面积71%的海洋为母体的水圈；地壳外层高达2000km的大气圈。三个圈层在太阳光的作用下，逐渐形成了维持生命过程相互渗透制约的自然平衡生态圈（图1.1–2）。

地球生态圈所呈现出的不同自然环境，正是岩石圈、大气圈、水圈运动变化的结果。地震火山、沧海桑田、风雪雨雾、雷鸣电闪演化出各异的自然现象；高山平原、河流湖泊、森林草原、冰川沙漠构成各异的自然形态。

自然环境与自然界属于同一概念，按照《辞海》的解释："自然界指统一的客观物质世界，是在意识以外，不依赖于意识而存在的客观实在。自然界的统一性就在于它的物质性。它处于永恒运动、变化和发展之中，在时间和空间上是无限的。人和人的意识是自然界发展的最高产物。人类社会是统一的自然界的一个特殊部分。从狭义上讲，自然界是指自然科学所研究的无机界和有机界。"对于这样的一种认识，人类经历了一个漫长的过程。

可以说人类对于自然界的认识是哲学与自然科学发展的结果。从《周易大传·系辞传上》的"易有太极，是生两仪，两仪生四象，四象生八卦"，到《老子》的"人法地，地法天，天法道，道法自然"；从哥白尼（1473～1543年）的"日心说"，到达尔文（1809～1882年）的"进化论"；从牛顿（1642～1727年）的"绝对时空"，到爱因斯坦（1879～1955年）的"相对论"，他们的时空观影响了自然环境科学研究的所有领域。其核心是确认了构成自然环境的两大要素为时间与空间，是认识一切事物的尺度，并成为最基本的概念。

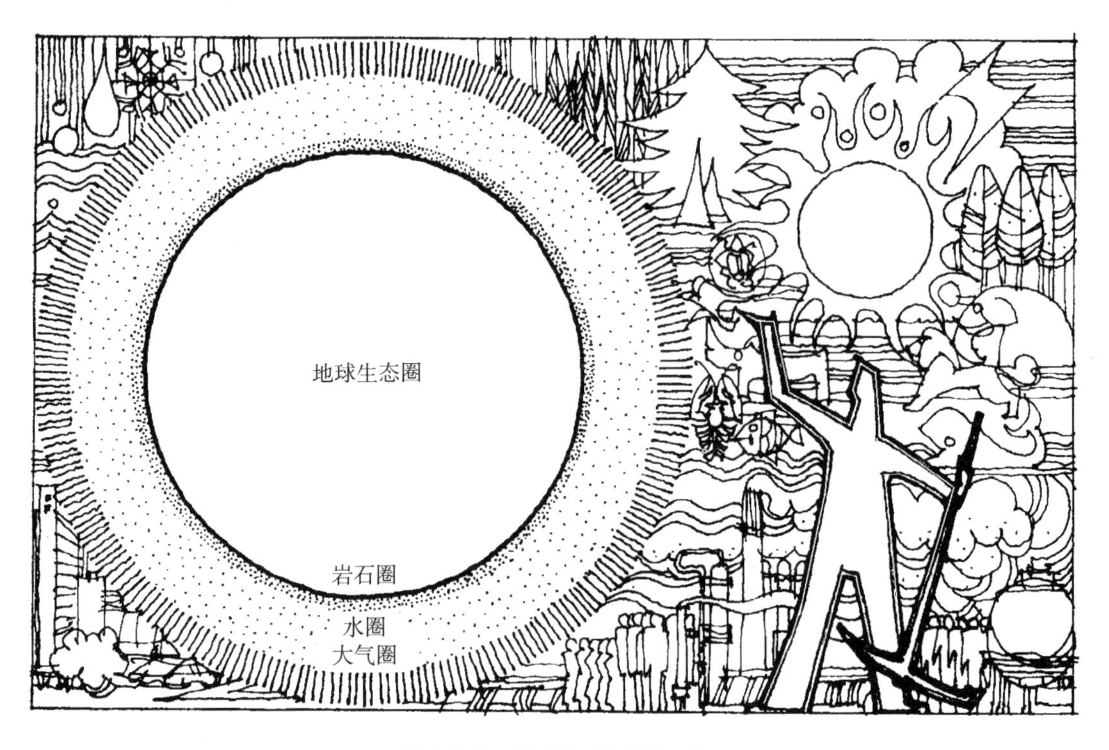

图1.1–2 地球生态圈的组成

目前的自然环境概念正是建立在这种物理学的客观时间与空间观之上的。以牛顿为代表的古典物理学把时间和空间各自看成绝对的存在。就是说，从过去向未来以一定速度流动的固定的绝对时间和把宇宙空间各点规定为间隔相等的坐标的空间，并以这种时空概念作为说明一切自然现象的基准。而爱因斯坦《相对论》的问世则打破了传统的时空观。在这里："再没有比把我们生存的世界描述为一个四维的时空统一连续体更为通俗的说法了。"相对论明确了时间与空间的相对性，产生统一认识时间和空间的时空观，从而奠定了现代自然环境科学研究的理论基础。自然环境从宏观上讲大到整个宇宙，从微观上讲小到基本粒子。由于地球是人类居住的星球，从人类的角度出发，地球就是以人为中心的环境系统。

与环境设计直接相关的自然环境元素包括：地形（山坡、台地、农田、山水等）、水体（江河湖海、溪流、湿地等）、植物（草木、花卉等），以及动物、气候、降雨、光照等。这些元素会对城市空间格局的构建、生态环境的改善起到不可或缺的作用（图1.1–3）。

自然环境既是设计过程中限制性的因素，也是可以用于表达城市形象的条件，更是塑造生态环境的目标。换言之，自然环境因素不仅直接关系到生态品质、可持续发展、生态平衡等，而且具有独特的地域性、地方性特征，成为人们生活环境的最根本的基底，也深刻影响人工环境和社会环境。一方面，城市中的公园、山林、水域决定了景观格局的基底、色彩和风格，甚至决定了生态环境的质量。设计师可以通过植物、地形和道路的配置来营造微气候，为居民提供舒适宜人的生活环境。这些绿色的开放空间连接了城市公共基础设施与自然环境，还缓解了城市的热岛效应和温室效应。另一方面，城市的地质条件会影响用地选择和工程建设，水文条件对水运交通、港口设施、桥涵工程、给水工程、防洪护堤有影响，气候条件对城市布局、建筑间距、道路走向和排水设施有影响。在这些自然环境条件与人工环境的交互作用下，城市的生活形态、产业构成、经济情况也会形成特定

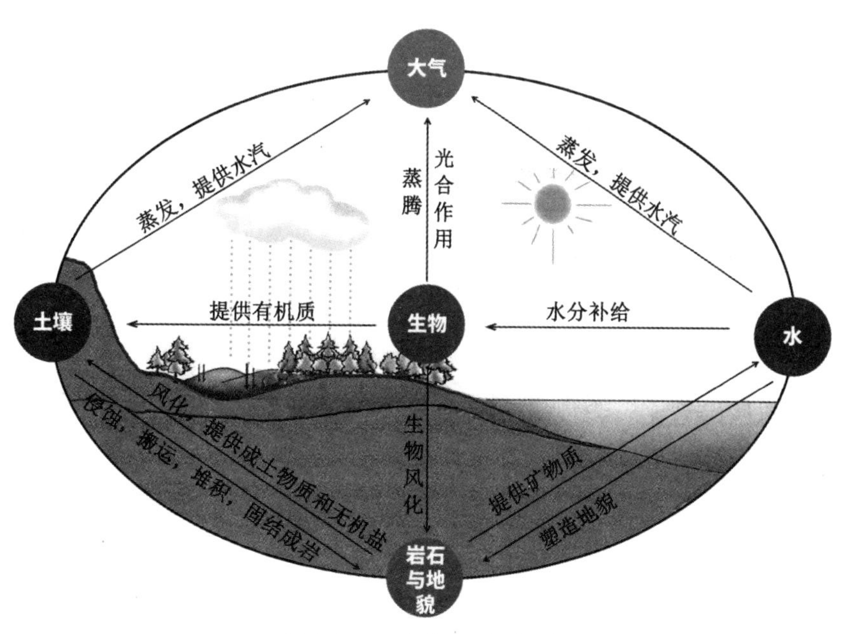

图1.1–3　自然环境的构成

图1.1-4　人工环境的发展

的地域特色，从而对社会制度、思想意识、人文底蕴及风土人情产生导向作用。

1.1.2　人工环境

自从人类上升到生物等级中的最高峰，达尔文在《人类的由来》中认为“人是上升到最高峰的而不是原来就处于最高峰的，这个事实给人提出了希望，即在遥远的未来，人可能达到更高等级的命运”。正是在这种希望的驱使下，人类从诞生的那一天起，就开始了对自身生存空间的不懈开拓，渔猎耕种，开矿建筑。在已经过去的漫长岁月中，从传统的农牧业到近现代的大工业，在地球的土地上，建筑起形形色色、风格迥然的房屋殿堂、堤坝桥，组成了大大小小无数个城镇乡村、矿山工厂（图1.1-4）。所有这些依靠人的力量，在原生的自然环境中建成的物质实体，包括它们之间的虚空和排放物，构成了次生的人工环境。

图1.1-5　巢居

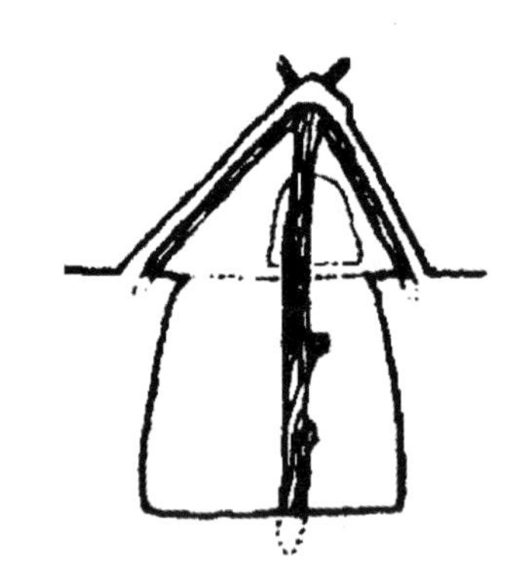

图1.1-6　穴居

正如《韩非子·五蠹》记载：“上古之世，人民少而禽兽众，人民不胜禽兽虫蛇，有圣人作，构木为巢，以避群害。”人类为了顺应自然、适应自然，营造出了人工环境。人工环境的主体是建筑。在生产工具极其简陋的狩猎采集时期，生活方式和生产力水平决定了当时的人类不可能营造出像样的建筑。所以最初的人工环境建造都是以利用自然条件、资源为主，例如巢居（图1.1-5）、穴居（图1.1-6），并创造了各具特色的建筑形式，如干阑式建筑、窑洞式建筑、悬挑式建筑等。

但随着时间的推移，人类掌握的技术日趋增多，各种发明创造使人类改造自然的能力越来越强大，以至发展到次生的人工环境严重影响原生自然环境存在的地步。

人工环境发展所经历的狩猎采集、农耕化、工业化三个时期（图1.1-7）。在时间上是以百进位数级递减；而在以人均占有空间的数率上则几乎是以几何级数递增。尤其是近两百年内人口更呈现出爆炸性增长的趋势。然而在自然环境中，生物物种灭绝的速率，则以十分惊人的速度推进。6500万年前是每千年只有1种，400年前是每4年1种，20世纪70年代是每天1种，如果没有新的保护措施，预计到21世纪中期，单是高等植物便有1/4（约60000种）可能或接近绝种。可见人工环境的发展（尤其是工业化之后）是以破坏自然环境为代价的。

进入农耕时期，人类开始定居。随着生产工具的改进以及生产力水平的提高，建筑在发展中不断完善，形成了东西方传统建筑的木构造与石构造两大体系（图1.1–8）。东方建筑以中国传统的木结构为主体，基本艺术造型均来自结构本身。无论宫殿寺庙，还是住宅园林，均注重建筑院落单位的群体组合。主从有序、变化灵活的形制数千年一脉相承。西方建筑的石构造始自古埃及，辉煌于古希腊、古罗马。金字塔的雄伟宏大，雅典卫城帕提农神庙的端庄秀美，罗马万神庙的壮丽气势，成为石构造建筑的经典。

纵观农耕时期的建筑，我们不难发现除了居住与公共建筑外，生产性建筑很少。以至古罗马三叠连续拱券输水道和我国战国时期水利工程都江堰成为罕有的代表。

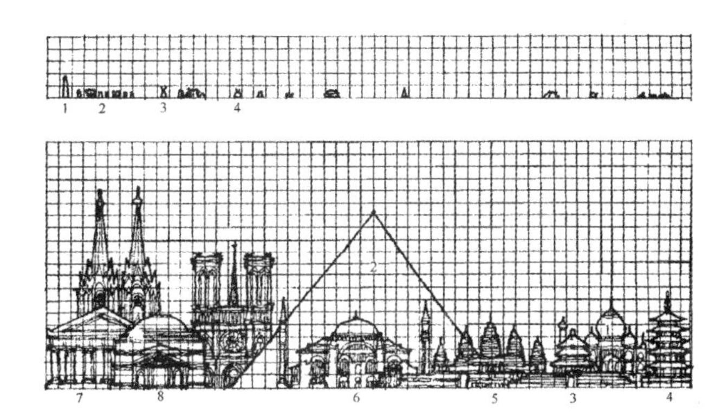

图1.1–7 人类历史发展的三个时期

农耕时期最典型的两种建筑构造形式：木构造 石构造

图1.1–8 农耕时期的建筑构造形式

农耕时期的建筑无论是单体形制、群体组合，还是比例尺度、细部装饰都达到了相当高的水平。世界文化名城几乎都建成于这个时期，其空间的构图与自然环境高度和谐统一。由于建筑内部的供暖通风设备相对处于原始状态，所以除了建筑本身所消耗的自然资源外，很少向外排放有害物。加之人口数量有限，建筑的规模相对较小，极少的生产性建筑，又基本是为农耕服务的水利设施。因此农耕时代的人工环境，在促进人类社会向前发展的同时，基本上做到了与自然环境共融共生，尽管这时人类生活的质量仍处于较低的水平（图1.1–9）。

进入工业化时代，人类的生产方式出现了革命性的变化。机器的使用大大解放了生产力。生产的高速运转促进了社会分工的加速发展。城市化的趋势使建筑的类型猛增。建筑空间的功能需求日趋复杂，农耕时代原有的传统建筑形式已很难适应新的功能要求。对功能的需求促进了现代建筑理论的诞生。“形式跟随功能”“住宅是居住的机器”等理论，成为现代主义建筑产生的催化剂。随着钢筋混凝土框架结构和玻璃的大量使用，使营造更大的内部空间成为可能。灵活多变的空间形式，完全打破了农耕时代传统建筑较为单一的空间布局，创造出功能实用、造型简洁的建筑样式。

在这个时期，建筑的体量和规模都达到了前所未有的程度，出现了大量的生产性建筑。机器轰鸣的巨大厂房，高耸林立的烟囱，一度成为时代的骄傲与象征（图1.1–10）。居住与公共建筑内部开始大量使用人工的供暖通风设备，从而营造出一个隔绝于自然的封闭人工环境。这样的人工环境造就了现代的物质文明。虽然人类的物质生活水平达到了相当高的程度，但是人类违背自然规律的“自私”行为，却很快使我们尝到了苦果。自然灾害频度的加速，臭氧层空洞的出现，预示了人类生存危机的到来。事实证明工业化时代人工环境的建造，没有能够完全做到与自然环境的共融共生。

而且，人工环境的建造除了与社会生产力、社会制度等密切相关，还与某些特定的形制、规则、章法等相关，具体可以体现在城市规划、建筑形制、环境审美等方面。例如中国古代的理论和规章大多和社会关系、生产关系相关，《周礼·考工记》《管子》《孙子兵法》《商君书》等论著都以城市等级制度为依据，阐述了城市布局和房屋建造的问题。相比之下，西方古代的规划思想更关注市民文化，体现出理性主义和人文主义思想。古罗马建筑师维特鲁威的著作《建筑十书》以希腊和罗马早期的社会制度与经济文化因素为背景，围绕建筑师的修养、城市规划、建筑设计、建筑材料、施工技术等内容提出了一系列的设计原则。

近代的工业革命给人工环境的建设带来了巨大的改变，社会改革家和建筑师提出了新的规划主张，发表了探索性的规章、原则、学说。例如，16世纪托马斯·莫尔提出了空想社会主义的乌托邦，1602年康帕内拉提出了7个同心圆组成的“太阳城”方案，19世纪初罗伯特·欧文提出了“新协会和村”。这些空想社会主义的设想为19世纪末霍华德的田园城市理论、20世纪恩维的卫星城镇理论奠定了基础，并得到了进一步发展与实践。在现代建筑运动中，勒·柯布西耶提出了《雅典宪章》，对后来的规划理论产生了深远的影响。1933年，在《雅典宪章》的基础上，一批建筑师发表了《马丘比丘宪章》，增加了如何更有效地使用城市人力、土地和资源，以及协调城市与周围地区关系的议题。20世纪30年代提出的“邻里单位”思想将居住区划分为“细胞”单元，为后来的居住区规划提供了参考

图1.1–9 狩猎采集与农耕时期的建筑室内

图1.1-10 工业化时期欧美建筑室内

范式。伊利尔·沙里宁1934年提出了有机疏散思想，认为城市像一个不断成长和变化的有机体，可以将城市划分为不同功能的集中点，又由这些区域产生有机的分散。联合国1972年发表的《人类环境宣言》提出了建筑在宏观城市环境中的作用，其中提倡的可持续发展原则成为人工环境建造的指向标。

因此可以看出，人工环境是随着材料、技术手段以及人们观念和认识的变化处于不断发展变化中的。展望未来，人工环境还将继续发展，与自然环境的共融共生，将会摆在最重要的位置予以考虑。在人工环境的建设道路上，人类还需要突破许多难关。

1.1.3 社会环境

马克思在《政治经济学批判·导言》中提出“人是最名副其实的社会动物，不仅是一种合群的动物，而且是只有在社会中才能独立的动物”。而亚里士多德则认为“人是一种政治动物，其天性就是要大家在一起生活”(《伦理学》)。人类是以群居的形式而生活的。这种生活体现在各种形式的人际交往联系上。家庭是最基本的形式，村镇、城市是另一种形式，国家则是最高的形式。只有在国家的联系形式下，人才具有其政治性。环境设计作为社会意识的载体，具有满足人的社会行为、创造舒适的居住环境、改善生态环境、维持社会安定等方面的效益，将无形的社会属性转化为有形的物理环境。

人类社会在漫长的历史进程中，受到不同的原生自然环境与次生人工环境影响，形成了不同的生活方式和风俗习惯，造就出不同的民族文化、宗教信仰、政治派别。在生活的交往中，组成了不同的群体，每个人都处在各自的社会圈中，从而构成了特定的人文社会环境（图1.1–11）。

原始社会是人类历史上延续时间最长的社会形态。这个以生产资料原始公社所有制为基础的社会制度，前后历经旧石器、中石器、新石器时代约数百万年，是狩猎采集阶段的主要社会形态。原始社会生产力极度低下，为了维系生存，人们只能联合起来共同劳动、共同占用生产资料和产品，以群居的方式生活，所以，原始群体中的人只有社会性，而没有政治性。在这种社会环境下产生的人工环境，仅仅是以栖身之所为主组成的简陋建筑群落。

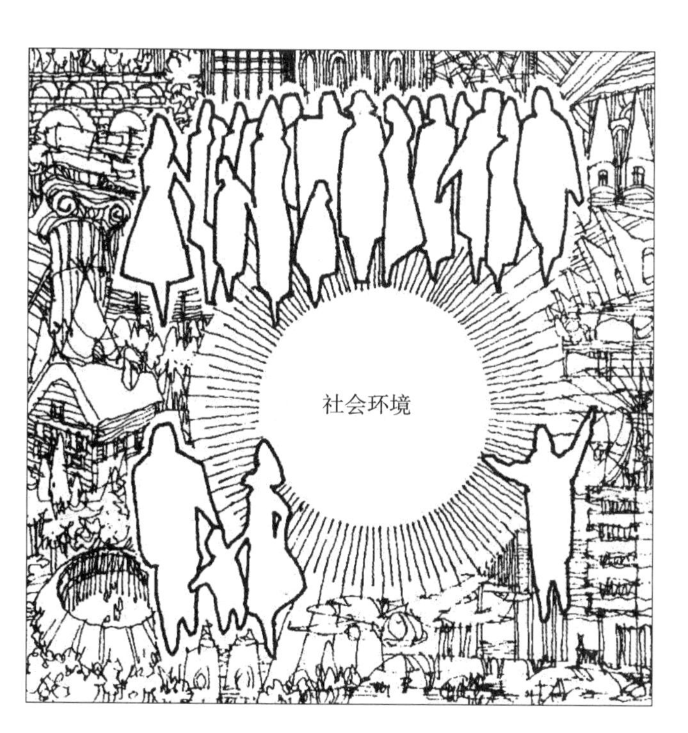

图1.1–11 社会环境的组成

奴隶社会前后历经新石器时代后期、青铜器时代，处于农耕前期。奴隶社会最早出现在古代的埃及、巴比伦和中国，而又以古希腊和古罗马最为典型。在奴隶社会中，奴隶主为了维护自己的政治统治，借助神灵炫耀其至高无上的权力，兴建了大批超人尺度的神殿、陵墓、竞技场。高度的政治集权与无偿的劳动力占有，使奴隶社会环境下产生的人工环境，呈现出公共建筑与居住建筑并存，规模宏大的城郭形态。在这种社会环境下“神”居于主导地位，人工环境中的主体建筑虽然具有宏伟体量和严谨构图，但其使用者是

“神”而非“人”。

封建社会是人类历史上变化最为复杂的社会形态，贯穿于铁器时代的农耕后期。由于封建领主给予农民一定程度的人身自由，土地占有者收取地租的方式对生产的好坏与生产者本身利益有一定联系，由此产生的劳动积极性提高了生产力水平，从而推动了社会的进步。封建社会在东西方的形成和发展中，呈现出完全不同的形态。

在东方，专制的中央集权统一封建大帝国是政治统治的主要形式；社会环境按地域人文分为三大块：以中东为中心的伊斯兰文化圈，印度和东南亚文化圈，中国、朝鲜和日本文化圈（图1.1–12）。虽然宗教在这里具有很大的影响力，但始终未能在政治上占据统治地位。封建王室的皇权牢牢控制着国家的一切。在这种社会环境的制约下，宫廷文化一直处于主导，在不少地方宫廷建筑影响着人工环境的发展。即使是宗教建筑也只能成为世俗政权的纪念碑。在中国这种情况表现得尤为明显。

而在西方，整个中世纪完全处于封建分裂状态，宗教占据了社会生活的主导，教会统治成为政治的主要形式。在这样的社会环境影响下，教堂建筑成为整个中世纪人工环境的代表。综观封建社会环境下产生的人工环境，我们不难发现，以宫廷建筑和宗教建筑为中心的城镇建筑群落，成为其主导形态。皇权和神权的共同作用，使人工环境呈现出强烈的级差和高耸的尺度。

资本主义社会是以生产资料私人占有和雇佣劳动为基础的社会制度，萌芽于14世纪、15世纪的地中海沿岸，发展于17世纪、18世纪的西欧。由于实行自由市场经济，将生产超过消费的余额用于扩大生产能力，而非用于投入像金字塔、大教堂等非生产项目，创造了最发达的商品生产。在这样的社会环境影响下，建筑开始进入一个崭新的阶段。人的需要成为衡量一切的标准，使用功能被摆放到第一的位置。人工环境由此演变为居住、公共建筑与生产性建筑并存的密集超大城市群落，并诱发出一系列破坏地球生态环境的

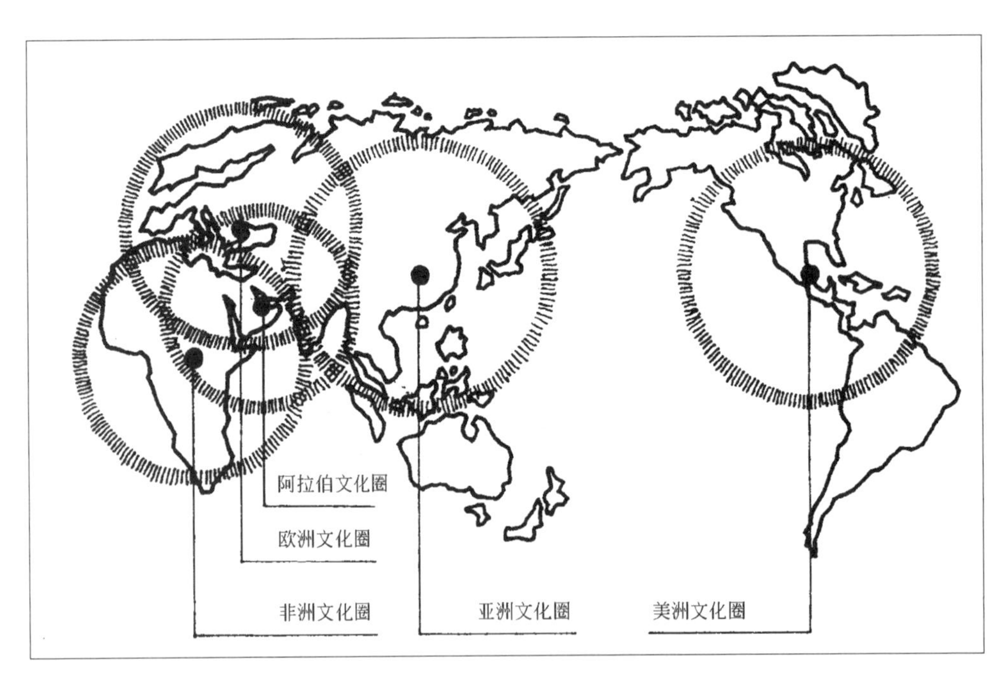

图1.1–12　构成社会环境的不同文化圈

问题，比如噪声、粉尘、汽车废气、大气酸雨、化学垃圾、有害射线、温室效应等。因此，应该结合生态设计的理念建造人工环境，避免破坏生态平衡。

社会环境体现出不同文化、种族、民族、性别、价值观、思想意识等特征，必然会影响城市、建筑和文化艺术领域（图1.1-13、图1.1-14）。在社会环境的大背景下，城市、建筑及景观艺术作为人类生活必需的物质环境，敏锐地反映了社会的变化，与政治形

不同时期社会环境所造就的建筑外部空间形态

1. 纽约53街道
   美国纽约
   20世纪
2. 科威特之塔
   科威特
   20世纪
3. 香榭丽舍大街
   法国巴黎
4. 圣马可广场
   威尼斯
   14～16世纪
5. 乌菲齐宫街廊
   佛罗伦萨
   14世纪
6. 颐和园万寿山
   北京
   19世纪

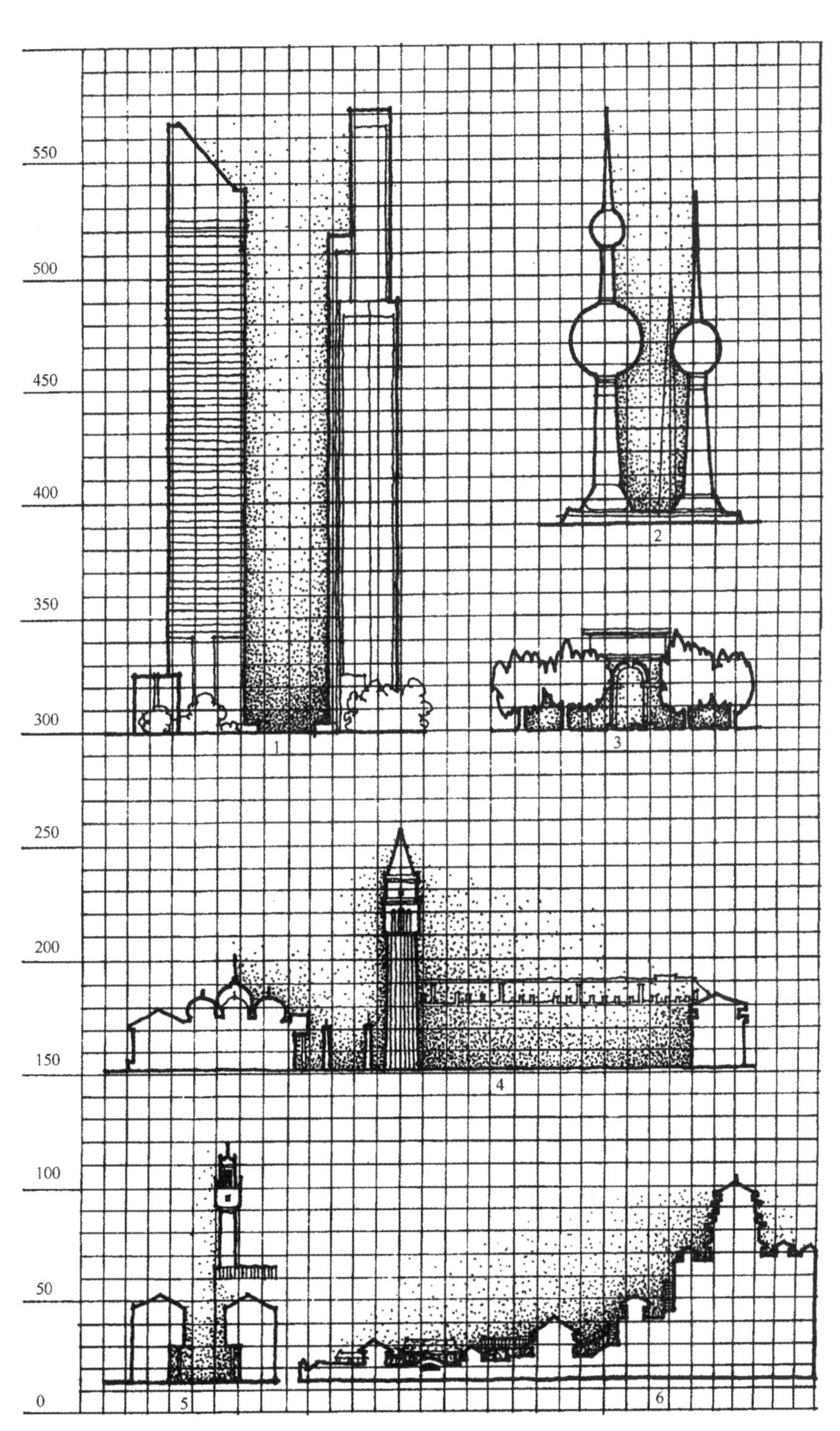

图1.1-13　不同时期社会环境的建筑外观

态、阶级关系、生产方式同步发展。从中西方城市、建筑与艺术发展中，可以看出艺术与时代及社会环境具有很高的一致性。仰望古今，艺术设计的思潮在诉说着不同时代的文化、政治、经济背景，随着社会的发展不断增加新的风格和内涵。

时至今日，随着社交媒体的兴起，网络社会和数字社会环境让大众演变成媒介的使用者和参与者并形成无形的“社交环境”或“网络社会环境”。智能媒介的数据、算法、人机协同和人机交往等引导人们更频繁地使用网络，突破信息茧房和圈层，并对各种人工环境和社会环境施加影响。

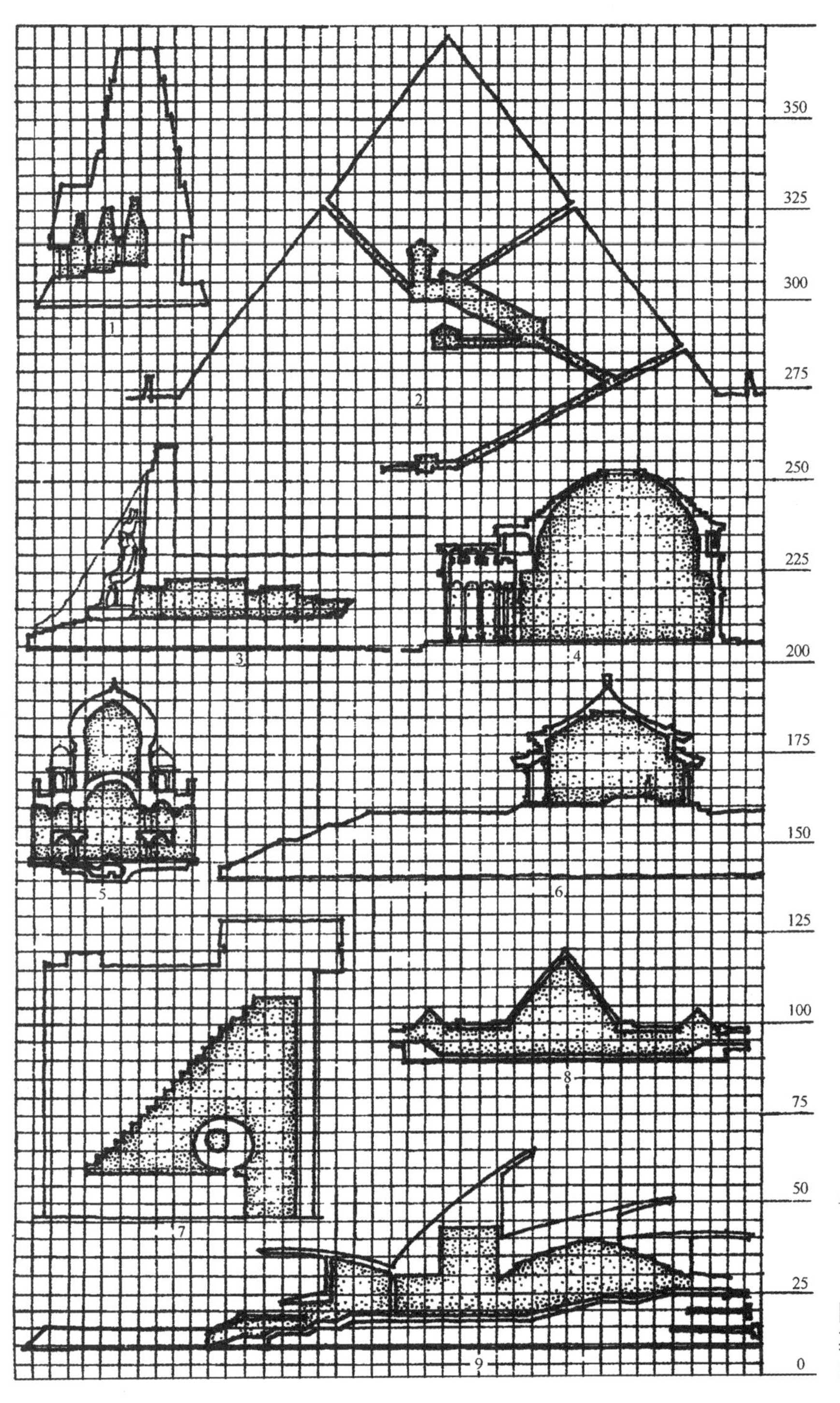

单位：m

图1.1-14　不同时期社会环境的建筑内部空间

1.2 环境设计的对象

因此，与环境概念相对应，环境设计的具体工作对象可以归纳为以下三大类。

1.2.1 自然要素

人们既要顺应自然，遵循自然的规律，又要协调人居环境与自然环境之间的关系。设计师所要处理的自然要素包括植物、水、空气、阳光、大地等，它们紧密联系、相互制约，与人居环境一起发展变化。这些自然要素分布在街道、广场、庭院、绿地、公园等可供人们日常活动的空间，是人与自然和社会直接接触并相互作用的活动天地，具有广延性和无限性的特点。从长远的角度来看，自然要素的可持续性设计具有很大的生态价值，不仅可以提升景观的韧性和适应性，还能保护自然资源、维持生态系统的稳定性。

对于自然要素的研究可以从以下几个方面展开。

1. 气候

作为环境的背景资料，包括日照、空气、降雨、温湿度、风等要素，对居民生活环境的方方面面都有影响。为了控制和调整气候条件，需要展开的研究内容包括当地的气象资料、生态微气候的调节手段、可持续发展策略、环境生态保护等。

（1）日照

日照是取之不尽的自然能源，具有重要的生态价值。在城市的建设中，有必要分析该城市不同季节的太阳高度角、日照时长和日照强度，从而为建筑的遮阳设施、建筑日照间距、太阳能系统以及各项工程的热工性能提供设计依据。格鲁吉亚的阳光雨房项目就是巧妙地利用了日照，让光线从屋顶的回旋窗洞尽可能多地射入室内。在阳光的照射下，多层次的绿色屋顶、天井、露台花园为户主提供了接近自然的途径（图1.2–1）。

（2）雨水

很多城市夏季降雨量大，雨洪量及降水强度加重了城市排水设施的负担。而对于雨水的收集与利用可以减少城市的径流量，防范洪水的威胁，减少水资源危机。雨水花园就是收集雨水、净化雨水、缓解城市热岛效应的典型范例，是海绵城市的重要组成部分。比如美国波特兰雨水花园，解决了雨水排放及过滤的问题。从园区绿地、道路铺装、建筑屋顶吸纳的雨水汇集到60m × 60m的城市公园中，这些雨水继续汇集到由喷泉和自然净化系统组成的天然水景之中（图1.2–2、图1.2–3）。

图1.2–1 “阳光雨房”屋顶透视图

（3）风

风是一种可再生能源，通风、防风、抗风设计以及风能的利用对于城市建设及环境保护非常重要。例如捷克共和国的避暑别墅就是通过激活住宅外的风力涡轮机来利用可再生资源，为住宅补给能源（图1.2–4）。

2. 地形

地形即地表高低起伏所产生的轮廓线，宏观

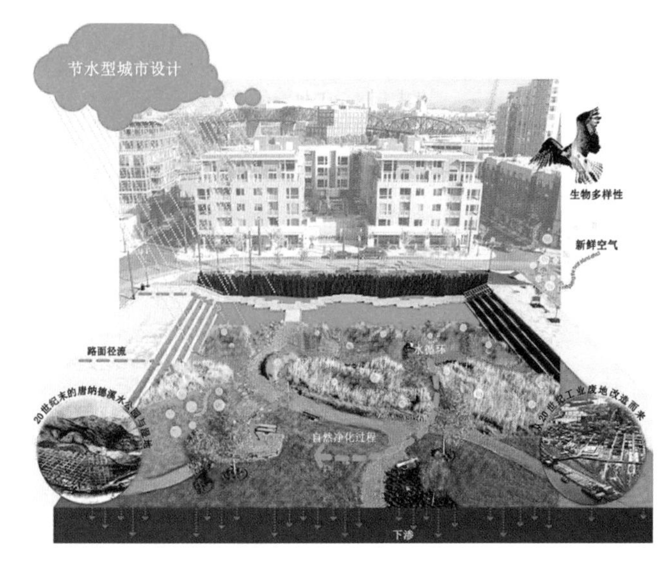

图1.2-2　雨水分析图

图1.2-3　美国波特兰雨水花园

图1.2-4　风动避暑别墅

而言有山体、丘陵、平面三类，从地区范围来看涵盖了森林、草地、农田、湿地、山坡、盆地、阶地等类型。它是一切工程建设的基础，联系着众多的环境因素（植物、铺地、水体等），直接影响建筑物的选址及布置、景观的风貌、城市的外观、小气候的形成、排水设施的布置。

由建筑师弗兰克·劳埃德·赖特设计的流水别墅诗意地利用了地形，将自然环境和现代建筑形式巧妙地协调起来（图1.2-5、图1.2-6）。流水别墅是赖特有机建筑理论的代表作，这座别墅横跨在一条

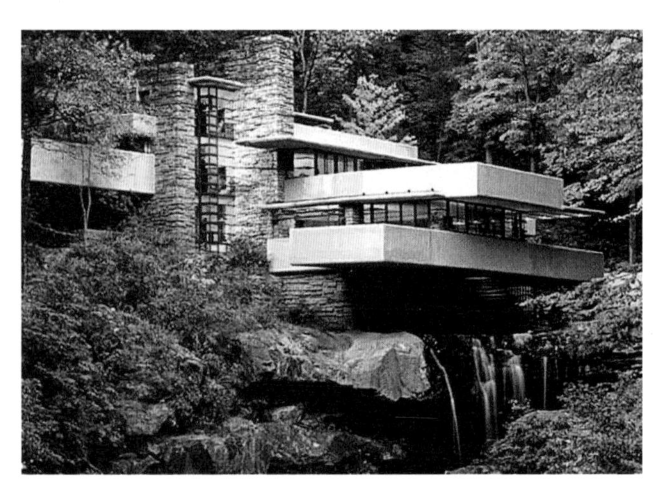

图1.2-5　流水别墅

图1.2-6　流水别墅立面图

潺潺流淌的小溪之上，仿佛从所处的环境中生长出来一样。建筑的楼板悬空于自然山石之上，每一层几乎都是一个完整的空间，巨大的悬空层与下面的水池用小梯连接。流水别墅通过这种独特的建筑语言表达了对于场地的理解，让人拥有置身于山林溪流间的激情与浪漫。

3. 水文

江河湖泊等天然水体具有水运交通、气候改善、污水稀释以及环境保护等方面的功能。水文设计可以改变自然水循环，从而在地貌塑造、水体净化、景观的动态演变及雨污排放等方面发挥作用。另外，水有独特的审美价值，给人们以柔和、澎湃、幽静的遐想。水文设计的对象水体包括雨洪、河流、湿地、滨水区、风景区等。

水文设计可以应用于不同尺度的景观形式中，以下是纽约郭瓦纳斯运河海绵公园中水环境问题的解决方案（图1.2–7）。由于多年的工业废料排放，郭瓦纳斯运河的水质被认定为严重污染。经过研究的城市基础设施包括水利设施、排水系统、水污染物、土壤、植物群落等，为了处理运河中水体污染的状况，在郭瓦纳斯运河旁建立了多功能的开放海绵公园。海绵公园通过改善受污染的水体，来激活滨河区域，恢复公共空间的活力。首先，运河沿岸的种植池塘提供了生态缓冲区，逐级减缓、过滤和吸收地表径流，减少排入运河的雨洪污水（图1.2–8）。其次，运河一侧的蓄水池与街道污水管相通，以暂存来自街道的过量径流，将其导入人工湿地池塘进行过滤修复（图1.2–9）。同时，海绵公园为公众提供了植物景观缓冲区，滨水步道，游憩空间以及临时性的集市。

4. 土壤

土壤一般分为裸岩、碎石土、砂土、粉土、黏性土几类，如果承载力足够，可以作为天然地基。土壤的种类及土层分布不仅极大地影响了环境景观色彩和植物品种及生长状况，还决定了建筑物的基础和构造。对于土壤的改造和利用可以让土壤保持相对稳定的状态，改善作物的生长情况，促进生态系统的物质循环和能量流动。例如将受到污染的土壤转移到植物保护区进行重新培养，使其经过调节过程恢复到健康的状态。

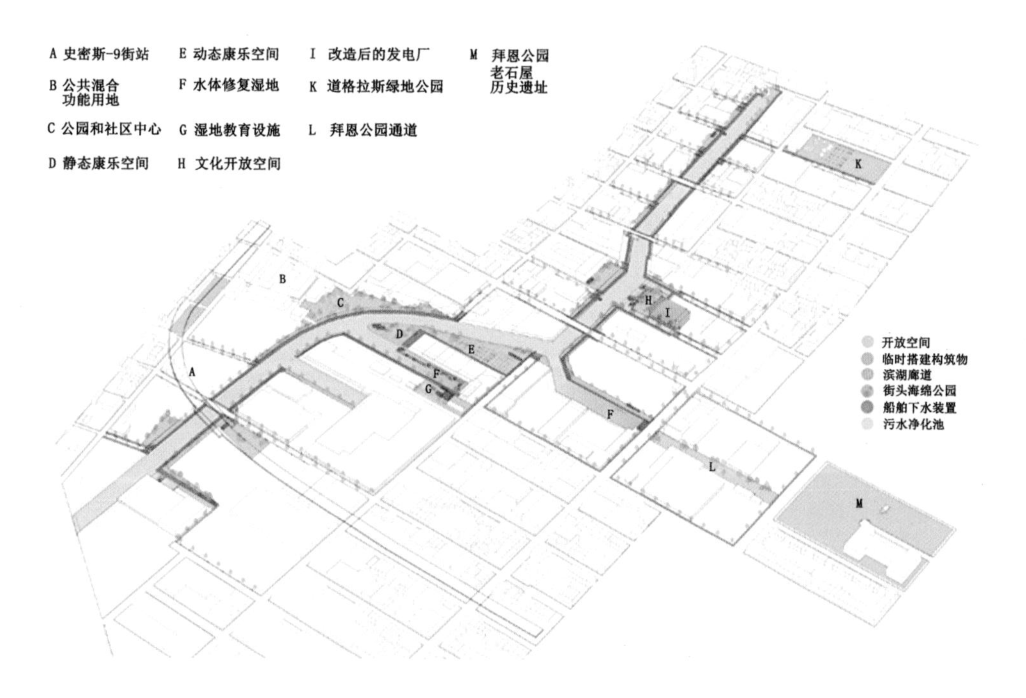

图1.2–7 郭瓦纳斯运河海绵公园轴测图

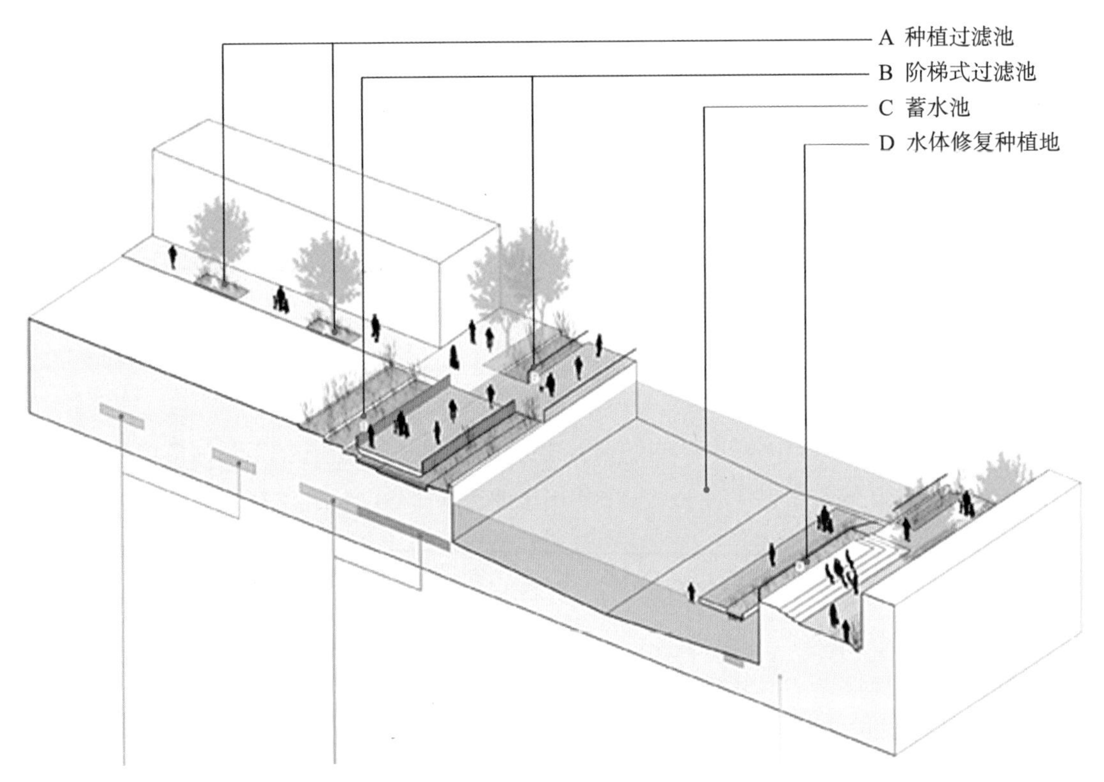

图1.2-8 沿岸种植池塘轴测图

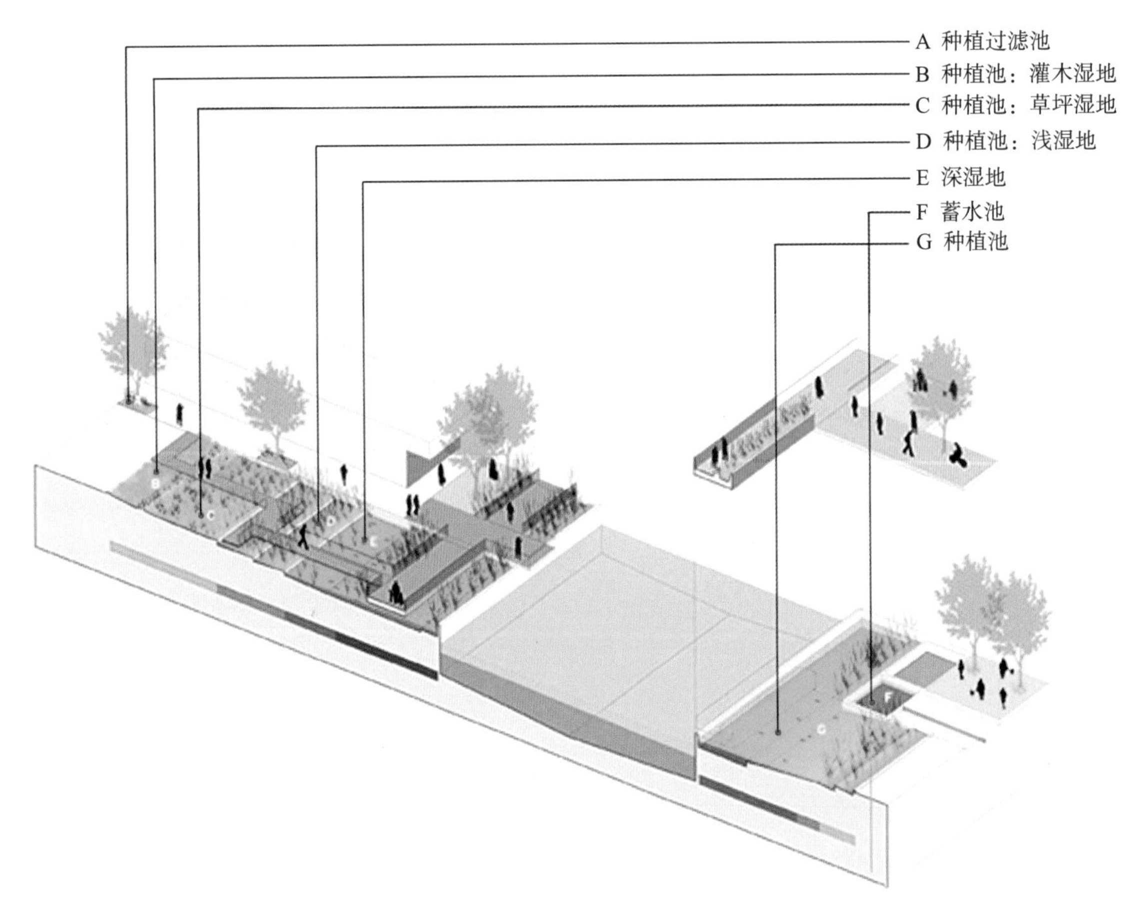

图1.2-9 街巷尽头蓄水池空间轴测图

在弗莱士河公园的生态体系规划中，对于土壤的改造方法很具有借鉴意义。公园总体规划的定位是构建生命景观，这个生态体系包含了土壤、湿地、森林、植被、空气、水和野生动物，提倡人类、自然、技术和生物之间的新型互动（图1.2-10~图1.2-12）。采用带状耕作法（stripcropping）来改造公园的现有土壤，每4年完成一组带状土壤的更新，增加土层厚度并提升土质，适合于分期建设。按照土丘的等高线交错种植农作物，每年3次反复种植、收割农作物，然后用旋耕机打碎，混入土壤中作为生态肥料。这种带状的种植景观不仅能推动公园的生态恢复，还具有艺术性和观赏价值。

图1.2-10　弗莱士河公园总平面图

图1.2-11　弗莱士河公园景观

第一阶段：10年 ——→ 第二阶段：10至20年 ——→ 第三阶段：20至30年

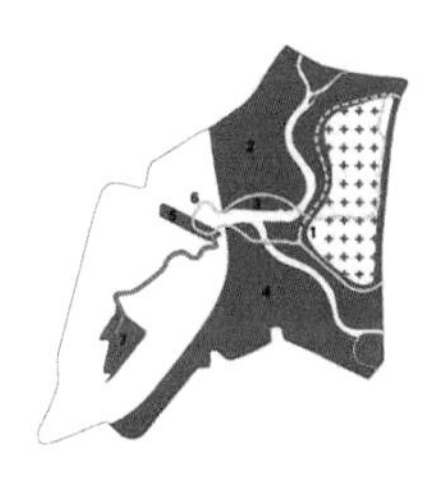

1. 公园大道
2. 北公园/特拉维斯社区公园
3. 溪流
4. 南公园/阿尔登高地社区公园
5. 滨水区
6. 签名桥
7. 9·11纪念碑

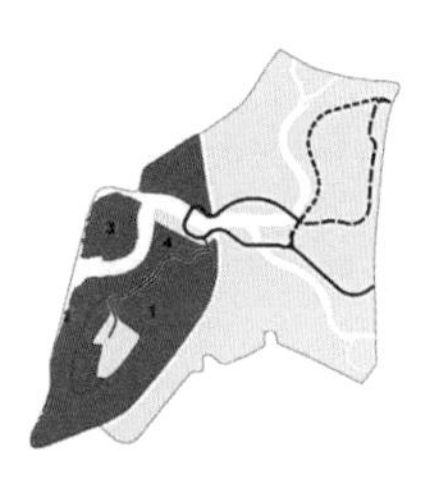

1. 在阶段1基础上进一步的规划/持续的栖息地增长、修复与提升
2. 东公园

1. 西公园
2. 公园外围河流
3. 草地岛恢复栖息地
4. 扩展景点

30年间公园的发展规划历程

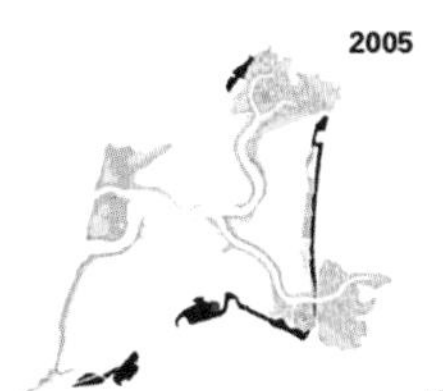

现有场地为封闭式填埋场，没有公共通道或设施。——→

在几年内，该场地的部分区域可以作为有用的公共场所进行回收。——→

此后不久，新的公园车道可以连接里士满大道和西岸高速公路，并在公园周围提供车行道。——→

随着时间的推移，公园的目标区域将被开垦为公共公园用地。——→

餐厅、文化设施、体育设施和其他娱乐设施将为场地增加活力。——→

在接下来的30年，弗莱士河公园将被转换为一个可持续的生态体系。

图1.2-12　弗莱士河公园的生态体系规划

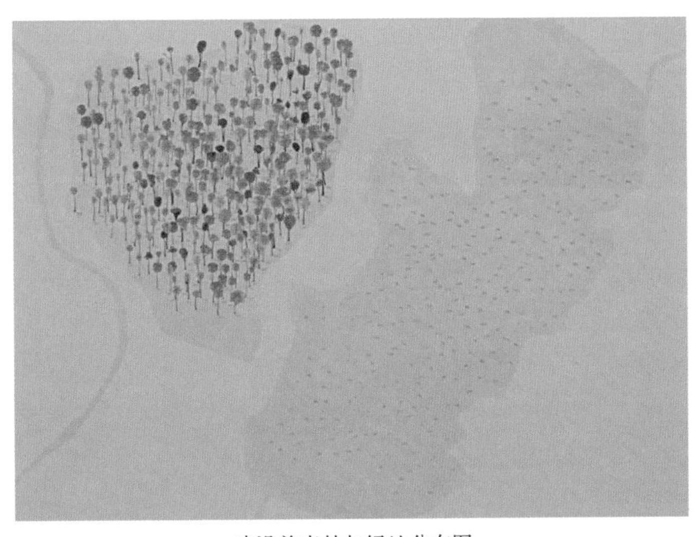

建设前森林与绿地分布图
左为原始森林，右为绿地

建设后森林与酒店分布图
左为酒店建筑所在地，右为移植后的森林

图1.2-13　水园基地总平面图

图1.2-14　水园

5. 植被

植被是环境中的软性景观要素，能美化环境，保持水土，改善微气候，维持生态平衡。植物还具有美好的寓意，在不同的文化环境中，植物被赋予了不同的品格和内涵，因此常常被设计师们使用。在植物设计及配置中，设计师需要根据当地的气候和空间范围的大小负责植物品种的选择与搭配等，营造多层次、多结构的空间美感。

石上纯也设计的水园在植物的配置上独具匠心，开创了新的自然风景园形式（图1.2-13、图1.2-14）。在日本枥木县的一块园地中，有稻田、草地、池塘和森林，景观风貌天然而清新。设计师需要将318棵树木移植到旁边的地块上，在不破坏原来环境的前提下，将树木、水洼、草地、苔藓叠加到一起。设计师在原有的森林里挖出大小不一的圆弧形水池，围合出小路，在空隙铺上苔藓。然后，对树木的种类、高矮、树冠大小做了标记，精心地布置到草地上，和其他景观元素相交叠。池塘和树木以统一的几何韵律交错布满了整个场地，水池反射的太阳光和树影营造出梦幻般的效果。

自然要素作为一种环境肌理，通过合理地配置自然要素，设计师可以实现环境的调节功能，包括水净化、碳回收、减缓气候变化、垃圾降解、植物授粉以及病害控制等。另外，通过综合地打造自然要素，设计师还能够营造可持续的人居环境，提高自然景观应对气候变化的适应能力，创造美丽且适宜步行的城市环境。

1.2.2　城市公共空间

城市公共空间是指城市环境中室外的开放空间，是供人们开展交流、休闲、娱乐、锻炼等社会活动的公共场所。这些公共空间是城市物质环境的精华，也是城市文化艺术形态的载体。城市公共空间主要包括公园、广场、绿地、街道、公共景观、停车场、运动场等类型。其不仅为城市生活注入活力，还凝聚了城

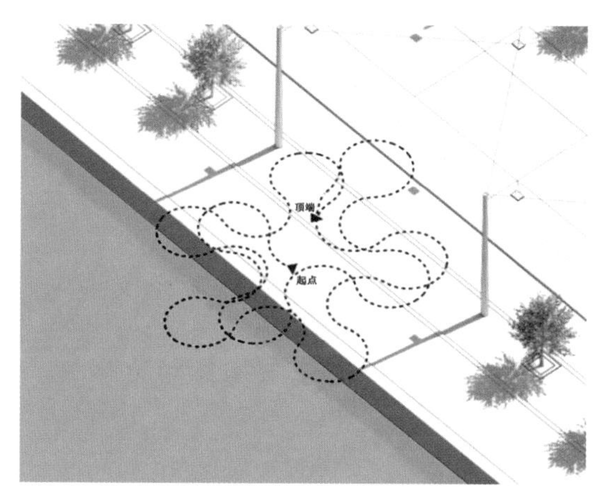

图1.2-15 Watch flower路径分析

图1.2-16 Watch flower视线分析

图1.2-17 浪花公共座椅（一）

图1.2-18 浪花公共座椅（二）

市独特的魅力。

从设计内容上看，城市公共空间的设计对象包括空间形态、空间组织、公共家具、公共设施、公共艺术陈设、景观、雕塑等。其场景的构建立足于现实场地，既需要考虑空间的地形、尺寸、高差，还要和周围的建筑、景观、社区、小气候和谐相融。随着公众文化艺术品位的提高，城市公共空间的形态愈发新颖，其功能也顺应市民需求变得愈发全面。

1. 公共设施

公共设施，即公共空间环境中供人们共同使用的设备，可以分为公共信息设施、公共交通设施、公共照明设施、公共服务设施、公共卫生设施、公共休息设施6种类型。公共设施起到点缀城市空间、服务市民生活的作用，决定了城市空间的性质以及空间中的活动类型。公共设施同时又具有文化性、地域性、多元性、公众性的特点。通过提供丰富的空间及视觉体验，城市公共设施拓展了人们日常生活的外延，在繁忙的都市中营造了多元的、自由的生活场景。Watch flower是一个公共滨海长廊，位于丹麦奥胡斯港7号码头的港口边缘。长廊的形状是一朵花，从港口的地面向天空逐渐生长，一条155m长的斜坡长廊像山路蜿蜒曲折，最高可达7.5m（图1.2-15、图1.2-16）。

城市家具也属于公共设施，其设计需要适应人的各种使用需求，考虑人体尺度、人体姿态和人的活动范围。同时，城市家具设计还要注意形态与功能的一致性，根据家具的造型选择合适的建造材料、构造形式。除了要实现单件城市家具的功能价值外，还可以从城市的全局环境入手，将各件城市家具的造型和色彩贯穿一体，让彼此间互相衔接、关联，形成整体的布局和管理理念。在一体化的管理体系下，城市家具不但为公众提供了休憩的场所，而且还传达着城市的人文形象。比如，“Please Be Seated”浪花座椅的曲线造型突破了传统的座椅设计，在后疫情时代强调了合理的社交距离，为公众提供了健康的交往空间（图1.2-17、图1.2-18）。其设计理念更新了个人和他人、社会之间的关系，实现了使用功能、艺术形式、审美趣味的一致性。

2. 公共艺术

公共艺术有广义和狭义两种定义。从广义来看，公共艺术泛指所有设置在公共空间的艺术形式，其种类包括绘画、雕塑、艺术品、景观装置、文艺设施、园艺设施、纪念物、摄影等传统的人文设施以及新媒体艺术装置、在地性艺术等新颖的艺术形式。而狭义的公共艺术指的是具备“公共性”的艺术作品，即作品迎合了公众的需求和审美，人们的参与、模仿、互动和评价也是艺术展示的重要环节。作为一种物质空间的艺术媒介，公共艺术成为增强公众认同感、激活公共空间活力的手段，也是打造城市IP文化的重要策略。

公共艺术应该发挥在地性和场域特性，其对于城市公共空间的介入可以被理解为一种新颖的互动模式。通过吸引大量的观众参与其中，为大众提供体验艺术和创造艺术的机会。这种形式与常规的观看方式不同，它开创了一个平等、文明的交流空间，构建起更具互动性和创造性的氛围。苏州的Boolean Operator是一个由多个球形构成的移动装置，其新奇的外观引导人们进入内部空间，在富于想象力的参数化结构中展开探索之旅（图1.2–19、图1.2–20）。Marquise是美国埃尔帕索西区游泳馆入口的顶棚结构，由色彩鲜艳的网格板组成流动的曲面造型，提供了遮阳、座椅、视觉标识等功能，改变了这座公共建筑进出通道的空间体验（图1.2–21）。

图1.2–19 Boolean Operator装置

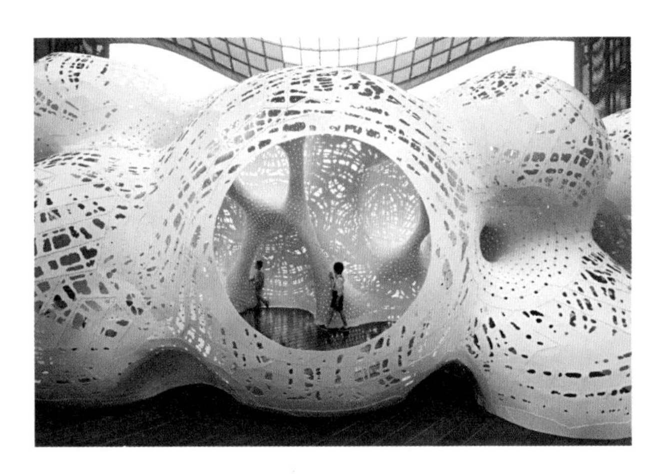

图1.2–20 舷窗

1.2.3 建筑室内外空间

在《外部空间设计》一书中，卢原义信认为室外空间是无限延伸的离心空间，而室内空间是从立面向内构筑的向心空间。建筑室内外空间包括室内空间、被建筑围合的庭院空间以及建筑与外部的过渡空间等内容。近年来，在生态理念和科学技术的影响下，通透性建筑材料的应用更加广泛，建筑内外的界限逐渐模糊起来，室内与室外空间呈现出互相渗透的趋势。

1. 室内空间

室内设计就是对建筑内部空间进行的设计，主要解决室内空间组织、界面装饰、家具造型与陈设布置、采光与照明、色彩与材料等问题。设计师需要根

图1.2–21 Marquise，USA

据建筑物的功能和使用者的需求，综合运用设计原理和工程技术，创造出美观、舒适的内部空间环境。人作为环境的主体，对于室内空间有视觉、听觉、触觉与嗅觉等生理感受，应该将这些感官转译为客观环境的设计要素，营造和谐的室内视觉环境、光环境、声环境、听觉环境、热环境以及空气环境（图1.2-22）。此外，为了满足人的行为和心理需求，还要根据人体工程学的原理，考虑人的构造、尺度以及动作域的问题，从而准确把握

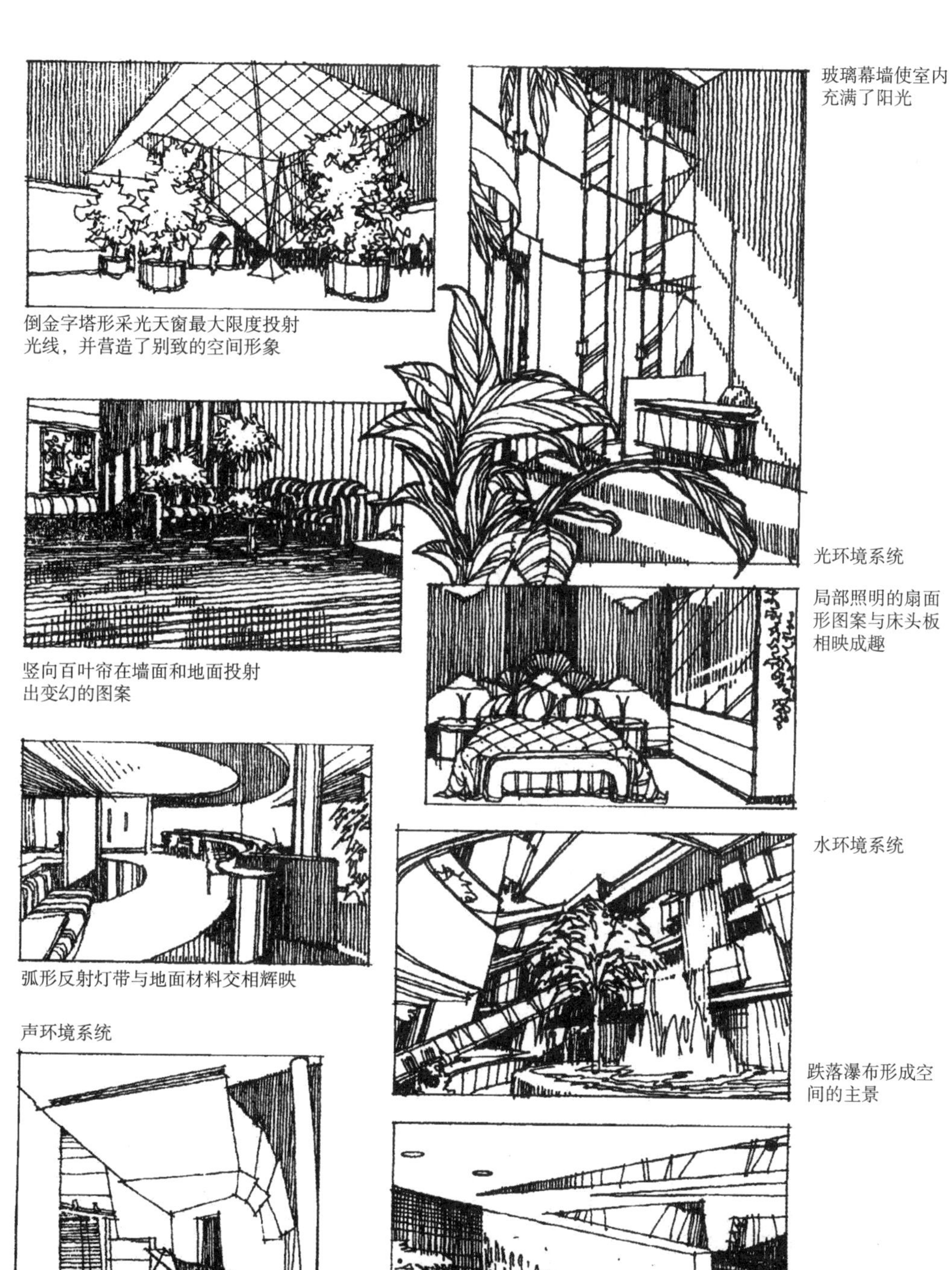

图1.2-22　室内空间环境

各项室内活动所需的空间。

具体的室内空间设计要特别关注以下几个方面：

（1）建筑结构与装饰构架

利用建筑本身的结构和内部空间的装饰构架进行分隔，具有力度感、工艺感、安全感，结构构架以简练的点、线要素组成通透的虚拟界面（图1.2–23、图1.2–24）。

（2）隔断与家具

利用隔断与家具进行分隔，具有很强的领域感，容易形成空间的围合中心。隔断以垂直面的分隔为主；家具以水平面的分隔为主。家具在室内空间的陈设装饰中扮演着十分重要的角色，用家具组织不同的活动中心（图1.2–25 ~ 图1.2–27）。

（3）照明与色彩

室内照明与色彩布置对室内空间的营造有着画龙点睛的作用（图1.2–28、图1.2–29）。在室内照明设计中，光的亮度和光色对室内环境气氛的创造有显著影响。比如暖色光给人以温暖、舒适的感觉，适用于家庭、餐厅、娱乐场所中。而冷色光给人明亮、冷静的感

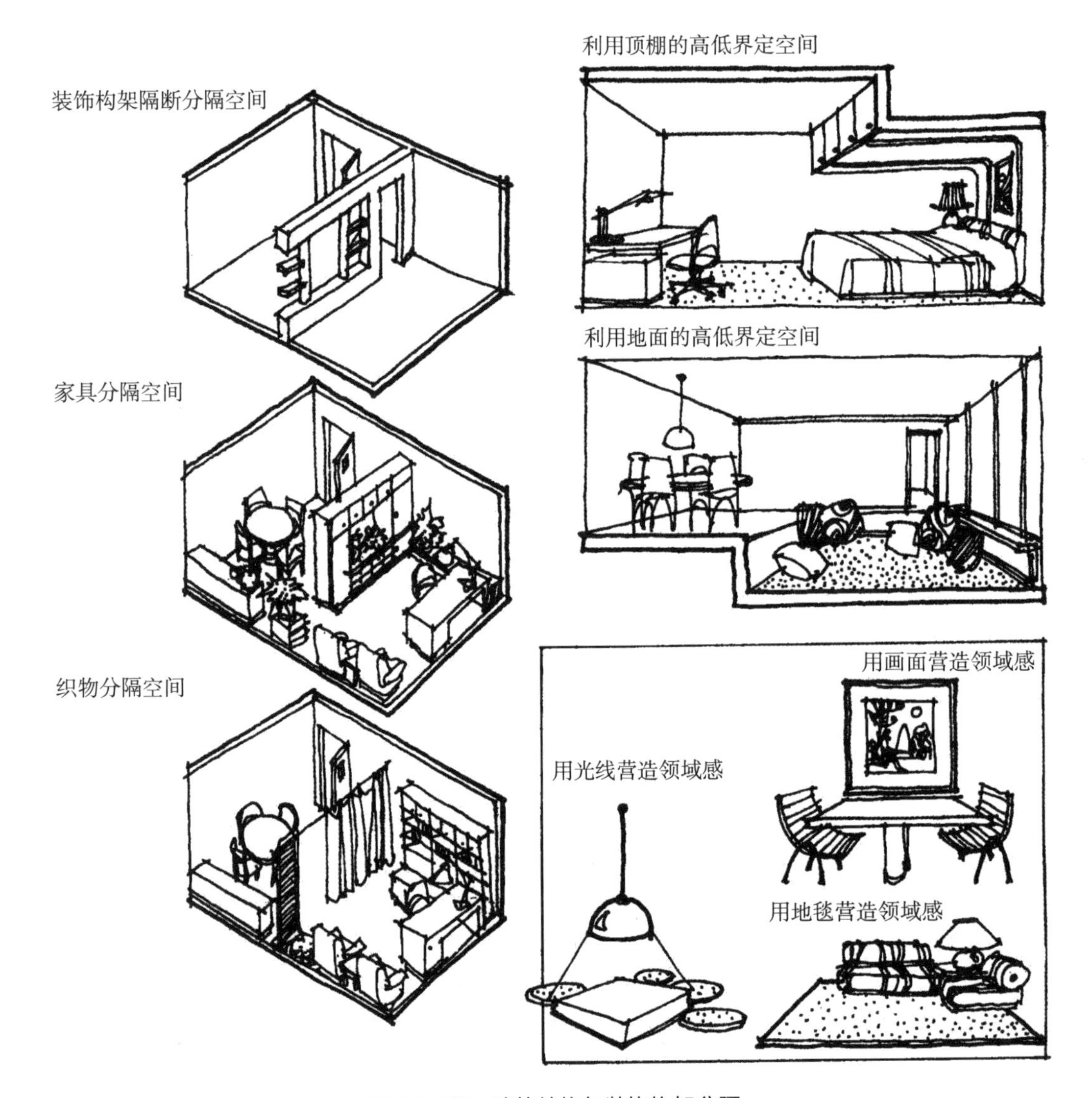

图1.2–23　建筑结构与装饰构架分隔

1. 以建筑构架分隔的空间
2. 环形反光灯槽界定的空间
3. 展板隔断划分的空间
4. 矩形玻璃和横向格栅组成的隔断
5. 大型绿化形成空间的中心
6. 竖向塑料线管半透明隔断
7. 大型陈设物成为空间的视觉中心
8. 水帘划分的空间
9. 光井与艺术陈设界定的空间

图1.2-24 室内装饰分隔空间

1. 利用悬桥走廊组合空间
2. 利用中国传统的屋檐构造在室内组合空间
3. 室内构架形成的包容性空间组合
4. 在室内模拟乌篷船构筑的包容性空间
5. 大型柱廊成为室内外的邻接空间
6. 旋转楼梯成为穿插性组合的空间主体
7. 贝聿铭设计的华盛顿国家美术馆东馆是综合性空间组合的杰出范例

图1.2-25 建筑构架与空间分隔

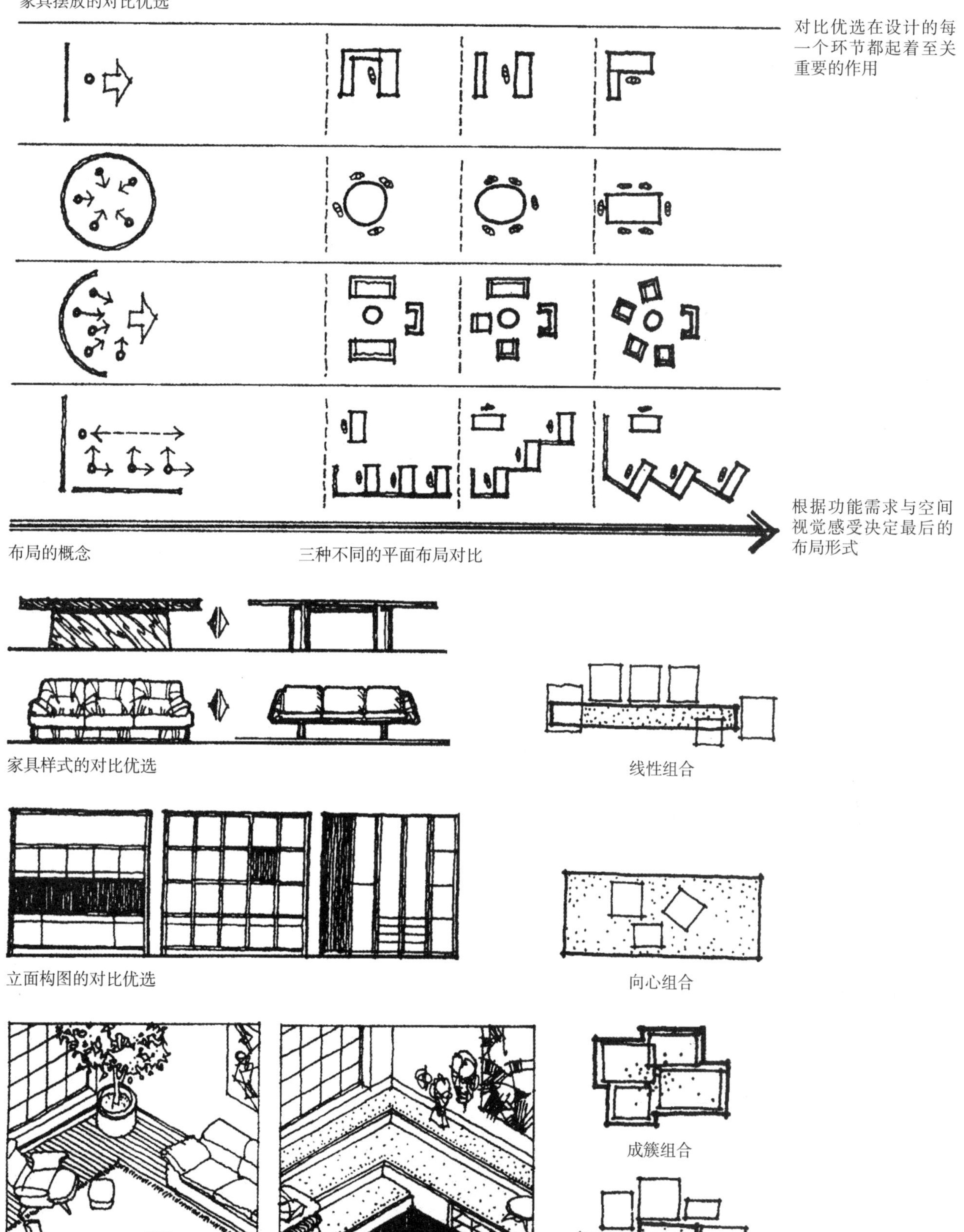

图1.2-26 家具组合关系

图1.2-27　家具与室内空间组织

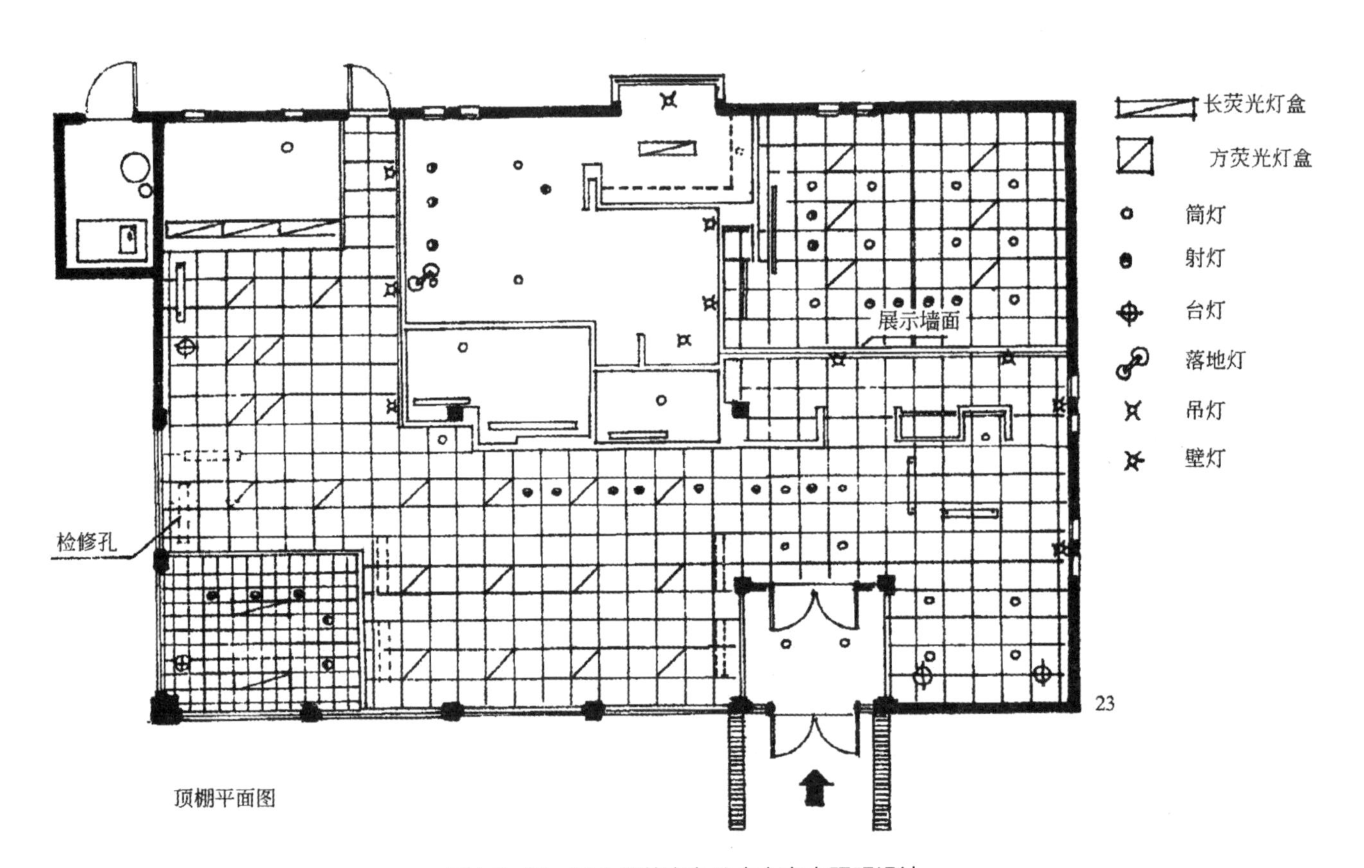

图1.2-28　某大学外事办公中心室内照明设计

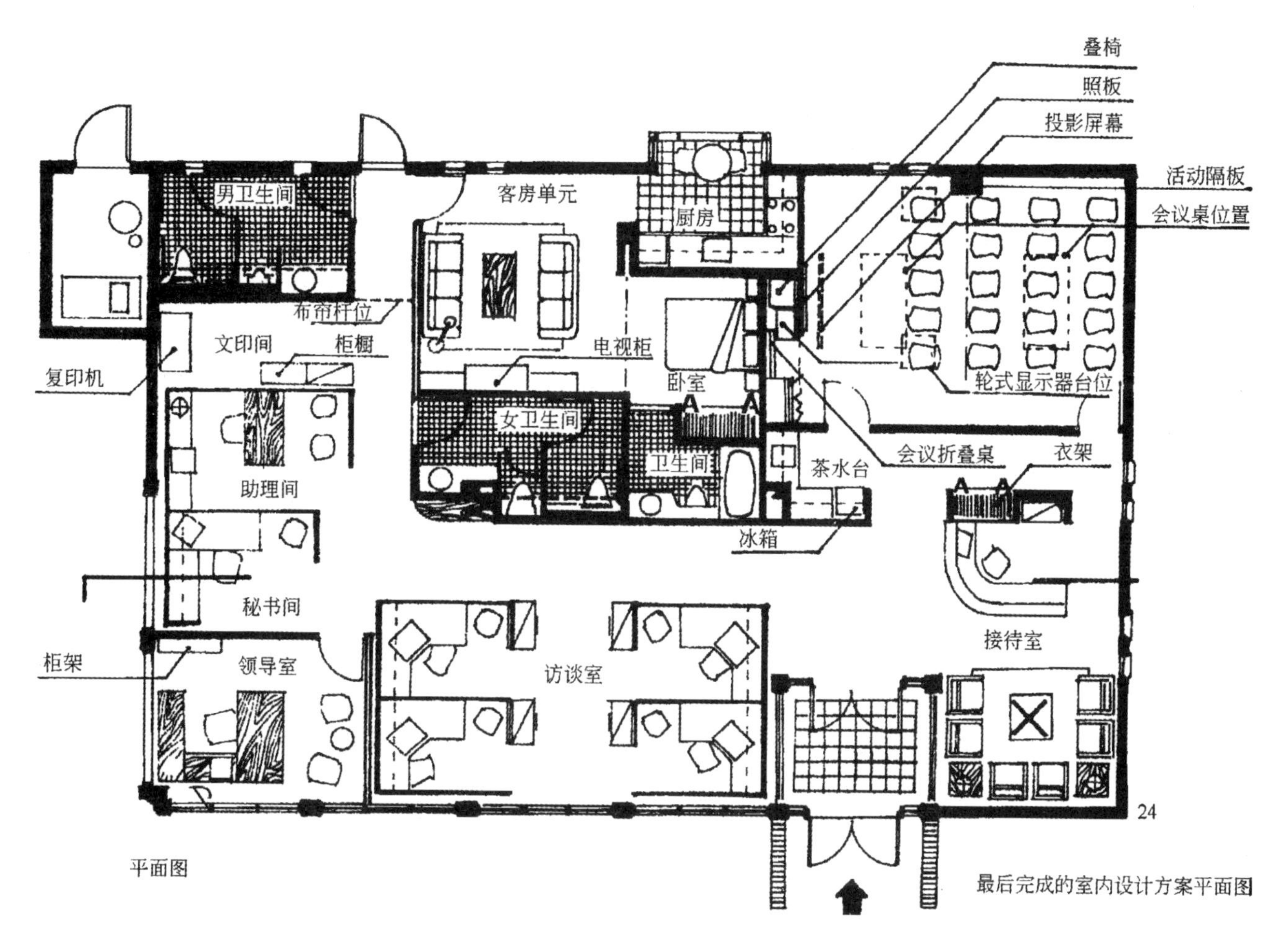

图1.2-28 某大学外事办公中心室内照明设计（续）

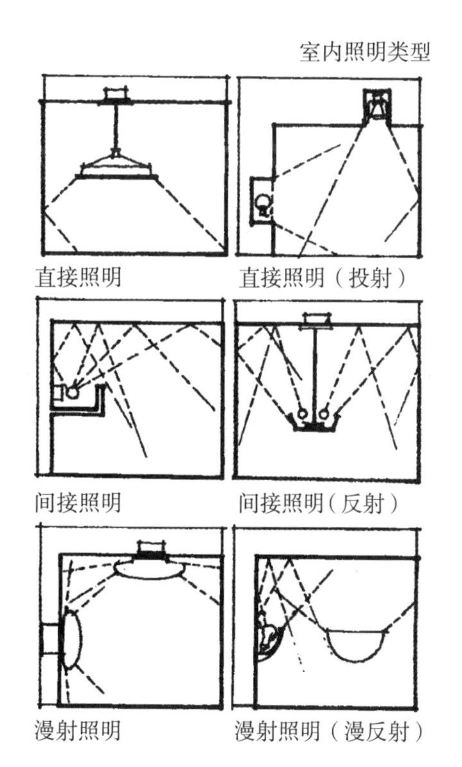

图1.2-29 室内照明类型

觉，适用于教室、图书馆、办公室、展示橱窗中。此外，光线的强弱，光影的虚实可以加强室内环境的空间感和立体感。

（4）空间界面

在保证空间利用率的基础上，可以强调空间界面的凹凸和高低变化，例如背景墙、玄关、装饰隔断等传统室内界面（图1.2-30）。利用界面的这种变化进行分隔，具有较强的展示性，使空间的情调富于戏剧性变化，活跃与乐趣并存。

（5）陈设与装饰

陈设与装饰是室内环境设计的重要组成部分，包括家具、织物、艺术陈设品、灯具、绿化盆景等可移动的元素。按照一定的空间法则设置陈设和装饰，不仅能够合理分隔室内空间，还具有较强的向心感和层次感，容易形成视觉中心（图1.2-31、图1.2-32）。美观的陈设与装饰能满足人对物质和精神的双重需求，既给人以生活的方便，也给人以视觉的享受。

2. 过渡空间

建筑形体周围的街道、广场、水面、山峦、树木属于外部空

室内界面常用的构图手法

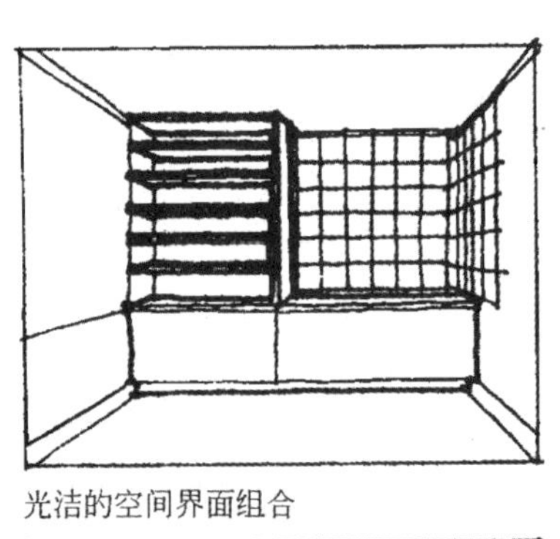
光洁的空间界面组合

有质感的空间界面组合

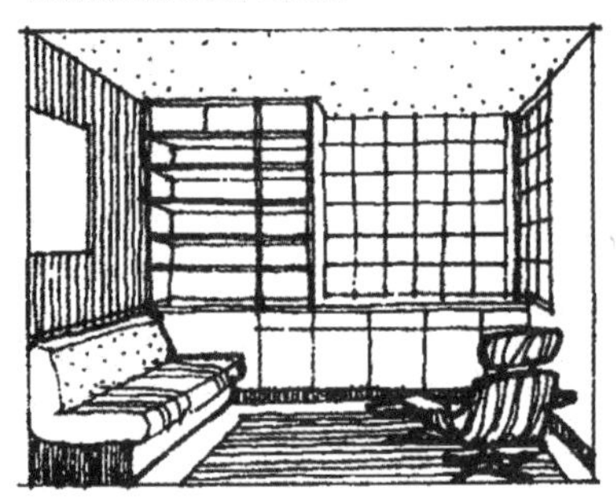
空间中充满肌理变化的界面组合

空间中对比的纹理界面组合

典型的均衡构图

对称与均衡是室内空间界面构图最基本的手法

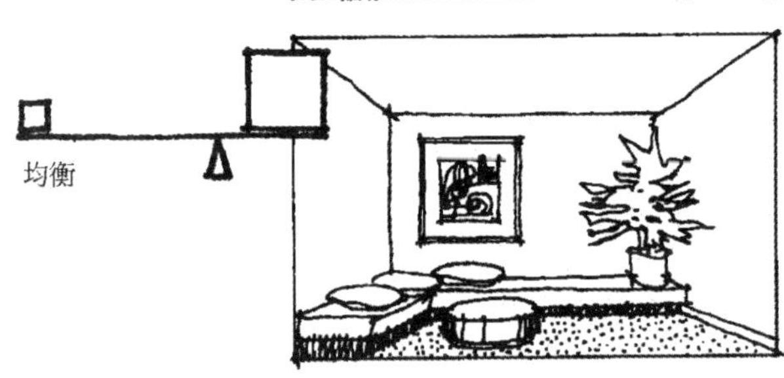

界面韵律中的细部变化

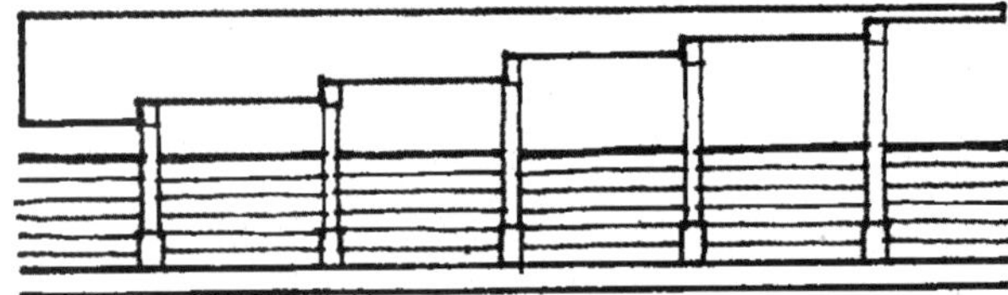
界面尺寸大小的渐变

几种不同的界面韵律变化

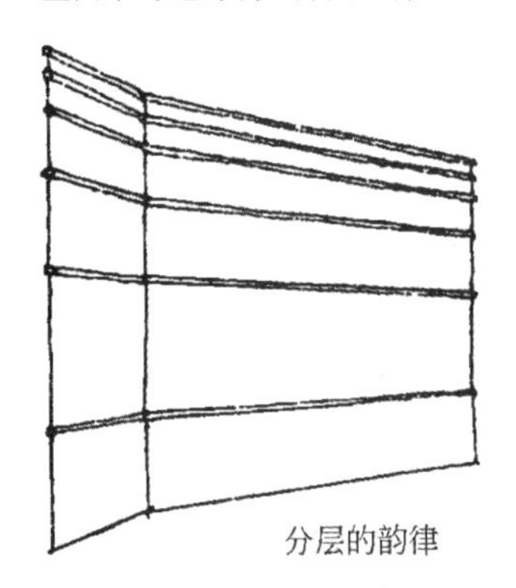
分层的韵律

网格：水平和垂直的韵律

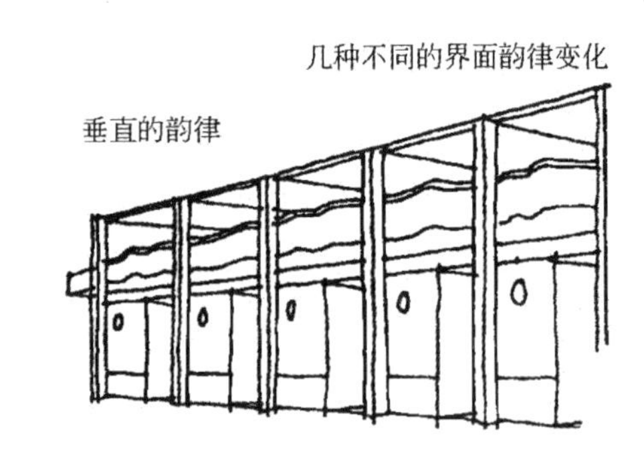
垂直的韵律

图1.2-30 室内界面的组织

图1.2-31 各种类型的室内装饰空间

墙面挂画装饰的不同形式

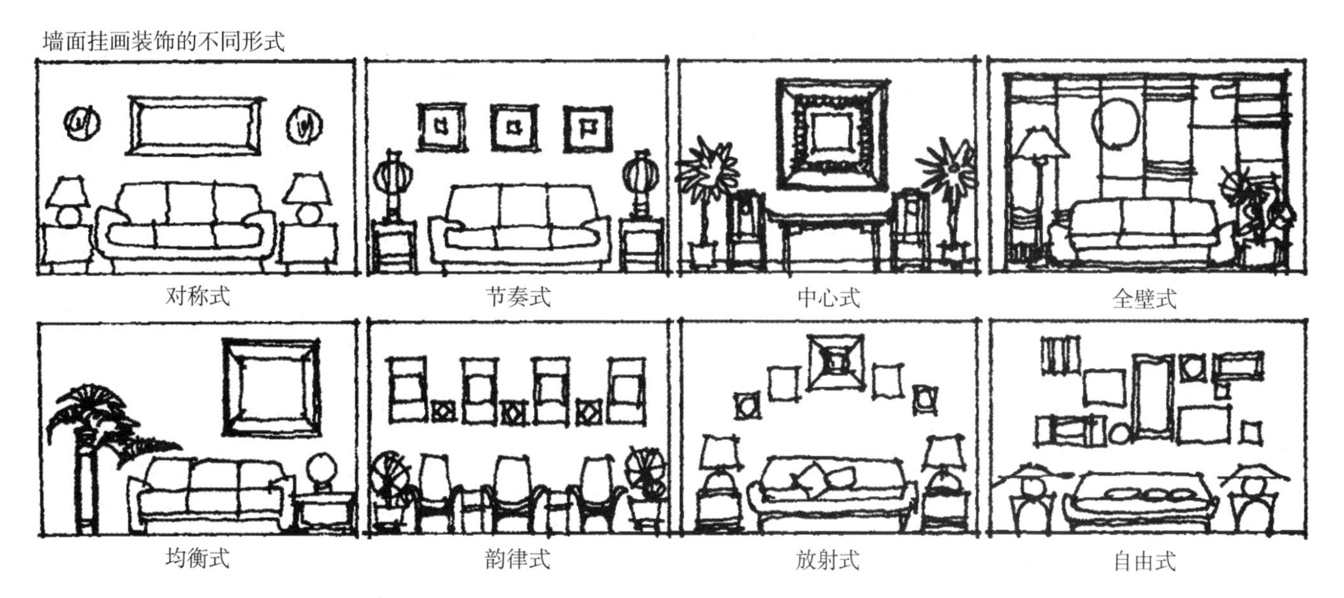

图1.2-32 墙面挂画装饰

间。建筑与外部的过渡空间是指建筑底层架空、建筑露台及屋顶花园等各种连接内外空间的部分。过渡空间不仅丰富了空间形式和层次，赋予空间独特的美感，还具有多种多样的、灵活的用途。它们提升了空间的利用效率，解决了许多空间功能方面的难题。

妹岛和世的模糊空间研究就强调了这种室内外空间的流动、融合以及联系。她设计的瑞士劳力士学习中心采用连贯的曲线作为建筑的轮廓，连续的单层长方形流动空间上下起伏，在底层形成了架空的步行空间（图1.2-33）。在这个过渡空间中布置座椅和盆景，吸引人们前来体验、学习。

为了消除空间的封闭感和单一感，常常在现代博物馆中设计一些共享空间、开放空间来联系室内外的各个部分，创造一种贯通与动态的效果。比如扎哈·哈迪德设计的意大利卡利亚里现代艺术博物馆入口的开敞空间，消融了空间的边界，起到了室内外空间的过渡和连结作用（图1.2-34、图1.2-35）。

空中平台主要建造在建筑的裙房屋顶和架空层，在高密度的城市环境中提供了亲近自然的户外活动空间。例如广州大剧院的二层公共平台，通过台阶、坡道将建筑与城市环境联系起来（图1.2-36）。而空中花园是将建筑屋顶设计成开放的绿地、花园、活动平台，补充城市绿化空间的同时，也拓展了建筑的景观环境。例如乐成四合院幼儿园的屋顶被打造成一个色彩斑斓、充满童趣的户外平台，为孩子们创造了一个近距离与城市对话的语境（图1.2-37）。

还有一类介于开放和封闭之间的建筑围合空间，也可以归类为过渡空间，例如斯坦·艾伦设计的洛杉矶韩裔美国人美术馆。设计师提出了“松散的适合”的设计概念，在一个开放的方形体量内营造一系列封闭的“黑盒子”展室，实现实体和虚体的有机叠加，利用图底关系巧妙协调各种功能和尺度（图1.2-38、图1.2-39）。开放的底层空间与室外连通，布置了一些公共附属设施。美术馆的二层分散排布着一些相似的方形盒子展

图1.2-33　瑞士劳力士学习中心
（设计：妹岛和世，西泽立卫）

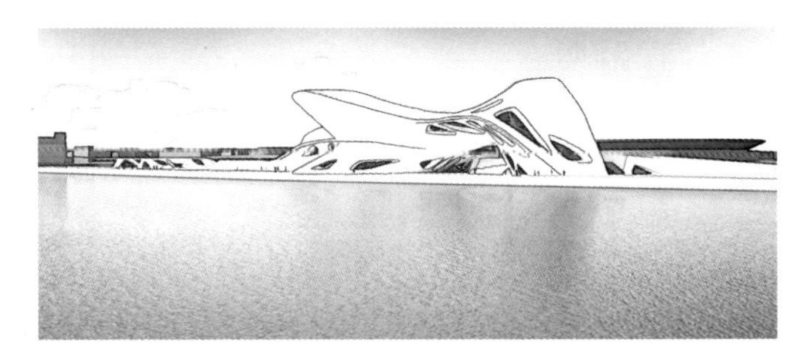

图1.2-34　卡利亚里现代艺术博物馆

图1.2-35　卡利亚里现代艺术博物馆入口过渡空间

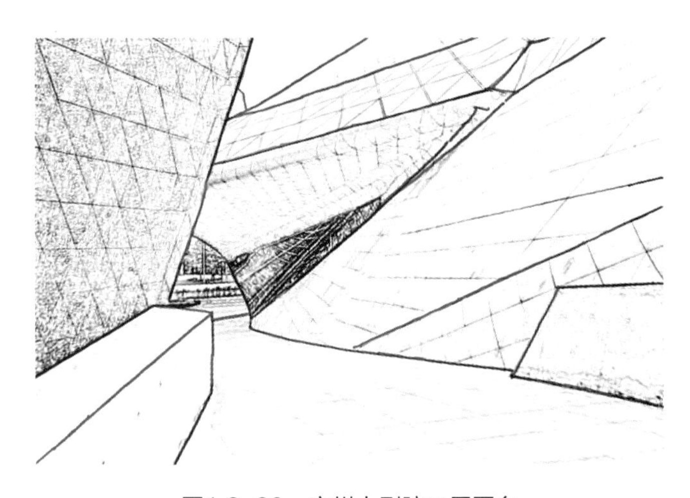

图1.2-36　广州大剧院二层平台

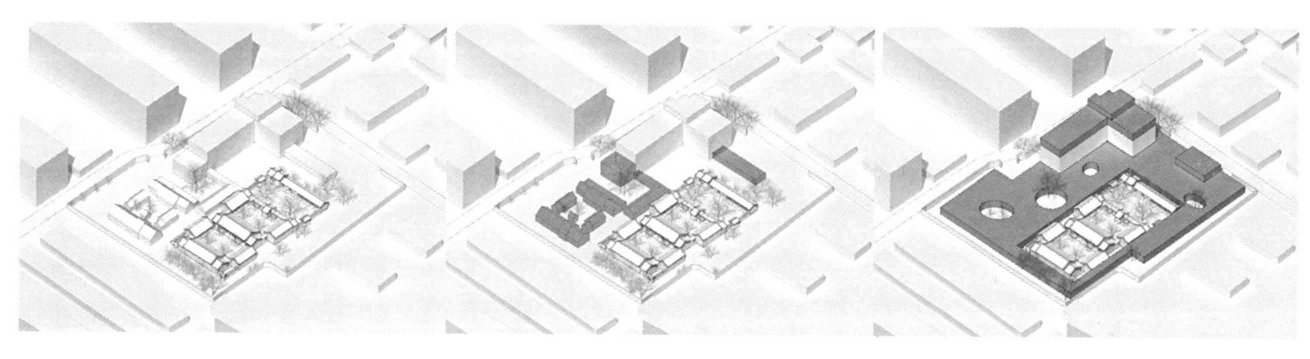

图1.2-37 乐成四合院幼儿园

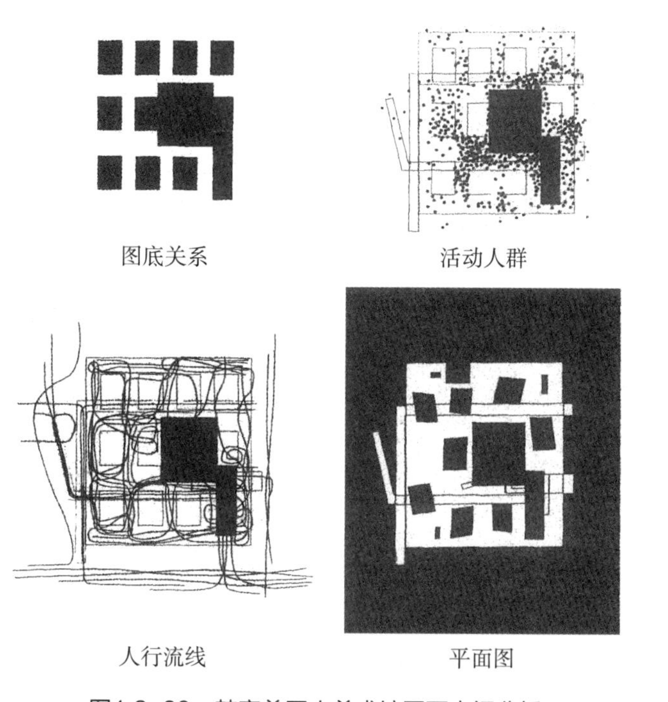

图1.2-38 韩裔美国人美术馆平面空间分析

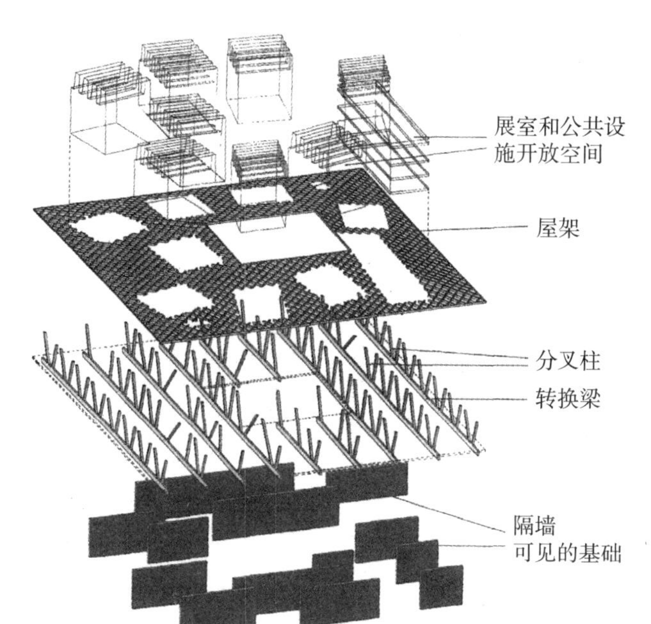

图1.2-39 韩裔美国人美术馆结构分析

室，它们之间由各种演讲厅、咖啡座和书店填充，方盒子的屋顶上有采光系统，直接对应着展览层平面（图1.2-40）。游客在这一层参观的时候不必遵循特定的路线，可以自由穿梭于各个展厅之间。

3. 庭院空间

庭院是位于建筑内部的室外共享空间，围绕它分布的各个室内空间也能分享庭院的景致。这种和外界隔离的绿化环境营造了一个清静的半开放空间，为人们的生活增加了很多趣味。为了增强采光、通风，也加强与外界的联系，在庭院侧立面采用玻璃等透明材质。庭院同时也多为建筑交通核心，由于封闭性较强，可随时切换为建筑私有的空间，在使用和管理上十分方便（图1.2-41～图1.2-43）。

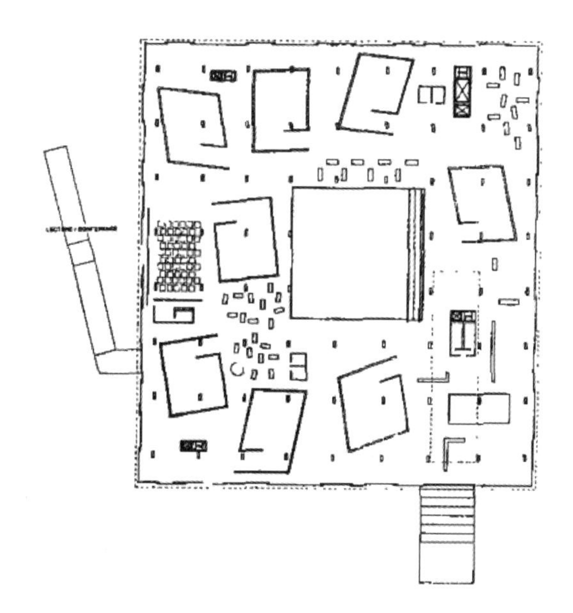

图1.2-40 韩裔美国人美术馆二层平面图

图1.2-41　金泽21世纪美术馆中庭

图1.2-42　住吉长屋中庭

图1.2-43　2010年上海世博会丹麦馆

1.3　环境设计的相关因素

环境设计是一门综合性学科，不仅工作内容涉及艺术、科学、时尚、历史、社会、交通、经济、文化、政策等多领域的内容，而且也会受到各方面因素的制约和影响（图1.3-1）。这些要素在设计的链条和层级中环环相扣，形成相互制约、相互依赖的系统架构。作为设计师，要理清上位指导规范与设计学的关系以及各个设计范畴之间的关联，将建筑、景观、公共空间兼收并蓄到环境设计的大框架下，营造出和谐、宜居的环境空间。

1.3.1　城市规划和城市设计

城市规划是为了实现一定时期内城市的经济和社会发展目标，而提出的一种解决空间规划问题的模式，涵盖了城市选址、人口控制、用地规划、功能分区、资源利用、产业布局、道路交通、绿化景观以及城市经济、城市生态环境等内容。城乡规划及其法规是环境设计的上位制约条件，它为设计师提供了一个统一的框架，为环境设计的各种空间要素提供了衡量的标准。城市规划和设计制定了城市各组成部分的用地规划和布局，以及城市的形态和风貌等，为设计师进一步安排城市空间格局、设计建筑室内外空间和城市公共空间提供了铺垫和线索。

首先，城市规划决定了一个城市的总体空间格局、肌理和形态，是形成一个城市空间形象的最主要原因。环境设计需要符合城市规划的有关规定，在顺应城市规划的前提下进行延伸设计。

不同国家的历史文脉、制度法规不同，决定了城市空间的组织逻辑和形态布局不一样。通过比较北京和巴黎两个城市的规划布局、空间轴线、街道格局、道路交通、旧城的保护与更新等方面，可以窥探到中西方城市规划的差异（图1.3-2、图1.3-3）。

两个城市的交通与道路系统、开放空间形态各具特色。北京的路网密度仅为4.6km/km^{2}①，而巴黎的道

① 北京统计年鉴2014. 2014年。

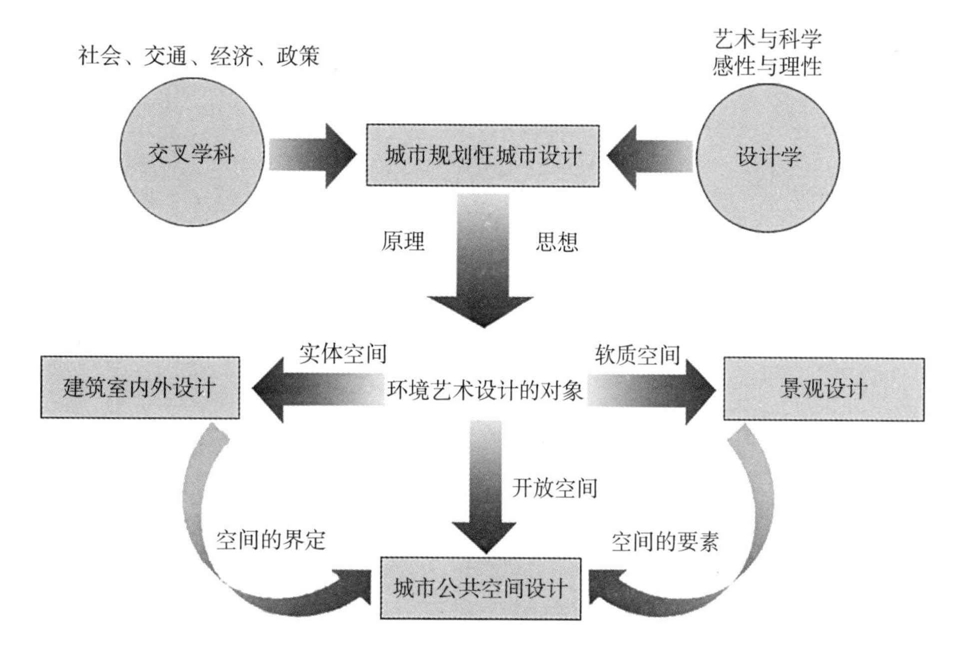

图1.3-1 环境设计的相关因素

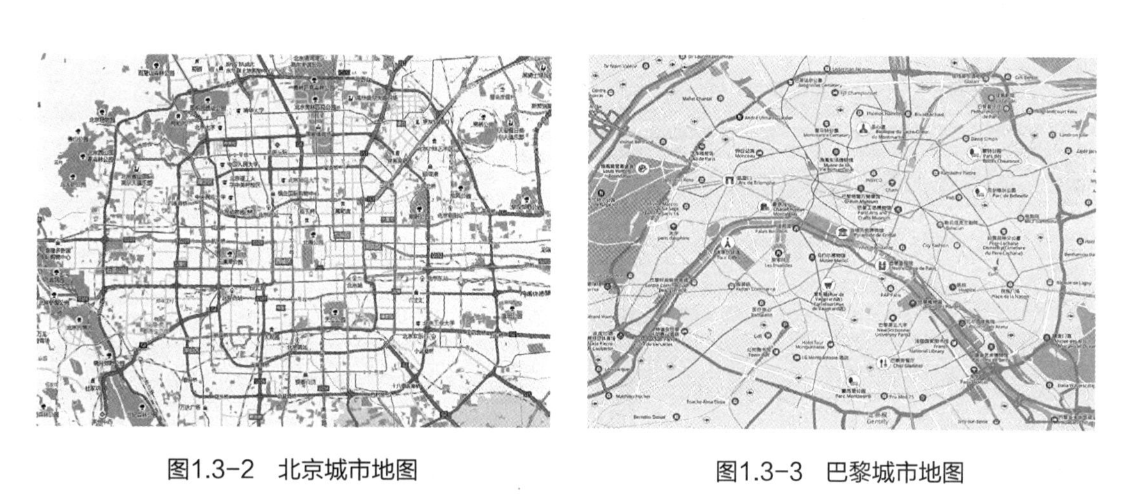

图1.3-2 北京城市地图　　图1.3-3 巴黎城市地图

路网密度更高，为15.5km/km^2[①]；北京道路网呈现为“格网+环形”的空间构架，而巴黎路网呈现出“放射状+环形”的形态模式。

从城市的空间形态来看，北京按照东西南北向的方格网布局，单一中心，多环嵌套，呈棋盘式布局。中轴线上的建筑前后布置，空间搭配及高低错落全都通过统一考虑，一次建成，气势恢宏（图1.3-4）。与此相配合，城市道路也采取了正向的方格网体系，规制严整、主从有序。巴黎分布着多个以广场为中心的环岛，城市街道按照三角形交错排布。规划了两条轴线，即南边“城市走廊”和北边沿塞纳河平行发展的“城市走廊”（图1.3-5）。各轴线的关系尽可能利用了对景和借景的效果，如星形广场（戴高乐广场）沿着发散方向向人们呈现出变化多样的城市街道空间（图1.3-6、图1.3-7）。

① 巴黎：SOeS. Service d’etudes Techniques des Routes et Autoroutes(SETRA), Reseau routier au 1er Janvier 2013. 2013年基准资料。

图1.3-4　北京市中轴线

图1.3-5　巴黎市中轴线

图1.3-6　巴黎戴高乐广场

图1.3-7　大凯旋门

其次，城市规划可以为环境设计提供创新的思路和解决问题的途径。

例如，“纤维城市”是针对东京城市绿地系统的新型规划方法，通过在高密度环境中增加绿色空间廊道，来提升城市区域的生态性、韧性和适应性。针对东京旧城的交通堵塞、热岛效应、空气污染、人口老龄化等问题，日本建筑师大野秀敏2006年发表了“纤维城市”方案，探讨怎样构筑2050年的东京城市绿廊。“纤维”绿廊包括指状绿带（图1.3-8）、绿网（图1.3-9）、城皱（图1.3-10）、绿垣（图1.3-11）四种形式，突出方案的柔性、韧性与可行性。这种“纤

图1.3-8　“绿带”——2050年东京城郊紧凑城区规划平面图

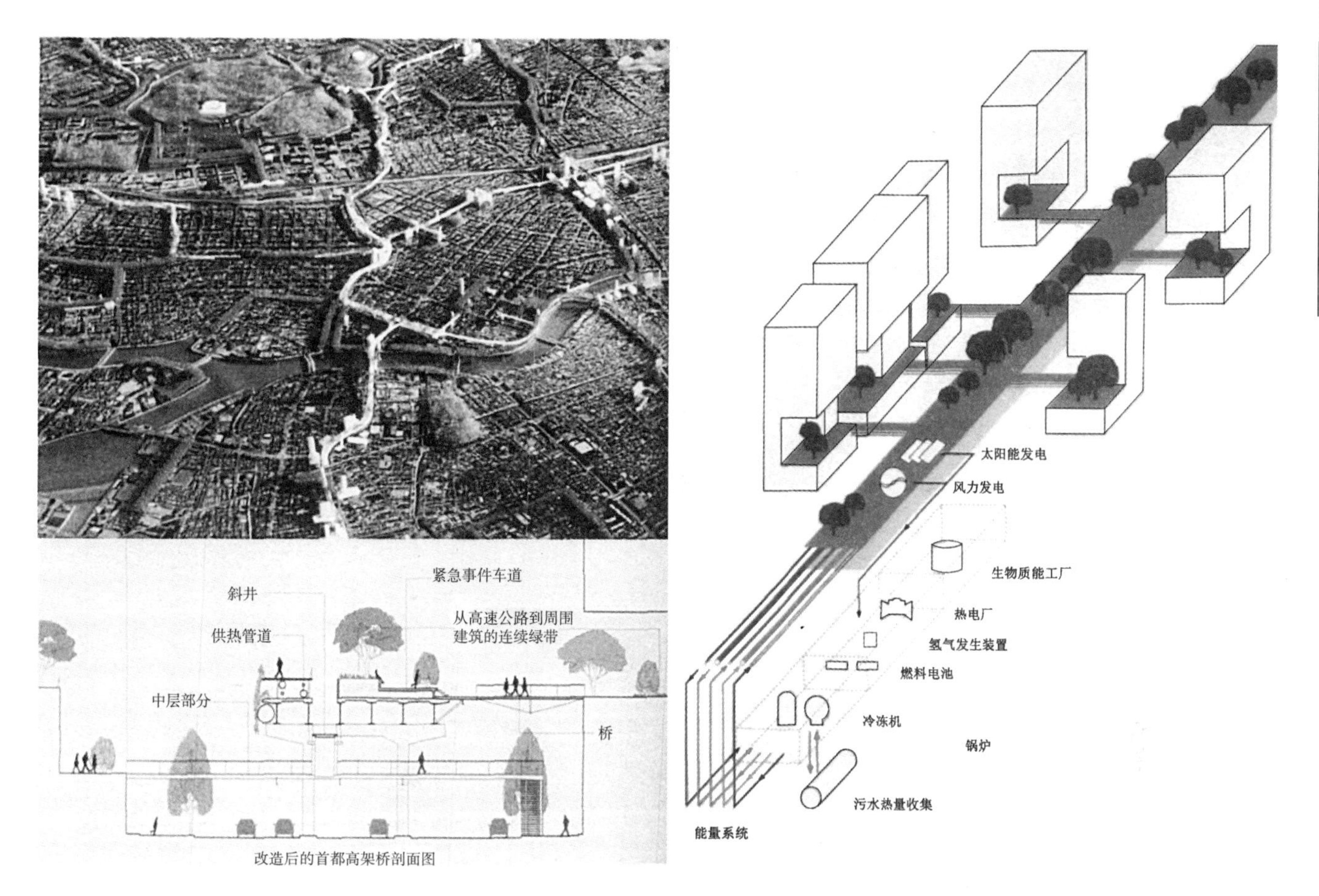

图1.3-9 “绿网”——从高架快速路发展为立体绿色网络

维”绿廊设计应用需要精细化调研、针对性实施、多学科交叉的途径，以数据可视化为手段探索城市表象背后的规律，以不定形的绿廊形态表达促进旧城区可持续发展的价值。与现代化的城市相比较，“纤维”绿廊以线取代了面，具有更高的流动性和可塑性，展现出编织性的现代美学价值。

总的来说，总体城市规划与局部城市设计呈如图关系（图1.3-12）：

1.3.2 建筑风格

建筑风格是影响室内外环境的最主要和最直接因素。建筑设计风格与室内外空间环境设计有两种最常见的关系：一致性和差异性。这两种关系相互依存又相互转化，在路易斯·康所推崇的“形式唤醒功能”与沙利文提出的“形式追随功能”的二元辩证关系中不断交织。

一方面，建筑设计与室内外环境设计呈现出一致性，这体现在室内外空间设计的形态、尺度、序列和肌理、材质、色彩等层面。在这种一致性的原则下，建筑是“因”，室内是“果”。建筑设计风格直接塑造了室内空间的形态、尺度，成为室内空间的决定性因素，室内设计往往是建筑设计的延续和深化。如果不是以钢铁和水泥为要素组成钢筋混凝土，从而产生大尺度的框架构造，使内部空间的自由划分成为可能，则现代意义上的室内设计都不可能产生。

另一方面，室内外空间的差异性在设计中也时有表现。有的建筑的外形由于注重艺术

图1.3-10
"城 皱"——东京地域性公共空间绿地改造

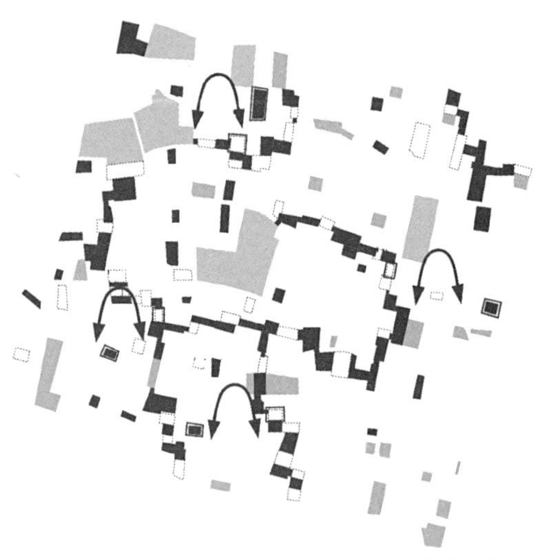

绿廊将社区的闲置空地连接在一起，网络状的绿垣为居民提供了疏散和避难的场地。

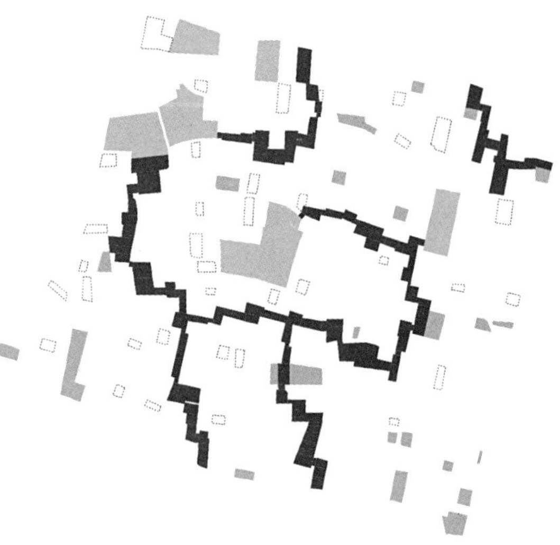

在日本传统社区中绿廊相互连通，形成绿垣。

图1.3-11
"绿 垣"——日本传统社区中连通性的绿廊

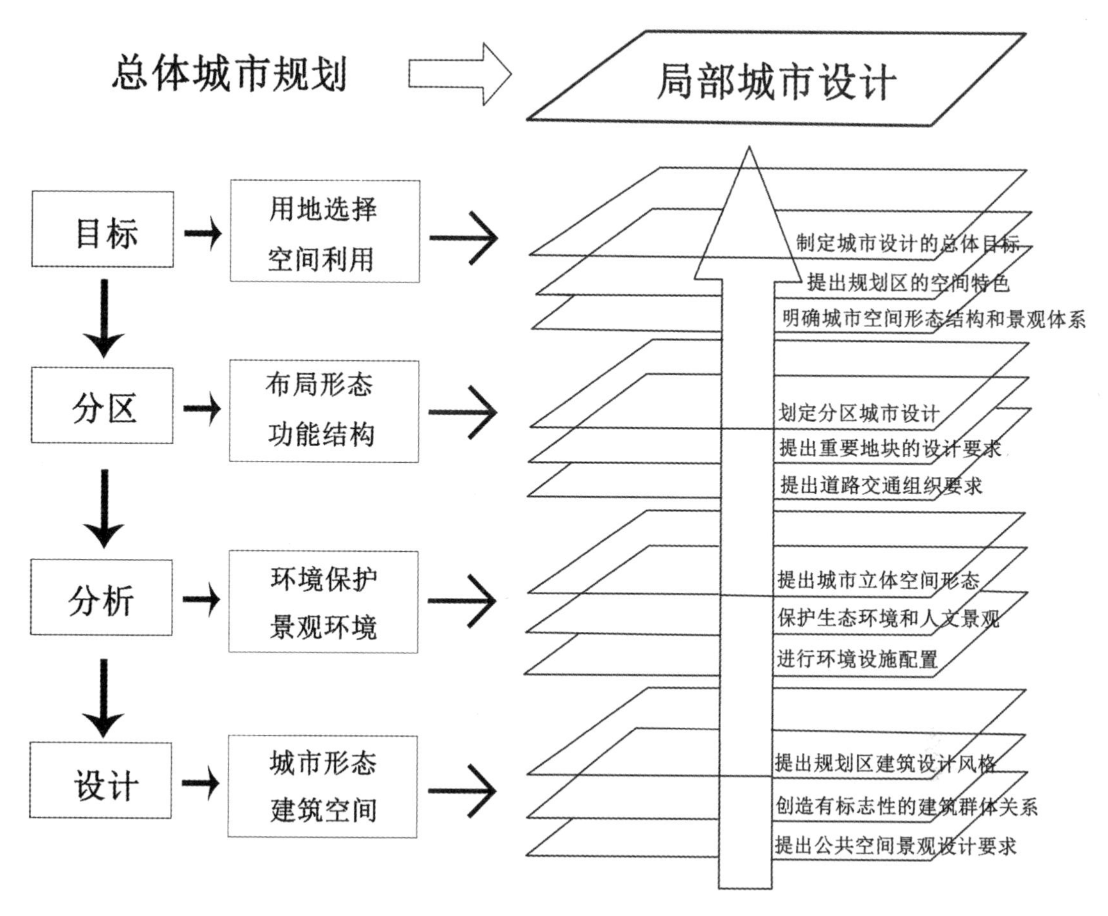

图1.3-12　总体与局部城市设计

化的表现手法，不考虑内部空间的使用功能与施工工艺，因而脱离了室内空间设计。在这些建筑作品中，外形设计与室内设计需要区分开来。

当代建筑风格流派呈现出多元化局面，它们有的侧重于对空间的理解，有的侧重于表达技术，有的宣扬哲学思潮，都对当今的环境设计产生了重要影响。主要包括以下几种。

1. 现代主义风格

20世纪20年代到30年代之间，以勒·柯布西耶、路易斯·沙利文、密斯·凡·德·罗、格罗皮乌斯以及其他包豪斯学派的建筑师和艺术家们，提出了旗帜性的见解，产生了深远的影响。不同于古典主义建筑，现代主义风格建筑较少使用装饰，用最少的材料塑造出纯粹而抽象的造型，其形式符合几何美学原则。

勒·柯布西耶设计的萨伏伊别墅以纯净的整体形象呈现出建筑设计与室内设计的一致性。建筑主体悬浮在空中，脱离了与土地的联系，首层周边的结构支撑已减至最低程度（图1.3-13、图1.3-14）。首层围合的外墙缩回到核心部位，决定了底层室内公共空间的形态。在接近正方形的二层平面中，附有开敞落地玻璃的外墙围合出室内主要的起居空间，楼梯与坡道的建筑构件位于中间位置（图1.3-15）。

密斯设计的巴塞罗那德国馆用极少的建筑语言塑造了纯粹的形式，表达了绝对精神（图1.3-16）。展馆的主厅呈长方形，长约50m，宽约25m，由三个展厅、两片水域组成。另外，通过透明的玻璃界面和纵横交错的大理石隔断，消除了封闭的室内空间

图1.3-13　萨伏伊别墅透视图

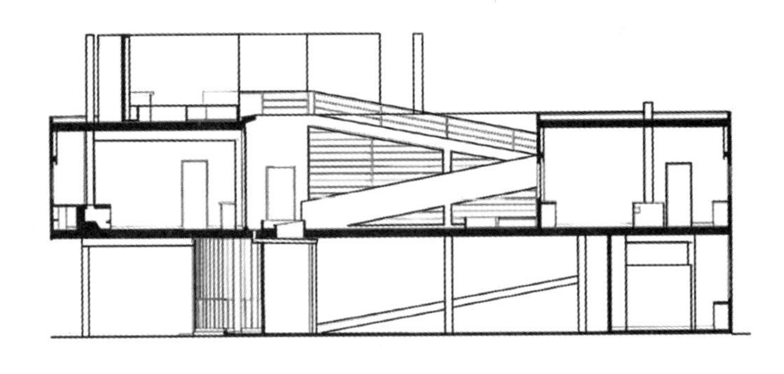

图1.3-14　萨伏伊别墅剖面图

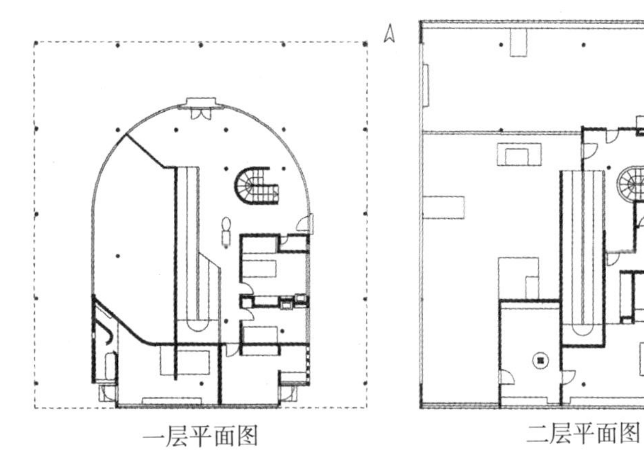

图1.3-15　萨伏伊别墅平面图

图1.3-16　巴塞罗那德国馆透视图

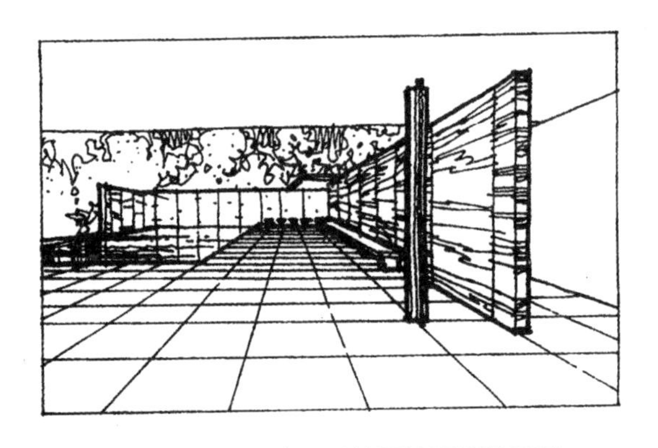

图1.3-17　巴塞罗那德国馆局部透视图

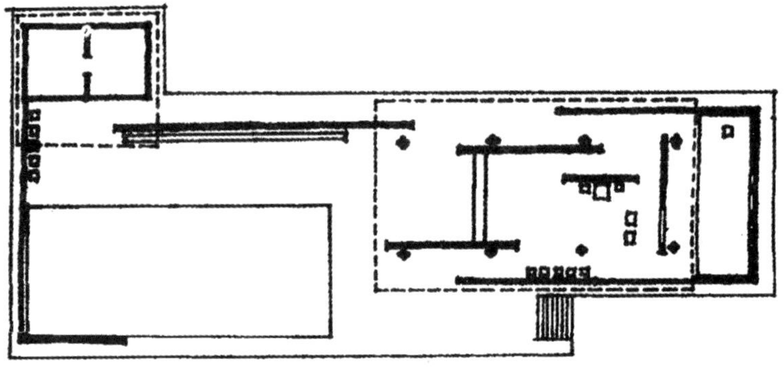

图1.3-18　巴塞罗那德国馆平面图

（图1.3-17、图1.3-18）。巴塞罗那德国馆的室内外空间相互联系和交融，展览空间呈现出流动、开放的效果，成为现代主义空间分隔组合的典范。

然而，在现代主义风格的许多建筑作品中，建筑外形与内部空间并不总是统一的，外部形式常常脱离了内部空间而具有非结构性，表现了辨证对立的美感。例如在朗香教堂的设计中，勒·柯布西耶采用混凝土和石材塑造了弧线形不规则的界面，取代了传统的墙面和屋顶，赋予教堂雕塑般的体积感，这种超现实的概念框架独立于深层的结构逻辑（图1.3-19、图1.3-20）。蜿蜒的墙体几乎全部弯曲或者倾斜着；流线型的屋顶向上翻卷；白色墙面上零碎分布着大大小小的窗洞。

图1.3-19 朗香教堂透视图

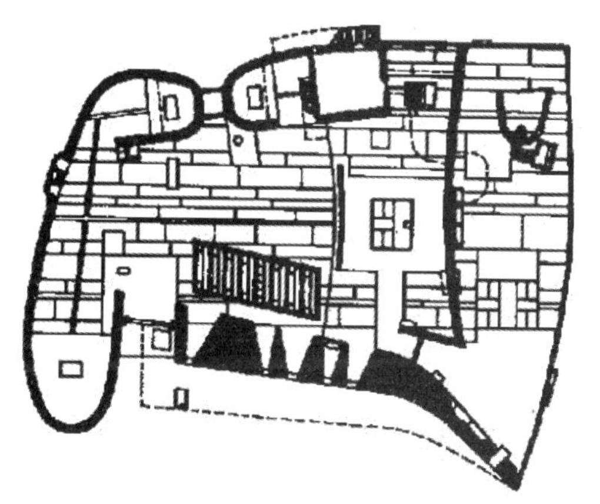

图1.3-20 朗香教堂平面图

在赖特的作品中，最富有挑战性、规模最大的表现结构当数纽约的所罗门古根海姆博物馆（图1.3-21），其室内空间围绕盘旋而上的连续性参观流线展开，限定了建筑的基本造型（图1.3-22～图1.3-24）。博物馆室外的白色螺旋形混凝土结构与室内的曲线及斜坡相呼应，体现了室内外空间设计的一致性。

2. 后现代主义风格

到了20世纪60年代中后期，后现代主义风格开始萌芽，它具有以下几个方面的典型特

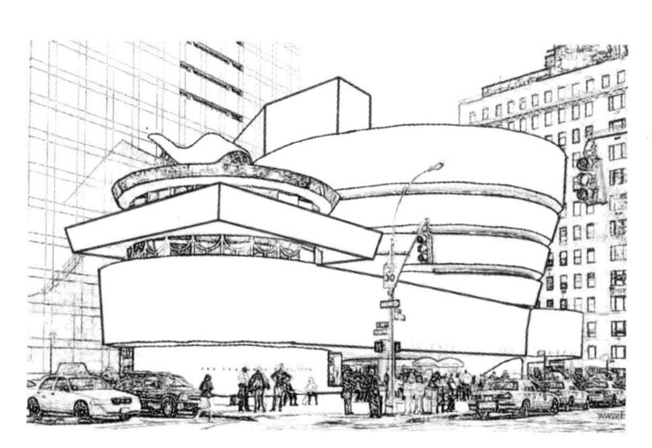

图1.3-21 古根海姆博物馆透视图

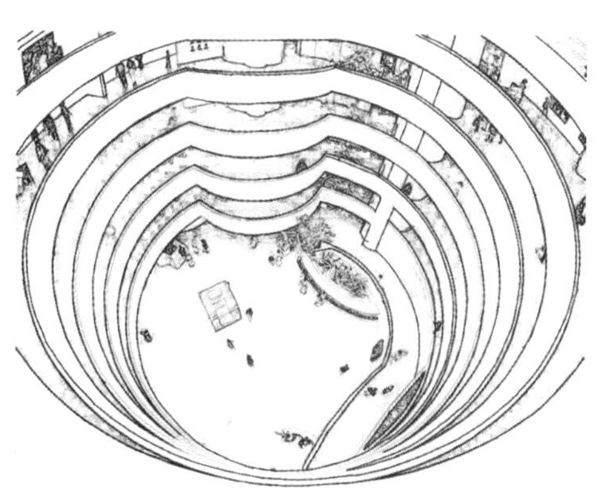

图1.3-22 古根海姆博物馆室内

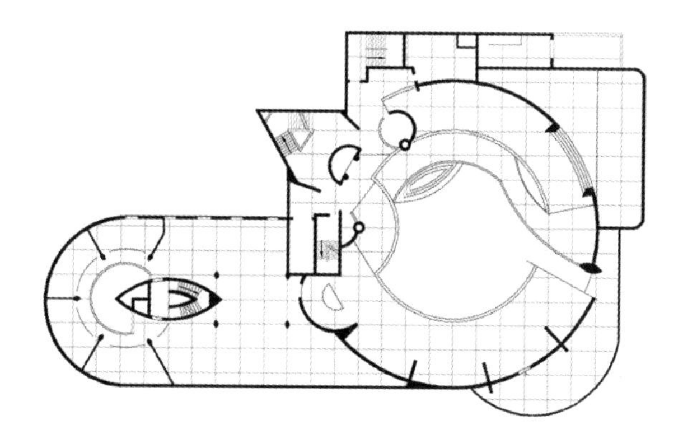

图1.3-23 古根海姆博物馆平面图

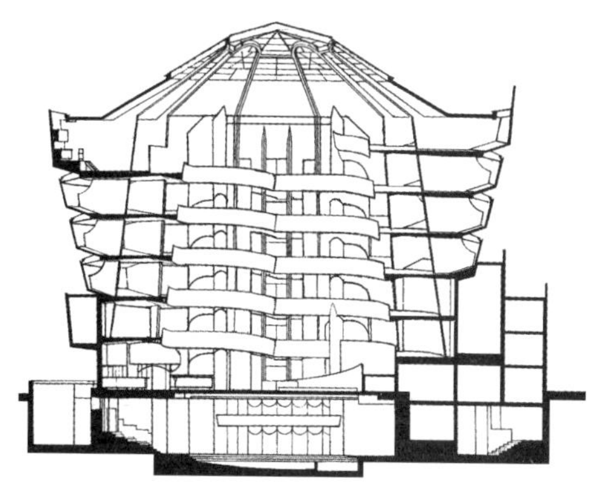

图1.3-24 古根海姆博物馆剖面图

征：第一个是它的历史主义和装饰主义立场。无论是建筑还是室内设计都吸收了历史中古典的装饰元素，具有多元化的文化内涵。第二个是折中地运用历史元素。后现代主义对历史的形式语言采用混合、拼接的应用方法，而不是简单地恢复历史风格。第三个是文脉主义和隐喻主义。后现代主义风格建筑以各种符号和空间形态表达象征性或隐喻性，与现有环境融合。第四个是娱乐性。后现代主义的设计作品开始融入大众文化，使用商业、卡通形象和儿童色彩，具有戏谑、游戏以及调侃的寓意。

后现代主义建筑的奠基人罗伯特·文丘里在《建筑的复杂性和矛盾性》一书中提出，形式与实质、抽象与具体、结构与材料之间存在着辩证关系，导致了“振荡的关系、复杂性和矛盾性”，这是歧义和张力的根源。他设计的母亲住宅借鉴了路易吉·莫雷蒂设计的吉拉索（Girasole）公寓的建筑语汇，将山墙造型和中间的裂缝进行抽象简化，运用到建筑的立面形式中。在母亲住宅中，古典主义的三角形山花墙中间分裂，形成了不对称的立面关系，具有视觉上的歧义（图1.3–25、图1.3–26）。

另一位有代表性的后现代主义建筑师彼得·艾森曼则强调建筑形式的符号性，他打破了实际的形式结构与潜在的深层结构之间的必然联系。在他的建筑作品中，表层的建筑形式与内在的结构逻辑互相分离，直观的建筑外形设计与室内设计互相矛盾。在柏林的IBA社会住宅中，正立面的红色、白色网格并不对应于室内的结构（图1.3–27、图1.3–28）。

图1.3–25　母亲住宅透视图

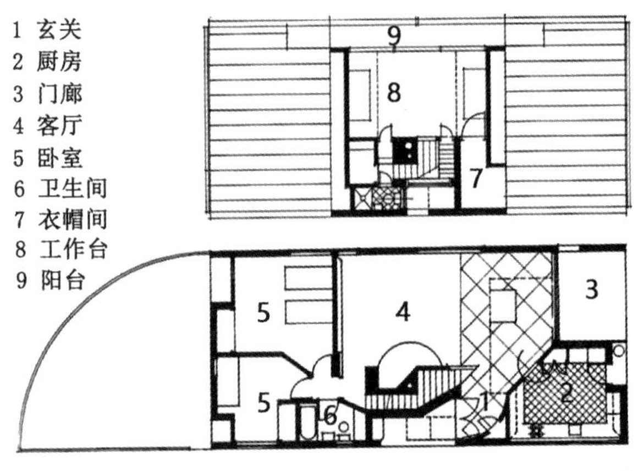

图1.3–26　母亲住宅室内

图1.3–27　柏林的IBA社会住宅透视图

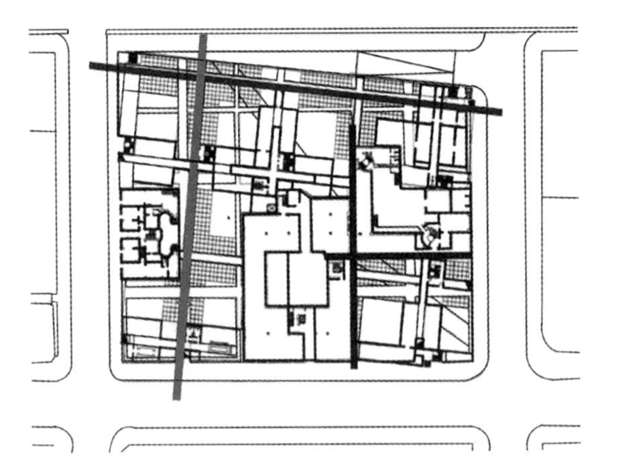
图1.3–28　柏林的IBA社会住宅平面图

同样，在俄亥俄州立大学的卫克斯那艺术中心，红色巨塔结构和白色金属网格属于形式系统中的标记，与室内的结构和功能没有任何的联系，体现了建筑的概念表达和内部结构之间的矛盾（图1.3-29、图1.3-30）。

3. 高技派

高技派是一种在20世纪80年代占主导地位的建筑室内风格，大量运用淡黑色和明红色来装饰桌子、椅子、衣物。在英国、欧洲和其他地方，这是由诺曼·福斯特、伦佐·皮亚诺、理查德·罗杰斯领导的一场非常独特的建筑运动。

由伦佐·皮亚诺和理查德·罗杰斯设计的法国巴黎蓬皮杜国家艺术与文化中心是典型的高技派作品，崇尚机械美和科技感，强调工艺技术与时代感。在室外，梁板、网架等结构构件以及运输、加热、通风等各种设备和管道被暴露出来，通过喷绘披上时尚的视觉效果（图1.3-31、图1.3-32）。

4. 解构主义

解构主义对现代主义的正统原则和标准批判地加以继承，运用现代主义的语汇，颠倒、重构各种既有语汇之间的关系，从逻辑上否定传统的基本设计原则（美学、力学、功能），由此产生新的意义。用分解的观念，强调打碎、叠加、重组，重视个体及部件本身，反对总体统一而创造出支离破碎和不确定感。

图1.3-29 卫克斯那艺术中心透视图

图1.3-30 卫克斯那艺术中心室内

图1.3-31 巴黎蓬皮杜国家艺术与文化中心

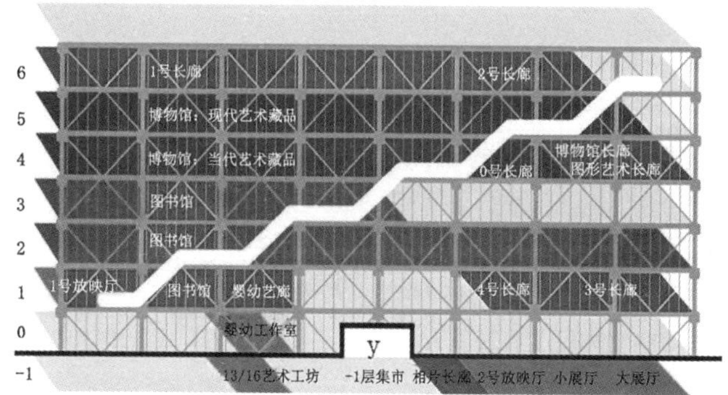

图1.3-32 蓬皮杜艺术中心分区示意图

在迪士尼音乐厅和毕尔巴鄂古根海姆博物馆等解构主义建筑作品中，由于物质性超出了建筑结构或者功能的需要，因此，室外的美学形式与室内的空间组织之间存在着矛盾。但是室内外形态采用了某些相似的母题元素，包括曲面、斜面、三角面等，它们按一定序列进行组合并具有统一方向性。在迪士尼音乐厅中，弗兰克·盖里将确定弧度的曲面作为设计的母题元素，用曲面塑造了诗意的建筑形式（图1.3–33～图1.3–35），呈现出解构主义美学的建筑形式超越了其功能（图1.3–36、图1.3–37）。

图1.3–33　迪士尼音乐厅透视图

图1.3–34　迪士尼音乐厅室内

图1.3–35　迪士尼音乐厅花园

图1.3–36
毕尔巴鄂古根海姆博物馆

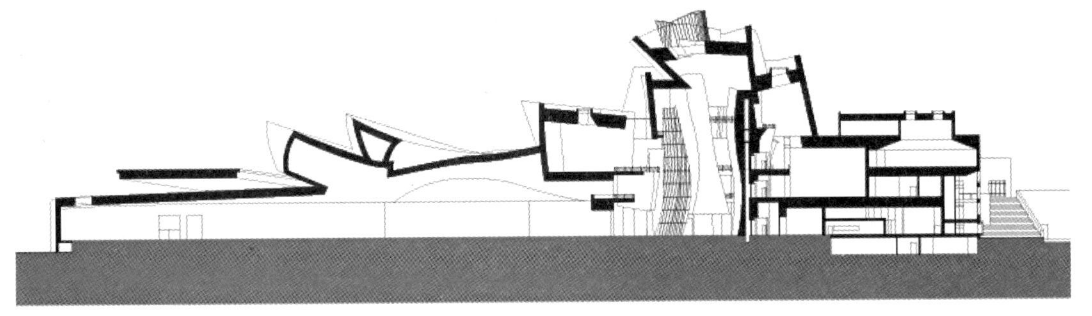
图1.3–37
毕尔巴鄂古根海姆博物馆剖面图

图1.3–38是扎哈·哈迪德为罗森塔尔当代艺术中心画的设计草图，她用单一线条表现若干旋转、叠加的矩形体块。罗森塔尔当代艺术中心由几个雕塑般的体块互相穿插组成，在融入城市肌理的同时具有自己独特的视觉风格（图1.3–39）。这种交叠、错落的体块关系并没有隔断画廊共享的中庭空间，一层大厅的混凝土地面向上延展，与墙面连为一体，迂回的黑色楼梯引导游客向上参观，进入漂浮的画廊空间（图1.3–40）。建筑的南立面和东立面用不同的方式展现出内部的体块关系，南立面用玻璃、混凝土和黑色金属板三种材质区分体块，东立面用不同的混凝土表皮表达内部的空间关系。

5. 新现代主义

20世纪80年代初，新现代主义以摒弃后现代主义风格的立场出现，重新恢复现代主义设计和国际主义设计的一些理性、秩序性、功能性的特征，并加入其特有的纯粹、清新的味道。由于其设计风格中有包豪斯的影子，所以被称为“新包豪斯”。新现代主义的建筑也呈现出新包豪斯风格，重视几何秩序和使用功能。史密斯住宅展现了建筑师理查德·迈耶简约而纯净的设计风格，主立面的几何形体及其虚实、凹凸变化与室内的结构系统相一致（图1.3–41、图1.3–42）。住宅的形式生成参照了两种秩序：一种是抽象的空间关系和线形系统，另一种是现实的场地、功能及结构条件。一套流畅而立体的三层垂直交通流线将住宅的公共空间和私密空间整合起来，功能分区活跃而简明（图1.3–43）。

千禧教堂同样表现了理查德·迈耶“优雅新几何”的风格。三面白色帆形的曲面墙以教堂中央为结构中心分层排布，高度向中央逐渐递增，形成构图的平衡感和律动感（图1.3–44）。这三面曲墙不仅塑造出灵动的建筑形态，也在教堂的室内空间和功能划分上发挥了作用（图1.3–45）。这些新现代主义作品褪去了后现代主义烦琐的装饰，从结构和细节上都回归于现代主义的理性原则，又赋予了它们以个人表现和象征主义的内容。

1.3.3 艺术风格与时尚

环境艺术与时尚有着密不可分的联系。前沿的时

图1.3–38 扎哈草图

图1.3–39 罗森塔尔当代艺术中心透视图

图1.3–40 罗森塔尔当代艺术中心室内

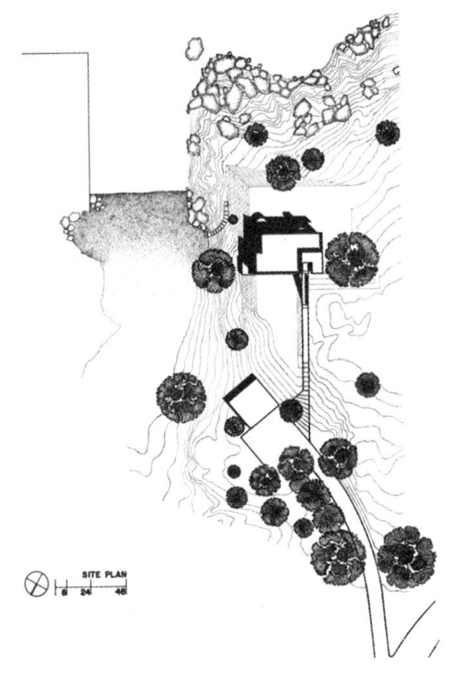

图1.3-41　史密斯住宅总平面图

图1.3-42　史密斯住宅透视图

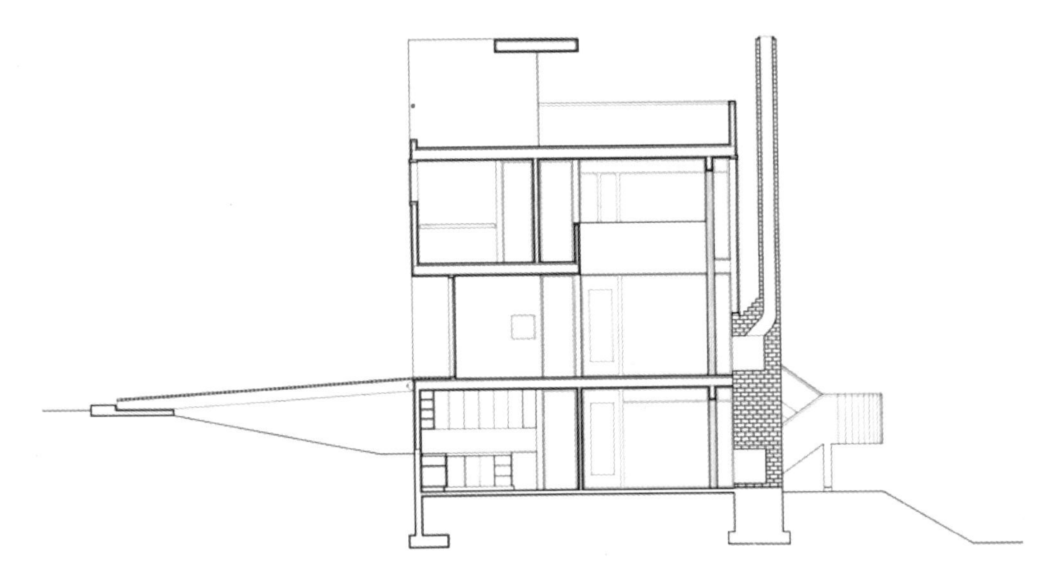

图1.3-43　史密斯住宅剖面图

图1.3-44　千禧教堂透视图

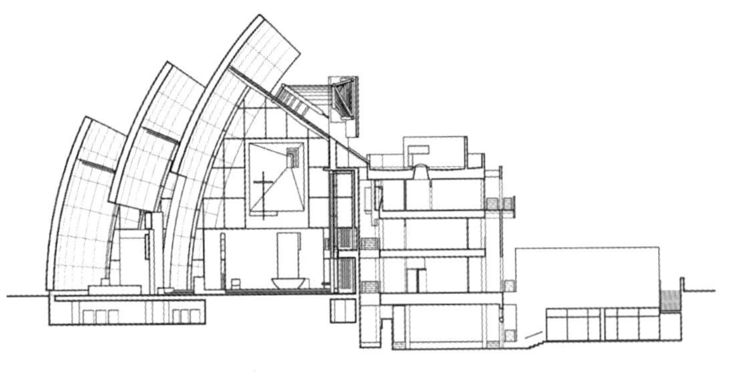

图1.3-45　千禧教堂

图1.3-46 公寓过道储藏柜

图1.3-47 公寓客厅

尚品位塑造了环境艺术的审美观，渗透到环境艺术的各个设计领域。相应地，环境艺术设计的理念和成果也推动着时尚的发展。进入21世纪，随着艺术与时尚的魅力日益增加，环境设计与时尚的关联愈发紧密，并走向了新的融合。

与建筑风格类似，但又有所不同，当代对环境设计影响较大的艺术风格包括现代主义、后现代主义、极简主义、波普艺术、高技派、数字化风格等，并可以和可持续设计、参数化设计、新媒体艺术设计等结合起来。

1. 现代主义

由包豪斯创立并引领的现代主义风格影响极为深远，并体现在各个艺术领域和我们日常生活的方方面面。现在司空见惯的建筑、景观、时装、家具、器物、产品等的设计都或多或少受到包豪斯的影响，而这在100年前无疑是革命性的创新。其主要特色在于用非具象的简单造型，如圆形、矩形和直线，利用新技术、新材料来探讨“理性主义”。它的意义在于提倡建筑空间的研究，采用理性的结构表达方式，对单纯的结构和功能进行探索，以结构的表现为终点；从装饰性中解放，为抽象设计打开了一扇窗户。其极简的几何图形、简洁的色彩构成取得了独具一格的艺术效果，极大地、深远地影响了从建筑、室内到设计和艺术的各个领域，并且衍生出多个各具特色的设计风格和流派，如极简主义等。

马克斯·比尔曾在包豪斯那里学习过，他简洁、典雅的平面设计风格对1950年的“国际主义”风格起到了推动作用。这套20世纪60年代中期的房子为包豪斯影响下的建筑形式，在钴蓝等明亮色彩的安插和渲染之中，带有包豪斯特性的古董家具和整体设计令室内充斥着一种过去与现在相交的复杂感受，材质和风格的延续相得益彰（图1.3–46、图1.3–47）。

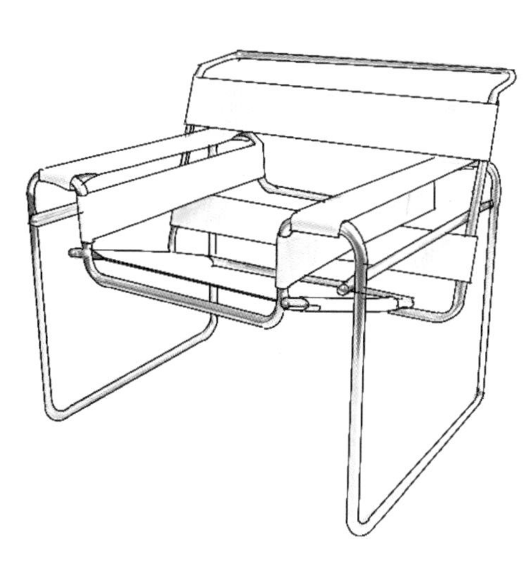
图1.3–48 瓦西里扶手椅

马歇·布劳耶（Marcel Breuer，1902 ~ 1981年）一生致力于家具与建筑部件的规范化与标准化研究，是一位真正的功能主义者和现代设计的先驱，他设计的家具具有明显的立体主义雕塑特征。他设计的瓦西里扶手椅突破性地将传统的平板座椅换成了悬垂的、有支撑能力的带子，使坐在椅子上的人感觉更舒适，椅子的重量也减轻了许多（图1.3–48）。直至今日，它的简约外观与轻巧的实用性仍令人惊叹。

包豪斯的极简主义也体现在时装设计里，其几何图案、拼色美学、流线型为设计师提供了灵感（图1.3-49）。比如，德国时装品牌吉尔·桑达（JIL SANDER）的设计灵感来源于包豪斯运动，其服装作品具有极简、冷色调、优雅的视觉风格，穿戴起来时髦而舒适（图1.3-50）。

2. 波普艺术

波普艺术的英文是“Pop”，这个词语是“popular”的缩写，意思是流行艺术、通俗艺术。波普艺术于20世纪中叶诞生在英国和美国，这种艺术流派从日常生活中提取视觉元素，并运用到设计中。自此，波普风格将大众的文化和意象带入到了高雅艺术中，在作品中表达了乐观、富足、物质主义和消费主义的精神，并影响至今。如果从波普的角度观察，现代建筑作品具有许多波普特征，例如时下流行的大量图像的运用。设计师要善于运用波普艺术的艺术特征，包括重复的图案、简洁的线条、大的色块、强烈的颜色对比等，通过拼贴集成和机械复制等表现手法运用在室内设计中。安迪·沃霍尔的代表作《玛丽莲·梦露》通过复制好莱坞明星梦露的肖像，呈现出一系列的丝网印刷作品，表达了对玛丽莲·梦露赞美掺杂讽刺的复杂情绪（图1.3-51）。在图1.3-52中，起居室设计以利希坦斯滕的画作装饰了整面墙，借助饱和的色彩将室内空间的氛围装点得活跃、风趣而俏皮。

3. 极简主义

极简主义是20世纪60年代在纽约和洛杉矶兴起的一个艺术流派，提倡以尽可能少的材料和方式进行创造，放弃一切多余的元素，呈现出简洁的形式空间，强调事物的本质。类似地，极简主义的建筑追求简单的几何形体，拒绝装饰、节省材料、关注环境与美学理念的纯粹。以位于德国莱茵河畔的维特拉研究中心为例，简约的白色混凝土体块与长满樱桃树的院子相协调，利用几何空间的划分将人造环境巧妙地融入自然中（图1.3-53、图1.3-54）。安藤忠雄在这个作品中融合了东方传统的禅宗文化和西方现代的表现方式，表现出平静、简约之美。

图1.3-49 包豪斯衍生的服装设计

图1.3-50 2016年Jil Sander服装设计

图1.3-51 安迪·沃霍尔的《玛丽莲·梦露》

图1.3-52 利希坦斯滕画作装点的室内空间

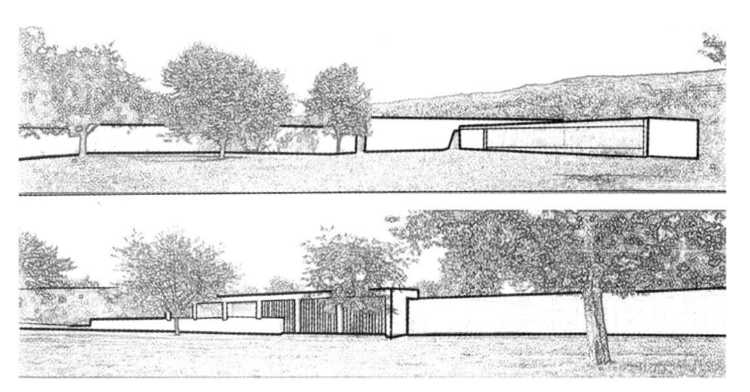

图1.3-53 维特拉研究中心透视图

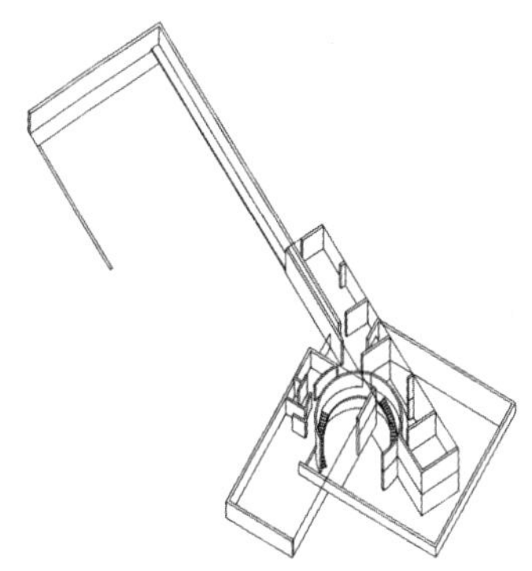

图1.3-54 维特拉研究中心分析图

4．可持续设计

可持续设计（Design for Sustainability）在生态设计的基础上发展而来，除了强调设计作品的生态性和环保性，还重视自然、社会、经济环境的福祉，在建筑、景观、产品、规划设计中有较大的应用价值。可持续设计为我们提供了创新的思维方法，引导我们运用生态技术和绿色建造流程，选择可以回收、降解的材料，在设计的每个环节尽可能降低对环境的破坏，构建良性的生态循环系统。在生态景观设计中，可持续设计理念有利于城市景观的动态发展。比如Zira岛的建筑景观设计，以零能耗和碳中和为宗旨，提供了一个能健康运转的生态系统规划模式。BIG建筑事务所基于Zira岛的七峰剪影轮廓设计出建筑的造型，创造了一个可持续的自然生态系统，以自然的方式引导水、空气、风、热能的流动。同时，Zira岛还营造了舒适的微气候环境，适宜进行各种休闲活动（图1.3-55～图1.3-57）。

5．新媒体艺术

伴随着计算机科学的高速发展，新媒体艺术不仅极大地拓展了艺术的门类和表现的潜力，也为人们带来前所未有的空间艺术体验，从而为环境设计提供了新的创意和可能性。数字时代中的景观、建筑、产品设计，涉及运算、信息、电子媒体、人工智能、虚

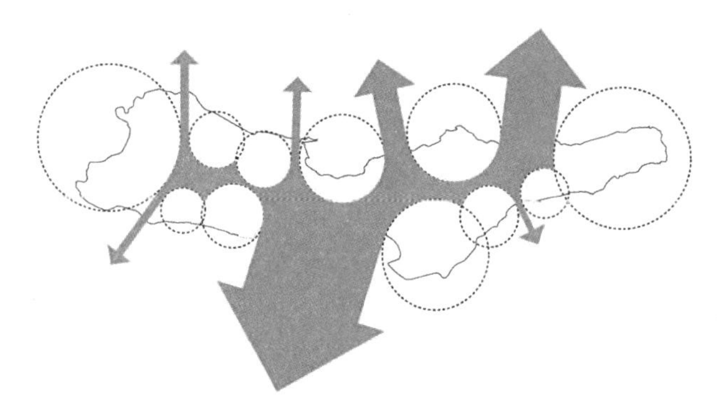

图1.3-55　Zira岛的总体规划（BIG）

图1.3-57　Zira岛透视图

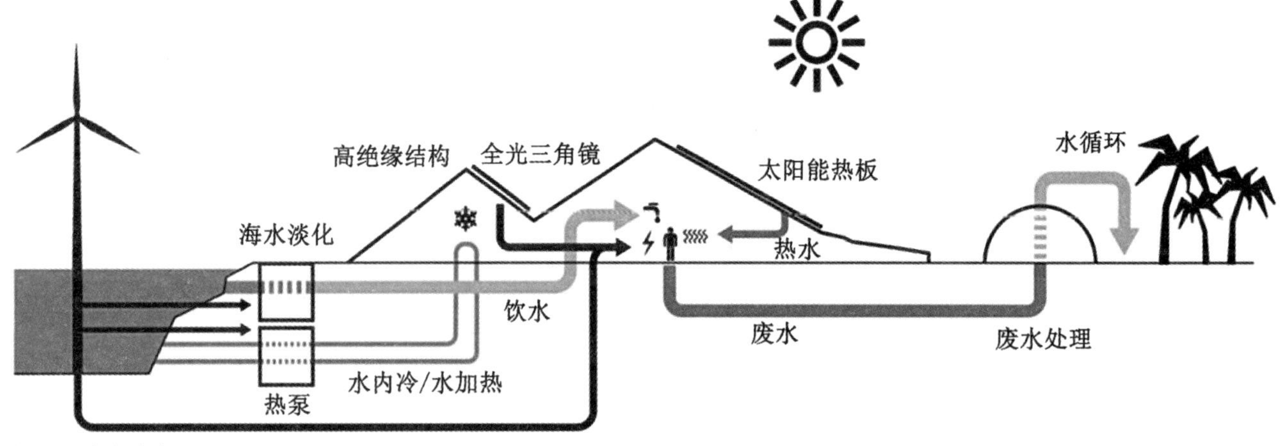

图1.3-56　Zira岛的水循环利用流程

拟现实等议题，表现出更强的虚拟性、公共性、时效性以及交互性（图1.3-58）。新媒体艺术的先驱罗伊·阿斯科特（Roy Ascott）指出，新媒体艺术最鲜明的特质为联结性与互动性。它们并非线性叙事，而是突破了时空的限制，用数据库将全球各地的人联系到一起。这种媒介为使用者提供了强大的空间感知和使用功能，强调公众的主观能动性与参与性。经过使用者和作品之间的互动，改变了作品的形态、光影、音效与质感，从整体上提升了艺术表达的魅力。

（a）　（b）

图1.3-58　teamLab“无界”数字艺术展

1.3.4　历史文化、地域性（自然）条件

历史文化条件包括文化传统、经济形式、社会结构和时代精神等要素；地域性条件包括当地的自然条件和地区的文化因素，如民情风俗、神话传说、生活方式与习惯、工艺与审美观念等。一方面，在环境设计中应该综合考量场地、历史、社会、政治、文化、经济等因素，运用这些因素塑造作品的人文内涵。另一方面，环境设计应该对时代背景下的物质环境、自然条件进行回应，否则环境艺术就会脱离自然和地域条件，无法满足实际需求。

我国幅员辽阔，不同地区的气候条件、自然资源、人文背景差异很大，所以我国古代的建筑在艺术风格、结构形式、建造材料等方面具有强烈的地区特征。比如，一些地区用木材建造房屋，一些地区以石材为建材；多雨的地区屋面倾斜，干燥的地区屋面平缓；寒冷的地区墙壁厚实，闷热的地区建筑开敞；北方的住宅有开阔的院落，南方的住宅有天井；皇家园林恢宏大气，江南私家园林典雅清丽。它们都是特定的自然环境、社会条件的产物。

现代主义大师贝聿铭的作品苏州博物馆继承了苏州古典园林的空间特征，具有典型的地域性。第一，博物馆的建筑群体组织参照了古典园林的院落式布局，建筑师用4个大小不一的院落连接了分散的展厅空间（图1.3-59）。第二，设计师将古典园林的廊道

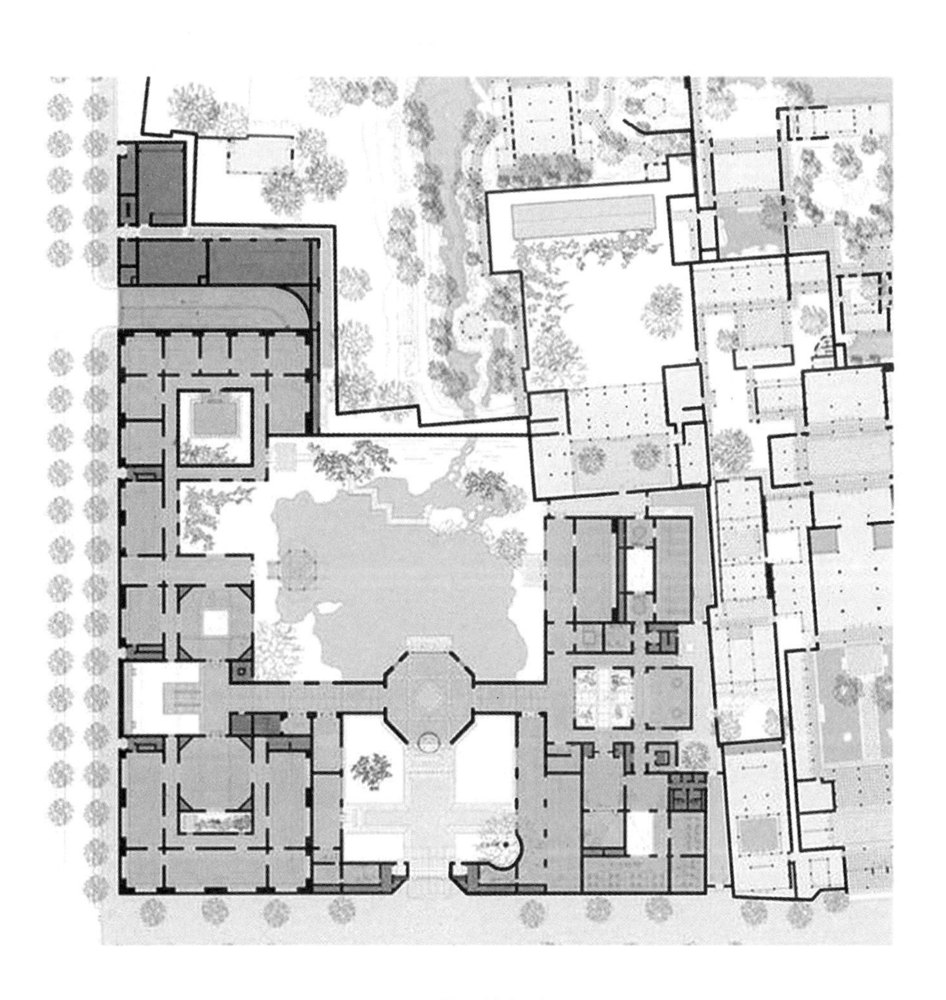

图1.3-59　苏州博物馆总平面图

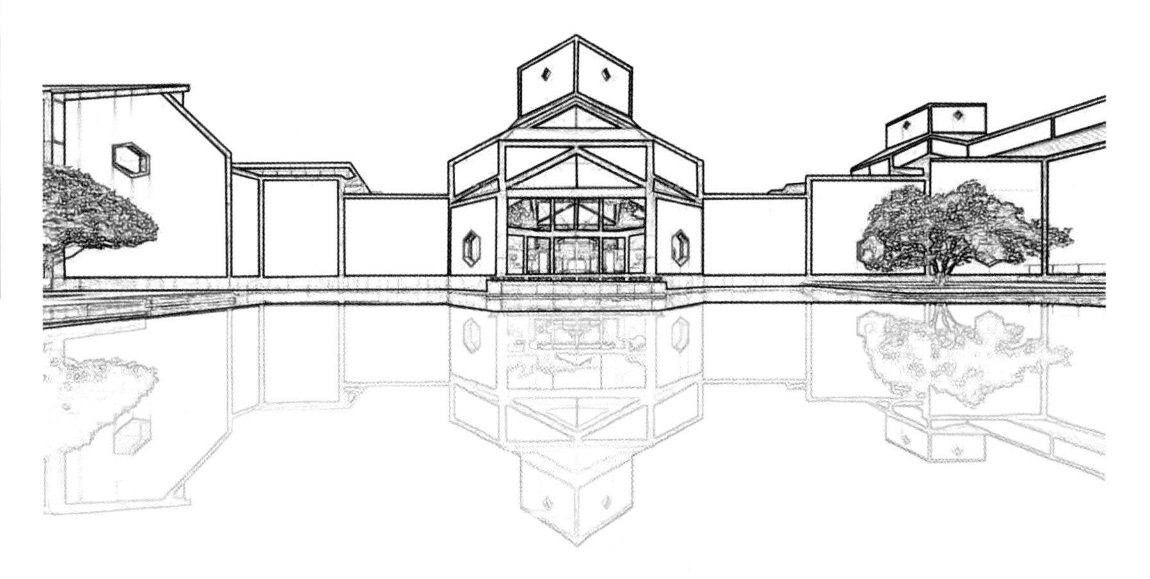

图1.3-60 苏州博物馆透视图

图1.3-61 苏州博物馆室内

图1.3-62 山水花园

作为新馆的脉络，联系不同的庭院和展厅。第三，博物馆的外观借鉴了苏州传统民居的白墙黛瓦以及木构的梁柱体系。建筑师在此基础上展开创造性的简化，用灰色的装饰线代替传统的木梁，婉约而舒朗（图1.3-60、图1.3-61）。第四，博物馆以现代的建筑语言转译了古典园林的造景元素，包括水、假山、小桥、亭台、竹林。其山水花园选用泰山石片来营造山水图卷，并用白色的墙壁作为背景衬托出灰色、棕色的山峦（图1.3-62）。

巴格斯（Gregory Burgess）设计的澳大利亚卡塔丘塔文化中心位于乌鲁鲁国家公园中，周边是无垠的红色沙漠。这里曾经是先民阿那古人的居住地，卡塔丘塔文化中心以复古的姿态向游客们诉说先民们的文化、历史与信仰。建筑的平面形态来源于阿那古人在红纱上的手指印，两层高蜿蜒的建筑造型模仿了乌鲁鲁神话传说中两条蛇仙的形态，仿佛是从沙地里生长出来似的（图1.3-63）。建筑的材料是当地生产的泥

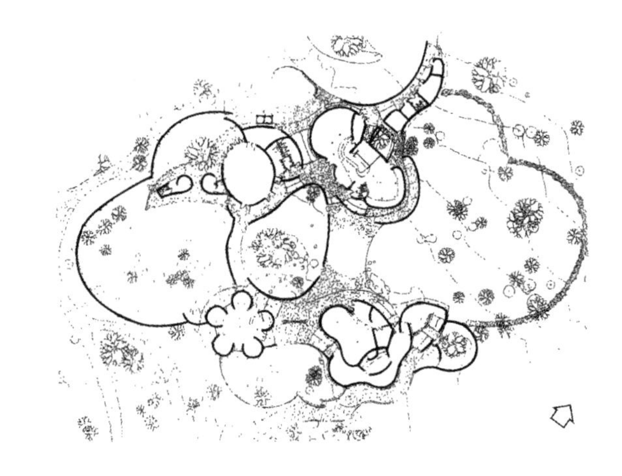

图1.3-63 卡塔丘塔文化中心平面图

图1.3-64 卡塔丘塔文化中心透视图

砖，卡塔丘塔文化中心内的绘画、陶瓷、玻璃、工艺品由当地的艺术家设计制作，展现了独特的乡土艺术风格。另外，这座建筑的遮阳板、天窗、挑檐、镂空砖墙等构造的设计与当地的生态和气候相适应，采用自然通风，并将部分雨水回收利用（图1.3-64）。

1.3.5 材料与科学技术

任何空间的形式和风格都离不开它的结构，而结构总是与材料、科学技术密不可分。材料决定了建筑的尺度、规模、形态、界面、风格、构造等各个方面，并进而影响到更宏观的城市风貌和环境。从使用的角度来看，材料的性质决定了建筑的室内空间形态、采光和界面的效果，从而影响人对建筑的感官。此外，日益进步的施工技术大大节约了建造成本，可用于精确计算建设构件的尺寸，实现精准的对接，建造出多样化的空间和形态。在日常生活中，材料的强度、刚度、脆性、韧性等性能及外观的质感、肌理各有不同。因此在设计的过程中，需要结合设计创意，有针对性地选择合适的材料，进行有效的设计表达。

1. 古代材料与结构

《考工记》记载："天有时，地有气，材有美，工有巧，合此四者，然后可以为良"，意思是优秀的设计作品不仅依托于自然环境，还需要结合合理的材料与工艺。19世纪之前，常见的建筑材料有砖、瓦、木、石等。

（1）砖石结构

将砖石材料按照一定构造方式修筑而成的建筑物被称为砖石建筑。石建筑也是我国传统建筑的重要类型，其发展历史和砖建筑大致同步。我国的石材资源丰富，加上砌筑和建造方式的发展，修筑了大量的石建筑，包括石墓室、石殿、石桥等类型，有着极高的成就。图1.3-65中的山东沂南汉代石墓是典型的石结构建筑，墓室结构由梁、柱、板构成，墙壁上有精美的石雕。

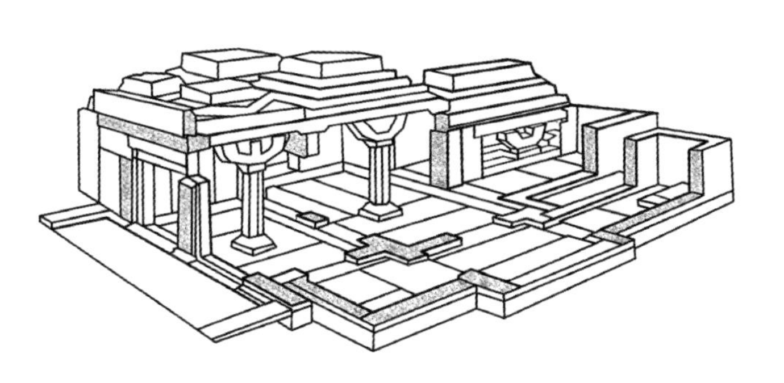

图1.3-65 山东沂南汉代石墓

砖在我国最早出现于西周时期，在春秋时期有用砖的历史。在战国时期制砖技术逐渐成熟，出现了装修用的砖，也留存有最早的砖砌墙体。南北朝时期已经有用砖修筑的佛塔、墓室。汉代的制砖技术有了很大的发展，使用于建筑的基础、墓室、井壁中。唐宋之后的砖结构建筑数量明显增加。明朝的制砖和砌砖技术出现又一次发展高潮。在不同的历史时期，我国使用砖修筑无梁殿、墓室、塔、城墙、拱桥、窑洞，形成了壮观的砖建筑艺术。

（2）木构结构

木材作为一种取材方便、适应性强、抗震性能强、施工方便、加工与建拆简易的材料，被广泛应用在我国传统的建筑中，创造出了丰富而适用的木结构体系。我国木构建筑的历史悠久，在材料选用、平面布局、施工技术和艺术造型等方面都有许多自己的特色，形成了完备的体系，在世界建筑中独树一帜，并影响过其他国家和地区。我国古代木结构大致有下面几种类型：抬梁式（图1.3-66）、穿斗式（图1.3-67）。抬梁式木构架通过

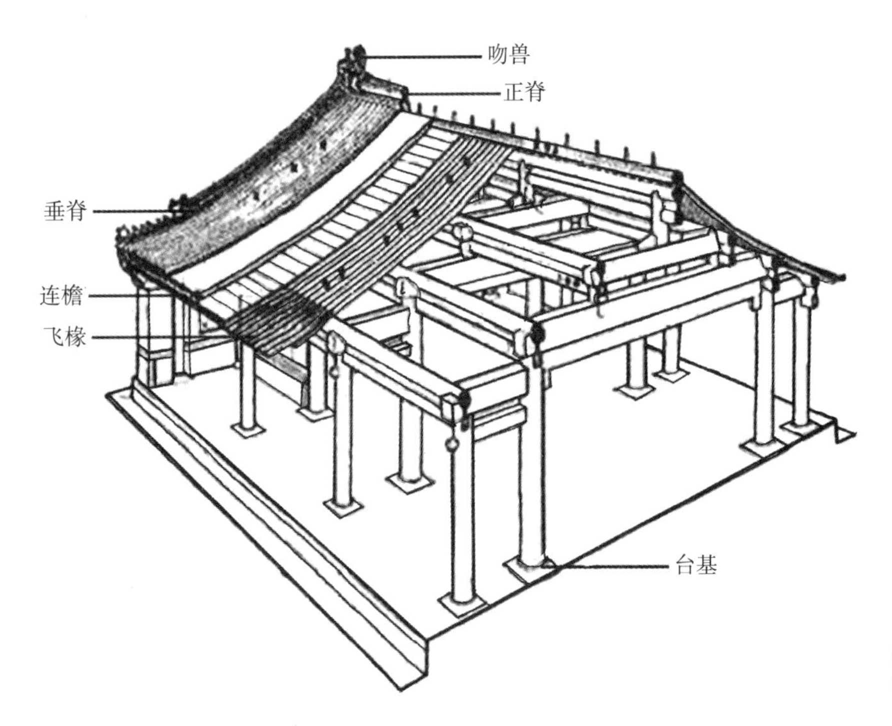

图1.3-66
抬梁式木结构
示意图

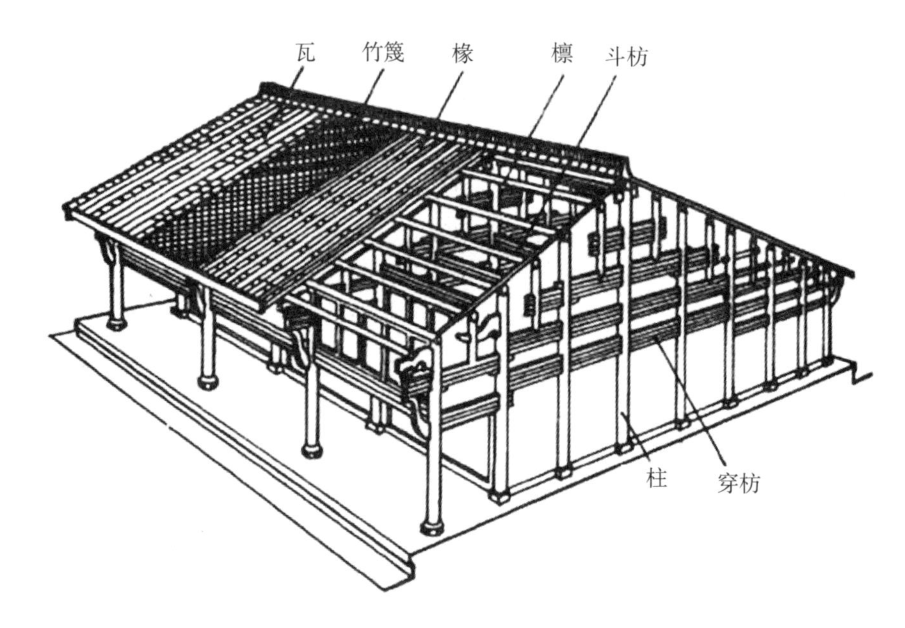

图1.3-67
穿斗式木结构
示意图

增加梁的跨度来增加柱距，营造了宽阔的室内空间，适用于建造宫殿、庙宇，多用于北方地区。穿斗式木结构用料少，整体性好，但是柱子的间距较小，只适合建造面积不大的居室空间，常用于我国南方地区。

2. 近现代材料与结构

建筑材料的发展、结构的创新以及施工技术的提升，给予了建筑设计更多的自由度和个性，为现代环境空间设计提供了物质基础。

第二次世界大战后，随着社会生产力的提升，新的高强度钢材、混凝土、钢化玻璃等材料被大范围应用，解决了更为复杂的结构问题。建筑的跨度和高度得以扩大，自重得以减轻，产生的大跨度结构包括悬索、空间网架、薄壳、折板、塑胶充气等结构形式。大跨度结构的应用，使得建筑艺术形式的塑造更加灵活，且能够提供面积更大的使用功能。另外，一些强度高、自重较轻的新材料被用于建筑的结构中，从而能营造更为丰富的空间。例如铝钛合金、高强度玻璃等，在当代先进技术的支持下，可以被加工成设计师所需要的造型，为实现室内外空间一体化提供了构造上的支持。

（1）钢材

19世纪中叶开始在建筑中使用钢材，到了20世纪钢材已成为工业社会中最普遍的材料，也许就像J.E.戈登所说的，它在一定程度上“促使了手工艺技术成分化”。钢材价格的大大降低，推动了建筑中钢结构设计的流行，它的大量应用改变了建筑形象及高度，并进而产生了新的城市景观。钢材不仅使高层建筑成为可能，还让建筑的墙壁变得更薄，体量变得更轻盈，摩天楼的概念也由此诞生。1940年代的芝加哥高楼林立，改变了城市景观，城市人口密度也大大增加了（图1.3–68）。

钢材不仅使得建筑更高，也使得其室内空间跨度更大，而其中不需要任何柱子，1889年巴黎世博会巨大的机械馆至今被赋予世界最大净跨度钢结构的美誉（图1.3–69）。机械馆巨大的三铰链拱由建筑师泰特和工程师塔曼设计，其长度为420m，跨度达到114m，拱端着地点栓接固定，造型宏伟完整。

（2）玻璃

1959年，新型“浮法玻璃”工艺已经开始使用，到了20世纪80年代中期，绝大部分薄

图1.3–68 芝加哥摩天楼城市景观

板玻璃的生产也都已使用浮法玻璃工艺。肯·沙特尔沃思在英国威尔特郡设计的新月住宅开创了玻璃应用的先河，为住宅安装了落地的玻璃幕墙（图1.3-70）。

玻璃和钢筋使得建筑立面的窗户面积更大，室内自然采光更好，人们在室内可以进行更多的活动。另外，技术材料的革新带来了空间类型和形式的丰富，诞生了室内体育场、城市综合体、购物中心等建筑类型，从而对社会经济体制产生了巨大影响。比如，建筑师诺曼·福斯特设计的德国国会大厦玻璃穹顶融合了古典和现代，独树一帜。穹顶采用高科技控制室内的采光、通风、气温，以现代的材料和技术更新了德国国会大厦古典主义的建筑风貌，成为柏林的新地标（图1.3-71）。新加坡滨海湾金沙购物中心使用了大面积的玻璃幕墙，室内空间非常高敞明亮，人们可以透过玻璃幕墙看到壮美的海景（图1.3-72）。

（3）混凝土

第二次世界大战后，以钢筋混凝土为材料的框架结构得到了广泛的应用，不仅提高了建筑的层数，还使内部空间的划分更加灵活，为设计师们的创造力和想象力提供了极大的物质支撑。

举例而言，悉尼歌剧院被称为混凝土的艺术，洁白而巨大的贝壳形尖屋顶分为三组，架设在一个大平台上（图1.3-73）。这些贝壳由2194块弯曲形的混凝土预制件组成，用钢缆拉紧拼接。巴黎联合国教科文组织总部的梯形会议楼以混凝土为材料修筑，其正立面由瓦菱形前壁组成，屋顶布置一系列的折板，结构具有整体性、强度感和轻盈感（图1.3-74）。同样地，路易斯·康设计的萨尔克生物研究所以现浇混凝土为主要表现材料，使用装饰百叶窗来丰富建筑立面。实验室的外墙与建筑立面形成一定的角度，因此，每个实验室的窗口并不是正对庭院，而是朝向太平洋（图1.3-75）。

（4）新型复合材料

随着建筑规模的不断增加，材料和构造的轻量化成为主要的趋势，轻量化的纤维复合材料及其结构得以普遍使用。玻璃纤维和碳纤维复合材料的应用最为广泛，其轻便性和灵活的可塑性不仅使其更便于拆卸和组装，而且更便于造型，从而能创造出前所未有的

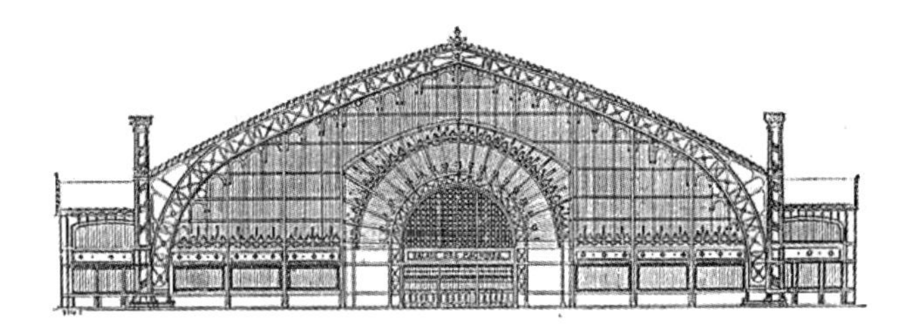

图1.3-69　巴黎世博会机械馆

图1.3-70　英国新月住宅

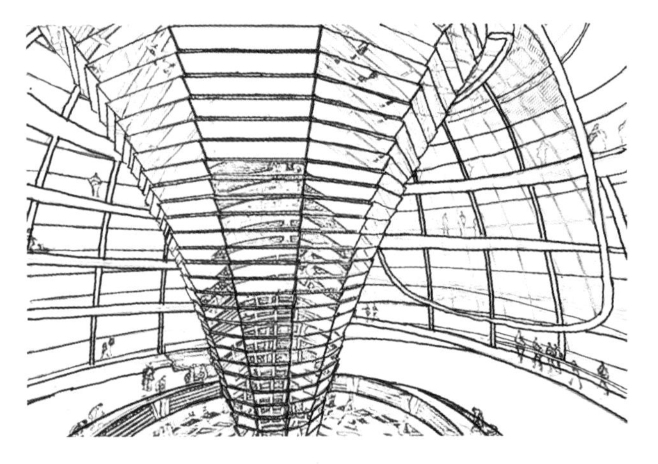

图1.3-71　德国国会大厦玻璃穹顶

图1.3-72　新加坡滨海湾金沙购物中心

图1.3-73 悉尼歌剧院

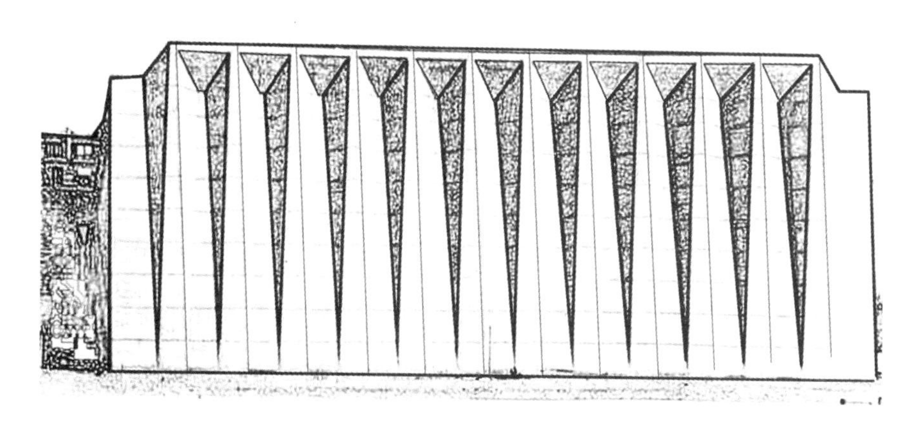

图1.3-74 巴黎联合国教科文组织总部梯形会议楼

图1.3-75 萨尔克生物研究所

建筑和空间形式。在斯图加特大学的材料与文化设计项目中，BUGA碳纤维展亭旨在将这种高度差异化的纤维复合材料系统转化为一种建筑结构，并模拟出类似蜂巢的空间形式（图1.3-76）。

（5）数字设计思维和方法

数字化设计的虚拟性和自由性，使建筑师重新审视传统设计的线性思维体系，引发了参数化设计和算法设计等目前较为时尚的设计理念。这些工具让建筑师们摆脱了笛卡尔正交坐标系的约束，将各种空间要素参数化，并拓展了建筑的非线性理论。随着参数化技术在设计领域颠覆性的革新，参数化设计衍生出一种独特的造型风格，并逐渐应用在建

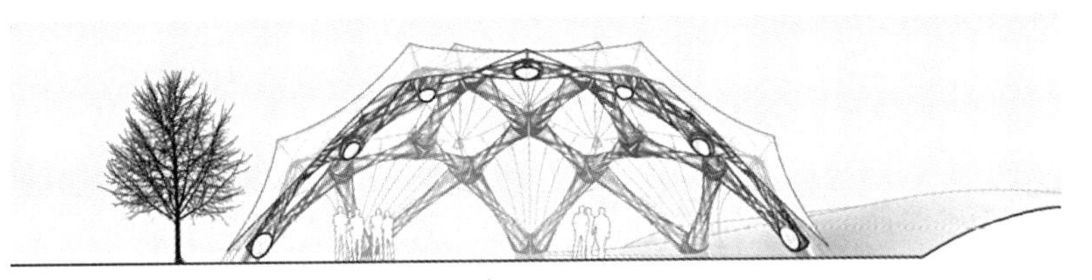

图1.3-76　碳纤维复合材料装置艺术

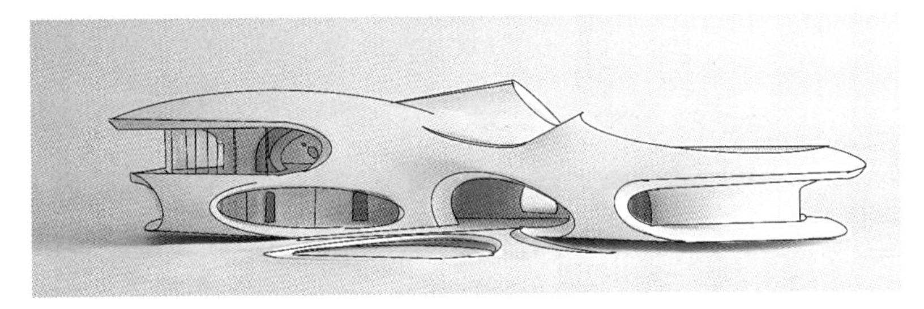

图1.3-77　海口云洞图书馆透视图

图1.3-78　海口云洞图书馆室内

筑、室内空间、服装、家具等设计中，为造型风格方面带来了巨大的影响，也推进了室内外空间的一体化概念。数字化的非线性设计使得建筑空间与形态建筑的界面动态相连，空间的形态柔化甚至呈液态化趋势，空间的动态感极强，室内外空间有机地联系成一体。海口云洞图书馆运用参数化设计构思出异形的云洞，在流转的建筑界面中互相交织、贯通，将人的思绪引向大海和云天（图1.3–77、图1.3–78）。

1.3.6　环境行为与心理、情感

环境设计的最终目的是服务于人，供人使用或愉悦情绪等。在日常生活中，景观环境和人的行为是互相影响的，人类在感知、适应、利用和改造环境的同时，也影响到了人类自身。对于使用者而言，噪声作用、空间使用、人际空间的距离、人际交往的密度、城市环境的体验，都是环境作用于人，从而影响其行为心理的重要因素。同样，人对于环境的感觉、认知和体验也极大地影响甚至决定了空间的形态、组织、效率、尺度、材质、结构等。因此，人的行为与环境的关系处于矛盾的两个方面，其相互转化的结果可能构成不同的空间模式。对使用者行为心理的研究可以解释人与环境之间的相互作用，从而将这方面的知识应用到环境条件的改善中，提高人们的生活质量。在这种“环境–行为–心理”的研究背景下，环境空间营造以人性化和情感化为导向，从公共空间的设计到公众互动体验方式的考量，都关注了使用者的行为、心理及情感等方面的需求。

1. 情感的形式

从环境心理学的角度来看，无论是愉悦还是不愉悦的环境刺激都提高了人的唤醒水平，表现为快乐和不快乐的情绪变化。人在各种活动场景中所产生的情绪与人的需求和欲望相关，还与行为活动的类型、环境条件的氛围等因素相关。为了解释环境、行为、心理之间的关联，可以从形式、强度两个维度来衡量情感的价值，通过发挥各种情感的积极效应，为环境与人的行为活动建立积极的互动模式。

人本能地追求快乐，微笑是表达快乐常用的表情，可以通过衡量微笑的频率来评

价快乐的高低程度。在麻省理工学院建校150周年之际，MIT Media Lab发起了“微笑秒表”计算机视觉系统，引导校园里的学生参与互动，自动识别、计算学生们的微笑（图1.3-79）。10周的时间内，在麻省理工学院校区A、B、C、D4个不同的地点，途经的学生都能与系统进行互动。在交互屏幕上，如果路人的微笑程度小于50%，就显示黄色的脸；如果路人的微笑程度超过50%，就显示绿色的脸。网站上用不同的可视化图表展示了调查结果，底部的秒表展示了每个地点平均的微笑指数（图1.3-80）。在300人的调查问卷中，参与的观众表示，这个装置使他们比往常微笑得更多了，也帮助他们短暂地营造了更加和谐的社交氛围。定量分析表示，学生们在周末、校园活动期间、毕业后的微笑次数更多，在考试期间微笑得更少。

人的情绪和主观感受不仅对于心理健康非常重要，还对行为表达、人际关系、空间使用模式有很大的影响。在不同的时间和场所，各种性质的情绪状态都应该被正确地对待，转化为合适的社交纽带，引导建立健康、理性的“环境-行为”关系。在美国匹兹堡的山顶南社区，许多的非洲裔美国儿童因为社会政治权利的剥夺而受到了心理的创伤。2016年，美国杜肯大学的社区研究小组发起了《街上的目光》（Eyes on the street）影音展览，邀请25位7～12岁的非洲裔美国儿童运用电子照片来表达他们对于生活街区的感情。研究者为孩子们介绍了恐惧、愤怒、悲伤、幸福、感恩等情绪表达的功能，让孩子们通过电子屏幕上的照片分享自己在社区中的生活时光，鼓励孩子们勇敢地表达情绪，从而保护自己的权益（图1.3-81）。该项目作为一种心理创伤的治疗干预措施，为青少年创造了自信表达的空间，让孩子们运用图像来宣泄情绪，维护了社区的安全感和正义感。

2. 个人空间与人际距离

根据空间关系学，人与人之间的距离常常会影响生理及心理的舒适度，因此，人际交往需要保持适当的距离。研究者将个人心理上所需要的最小空间称为“个人空间”，并

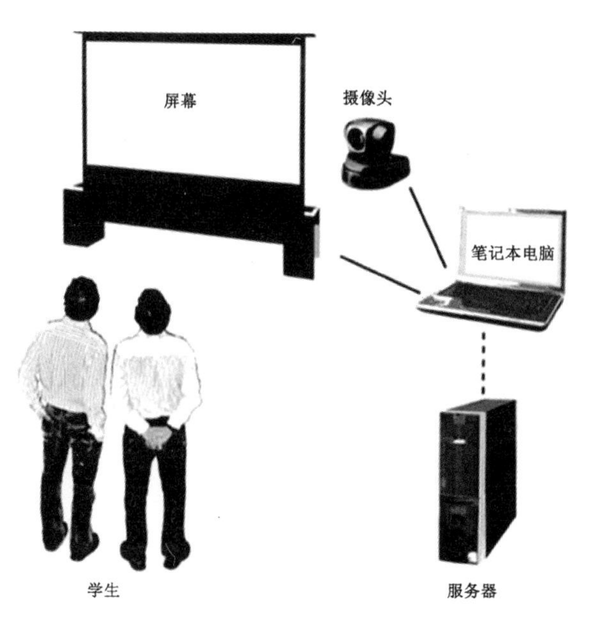

图1.3-79 “微笑秒表”装置示意图

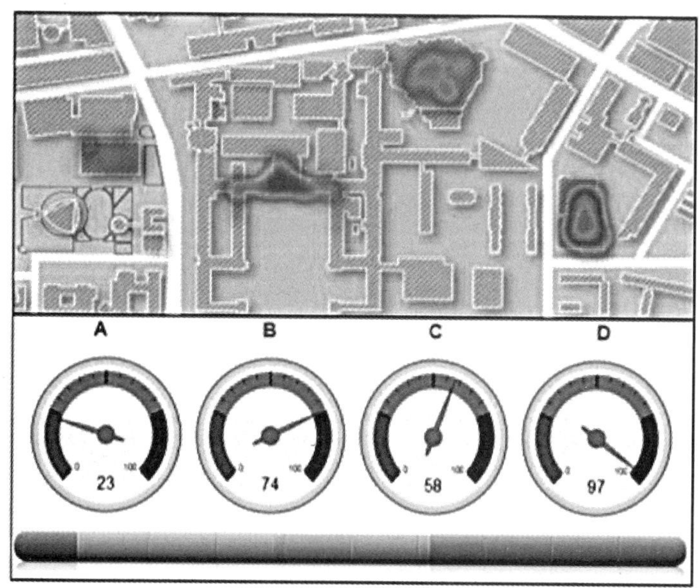

图1.3-80 MIT“微笑秒表”
A：大学生活动中心的入口；B、C：两个主要的景观廊道；
D：教学区前的广场。

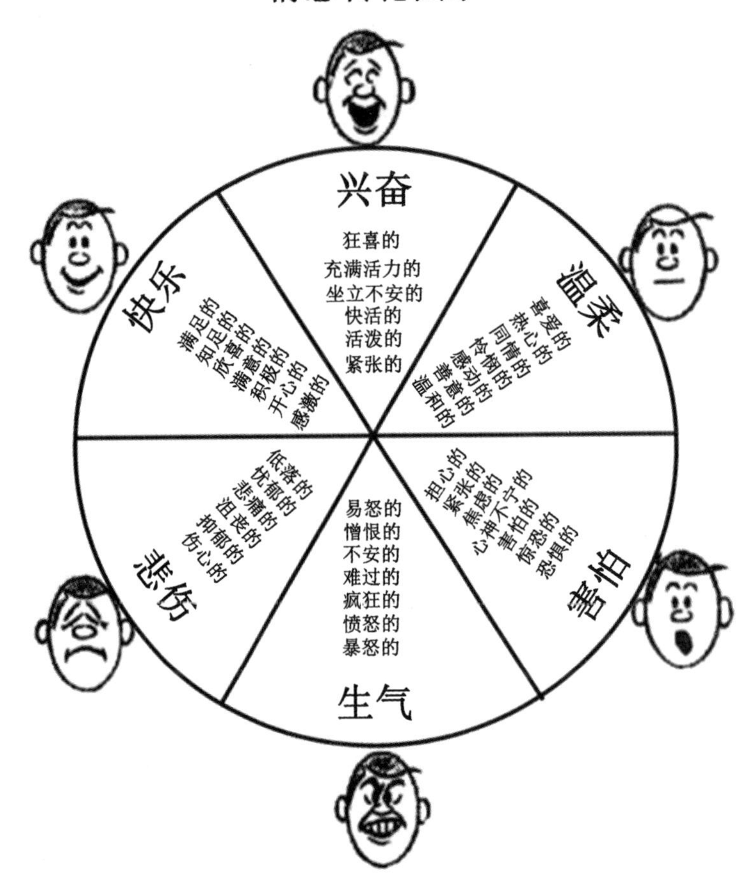

图1.3–81　街上的目光（Eyes on the Street）

且用一个气泡模型来度量这种距离，这个气泡由腰部以上的圆柱和腰部以下的圆锥组成（图1.3–82）。这个气泡因人而异，它的尺寸和人的心情以及环境有关，能随着不同的场景膨胀或者收缩。当个人空间大于使用者所需要的空间时，他就会感到空虚和孤独；当个人空间小于使用者所需要的空间时，或者当气泡的空间范围受到干扰或侵犯时，他就会感到烦躁不安。可以看出，个人空间是连接个人和环境空间最直接的空间尺度，有自我保护的作用。个人空间的大小受到情绪、人格、年龄、性别、习惯、环境因素等多方面的影响。

人际空间的距离远近是环境行为研究的重要内容，人际距离决定了交往方式以及空间布局。美国著名心理学家霍尔将人际距离划分为4种：密切距离、个人距离、社会距离和公共距离。将0～0.45m的交往距离定义为密切距离，人们在这个空间里能感受到对方的气味和呼吸，适合于进行亲密的交谈或者接触。个人距离为0.45～1.20m，在这个

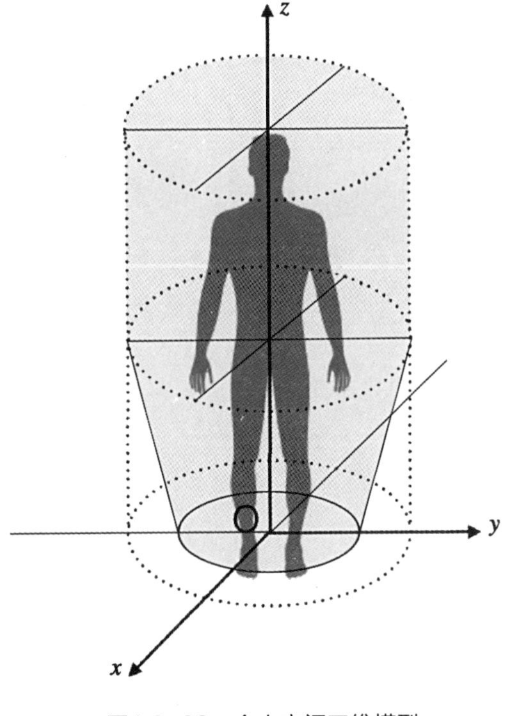

图1.3–82　个人空间三维模型

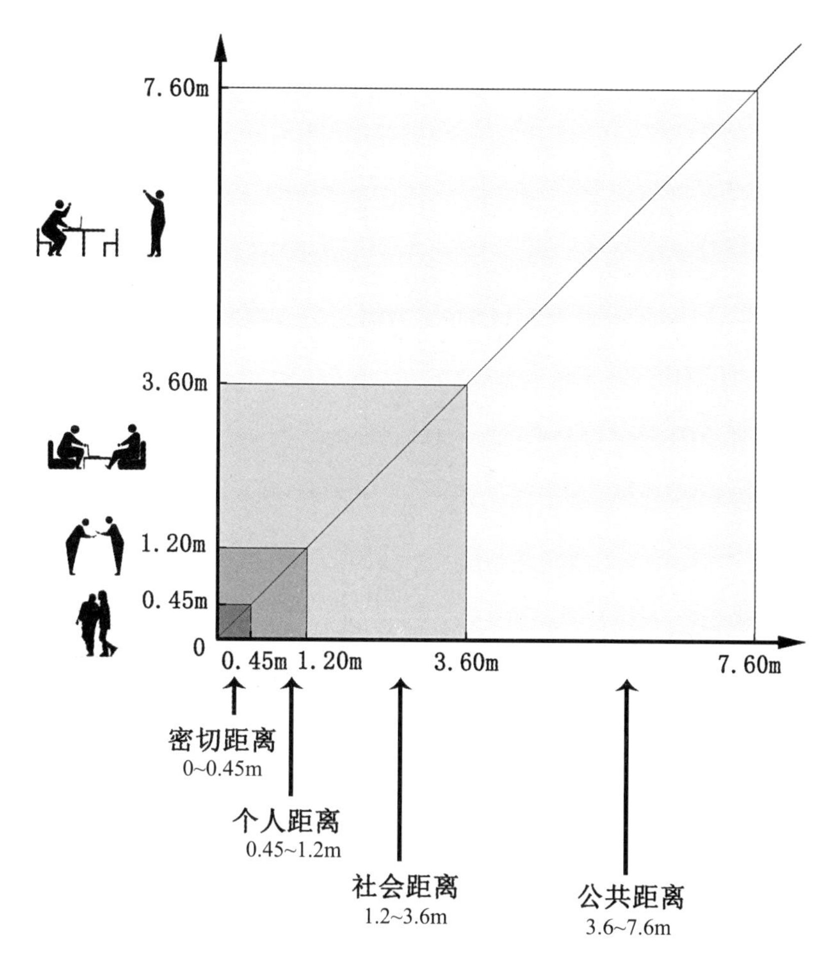

图1.3-83　四种人际距离

范围内可以观察到对方的面部和声音特征，适用于师生、朋友、亲属之间的交谈。社会距离的范围为1.20～3.60m，人们获得的视觉信息减少，无法相互接触，适合进行同事之间的事务性交往。公共距离指的是3.60～7.60m甚至更远的距离，人们无法获得细致的视觉信息，适用于公众正规的活动或者交流场合（图1.3-83）。

如图1.3-84，按照心理空间的概念，每个人都被一个看不见的气泡所包围。人们总是根据亲疏程度的不同，来调整交往的间距。陌生人进入个人空间的气泡，会引起烦躁与不安。而从图中描述的座位占用顺序可以看出，人们总是希望在空间上保持一定的距离。

人们对于空间大小的需求以及人际交往的距离与特定的情境有关，个人空间与人际距离之间也总是有着微妙的联系。与亲近的人站得近些，与陌生人站得远些；在舞厅里与表演的舞伴处于亲密距离内，在图书馆里与其他阅览者保持社会距离；在派对中享受与朋友的近距离交谈，在车站里因为拥挤的人群而焦虑。在后疫情时代，为了避免人际距离不足导致的健康危机，设计师采用巧妙的构思，提醒人们在公共空间保持社交距离。在“空间光谱”装置设计中，将人行走时产生的压力转换成电子信号，并呈现在LED灯垫的各种色彩轨迹中，让该区域内的人们知道最佳的行走路线（图1.3-85）。

因此，研究空间与人的行为之间的关系，有意识地利用人的行为心理特征进行环境设计，才能有相对的设计发展深度。

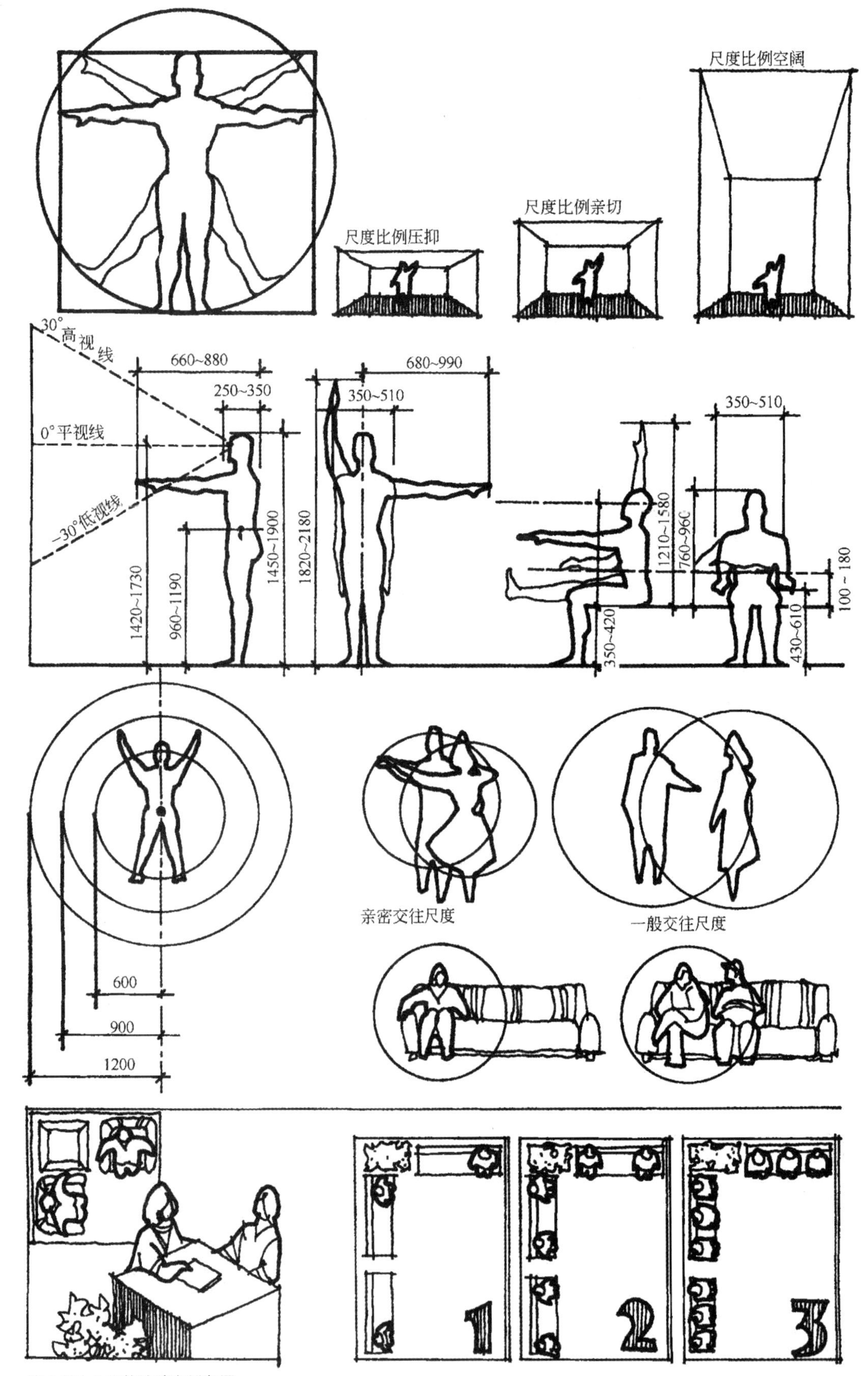

符合行为心理的洽谈空间布局

图1.3-84　人的活动范围与尺度

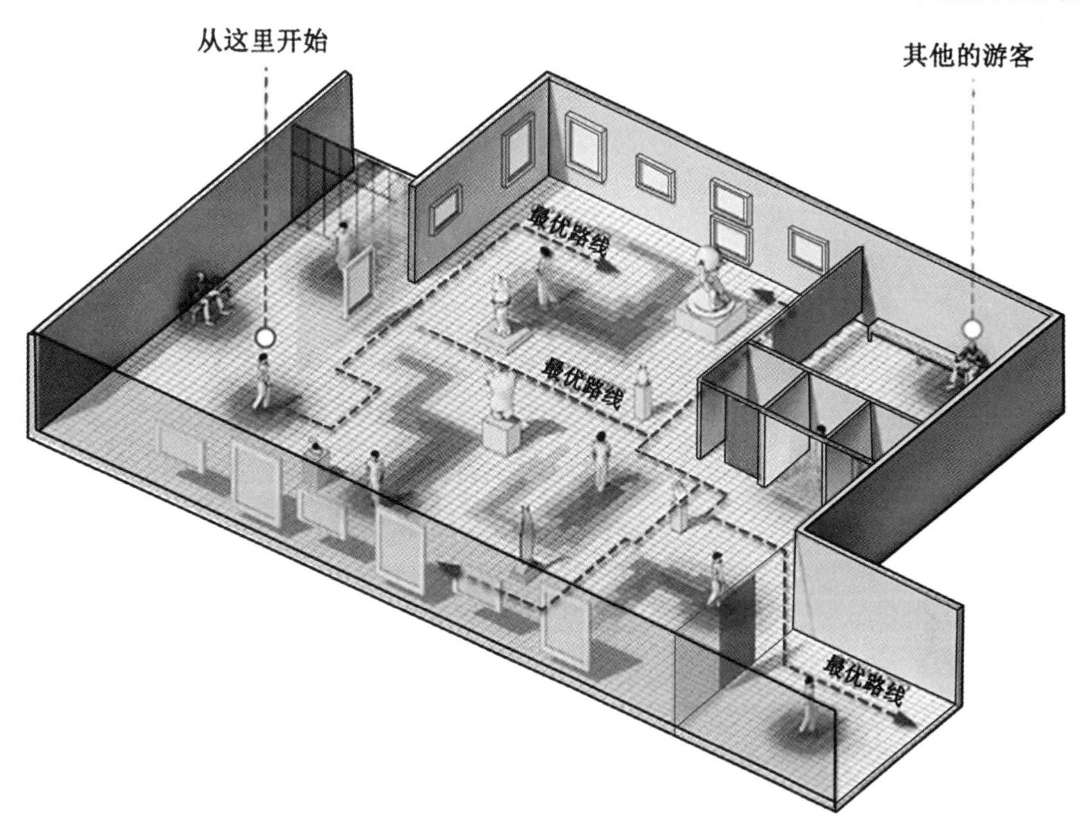

图1.3-85 “空间光谱”装置设计

1.4 基本概念和术语

为了更为准确、清晰地描述和表达相关的专业内容，需要采用特定的概念和术语。环境设计具体工作中涉及的概念和术语较多，可以大致分为以下几类。

1.4.1 组成

首先需要了解构成空间环境的各个基本组成部分，包括基础、墙体、楼地层、附属部件等（图1.4-1）。在建筑结构设计过程中，需要考虑造型、功能、结构、技术、经济等多方面的条件，合理地决定空间构造方案。

1. 基础

基础是房屋的地下构造部分，一般指墙下或柱下的扩大部分（图1.4-2）。它的作用是承受荷载并下传至地基。基础按受力性能分为刚性基础和柔性基础。

（1）刚性基础

刚性基础是指受刚性条件（刚性角）限制的基础。这类基础的材料，其受压极限强度比较大，而受弯、受拉极限强度较小，如砖、灰土、混凝土、毛石基础等均属这类基础。

（2）柔性基础

柔性基础是指不受刚性条件（刚性角）限制的基础。这类基础大多用钢筋混凝土建

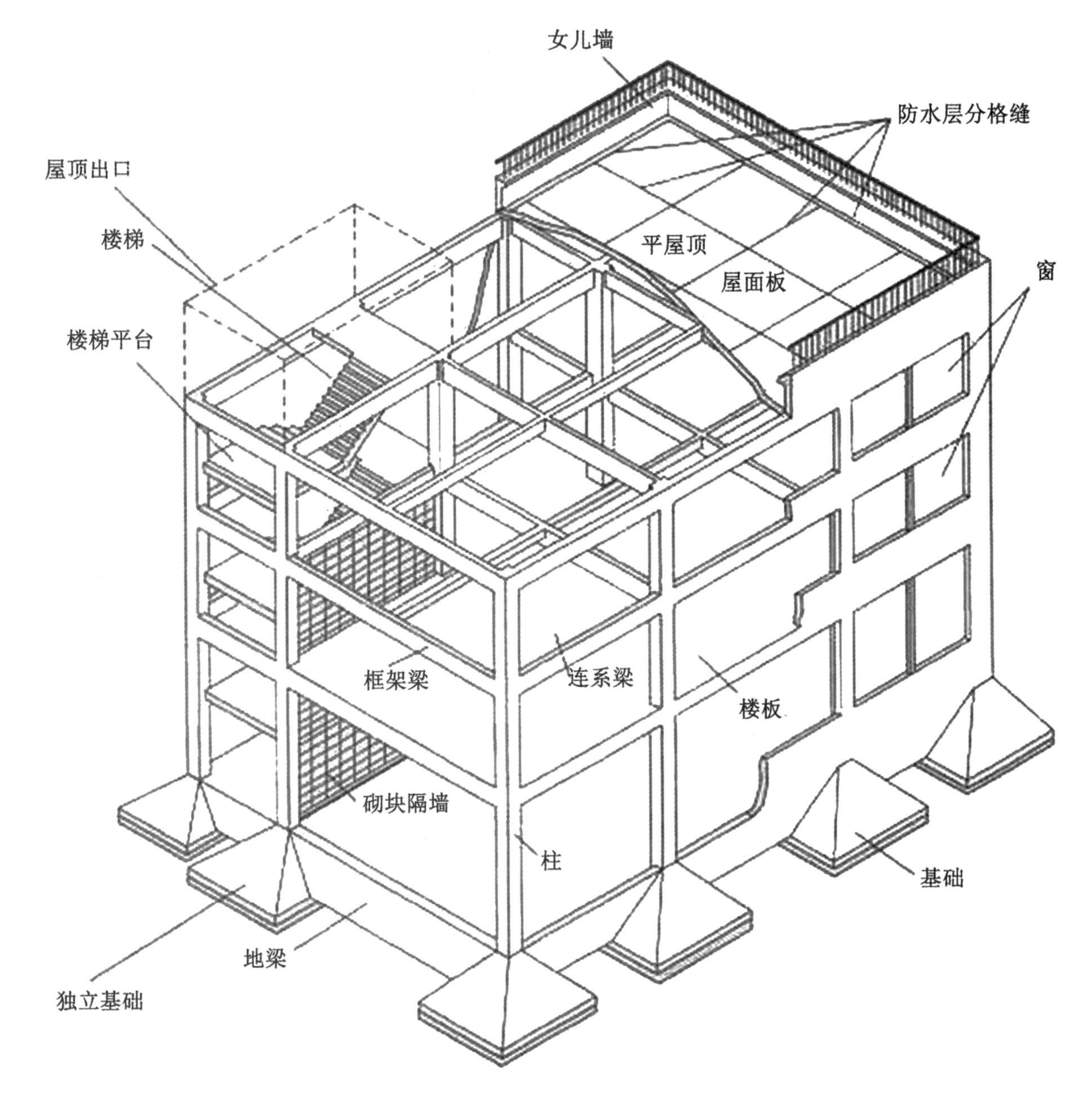

图1.4-1　民用建筑的构造组成

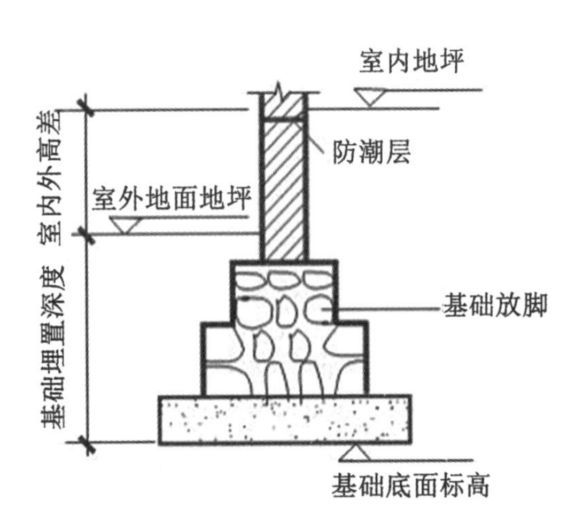

图1.4-2　基础构造示意图

造。由于钢筋混凝土抗弯、抗拉强度都较大，适用于地基比较软、上部结构比较大的情况。当刚性基础不能满足要求时，常采用钢筋混凝土建造的柔性基础。

2. 墙体

承重墙是直接承受上部荷载的墙体，与之相对应，凡不承受上部荷载的墙体叫非承重墙。非承重墙包括自承重墙和框架墙两部分。自承重墙是不承受外来荷载，仅承受自身重量的墙体（图1.4-3）。在框架承重的建筑中，梁和柱组成承重结构系统，墙体仅仅是分隔空间的构件。

墙体主要具有以下三点作用：承重作用、围护作用以及分隔作用。具体而言，承受房屋的屋顶、楼层、人和设备的

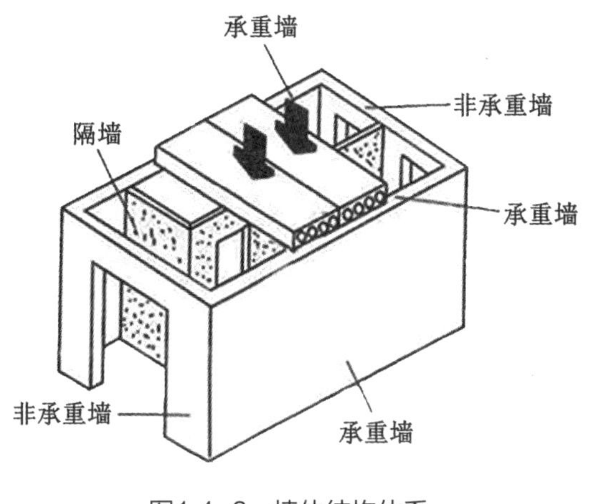

图1.4–3 墙体结构体系

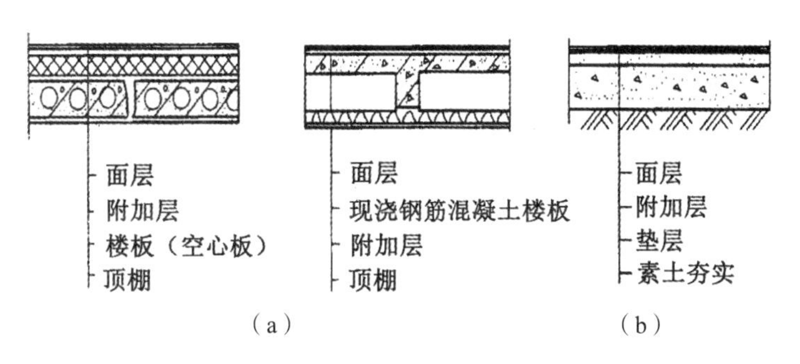

图1.4–4 楼地层的组成
（a）楼板层；（b）地坪层

荷载、自重和风荷载，是承重作用；抵御自然界、风雪雨的侵袭，防止太阳辐射和噪声的干扰等，是围护作用；墙体将房间内部划分为若干空间或小房间，是分隔作用。

3. 楼地层

楼地层包括楼板、梁、设备管道、顶棚等。其中，楼板起到承重构件和围护构件的作用（图1.4–4）。楼板应该有足够的承载力和刚度，它承受人、家具和设备的荷载，并将这些荷载传递给承重墙或者梁柱等承重结构。地坪层是底层与地基之间的分隔构件，将人、家具和设备的荷载传给地基。地坪层起到均匀传力和防潮的功能。

4. 附属部件

附属部件包括楼梯、自动扶梯、门窗、遮阳、阳台、栏杆、隔断、花池、台阶、坡道、雨篷等。

（1）楼梯

楼梯是供人们上下楼层的竖向交通联系部件，在紧急事故时提供安全疏散的功能（图1.4–5）。楼梯由梯段、平台、栏杆扶手3部分组成。楼梯的形式要视室内的空间布局、楼层高低、楼层数、人流量而定，常见的有单跑楼梯、多跑楼梯、双跑楼梯、剪刀楼梯、螺旋楼梯等。

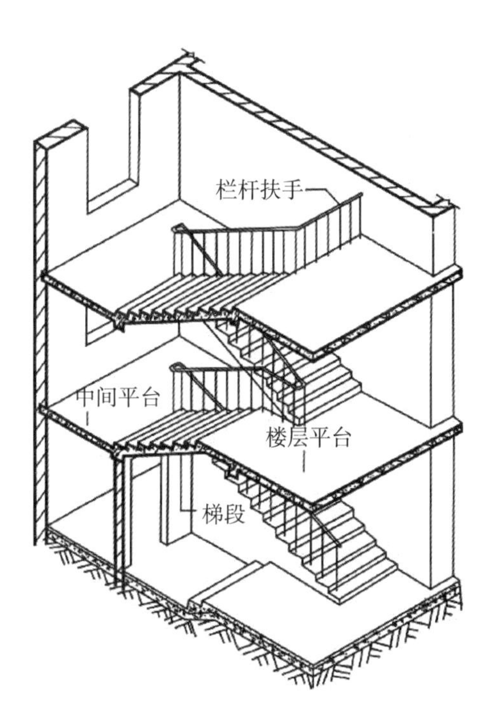

图1.4–5 楼梯的组成

（2）门窗

门窗都属于建筑的围护构件（图1.4–6、图1.4–7）。门是用于分隔室内外空间的构件，具有交通通行、消防疏散、隔声、隔热、防盗等功能。常见的门有平开门、弹簧门、推拉门、折叠门、转门等类型。窗户为室内空间提供了采光和通风的渠道，主要有平开窗、固定窗、悬窗3种形式。

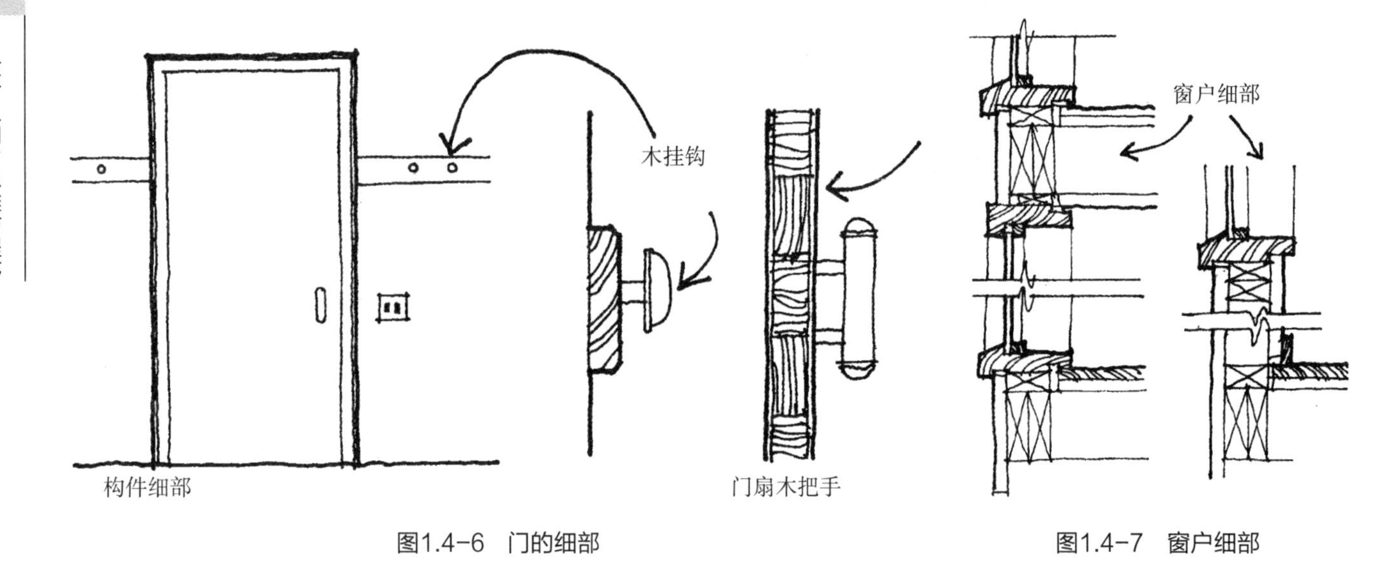

图1.4-6　门的细部

图1.4-7　窗户细部

1.1.2　构造

结构是空间的骨架，承受建筑物的荷载。空间的塑造很大程度上是取决于结构体系的，空间的大小、尺度、形态、采光等，莫不如此。各种结构形式的结构组成、受力特点、布置方式、构造要点不同，要根据建筑空间的外形和室内空间的布局选择适用的结构体系。

1. 梁板结构

梁板结构是人类最早采用的结构体系，主要由墙、柱、梁、板4大部分组成，墙及柱形成空间的垂直体系，承受垂直压力，梁及板形成平面体系承受弯曲力（图1.4-8）。梁板结构的主要特点是厚重、沉稳，但空间局限性大。

2. 框架结构

框架结构一般由竖直的柱和水平横梁组成（图1.4-9）。框架梁的横截面一般为矩形或者T形，一般是水平向布置，也可以布置成斜梁。框架结构降低了建筑物的自重，空间分隔更加灵活、高大。钢筋混凝土框架结构具有可模性好、耐久性好、耐火性好、取材方便、造价低等优点，现代多层和高层建筑多采用框架结构体系。

3. 钢混结构

钢混结构的材料主要有型钢、钢筋和混凝土。这种结构综合了钢结构和钢筋混凝土结构的优点，建筑坚固、耐久、抗震性能好、防火性能好、使用寿命长（图1.4-10）。另外，室内的开间、进深比较大，空间分割也比较自由。因此，钢混结构在多、高层住宅中

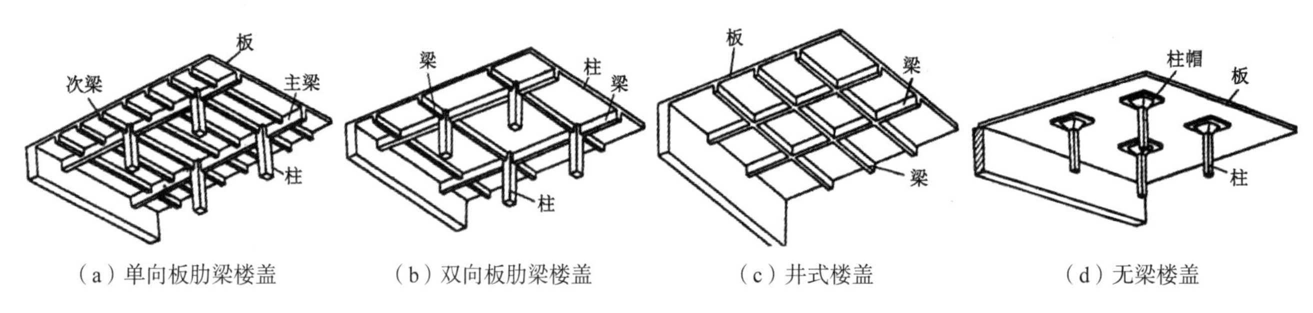

（a）单向板肋梁楼盖　（b）双向板肋梁楼盖　（c）井式楼盖　（d）无梁楼盖

图1.4-8　梁板结构

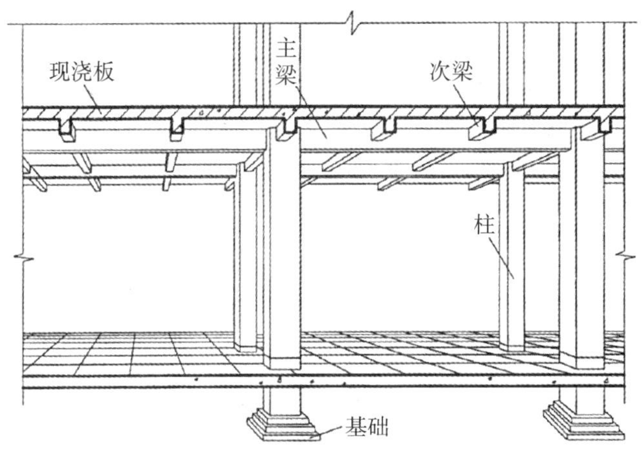

图1.4-9 框架结构

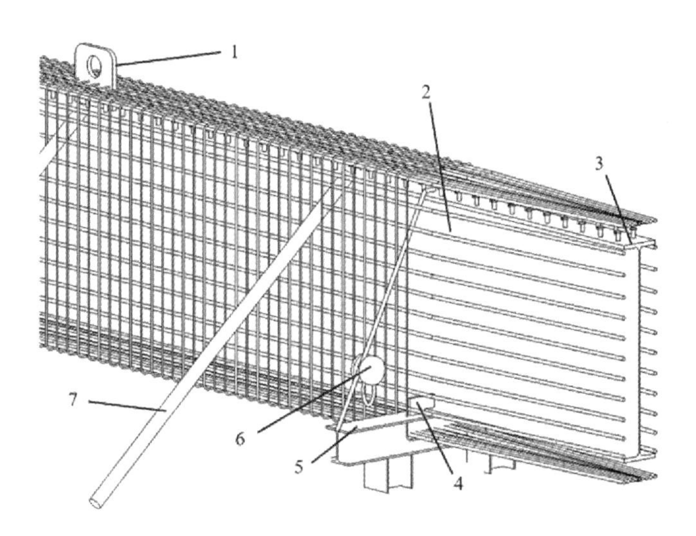

图1.4-10 某大礼堂钢结构与钢筋骨架示意图
1—吊耳；2—梁钢筋；3—H形钢；4—L形夹；5—马凳；6—手拉葫芦；7—斜撑

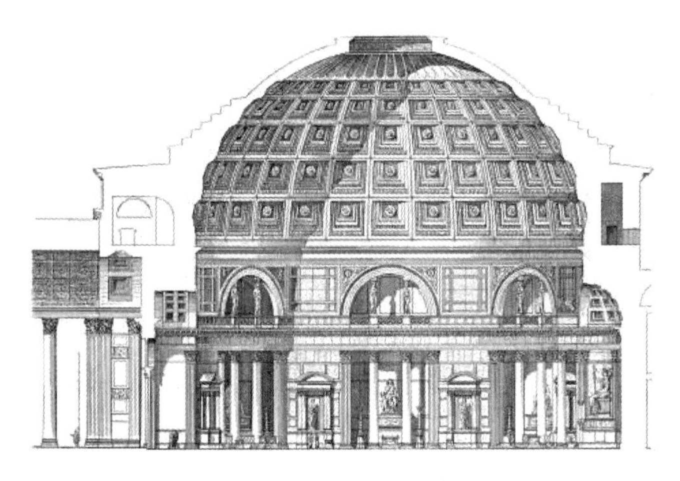

图1.4-11 古罗马万神殿

有广泛的应用。但这种结构工艺比较复杂，建筑造价也较高。

4. 穹窿结构

穹窿结构是一种大跨度的结构形式，建筑的屋顶是由混凝土做成的穹窿。这种结构利用材料的自重巩固造型，半球形的穹窿结构使重力沿周边传递，使得结构稳固。这种结构内部没有柱子支撑，从而获得高大的室内空间，因此，许多教堂、神庙、剧院、车站等公共空间采用此种结构。古罗马万神殿的穹窿顶直径为43.3m，顶端高度也是43.3m，中央有一个8.9m的圆洞（图1.4-11）。穹顶越往上越薄，内部有五圈深深的凹格，从而减轻穹顶的重量。

5. 薄壳、薄膜结构

薄壳结构运用了仿生学的原理，利用钢筋混凝土的可塑性塑造出丰富多彩的曲面薄壁结构，如筒壳、波形壳、双曲壳、半球形壳等。此结构造型奇特，材质轻盈，应力分布均匀，强度高，刚度大。国家大剧院的钢结构网壳东西长轴212.2m，南北短轴143.64m，总高度46.285m，是世界上最大的穹顶。其蛋壳状的拱形曲面可以抵消外力的作用，使建筑更加坚固（图1.4-12）。

薄膜结构的塑形能力强，能通过支撑体系让膜结构形成稳定的曲面，创造出新颖、自由的艺术形式和空间造型。膜结构属于轻质、柔性材料，具有优良的力学性能，透光性强，制作和施工方便，便于清洁。薄膜结构的建筑外观优雅而现代，能提供开阔、明亮的室内空间。北京奥运会的国家游泳中心"水立方"采用ETFE膜材料制作成气枕结构，作为建筑的围护结构，看上去像一个个晶莹的水分子结构。光线能透过膜结构立面漫射到游泳中心室内，让观众接受良好的采光效果（图1.4-13）。

6. 悬挑结构

悬挑结构没有端部的支撑构件，固定端有较大的倾覆力矩。可以采用混凝土结构，也可采用钢结构，空间布置灵活。著名的流水别墅将自然环境和悬挑结构有机结合在一起，层次鲜明，颇具奇险性。建筑师赖特利用钢筋混凝土的延展性设计出

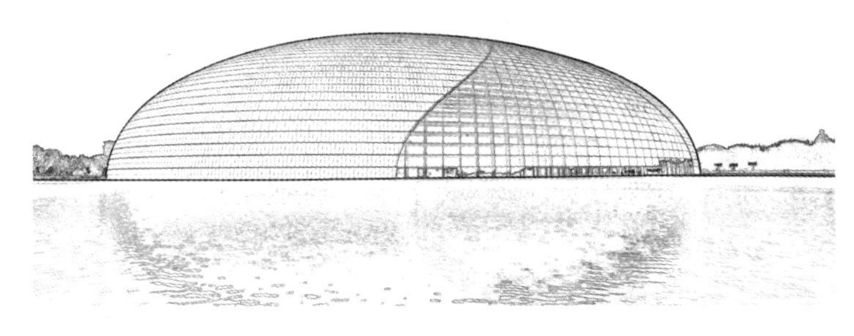

图1.4-12 国家大剧院

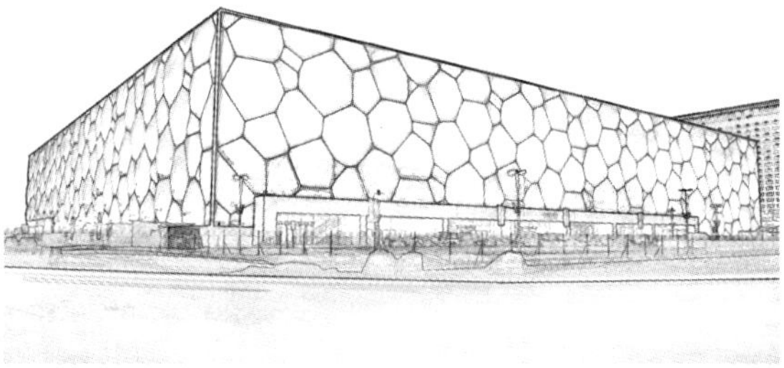

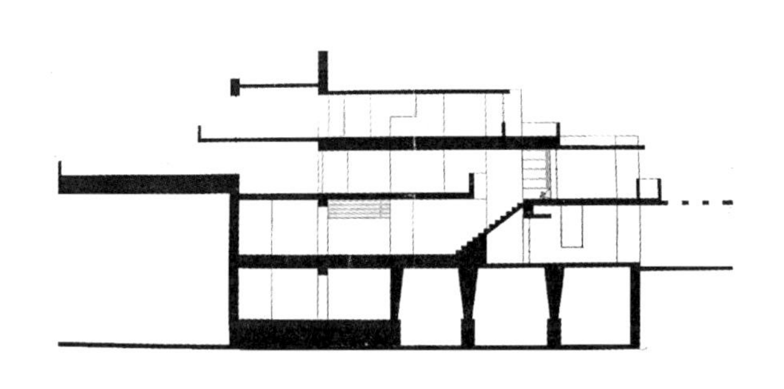

图1.4-13 国家游泳中心“水立方”

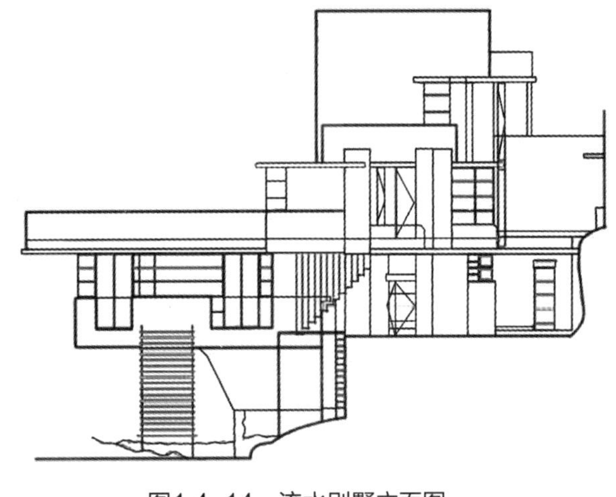

图1.4-14 流水别墅立面图

图1.4-15 流水别墅剖面图

向各个方向出挑的楼板和阳台，上下错叠的一系列平台结构由坚固的混凝土石垛支撑，结构托盘、大梁、混凝土墩与悬崖峭壁牢牢地形成一个整体的结构支撑体系（图1.4-14、图1.4-15）。

7. 悬索结构

悬索结构是20世纪初发展起来的一种大跨度建筑结构，具有造型独特、空间跨度大、采光好、声学效果好的优点（图1.4-16）。这种结构将一系列的受拉钢索悬挂在钢筋混凝土支撑结构上，按照一定规律布置，作为主要的承重构件。日本代代木国立综合体育馆的游泳馆和球类馆都采用了悬索结构和薄壳屋面，屋面结构由中间的桅杆柱支撑，悬索扭曲成贝壳和海螺的形状，体育馆内的空间布局、采光设计和结构体系紧密结合（图1.4-17）。

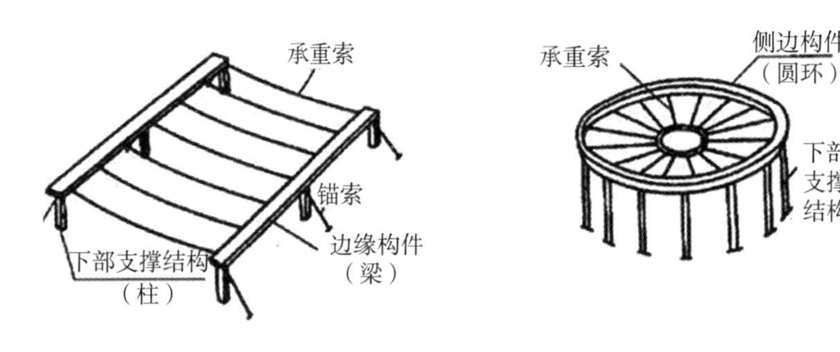

图1.4-16 悬索结构

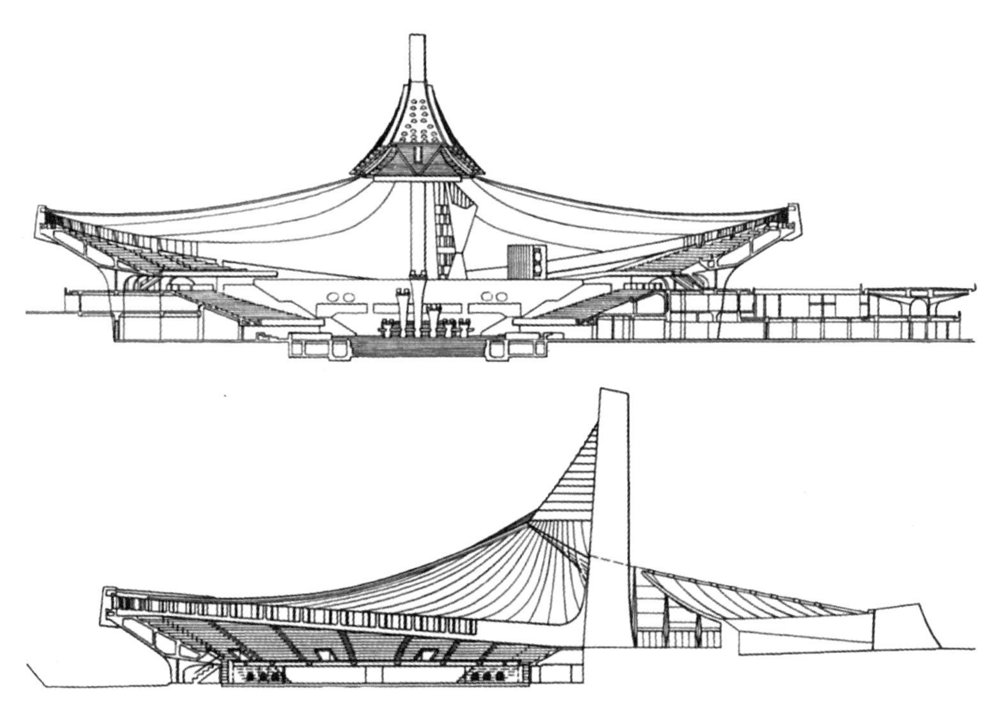

图1.4-17 日本代代木国立综合体育馆

1.4.3 制图

环境设计的制图基本上是由正投影图形成，空间实体可视形象图形有三种基本表达方式供设计者选择：透视图、平面图、剖面图。对于设计者来讲，绘制图形的目的主要在于提供评价的视觉形象，直接在透视图、平面图、剖面图上标注设计者思考的问题，能够使评价决策具有较高的科学性（图1.4-18）。

1. 平面图

为了看到建筑里面各个房间的形状大小及相互关系，还需要假设将建筑物平行于地面剖切一刀，取走上半部再朝下看，这样画出来的图样称为平面图。平面图能科学地反映空间序列、建筑构造、应用模式、功能分区以及比例尺度，是设计者进行图形思维最基本的表达方式（图1.4-19、图1.4-20）。

首层平面图上还应以剖切线明示剖面图的剖切位置、正视方向及剖面图编号，标注各层楼面标高、室外地坪的标

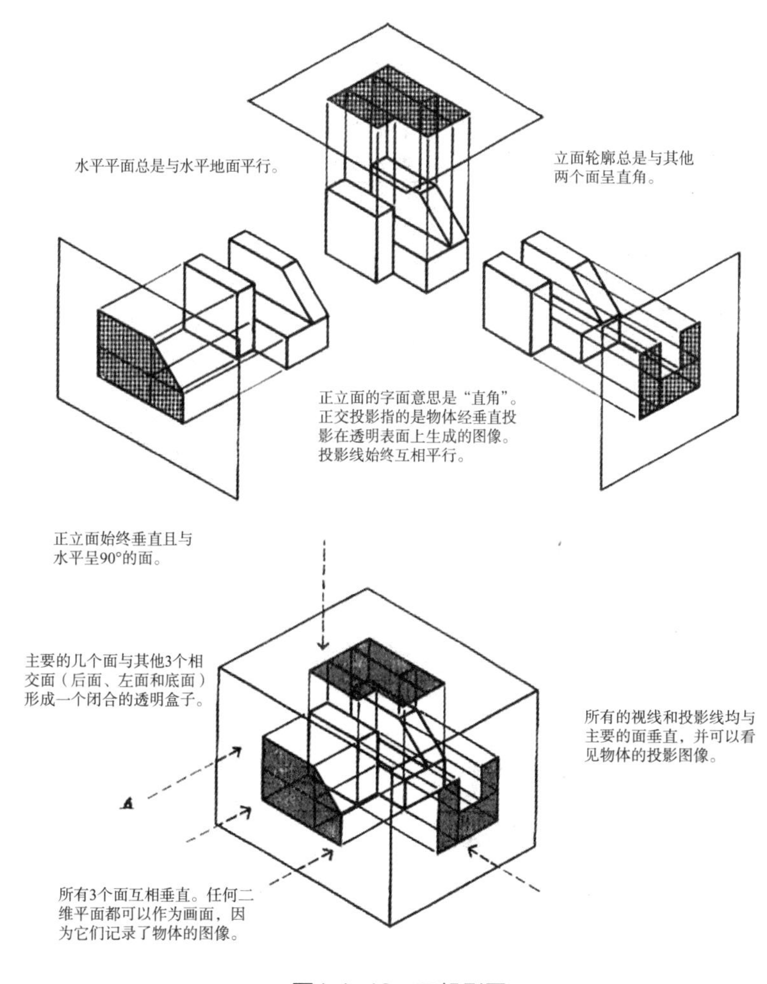

图1.4-18 正投影图

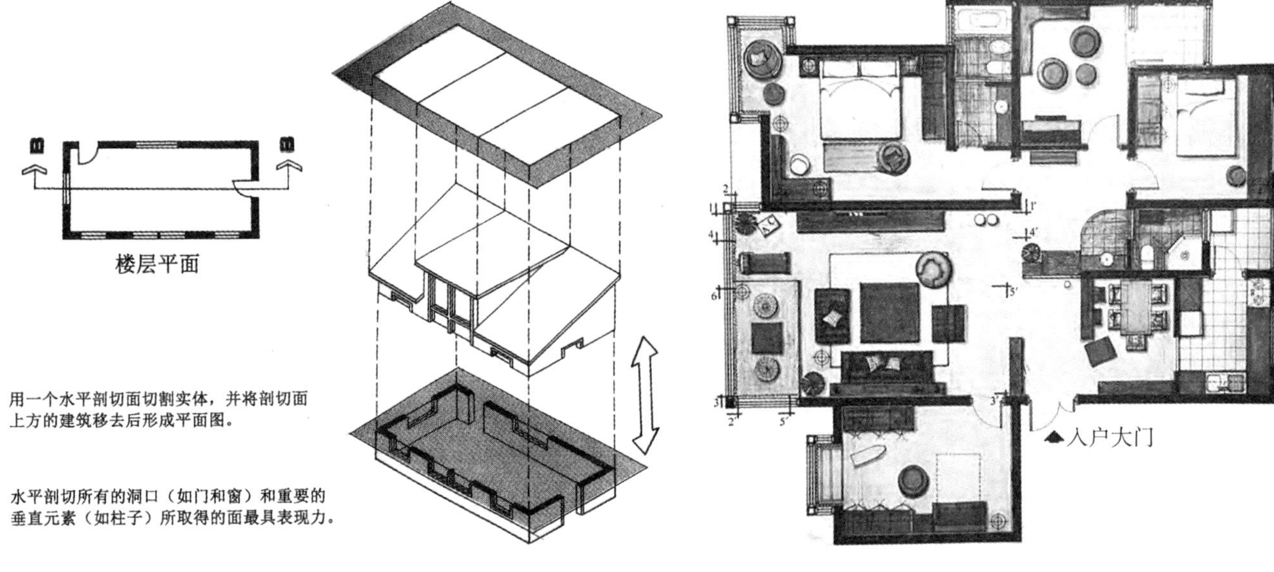

图1.4-19　平面图

图1.4-20　住宅室内平面图

高等，建筑与室外地坪间高差的衔接方式也应在该图上表示。

2. 立面图

从无穷远看建筑正面或侧面所画的图样，称为立面图。立面图着重反映建筑的体量、尺度，以及门窗、入口和檐部、线脚等处的设计，每张图还应标明关键标高，图名和比例。方案设计阶段通常只需要提供2～3个立面图，而主入口所位于的主立面是必选之一（图1.4-21、图1.4-22）。

3. 剖面图

垂直于地面按建筑纵向剖切一刀，取走其中半部分看过去，画出来的图样称为剖面图（图1.4-23～图1.4-25）。用一等线表示结构剖线，包括墙、梁、楼板和屋顶等；用二等线

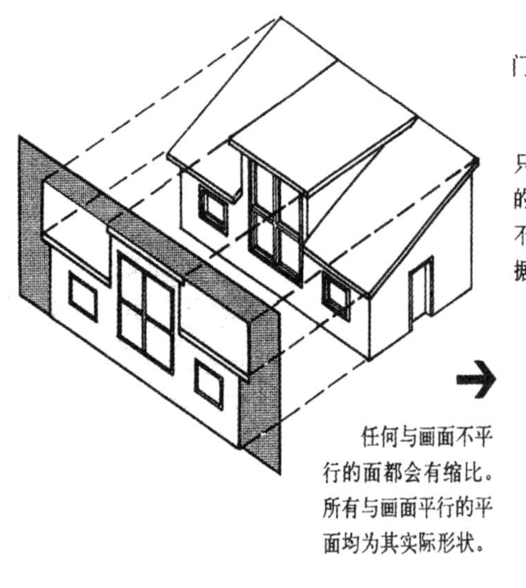

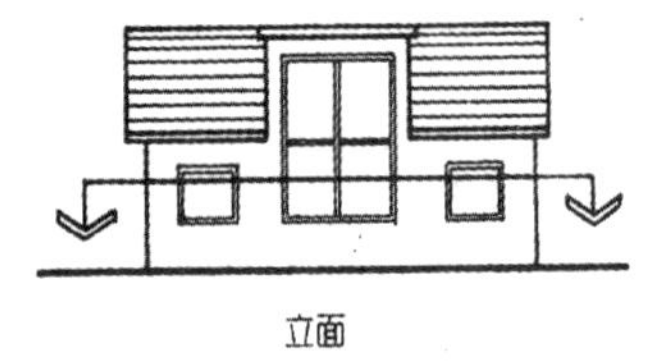

图1.4-21　立面图

概念-立面
（1）平面布置-灵活多变-功能需要与面积有限的矛盾
（2）工作空间较多-轻松、富有活力的氛围-放松心情
（3）立面风格-轻松、温和、适量色彩变奏

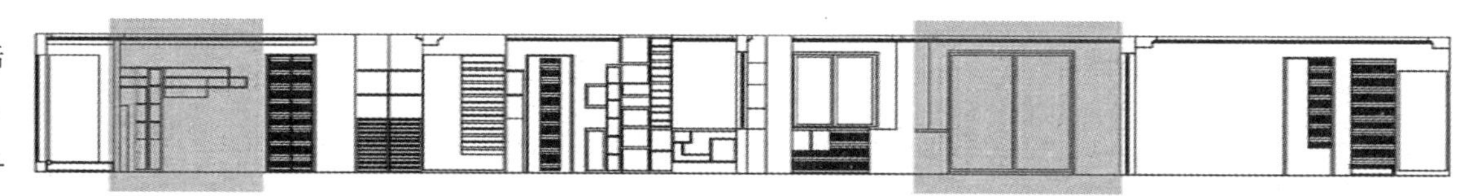

立面的尝试

图1.4-22 室内立面图

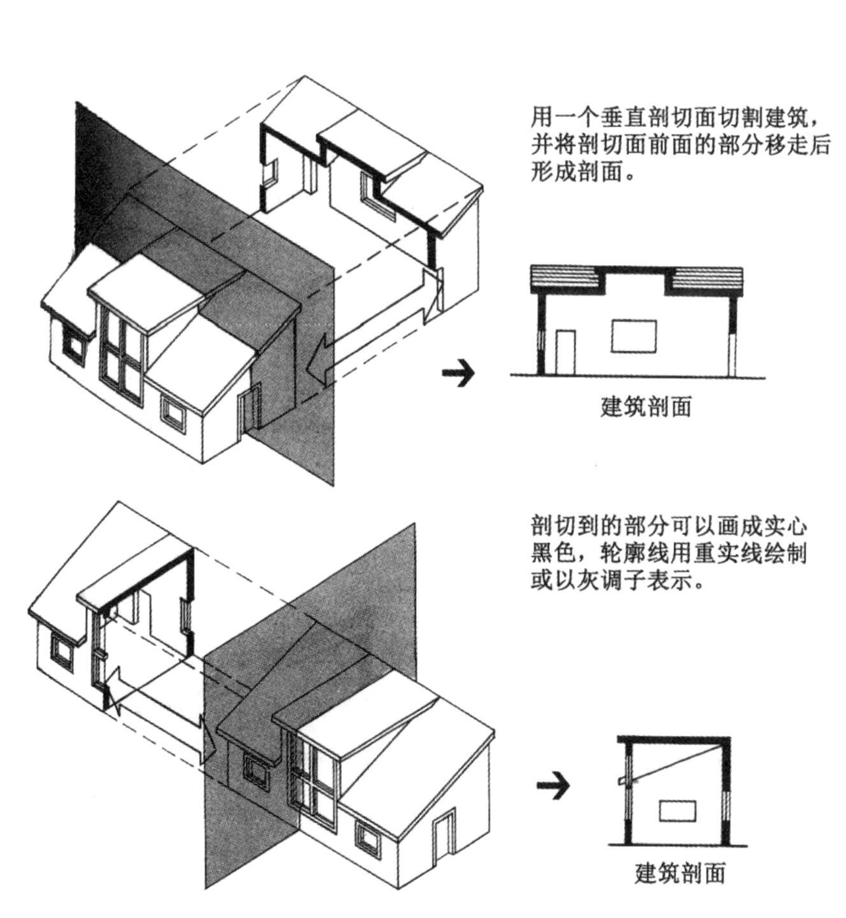

图1.4-23 剖面图

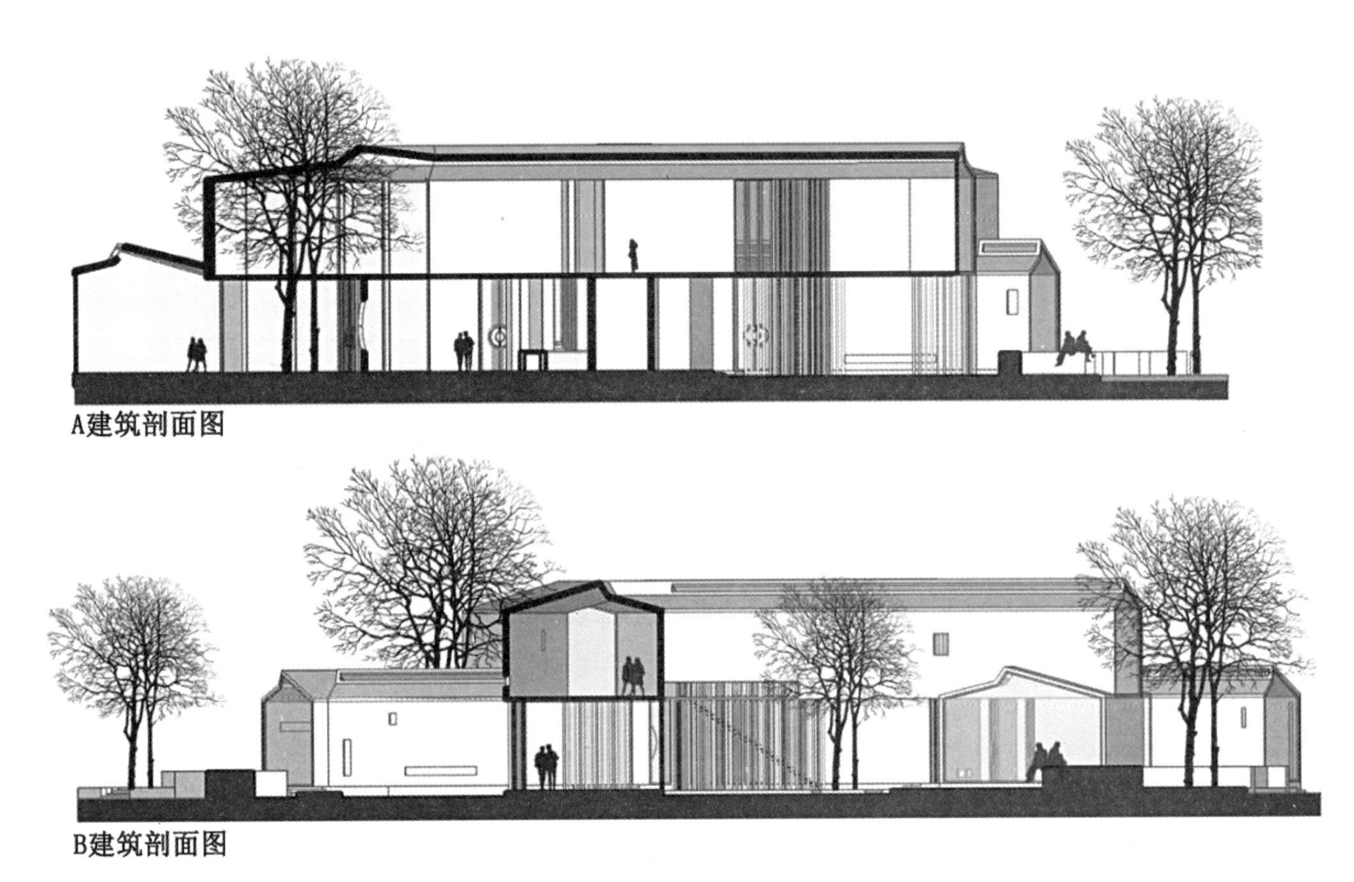

图1.4-24　建筑剖面图

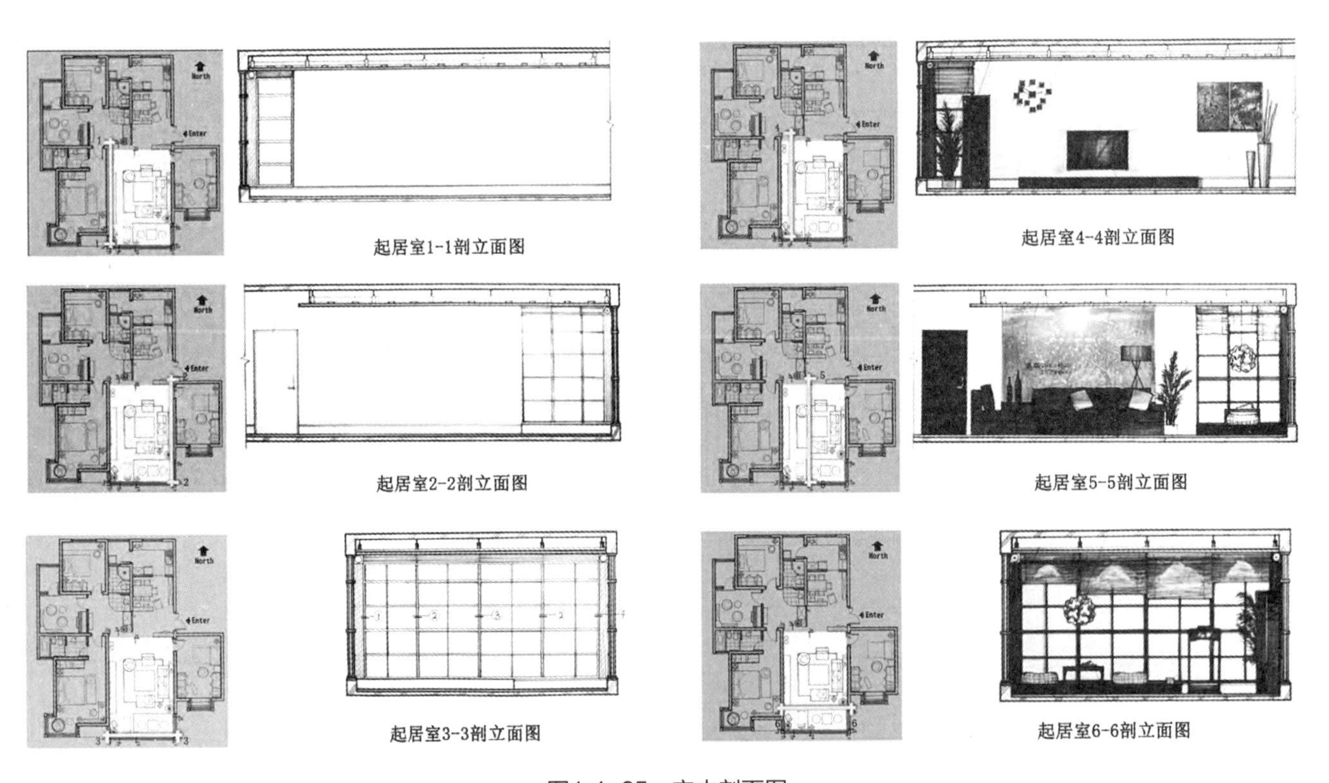

图1.4-25　室内剖面图

表示家具剖线；用三等线表示轴线，以及结构、门窗和家具等的可见线。需标注的关键标高包括：各层楼面标高及屋顶标高，室外地坪标高，阳台、挑檐和出挑物标高等，并注明图名和比例。

剖面图在空间实体可视形象图形中起到配合平面图的作用，能够辅助景观视线、光照角度、垂直构造以及尺度比例等方面的设计。

4. 等高线

等高线指的是地形图上高程相等的相邻各点所连成的闭合曲线（图1.4-26、图1.4-27）。把地面上海拔高度相同的点连成的闭合曲线垂直投影到一个水平面上，并按比例缩绘在图纸上，就得到等高线。在等高线上标注的数字为该等高线的海拔。

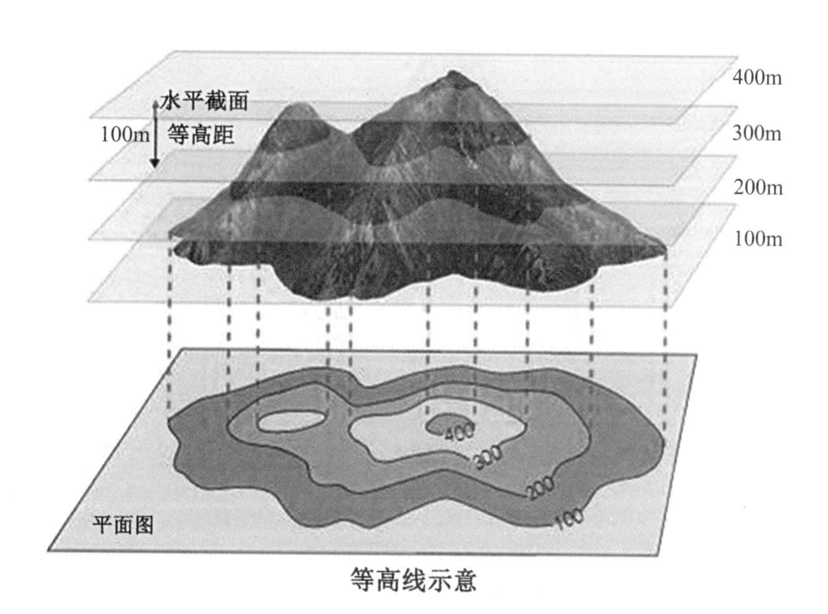

图1.4-26 等高线原理

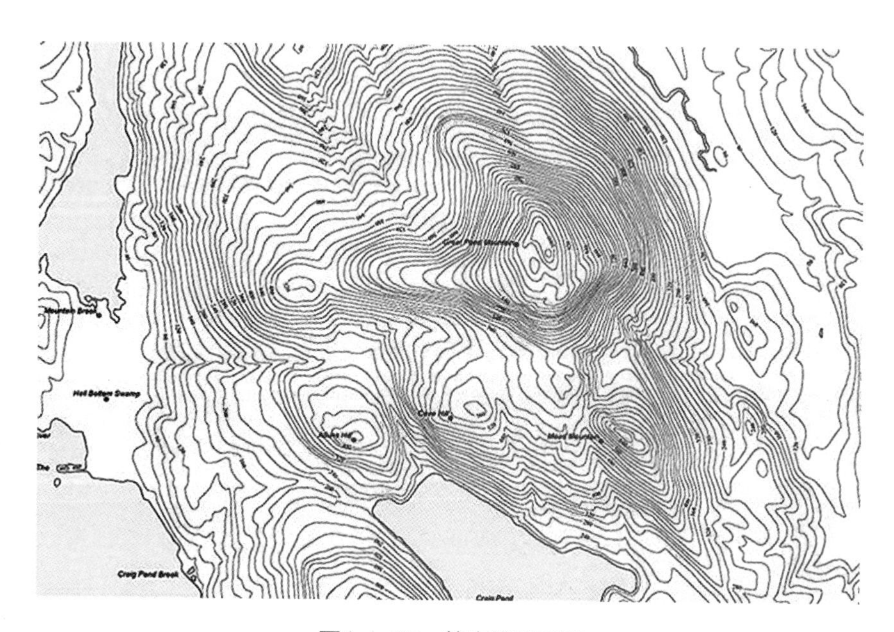

图1.4-27 等高线地形图

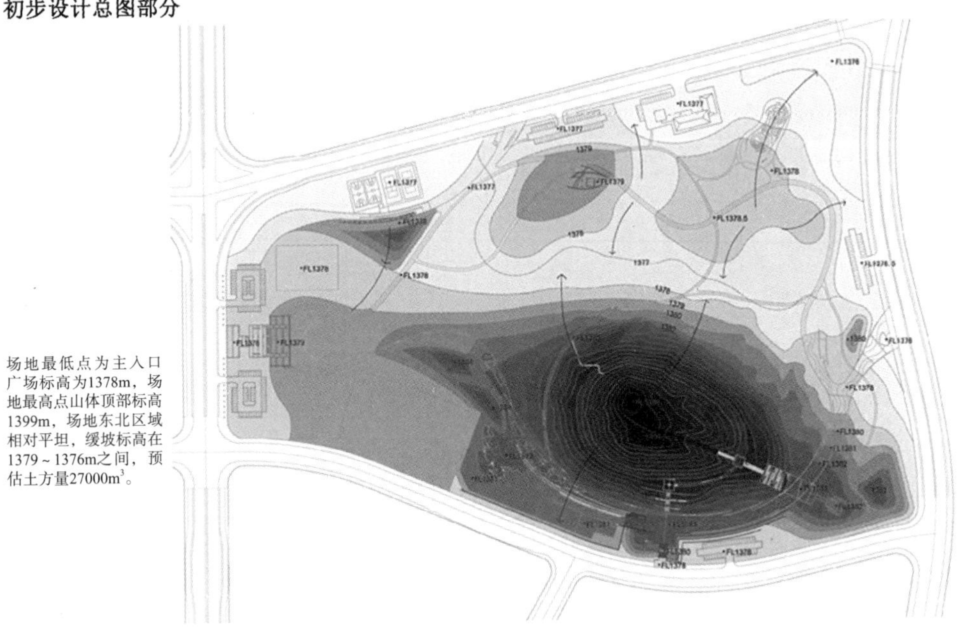

图1.4–28　高程图

5. 高程图

高程图是用来表示某一区域海拔高低（即高程）的图纸，通过地形轮廓或等高线表示场地高度的变化（图1.4–28）。可以结合变化的地形完成场地的竖向设计，布置建筑、景观、交通、雨洪等设施。

6. 轴测图

轴测图是一种单面投影图，即用平行投影法将空间物体及确定其空间位置的直角坐标系沿不平行于任何坐标面的方向投射到一个投影面上所得到的图形。轴测图具有与正射投影图相同的特点，在一个投影面上表达物体三个坐标面的绝对尺寸（图1.4–29）。轴测图接近于人们的视觉习惯，形象、逼真、富有立体感，可以弥补正投影图的不足。

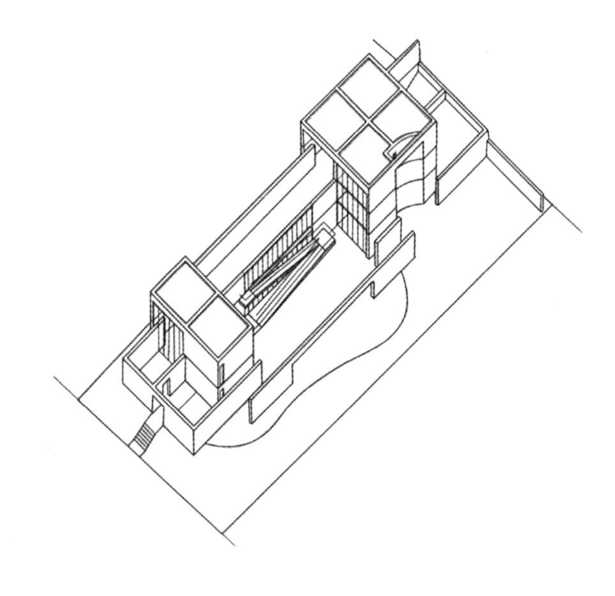

图1.4–29　芝加哥住宅轴测图（安藤忠雄）

7. 透视图

透视图是空间实体可视图形中最符合人眼看到的实际视觉感受的图形，可视为设计者的首选。透视图可表现出较为完整的视觉空间形象，可表现光照的基本形态，可表现一般的界面质感。

透视图虽然同样是作为显示建筑空间和体形的三维视图，却不同于轴测图：建筑的某些平行线在透视图中不再平行，而会集中相交于一点，且它所表达的只是三维的相对尺寸（图1.4–30、图1.4–31）。

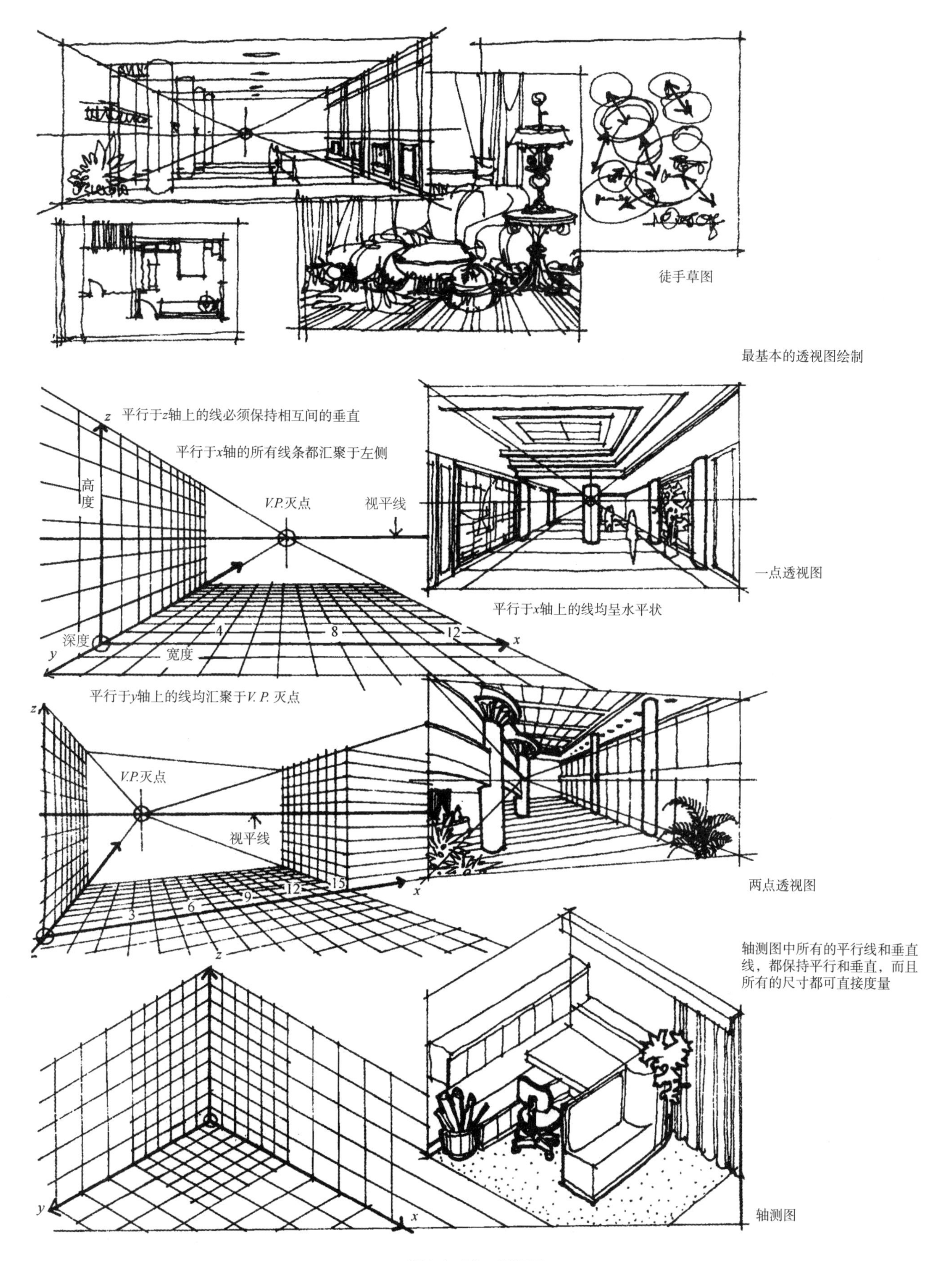
徒手草图
最基本的透视图绘制
平行于z轴上的线必须保持相互间的垂直
平行于x轴的所有线条都汇聚于左侧
z
高度
V.P.灭点
视平线
深度
y
宽度
4
8
12
x
平行于x轴上的线均呈水平状
一点透视图
平行于y轴上的线均汇聚于V. P. 灭点
z
V.P.灭点
视平线
3
6
9
12
15
x
两点透视图
轴测图中所有的平行线和垂直线，都保持平行和垂直，而且所有的尺寸都可直接度量
z
y
x
轴测图

图1.4–30 透视图

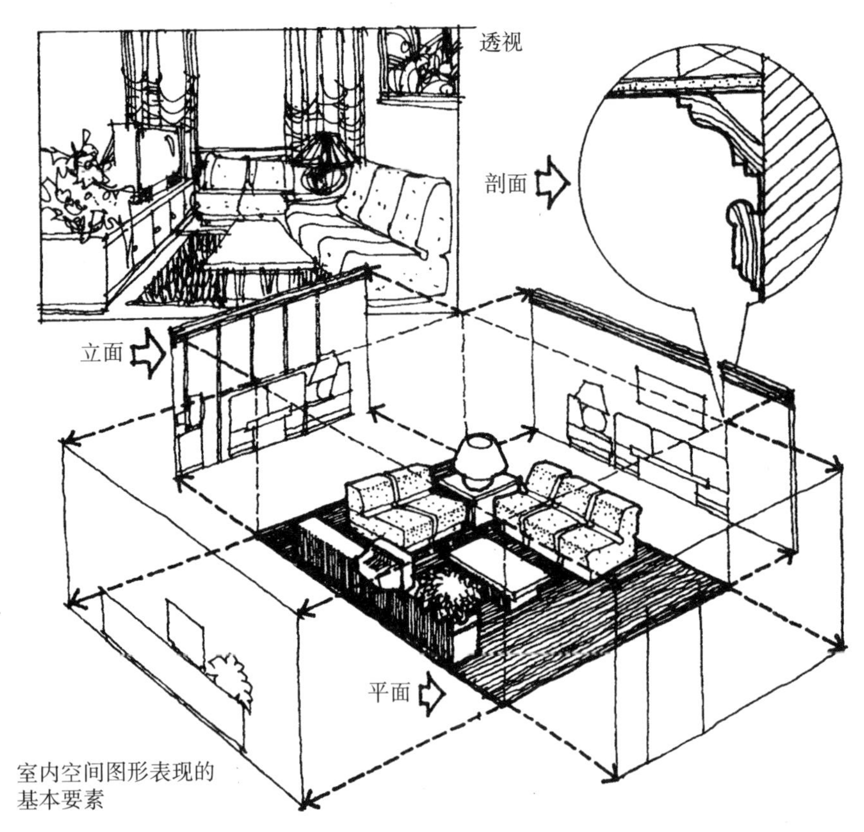

图1.4-31　室内空间透视

本章小结

本章与后面两个章节环环相扣，从设计认知到设计思维、设计程序相互承接，具有一以贯之的链条关系。本章以环境设计的对象与相关因素为切入点，让读者对这门实用艺术产生基本的认知。首先，阐述了环境的概念，讲解了空间的形态、结构与功能，城市与建筑，技术和材料。接着，本章梳理了建筑设计风格与艺术风格的发展脉络，结合经典的设计案例将读者带入精彩的艺术园地。最后，介绍了设计的工具和方法，论述了环境空间的结构与构造、制图与表达。在环境艺术设计中有哪些具有创造性的思维方式？设计师常用的设计思想有哪些？让我们在接下来的一章“设计思维与方法”中去探寻这些闪光的设计智慧。

参考文献

[1] 李德华. 城市规划原理[M]. 北京：中国建筑工业出版社，2006.

[2] 田学哲，郭逊. 建筑初步[M]. 北京：中国建筑工业出版社，2006.

[3] 彭一刚. 建筑空间组合论[M]. 北京：中国建筑工业出版社，1998.

[4] 陈志华. 外国建筑史[M]. 北京：中国建筑工业出版社，2010.

[5] 潘谷西. 中国建筑史[M]. 北京：中国建筑工业出版社，1985.

[6] 郑曙旸. 室内设计[M]. 长春：吉林美术出版社，1996.

[7] 郑曙旸. 室内设计程序（第三版）[M]. 北京：中国建筑工业出版社，2011.

[8] 郑曙旸. 室内设计·思维与方法[M]. 北京：中国建筑工业出版社，2014.

[9] [美]保罗·拉索著. 图解思考[M]. 邱贤丰译，陈光贤校. 北京：中国建筑工业出版社，1998.

[10] [英]达尔文. 人类的由来[M]. 北京：商务印书馆，2011.

[11] [德]卡尔·马克思. 政治经济学批判[M]. 柏林：柏林敦克尔出版社，1859.

[12] [日]卢原义信. 外部空间设计[M]. 北京：中国建筑工业出版社，1985.

[13] 彭一刚. 中国古典园林分析[M]. 北京：中国建筑工业出版社，1986.

[14] 王卫国. 饭店改造与室内装饰指南[M]. 北京：中国旅游出版社，1997.

[15] 罗小未，蔡琬英. 外国建筑历史图说[M]. 上海：同济大学出版社，1986.

[16] 王受之. 世界现代设计史[M]. 北京：中国青年出版社，2015.

[17]《建筑设计资料集》编委会. 建筑设计资料集（第8集）（第二版）[M]. 北京：中国建筑工业出版社，1994.

[18] 张绮曼，郑曙旸. 室内设计资料集[M]. 北京：中国建筑工业出版社，1991.

[19] 张绮曼，郑曙旸. 室内设计实录集[M]. 北京：中国建筑工业出版社，1996.

[20] 张建荣. 建筑结构选型[M]. 北京：中国建筑工业出版社，2010.

[21] 魏娜. 弥漫空间[M]. 北京：中国建筑工业出版社，2019.

[22] 张启人. 通俗控制论[M]. 北京：中国建筑工业出版社，1992.

[23] 王小舟，孙颖. 北京与巴黎传统城市空间形态的比较和研究[J]. 国外城市规划，2004（05）.

[24] 李晨星. SANAA作品中的模糊空间研究——基于传统建筑中的接合空间比较之上的分析[J]. 南京：

东南大学，2011.

[25] [德]谢林．艺术哲学[M]．魏庆征译．北京：中国社会出版社，1996.

[26] [美]约翰·香农·亨德里克斯．建筑形式与功能之间的矛盾[M]．吴梦译．北京：机械工业出版社，2017.01.

[27] 王小舟，孙颖．北京与巴黎传统城市空间形态的比较和研究[J]．国外城市规划，2004，19（05）：68-76.

[28] 侯卫东．中国古代砖石建筑及其保护修复概述[J]．中国文物科学研究，2012（02）：50-53.

[29] 蓝盟强．组合安装在钢混结构中的应用研究[J]．冶金丛刊，2019，04（06）：41-42.

[30] Nisha Guptaa, Eva-Maria Simmsb, Aaron Dougherty. Eyes on the street: Photovoice liberation psychotherapy, and the emotional landscapes of urban children[J]. Emotion, Space and Society, 2019(11): 33.

[31] Javier Hernandez, Mohammed (Ehsan) Hoque, Will Drevo, Rosalind W. Picard. Mood Meter: Counting Smiles in the Wild[C]. In Ubiquitous Computing: Smart Devices, Environments and Interactions. Wiley, 2014: 301-310.

第2章　设计思维与方法

完成一件设计作品需要具备特定的解决问题的设计思维和设计方法，并通过多次、反复的练习和掌握之后才能实现在设计工作中熟练的运用。系统的设计思维是一个优秀设计师必不可少的能力和素养，这既是一种思维逻辑的训练和建立，也是处理具体问题的基础。系统的设计思维不仅可以提升设计师的工作效率，也可以提高设计产品的品质。本章将针对环境艺术这门学科分析归纳设计思维与方法，帮助设计师有效的思考和挖掘设计问题，并找到具有可行性的设计方法和过程。

2.1　设计思维概述

思维活动是人类区别于动物的主要因素之一，也可以说是一种更为高级的智力活动。从医学心理学上来解释：思维是指理性认识的过程，是人脑对事物能动的、间接的、概括的一种反映。思维活动是在社会实践的基础上进行的，通常是先引发感知然后触发思维（图2.1–1）。

思维可以主要概括为逻辑思维与形象思维，逻辑思维是较为理性的认识方式，通过判断、推理等思维类型来认识事物的本质与规律，这种抽象的思维方式也可以称为抽象思维。而形象思维则是一种更为直观和表象思维过程，例如画家在创作一幅图画时，首先在头脑里先构思出这幅图画的画面，这种以物的形象为素材的思考方式则是形象思维（图2.1–2）。在设计思维与创造的过程中，这两种思维模式都是必不可少并且值得探讨的思维模式。

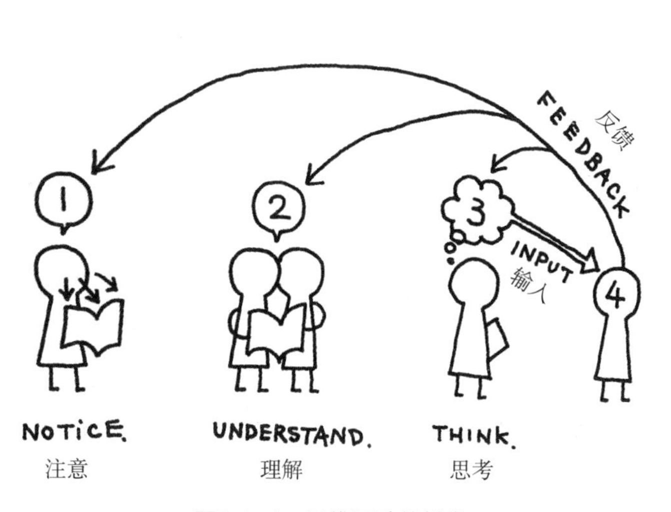

图2.1–1　思维活动的触发

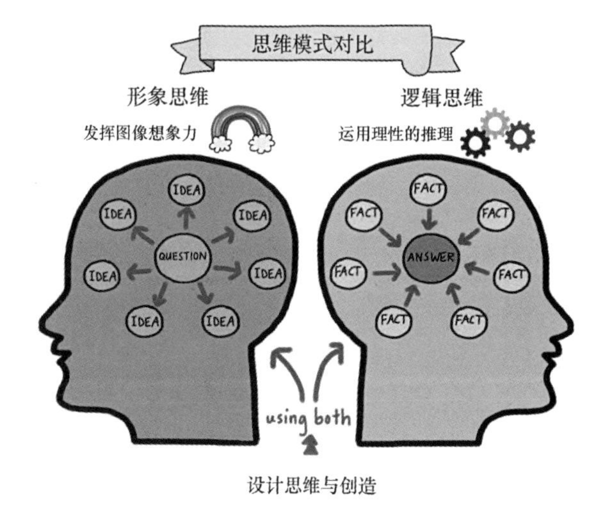

图2.1–2　形象思维与逻辑思维

2.1.1 什么是设计思维

设计的过程与结果都是通过人脑思维来实现的，所以设计思维的模式与人脑的生理构成有着直接联系。在设计过程中，人的思维过程一般来说是逻辑思维（抽象思维）和形象思维有机结合的过程。就设计思维而言，由于设计本身具有跨越学科的边界性，所以单一的思维模式不能满足复杂的功能与审美需求，而是需要更为多元的思维方式相结合。环境设计不但属于艺术设计的范畴，同时也是一门边缘性的交叉学科，它的思维模式也具有鲜明的综合性特征。就空间艺术本身而言，感性的形象思维占据了主导地位，但是在相关的功能技术性门类，则需要逻辑性强的理性抽象思维。因此，进行一项环境设计，丰富的形象思维和缜密的逻辑抽象思维必须兼而有之、相互融合，那么系统地分析设计思维与方法的特征则是十分必要的（图2.1–3）。

设计思维可以被认为是一种以人为本的、解决复杂问题的创新方法论。作为一个术语，它用于表示开发设计概念（产品、建筑、机器、通信等的建议）的一组认知、战略和实践方法和过程。环境设计中的设计思维包括前期分析、问题发现和框架、创造性思维和解决方案生成、草图和绘图、建模和原型制作、测试和评估等过程（图2.1–4）。所以这就要求设计思维需要逻辑思维（抽象思维）与形象思维的结合——通过逻辑思维，将技术可行性、商业、技术等策略与用户需求相匹配，从而转化为客户价值和市场机会；通过形象思维，将艺术的文化价值和审美转化到设计成果上，为客户提供更好的服务。作为一种方法论思维，设计思维也是被普遍认为具有综合处理能力的特性，能够理解问题产生的背景、能够催生洞察力及解决方法，以及能够理性地分析和找出最合适的解决方案。所以设计思维所包含的思维方式是多元的，不仅需要理性的、形象的思维方式，也需要感性

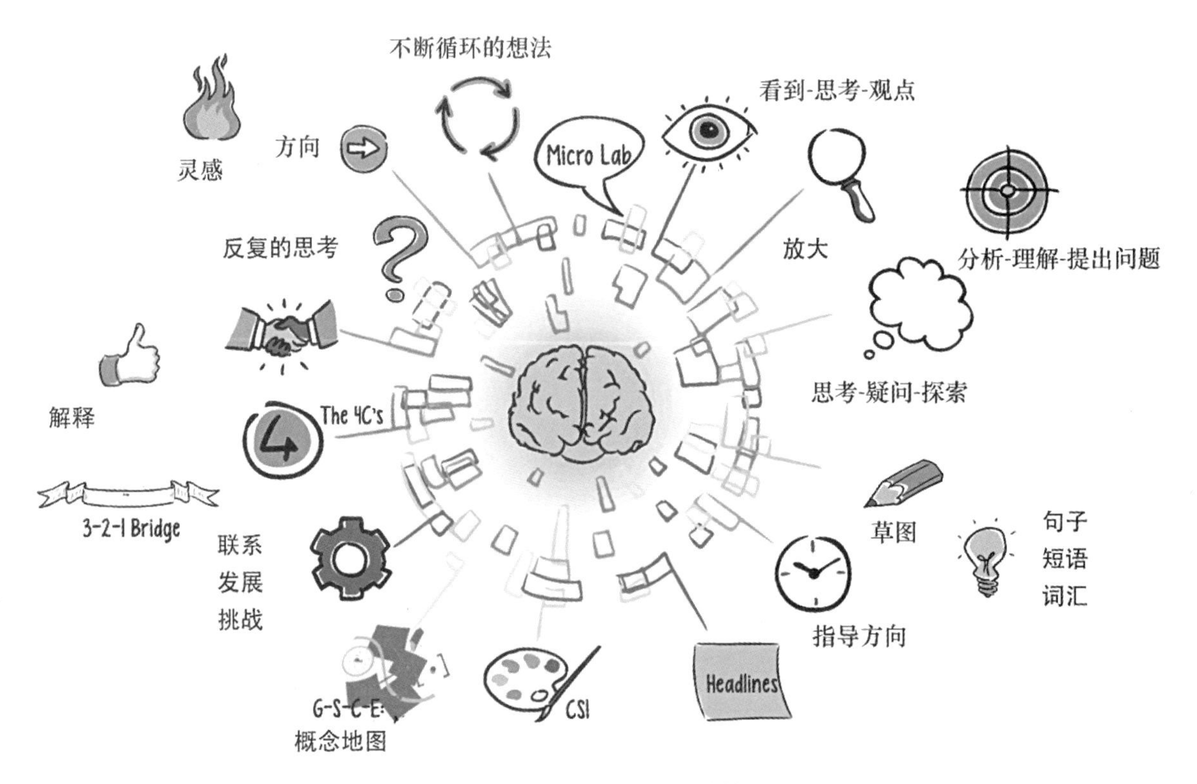

图2.1–3 设计思维的综合性

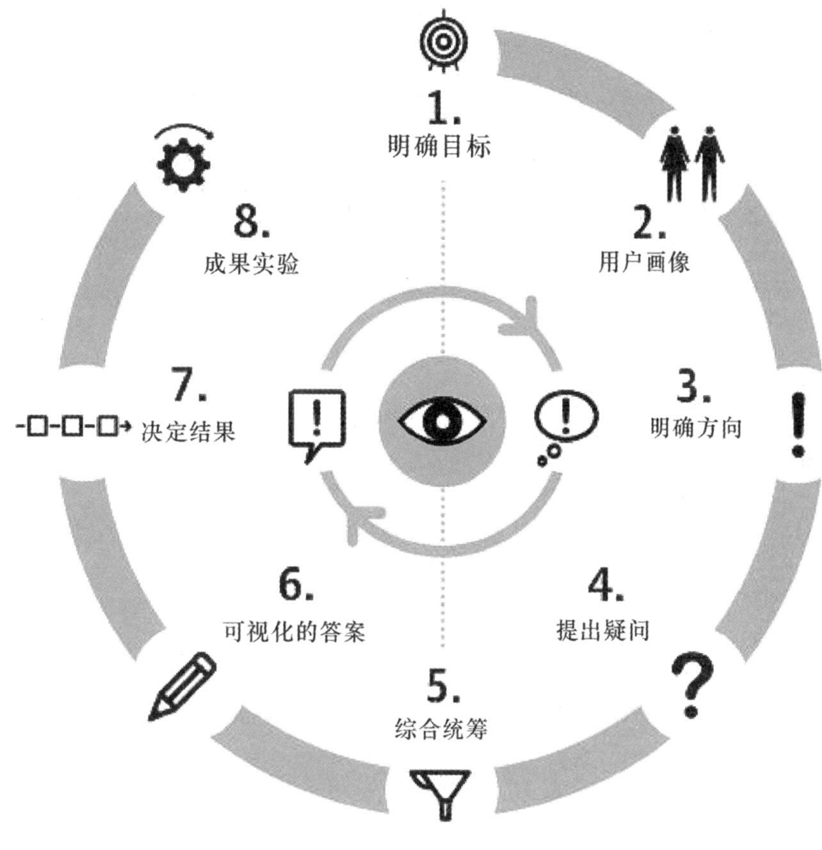

图2.1-4 设计思考的过程

的、抽象的思维方式，它是多元的、多种思维方式的混合体（图2.1–5）。

设计思维作为设计方法论，为寻求改进结果的设计问题提供实用和富有创造性的解决方案。从这方面来说，它是一种以解决问题为基础的，或者说以解决方案为导向的思维形式；它不是从某个问题入手，而是从目标或者是要达成的成果着手；然后，通过对当前和未来的关注，同时探索问题中的各项参数变量、定量及解决方案。基于设计思维的目的，斯坦福设计学院将设计思维归为：通过同理心、需求定义、创意动脑、制作原型、实际测试等几个步骤，去解决一个棘手的问题（图2.1–6）。

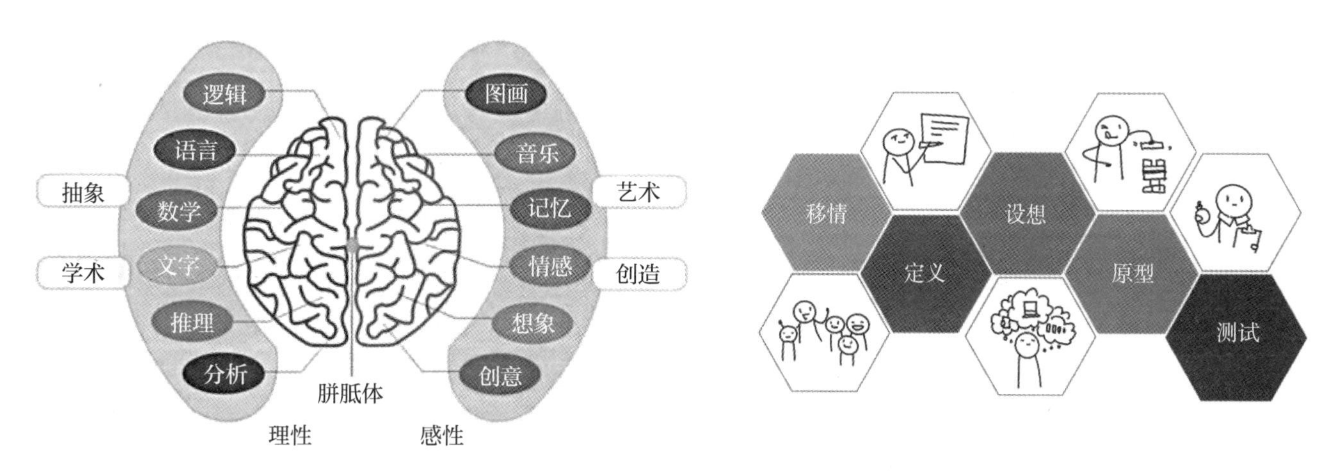

图2.1–5 理性思维与感性思维的混合体

图2.1–6 斯坦福设计学院提出的设计思维步骤

随着设计和艺术内涵与外延的发展变化，对设计思维的理解和定义也在不断调整。通过以上的综合分析，设计思维的主要特点可以归纳为以下几个方面。

1. 设计思维具有目的性

设计思维的本质就是“以用户为中心，去发现用户的问题，并用设计来解决问题”。与科学研究先确定问题变量再确定解决方案不同，设计解决问题的方式是拟订解决方案，然后不断测试使目标达成的足够多的因素，最后使得设计结果最优化（图2.1-7）。

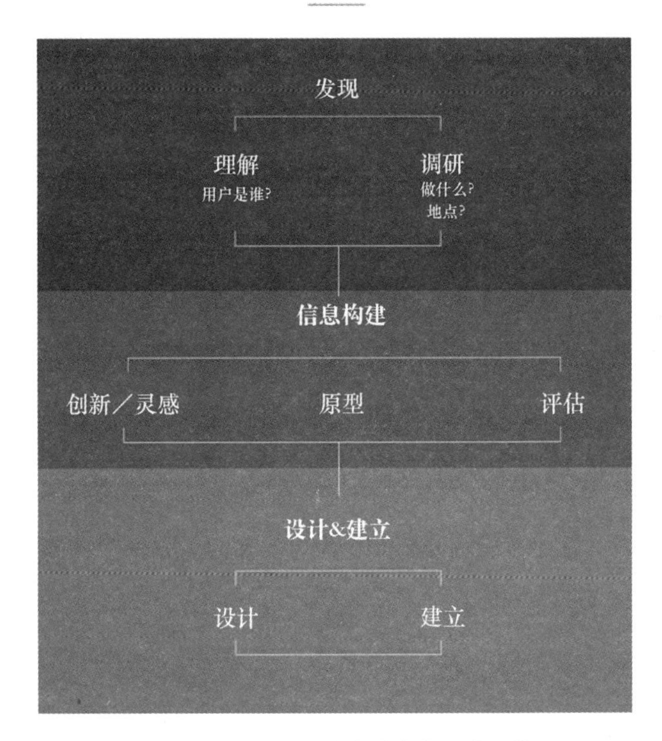

图2.1-7　以用户为中心的设计思维

2. 设计思维具有独特性

设计思维强调不受传统习惯和先例的禁锢，通常是超出常规的。一般性的思维可以按照已经成型的逻辑去分析和推理，而设计思维则不然，需要的是独创新意，独辟蹊径。独创新意，就是要敢于力破陈规，锐意进取，勇于向旧的传统和习惯挑战，敢于对人们已经“司空见惯”或认为“完美无缺”的事物质疑。一个优秀的艺术设计并不是依靠固化的方法论或是漫长的实验和时间换取得来的，如果拥有良好的设计思维能力，有时候艺术设计往往只是一种独特的观察方式或元素重构。例如，日本摄影师田中达也的微缩图片作品，利用水杯的形状特征和杯把的外形创作出生动活泼的创意摄影（图2.1-8）。同样，比利时艺术家vincent bal也能从日常平淡的生活中创造独特的趣味设计，通过描绘光照射在杯子上所产生的投影，将其变成一个个风趣幽默的小故事（图2.1-9）。

图2.1-8　田中达也的微缩摄影作品

图2.1-9　vincent bal的光影创作

3. 设计思维具有多向性

设计思维的多向性指思维突破“定向”“系统”“规范”“模式”的束缚。在设计的过程中不局限于现有的设计定式，而是面对不同问题学会从不同的角度去思考，为问题的求解提供多条途径。具体包括“发散机智”，针对一个问题提出尽可能多的设想，从而增加可选择的方向；“换元机智”，学会将影响事物的条件进行灵活变换，从而产生新的思路和结果；“转向机智”，当思维在某一个方向受到阻碍时，学会发现新的方向、寻找新的思路；“创优机智”，学会多方向比较，用心寻找最优方案。多向性的思维方式和创作方式要求我们对于一个物件多种角度的去观察，通过一定时间的训练能够有效提升自己对于事物观察的敏锐度和感知能力（图2.1–10）。多向性的设计思维可以一定程度上帮助自己积累创意方式和想法，并且运用到今后的艺术创作中去。如百事可乐为旗下产品“百事轻怡”所创作的宣传海报，将百事可乐的logo通过一系列的翻转变形并附上相对应的运动形态，便让整个海报的设计令人耳目一新（图2.1–11）。

4. 设计思维具有逻辑性

设计思维其实是一套逻辑方法论，在斯坦福设计学院提出的设计思维过程中Empathize（移情）、Define（定义）就相当于设计之前的准备工作，即“搞清楚需求是什么?”；从Ideate（设想）到Prototype（原型）就是创意的过程；而Test（测试）就相当于项目的整合验收阶段（图2.1–12）。一个设计的完成需要从各个方面来考验设计师的逻辑能力，因为设计就是把一种计划、规划、设想通过视觉的形式，经过概念、判断、推理、论证等一系列方法来理解和解决客观世界的问题。

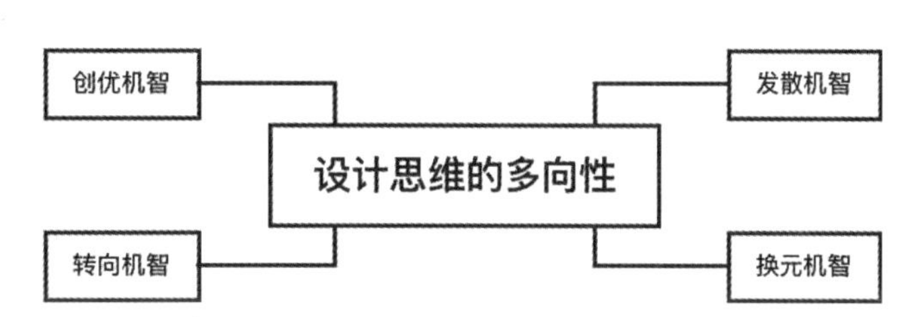

图2.1–10 设计思维的多向性

图2.1–11 “百事轻怡”海报设计

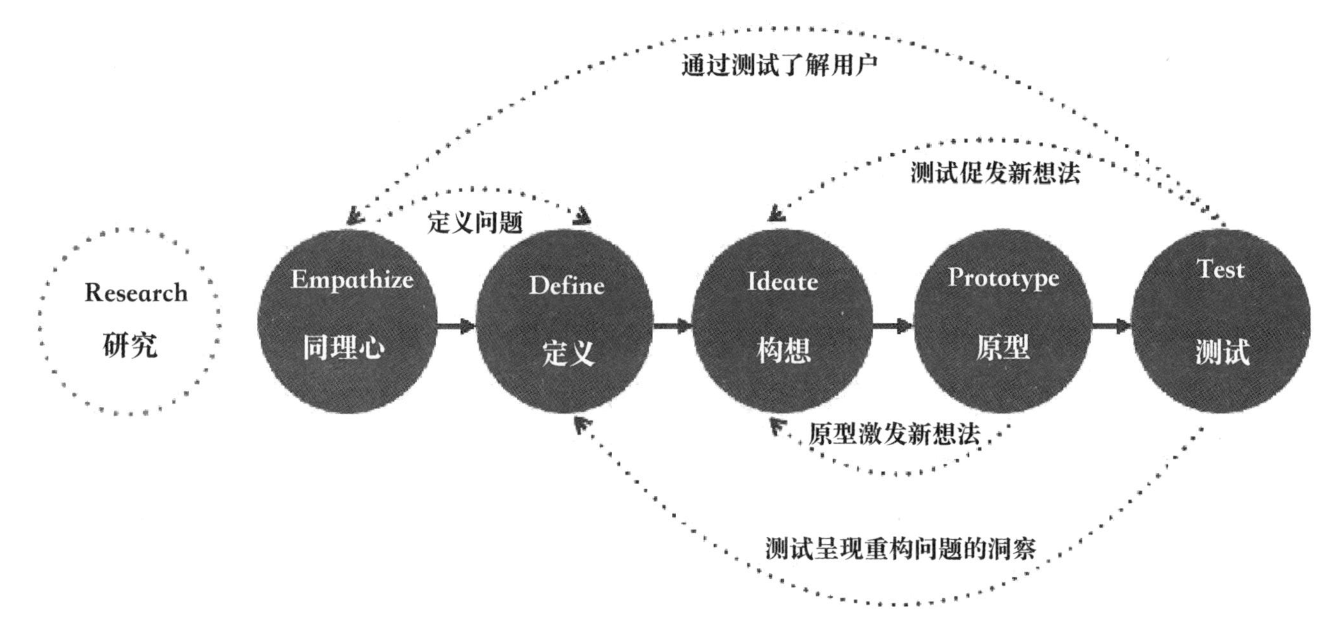

图2.1-12　设计思维的逻辑方法论

5. 设计思维的综合性

综合性指设计思维调节局部与整体、直接与间接、简易与复杂的关系，设计需要在诸多的信息中进行概括和梳理，将抽象的内容具体化，将繁杂的内容简单化（图2.1-13）。设计思维的综合性要求人们既要学会线形的逻辑思维的推导过程，也要掌握树形的形象思维的推导过程（图2.1-14）。并且在进行设计思维的训练时要不断从问题中提炼出较系统的经验和信息，从而理解并熟练掌握设计方法。设计并不是简单的灵光一现，而是需要一

图2.1-13　设计思维的综合性

个较为漫长的训练和积累的过程，所以综合性的元素结构和充足的设计思维训练是必不可少的。

2.1.2 多元的设计思维

环境设计的跨学科性要求多元的设计思维方式，使用综合多元的思维渠道是环境设计思维方法的主要特征。通过吸收多学科的知识，从每个学科中总结出特定的思维模式并融会贯通，才能以综合的整体思维进行思考和决策。在进行环境设计时，多元的思维方式可以用多个领域学习到的不同方法来检验同一种概念的基本原理，在完成项目的同时接触到不同层面的知识，然后创造出一个真实可见的展示成果（图2.1-15）。

设计向来都是跨学科的，多元的设计思维要求掌握更多的学科基础知识，特别是对环境设计来说，除艺术学外，自然科学、哲学等也是十分必要的（图2.1-16）。自然科学作为所有学科发展的基础，其中的基本常识，例如基础的声光电力知识，也是环境设计学科所必须掌握的基础知识。多元的设计思维是建立在现有的学科基础之上的，所以不但要了解自然科学的基础知识，更要学会举一反三，触类旁通。除自然科学外，哲学思维也是设计跨学科的桥梁，哲学能够帮助我们梳理思绪，去思考人与人之间的关系、过去现在和未来之间的联系。

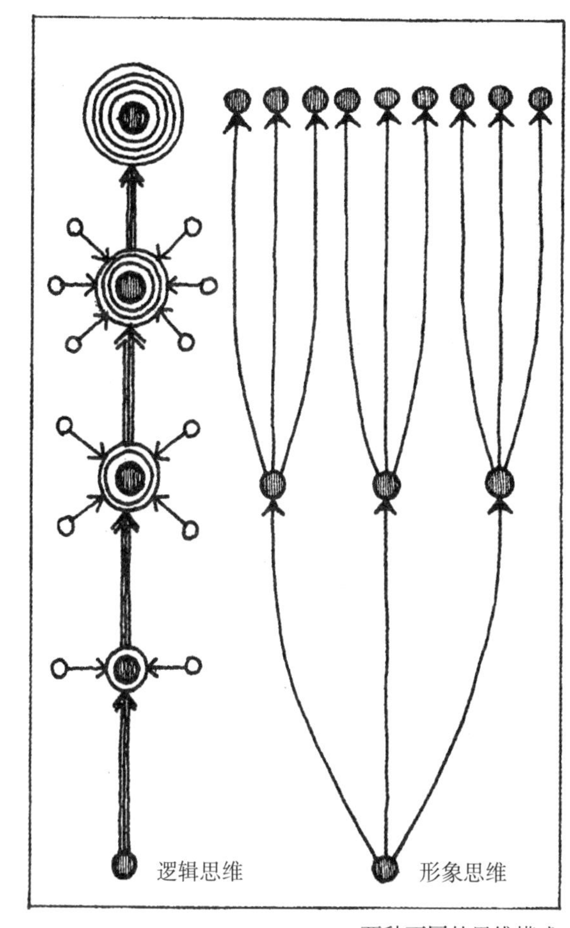

两种不同的思维模式

图2.1-14 线形的逻辑思维与树形的形象思维

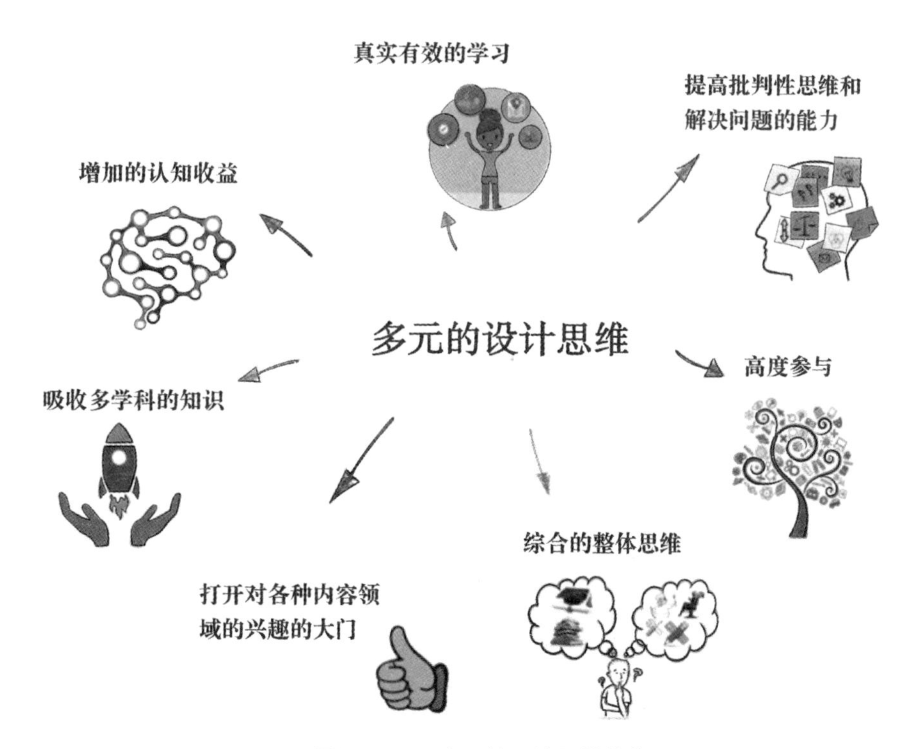

图2.1-15 多元的设计思维优势

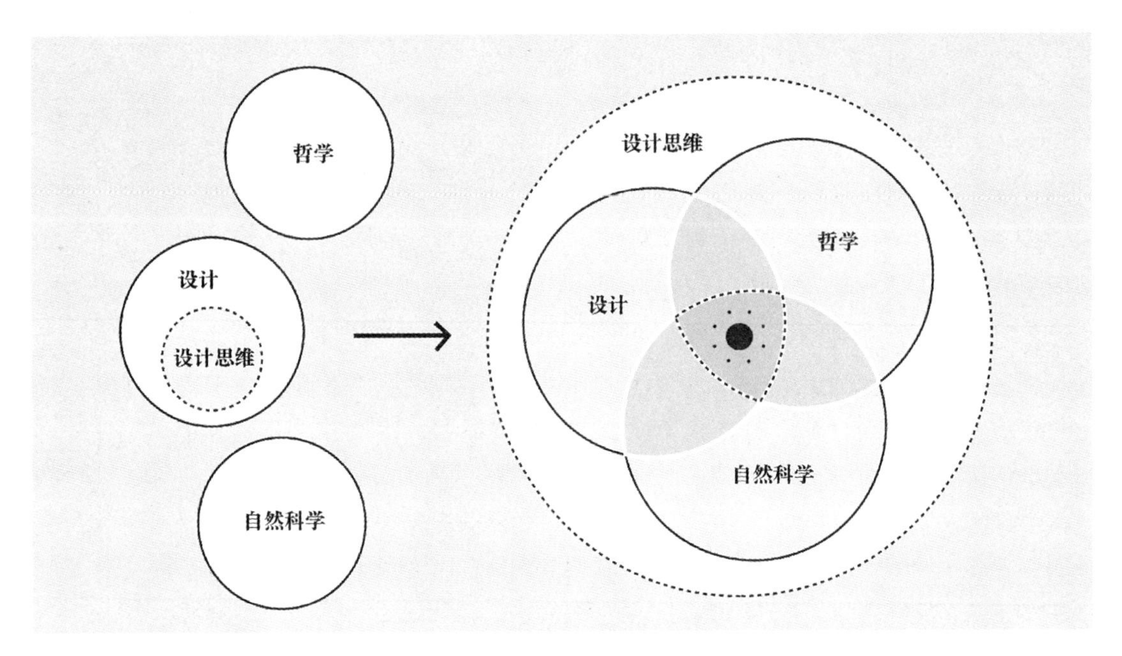

图2.1-16　跨学科的设计思维

多元的设计思维要求将设计思想融入设计学科以外的领域之中，沟通不同的学科以找到共通之处。因为在设计的思维过程中，往往会有各种问题和条件来限制设计的推进，所以单元线性思维很难应对纷繁的设计问题，只有跨学科的、多元的思维方式才能更好的解决设计问题，产生可供选择的方案。

多元的设计思维是多学科的融合发展，在艺术设计中有不少成功的案例体现着多元设计思维的创造力和重要性。20世纪60年代，设计师Friedrich Becker设计的“动力珠宝”便是跨学科设计的典范（图2.1-17）。作为当今最杰出的金匠艺术家之一，Friedrich Becker创作的一系列动态饰品颠覆了人们对珠宝早期的审美观念。Friedrich Becker的成功离不开他跨专业的经历和思维方法，由于Friedrich Becker的本来是一位航空工程师，所以他认为物品都应具有一定的功能性和动态的交互性。作为一个理工专业的设计师，他有着严谨的思维和精益求精的细节追求，加上他对工业美独一无二的审美认知，航空工程与珠宝设计

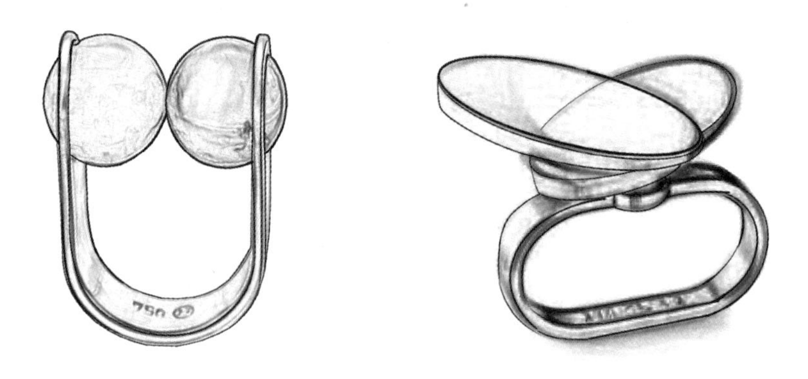

图2.1-17　Friedrich Beckerd的“动力珠宝”

的结合让全新的设计理念就此诞生。从航空工程师到珠宝首饰设计师，Friedrich Beckerd的跨学科设计为后来的设计师们提供了更多的设计思路。

尽管艺术设计千变万化，却通常会受锢于单一的媒介之中。所以在多元学科融合的背景下，设计专业的综合能力培养也越来越重要，只有运用跨学科的设计思维，才能完成更好的设计作品。引导和提升学生的跨学科设计能力也是当下设计教育需要关注的，在日本武藏野美术大学的设计课程中，学生运用跨学科的设计方法将艺术图像和医学检测设备结合完成了一个独特的艺术作品（图2.1–18）。该作品通过分析从听诊器获得的心音的频率和节奏，将收集的数据进行可视化并投射在白布上。在纺织品上运用色彩表现出了身体的情报，将工业设计和纤维设计学科做到很好的结合。

2.1.3 创造性思维

创造性思维是一种具有开创意义的思维活动，在它的影响下，人类才会不断的认识新领域、开创新成果。设计作为从事创造或提供创意工作的职业，那么创造性思维也是设计师所必须具备的基本素质，时刻保有创造性思维才能更好的推动设计的发展。

创造性思维与设计思维既相似又有区别，它既可以由非结构化的过程（如头脑风暴）激发，也可以由结构化的过程（如横向思维）激发（图2.1–19）。创造力可以概括为人类从现有事物中创造新事物的能力，而创造性思维则是实现创造力的必经途径，是人类以不同的方式思考的能力，其目标是为解决方案提供新的思维和视角。例如，某家旅馆为解决住客抱怨电梯上下楼速度太慢，而激发创造性思维在电梯里装上了镜子，通过这种方法将住客的注意力由观察电梯的速度转移到了观察镜子中的衣着打扮，由此不但不觉电梯速度过慢，反而会觉得时间不够。由此可以体现出创造性思维的重要性。

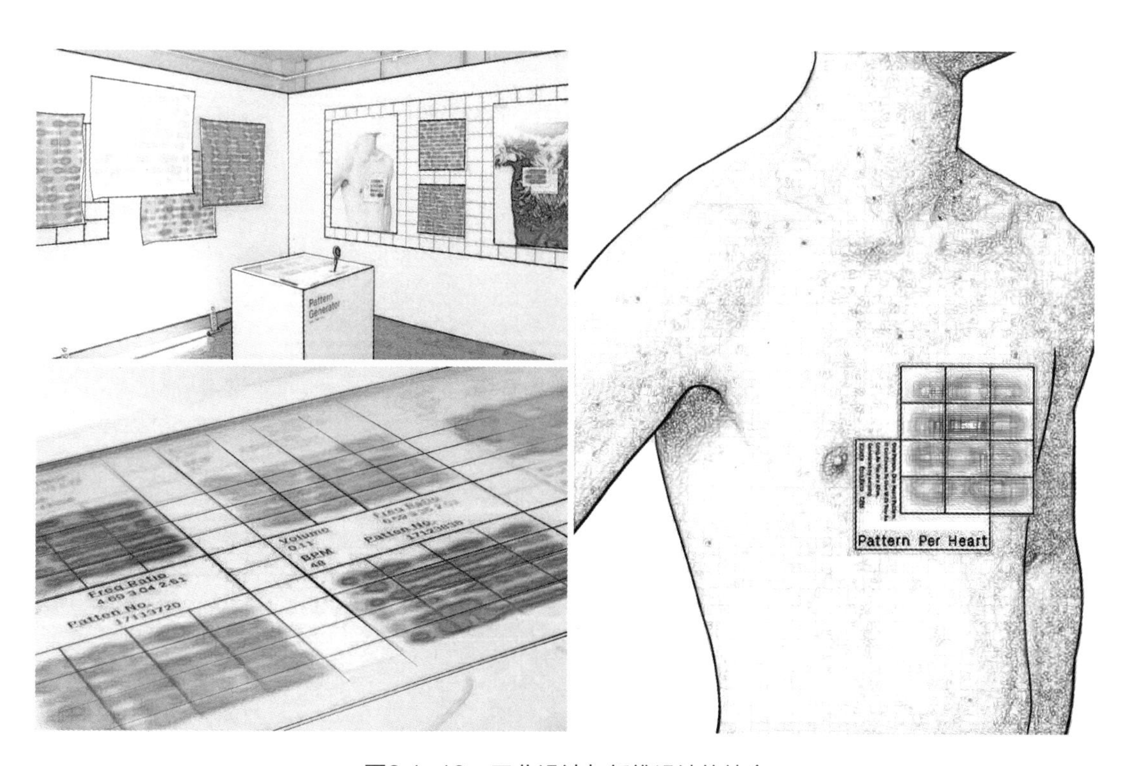

图2.1–18 工业设计与纤维设计的结合

图2.1-19 激发创造性思维

同设计思维一样，创造性思维同样是以感知、记忆、思考、联想、理解等能力为基础，以综合性、探索性和求新性为特点的高级心理活动。一项创造性思维成果往往需要经过长期的探索、刻苦的钻研，甚至多次的往复才能取得；创造性思维能力也要经过长期的知识积累、素质磨砺才能具备；至于创造性思维的过程，则离不开多次的推理、想象、联想、直觉等思维活动的训练。所以分析和理解创造性思维的过程，也就是理解设计思维的过程。通过理解创造性思维的本质，也可以了解到设计思维的本质：一种多元的、发散的思维方式。在这种思维方式的引导下，需要多角度、多侧面、多层次、多结构的去思考，去寻找问题的答案。创造性思维需要我们不受现有知识的限制和传统方法的束缚，而要保持一种开放性、扩散性的思维路线。

创造性思维是发散思维和收敛思维的统一（图2.1–20）。当需要解决某一创造性问题时，首先要进行发散思维，设想各种可能的方案；然后进行收敛思维，通过比较分析来确定一个最佳的方案。在创造性思维中，发散思维和收敛思维都是不可缺失的，创造性思维解决问题的方法也不是单一的，而是在多种方案、多种途径中去探索、比较和选择。可以将这种思维的特点概括为以下两点：

1. 具有新颖性

设计是有目标、有计划的进行技术性的创作与创意活动，所以无论是在设计思路、设计技巧还是在设计的结论上，创新的思维都是贯穿的。设计需要有一定程度的开拓性，创造性思维要求我们在看待设计问题时要有一定的独到之处和新的见解、发现和突破。

2. 具有灵活性

创造性思维以及设计思维都没有完全现成的思维方法和程序可循，需要在现有的知识内容上，在面对不同的设计问题时，去不断的发展和想象（图2.1–21）。幻想不仅能引导

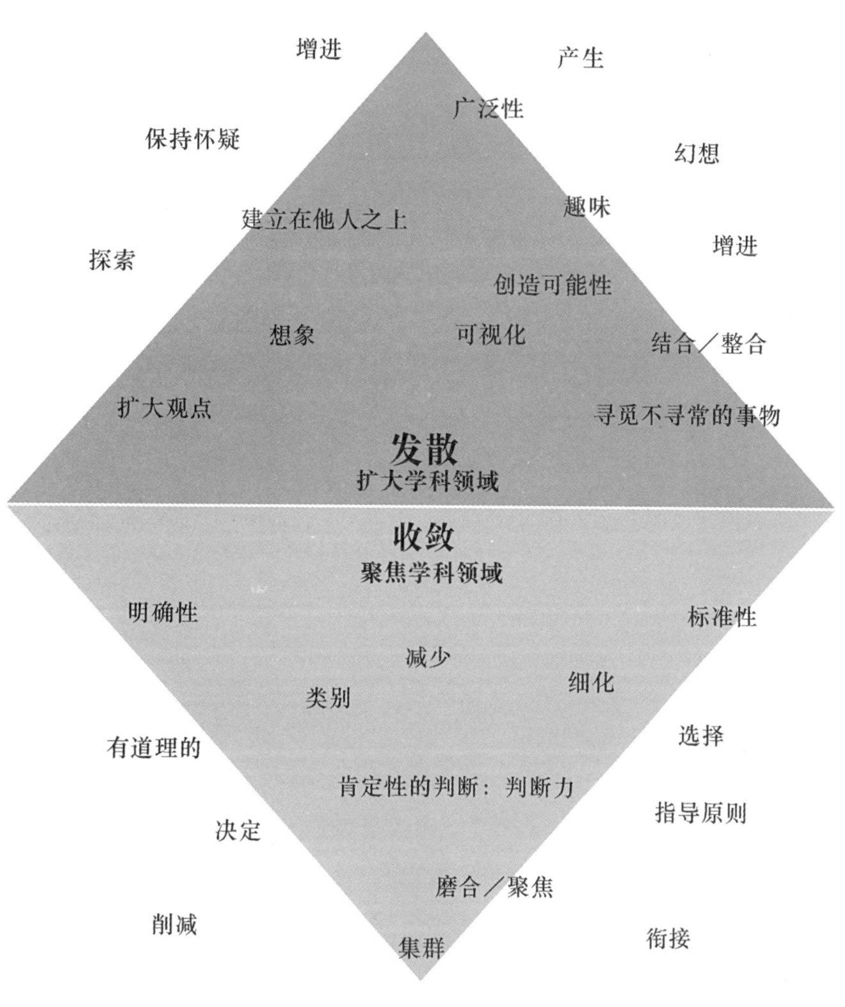

图2.1-20　发散和收敛统一的创造性思维

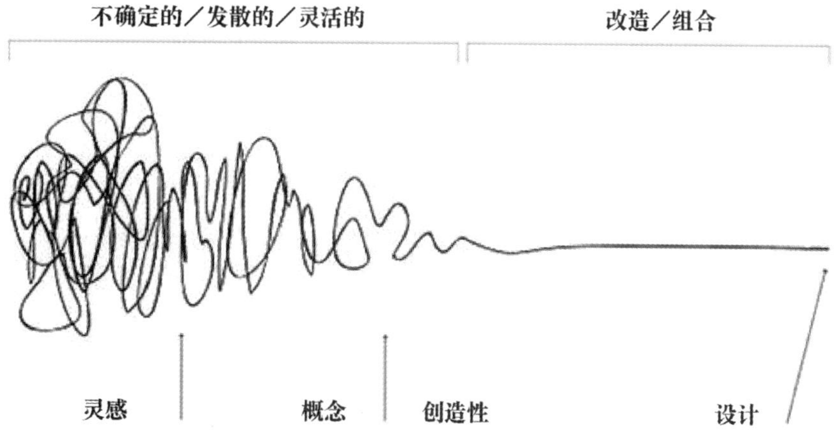

不确定的／发散的／灵活的　　改造／组合

灵感　概念　创造性　设计

图2.1-21　灵活的创造性思维

人们发现新的事物，而且能激发人们作出新的努力和探索，去进行创造性劳动。创造性思维只有创造想象的参与，才能以较高的水平对现有知识经验进行改造、组合，构筑出最完整、最理想的新形象。

创造性思维对于设计思维而言具有十分重要的作用和意义。拥有创造性思维能够不断地刺激人们增加知识的总量，提高对事物的认识能力，帮助人们去进一步的创造。正如我国著名数学家华罗庚所说："'人'之可贵在于能创造性地思维。"所以要成为好的设计师，在多元的设计思维中，创造性思维必然是关键和基础。如果说设计思维是创造设计成果产生的必要前提和条件，那么创造性思维则是帮助设计师丰富知识结构，培养联想思维，克服习惯思维的能力提升，创造性思维是设计思维必不可少的一环。由于设计思维的多元性和复杂性，所以我们在实践过程中要时时保有创造性思维，不断积累和锻炼，才能更好的表达和运用。

2.2 基于设计思维的设计分析

分析是一种科学的思维活动，是一种理性的认识活动，是一种相对独立的逻辑方法。对于设计来说，分析在推进设计方案的过程中发挥着重要的作用，有着丰富的含义，也是设计方案形成的基础和依据。设计分析的目的在于从纷繁复杂的信息中提取设计的关键点或设计问题，并使之与设计方法建立联系。在设计发展的过程中，设计思维需要借助一些工具和手段来表现和深化，帮助设计师之间的交流，从而推进设计方案的发展，而这个深化和表现的过程就是分析的过程。

分析是记录、推进和表现设计思考的方式。常用的分析方法包括分类、对比、归纳、提炼等。设计分析与设计思维是相辅相成的，前文总结出设计思维是多元的、是具有创造性的，是以逻辑抽象思维与形象思维为基础的一种思维方式，同时它也是跨学科性的、创造性的思维方式相互作用发展起来的。所以在进行以空间设计为主的环境艺术设计时，基于设计思维可以将环境艺术设计的设计分析更加详尽的归纳为4个部分：运用形象思维和联想思维的图形图像分析；运用逻辑思维的对比优选分析；运用抽象思维的网格与图解分析以及数据可视化分析。这4种设计推导与分析方式从具象到抽象，从形象思维到抽象思维，我们可以了解到设计思维是如何通过设计分析运用到环境艺术设计上的。

2.2.1 图形图像分析

在设计思维中，图像思维是形象思维的一种，它是一种非逻辑性的、粗略性的和充满想象力的思维方式，也是一种较为初级的和便于掌握的分析方法。图形图像分析可以概括为是一种将图形图像作为思维内容和对象的思维形态，这种思维形态是人的一种本能思维，也是反应和认识世界的重要思维形式（图2.2–1）。感性的形象思维主要是依赖于人脑对可视形象或图形产生的一种空间想象和记忆，而这种对形象敏锐的观察和感受能力正是进行环境艺术设计必须具备的基本素质，所以建立科学的图形图像思维和分析能力也是培养设计素质的重要内容之一（图2.2–2）。

图形图像分析方法即用大量图像的方式来直观的表示我们思考的内容，可视化的图像能够为抽象的思考提供更多的可能性。这样做的好处在于：图像作为一种直观化的表

图2.2-1　非逻辑的、直接的图形图像思维

图2.2-2　便于掌握的图像思维方式

达，在传递信息时比语言文字这种线性结构有更大的优势，它可以让复杂的关系更好地显现。用图像来表示信息能够分担人脑中工作记忆的负荷，使得工作记忆有更大的活动空间去参与更深更广的思考（图2.2-3）。

所以在环境艺术设计的过程中要善于运用图像分析，大量的图像记忆能够帮助人们快速的建立起设计思维。就环境艺术设计的整个过程而言，几乎每一个阶段都离不开图形图

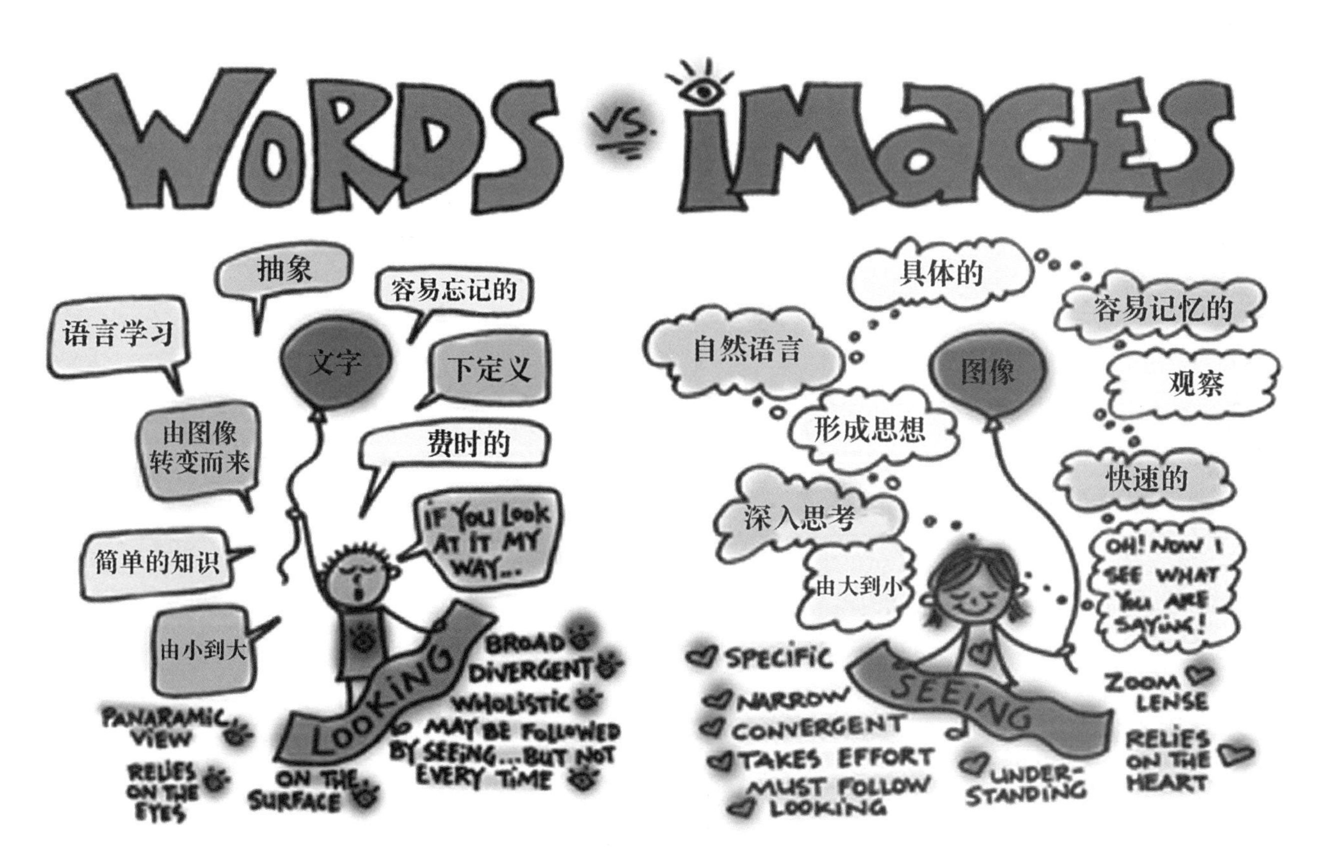

图2.2-3　文字思维与图形图像思维

像的运用和分析。养成图形图像的分析方法，无论在设计的什么阶段，都要能够熟练地利用图像来拼贴自己一闪即逝的想法，因为在不断的图像拼贴和图形绘制过程中，又会触发新的设计灵感（图2.2–4）。图形图像分析是一种大脑思维形象化的外在延伸，是一种个人的辅助思维形式，优秀的设计往往就诞生在这种看似纷乱的图像拼贴和草图当中。仅仅用口头的方式来表达自己的设计意图是很难被人理解的，在环境设计领域，图像才是专业沟通的最佳语言，因此，掌握图形图像分析的思维方式就显得格外重要（图2.2–5）。

一张图像应该如何去分析？在《图像学研究：文艺复兴时期艺术的人文主题》一书的导论《图像志与图像学》中，潘诺夫斯基为图像分析建立了具有三重意义系统的概念，为分析视觉图像的形式提供了实用的方法论结构。第一层系统为前图像志描述，直接对画面的表面构成进行分析，例如颜色、几何关系等；第二层被称为图像志分析，从构成画面的形象或故事入手，对故事内容和人物来源进行分析；第三层是图像学阐释，是对画面的本质意义、图像风格的历史等方面进行分析，旨在挖掘更深的图像意义（图2.2–6）。潘诺夫

图2.2–4　以图像的方式记录

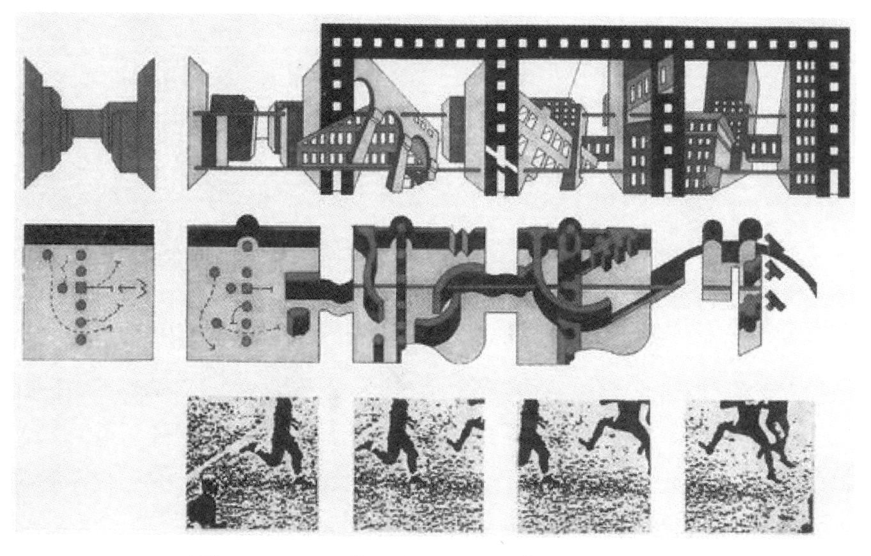

图2.2-5 用图像和空间讲故事《曼哈顿笔记》

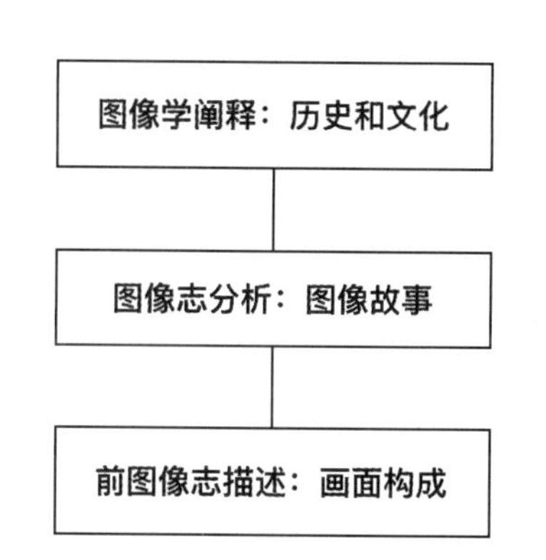

图2.2-6 图像分析的三重意义系统

斯基的三层分析系统可以帮助人们从图像中提取画面表面构成，画面的形象与故事，以及画面的本质意义和历史等。同理，在利用图像进行简单的设计分析和表达时也可以从图形图像的这三个层次来理解，例如在进行造型设计或色彩设计时，可以运用第一层前图像志描述，通过对比分析大量的图像的颜色和几何关系得到最优结果（图2.2-7）；在进行空间氛围或空间故事的叙述时，可以运用图像志分析，利用图像自身的故事元素，通过拼贴来简要表示想要传达的故事和空间场景氛围（图2.2-8）。

以制作前期意向分析图为例，当设计概念初步成型，想要迅速展现出脑海中天马行空的想法时，相比于手绘图和建模较长的时间花费，利用图片的拼贴便是一种更为简便的表达方式，且能够快速地呈现出设计概念的视觉氛围。使用图像分析拼贴技法对设计概念进行视觉化表达可以分为以下三个步骤：

1. 确定主体框架

当脑海里有一定的设计想法后，首先需要确定主体的空间构架和图像关系，然后在此基础上加入其他的图像素材。前期的意向拼贴重点是通过图像进行空间氛围和空间关系的营造，不需要过于强调比例和尺度的准确性，只需要构思大体的框架即可。例如，图2.2-9想要表达的是一个被绿植环绕的彩色娱乐空间，那么它的关键词就是低矮、色彩、绿植，娱乐空间，这个框架则为后面的图像选择和氛围营造提供方向。

2. 寻找图像素材

当你想要营造某种氛围的图像感觉时，所有的图像素材尽量选用相同的风格和材质（图2.2-10）。

3. 图像素材拼贴

为了增加传达力，增强场景的故事性，图像素材的放置是需要一定思考的，在图2.2-11中哪里应该放鸟群和植物？人应该站在哪里观察它们？人和自然的关系是什么？在图像对比和思考的过程中也能帮助我们进一步推导和完善设计方案。图像意向拼贴分析并不是方案的成果图纸，而是推进方案的过程图纸，所以适度的夸张和抽象反而能够更好地激发设

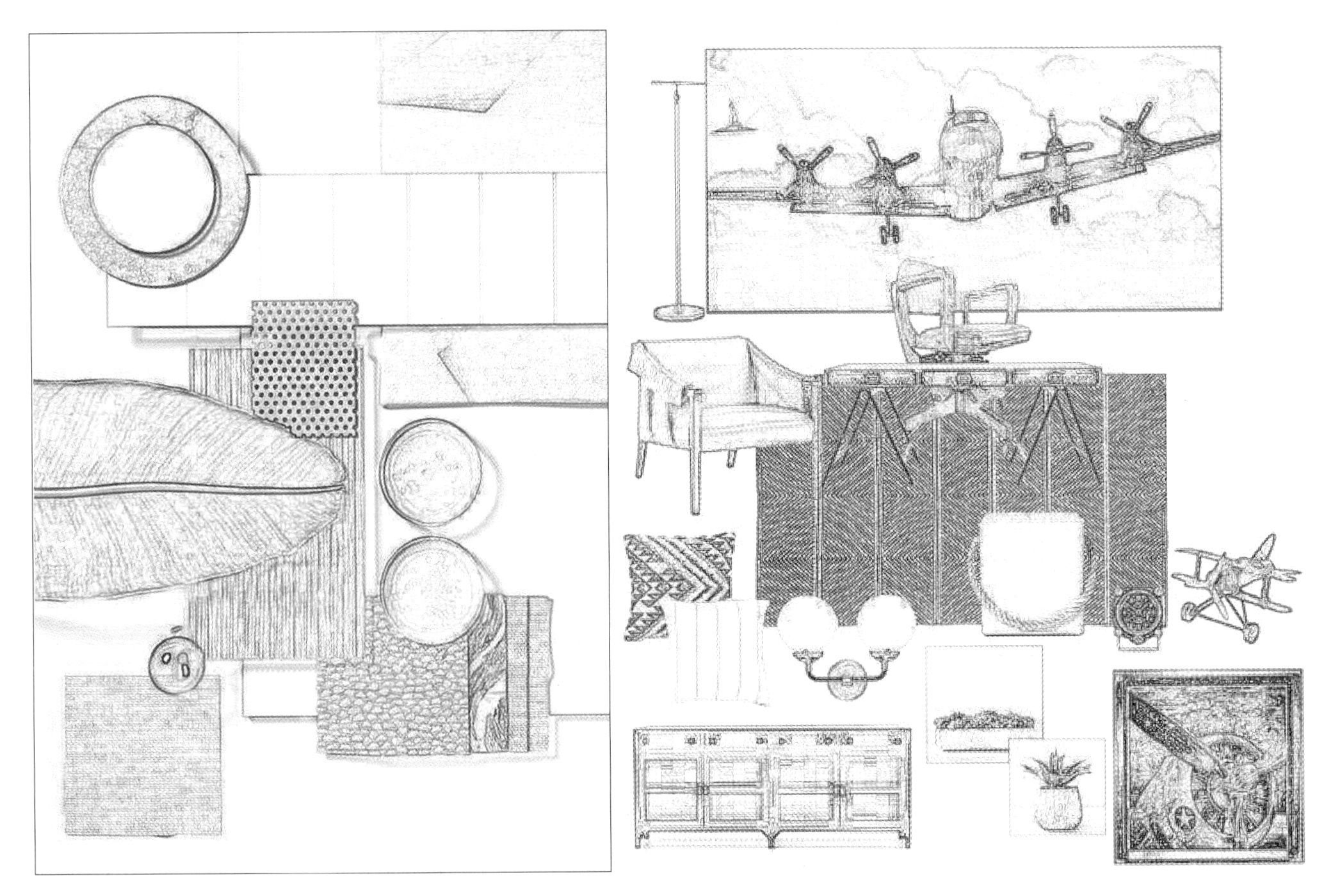

图2.2-7　运用图像拼贴进行设计分析

图2.2-8　图像拼贴

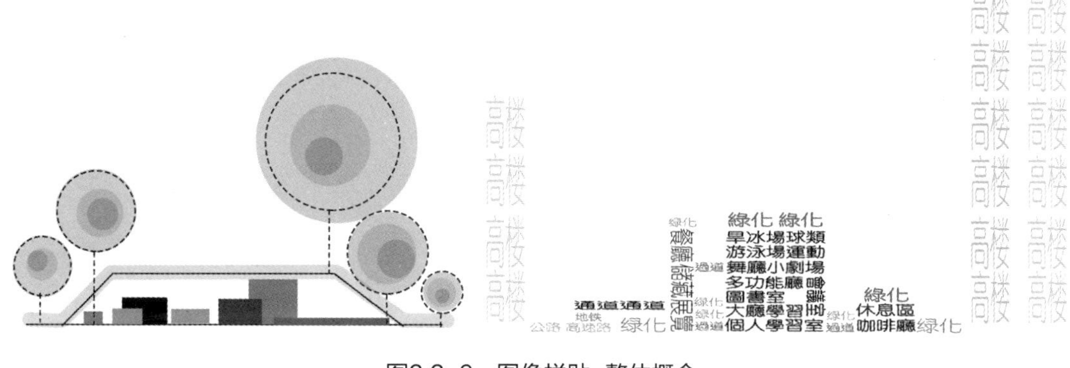

图2.2-9 图像拼贴-整体概念

图2.2-10 图像拼贴-素材选择

计灵感。例如图2.2-11的意向拼贴分析图，虽然在最后的实际项目中是规整的楼板空间，但是在前期的图像分析中为了强调空间关系的趣味性，使其变得更加错落。

基于图形图像分析的拼贴作品往往是灵感捕捉的产物，是设计思维引发的表达的冲动和欲望（图2.2-12）。由于前期的设计灵感大多是抽象的意识，所以需要将意识具象化才能通过图形图像表达出来。大量的联想训练能够帮助我们更好地将概念性的思考转化成相对具体的图像对象，所有能与抽象意向产生关联的图像、图形、符号、隐喻都应该考虑在内。例如，表达“精神”或是“灵魂”时，可以选择包含人物的图像，如完整的人像、带有人物面部的图像，或者是大脑的图像等；“幻觉”可以选择镜子、蘑菇、五官、影子等来表现；“宗教”可以选择神话故事或者宗教故事中的经典人物、符号、器具、动物等。在不同人的思维下，每一种抽象概念都能够对应很多不同的具象的图像，并没有固定的对应标准。这种对应的方法基于个人经验和文学常识，所以要注重生活中出现的抽象概念的积累，在阅读文学作品或是看电影和其他图像分析作品时应注意观察和思考。

2.2.2 对比优选分析

在设计思维与分析中，理性的选择也是设计过程中的重要一环。选择是对纷繁客观事物的提炼优化，合理的选择是任何科学决策的基础，而选择的失误往往也会导致失败的结

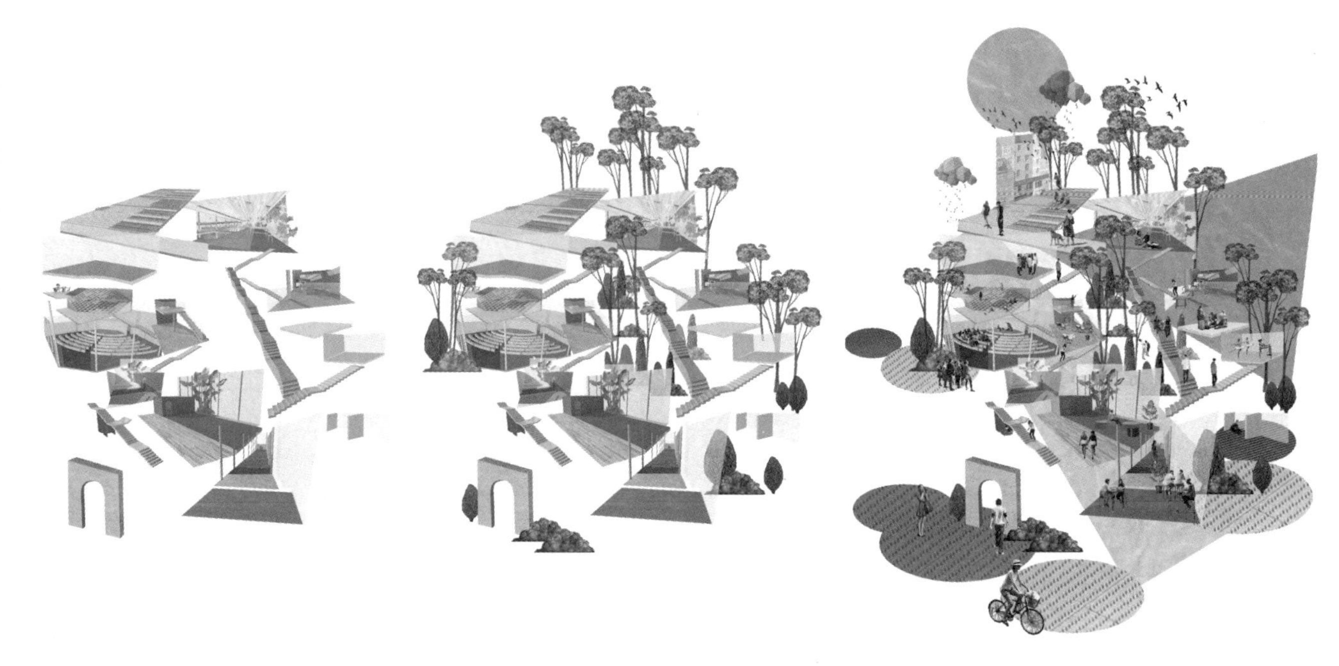

图2.2-11　图像拼贴-素材放置

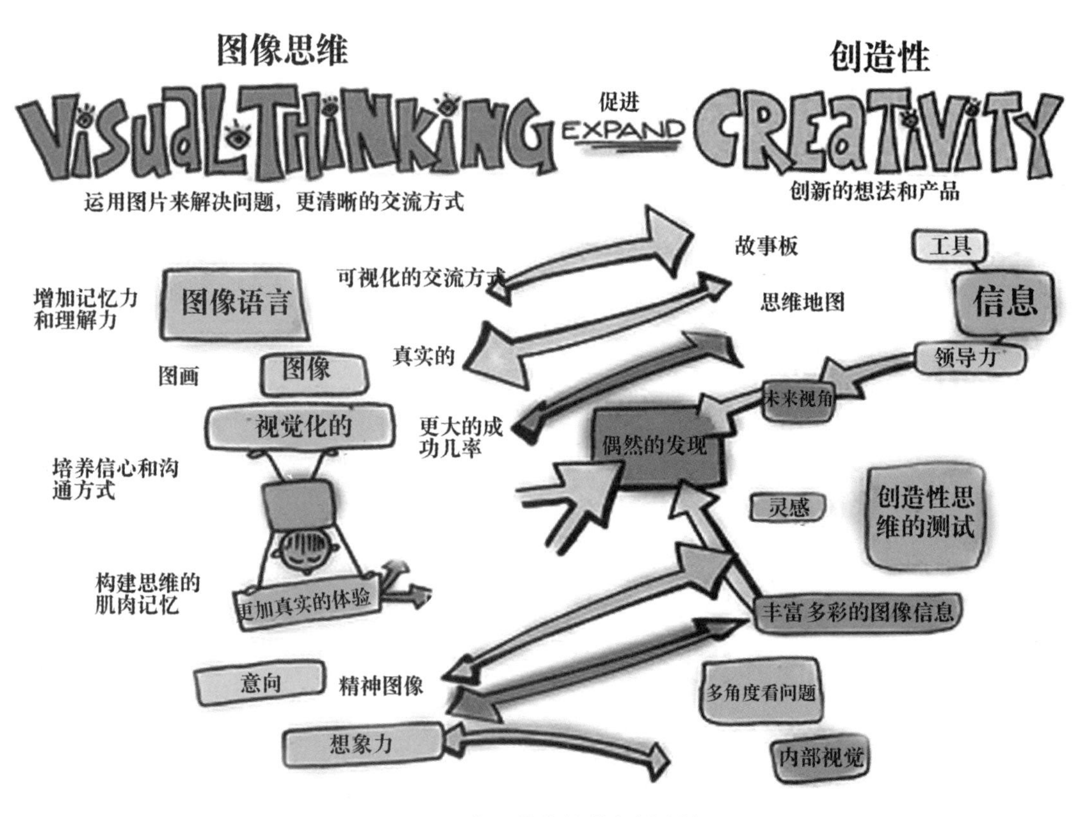

图2.2-12　图像思维能够激发创造性

果（图2.2-13）。选择是人脑最基本的思维活动，渗透于人类生活的各个层面。人的各种生理行为，包括行走坐卧、穿衣吃饭无不体现于大脑受外界信号刺激而形成的选择。同时人的各种社会行为、学习、劳作、经商和科研等也都经历着各种选择的考验。选择可以理解为是通过不同客观事物优劣的对比来实现的，这种对比优选的思维过程，成为人判断客

设计中对比优选的思维过程

在对比优选的过程中，将两种方案的优点综合成一个新的方案，是经常采用的方法，综合往往能产生新的形式，但也容易失去个性

一个设计项目，构思出不同概念的形象方案

经过功能分析，对方案进行评价和比较

每一个方案都会有自身的优缺点，取舍决择

精心推敲后作出的决定，又产生新的问题，从而开始下一轮构思循环

图2.2-13 设计中的对比优选

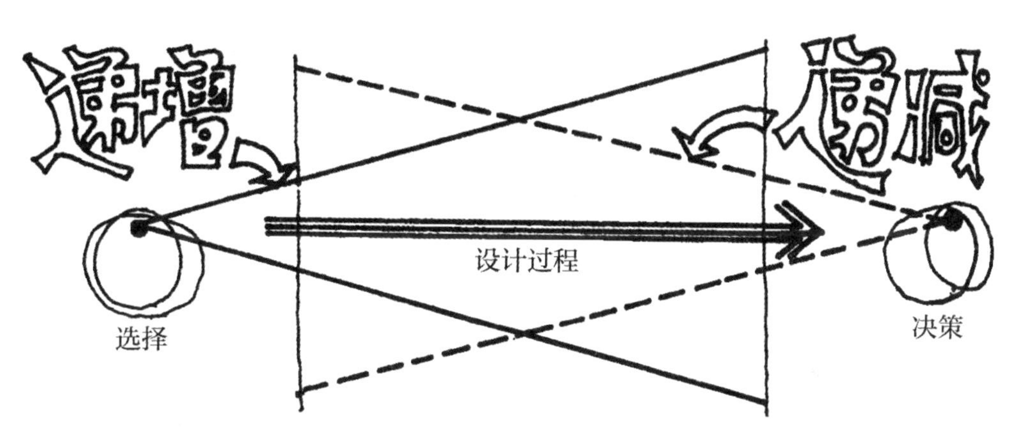

图2.2-14 递增-递减的选择过程

观事物的基本思维模式（图2.2-14）。这种思维模式也会依据判断对象的不同，呈现出不同的思维参照系。

就环境设计而言，选择的思维过程可以体现于多元图形的对比、优选，可以说对比优选的思维过程是建立在综合多元的思维渠道以及图形分析的思维方式之上的。没有前者作为对比的基础，后者选择的结果也不可能达到最优。一般的选择思维过程是综合各类客观信息后的主观决定，通常是一个经验的逻辑思维推理过程，在艺术领域中，图像的分析对比是在做对比优选的思维决策时相对重要的一种方式（图2.2-15）。

在环境设计中，对比优选的方面主要包括：

1. 视觉图像上的对比

在概念设计的阶段，可以通过对多个具象的图形空间形象进行对比优选来决定设计发展的方向。或是通过对比抽象的几何平面图形，优选决定设计的形态和使用功能。例如，在选择家具样式及家具组合时，往往需要通过对大量的不同款式和组合形态进行对比，才能选择出视角感受最佳的设计方案（图2.2-16）。

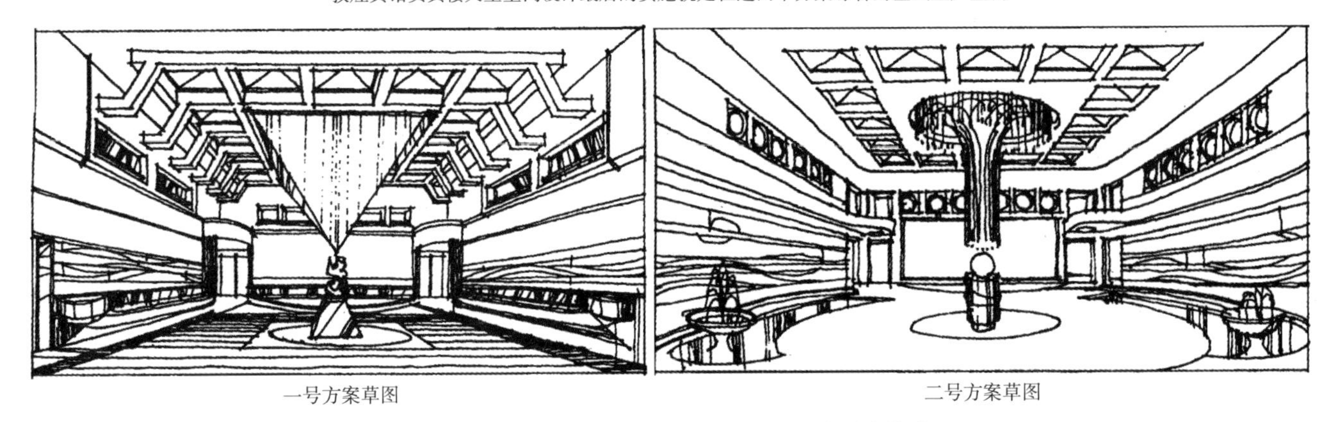

图2.2-15　敦煌宾馆大堂的两种设计方案对比优选

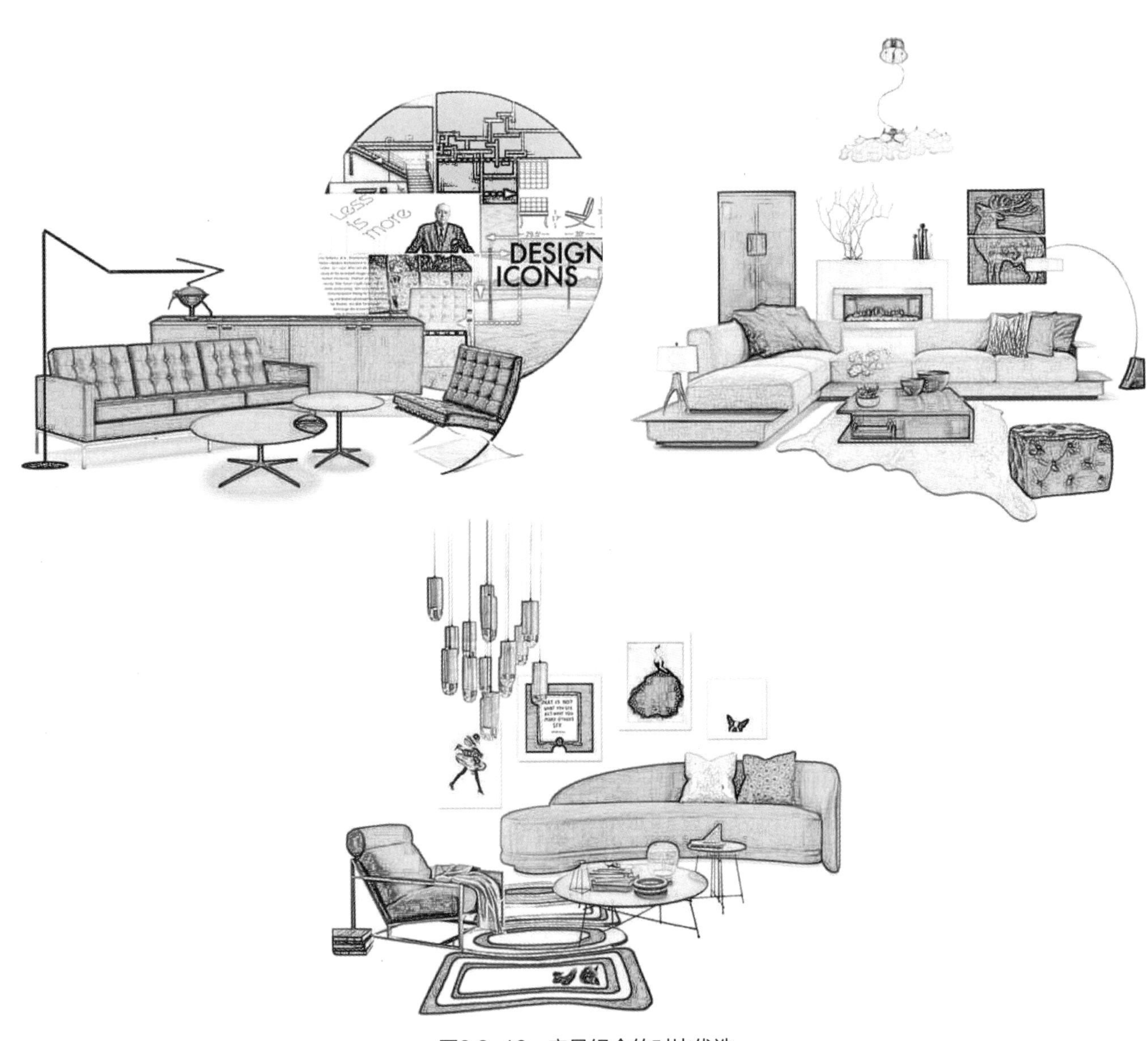

图2.2-16　家具组合的对比优选

2．使用功能上的对比

在方案深化的阶段，为了确定最佳的功能分区，需要反复多次对比不同的平面分区图（根据正投影制图的数据绘制）来决定。最终的空间效果也需要通过对比优选大量的室内空间透视构图来确定。例如图2.2-17的三种不同的平面布局对比，只有通过多方案的对比，能够直观的感受到功能需求是否合理，空间视觉感受是否和谐，最后才能决定最合适的布局形式。

3．建构数据上的对比

在施工图设计阶段，也会运用到对比优选的分析方式。例如通过对比优选不同的材料构造来决定合适的搭配比例与结构，以及通过对不同比例节点详图的数据对比优选来决定适宜的材料截面尺度（图2.2-18、图2.2-19）。

在设计思维与方法中，对比优选的思维过程主要依赖于对图形绘制信息的反馈，在多种形象的对比分析下才能产生设计概念和设计方案。所以也提倡设计者在构思阶段更多的

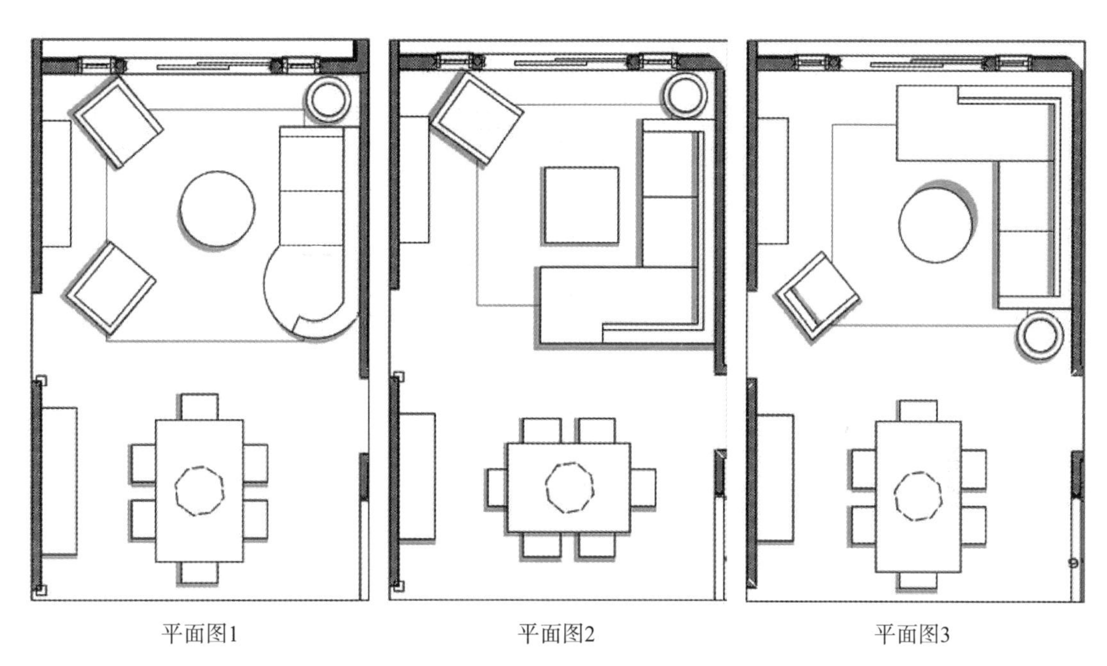

图2.2-17 平面功能布置的对比优选

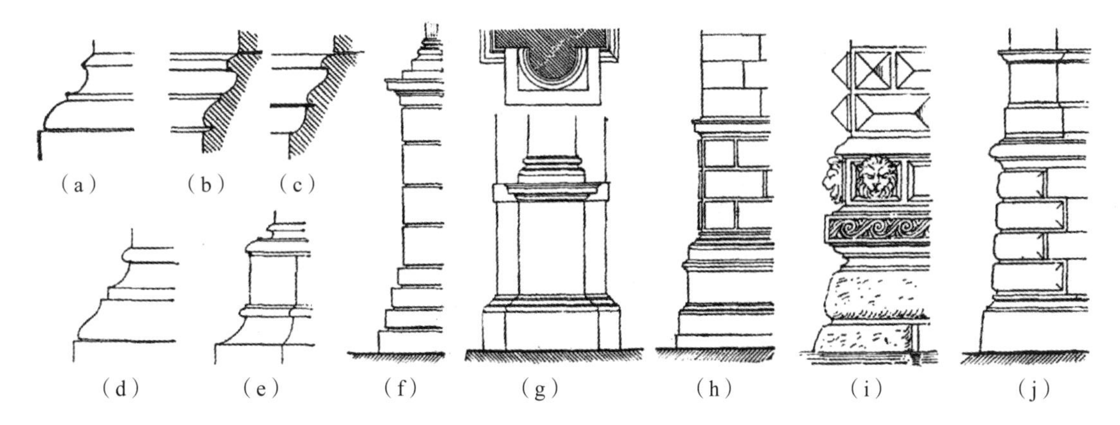

图2.2-18 柱饰结构的对比优选

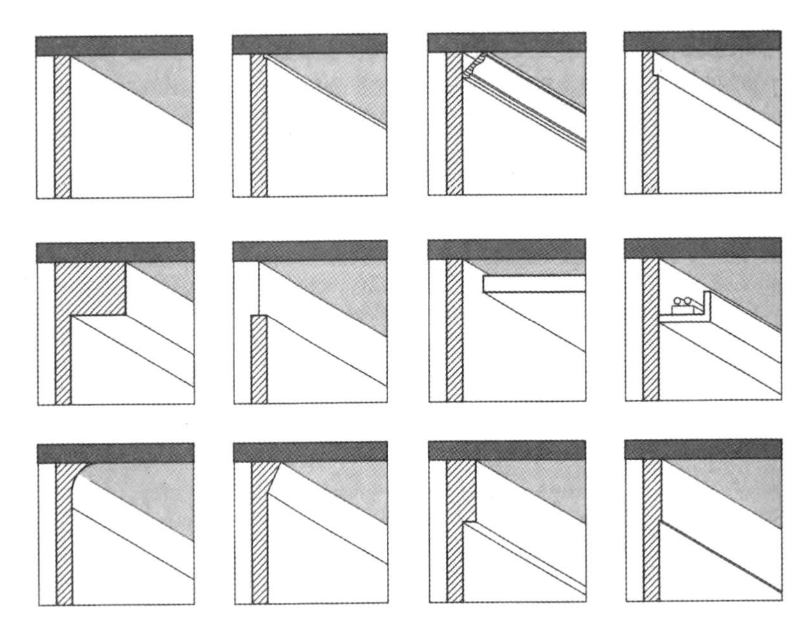

图2.2-19　顶棚结构的对比优选

利用图形图像与对比优选的思维分析方式将每一个设计想法表现到图纸上。经过长期的积累、对比、优选，好的方案就可能产生。

2.2.3　网格与图解分析

从图像分析的方法到图解分析的方法，实际上是一个从视觉思考到图解思考的过程。在设计思维中，图解分析是将图像分析的内容进一步抽象化。图解思考的本身实际上就是一种交流的过程，这个过程可以看作是设计师的自我交谈，也可以理解为是设计师与设计草图的相互交流（图2.2-20、图2.2-21）。

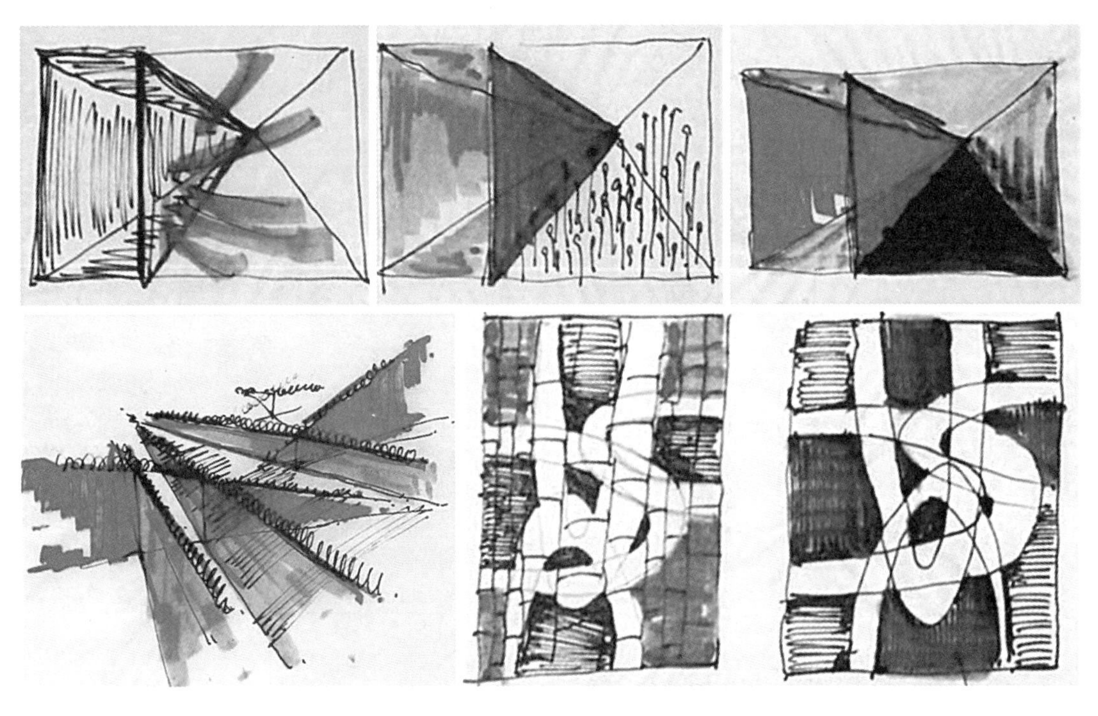

图2.2-20　抽象的设计草图

图解分析的交流过程涉及纸面的速写形象、眼、脑和手，这是一个图解思考的循环过程，通过眼、脑、手和速写四个环节的相互配合，从纸面到眼睛再到大脑，然后返回到纸面的信息循环中，通过对交流环的信息进行添加、删减、变化，从而选择最为理想的构思。在这种图解思考和分析中，信息循环的次数越多，变化的机遇也就越多，提供选择的可能性也会越丰富，那么最后的构思自然也就越完美。综合以上分析可以看出，图解思考在环境艺术设计中的六项主要作用：

（1）表现—发现

（2）抽象—验证

（3）运用—激励

这是相互作用的三对六项。"表现"可以理解为视觉的感知通过手落实在纸面上的过程和方式，"发现"则是在纸面的图形通过大脑的分析有了新的灵感。"表现与发现"的循环能够使设计者"抽象"出需要的图形概念，然后再将这种概念拿到方案设计中"验证"。"抽象与验证"的结果在"实践"中运用，成功运用的范例反过来又会"激励"设计者的创造情感，从而开始下一轮的创作过程（图2.2-22）。

环境设计中的图形思维以及它的图解思维方法有着特定的基本图解语言。这是一种为设计者个人所用的抽象图解符号，这种图解符号主要用于设计的初期阶段。它与设计最后阶段的类似画法几何的严格图解语言尚有一定的区别。一般的图解语言并没有严格的绘图样式，每一个设计者都可能有着自己习惯运用的图解符号，当不少约定俗成的符号逐渐成为那种能够正确记录任何程度的抽象信息的语言时，这种符号就成为设计者之间相互交流和合作的图解语言和思维方式（图2.2-23、图2.2-24）。

符号是一种意义表达较为广泛的图解语言，如同文字语言一样，图解语言也有着自己的语法规律（图2.2-25、图2.2-26）。文字语言在很大程度上受词汇的约束，而图解语言则包括图像、标记、数字和词汇。一般情况下文字语言是连续的，而图解语言是同时的，所有的图解符号与其相互关系的信息需要被同时加以考虑。因此图解分析具有描述兼有同时性和复

图2.2-21 速写草图

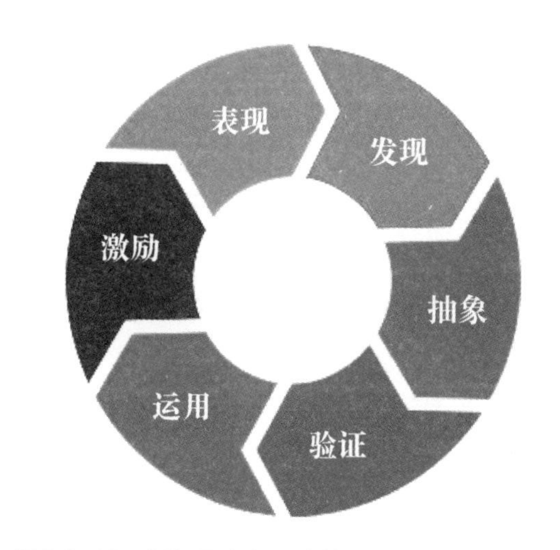

图2.2-22 图解思考在环境艺术设计中的六项作用

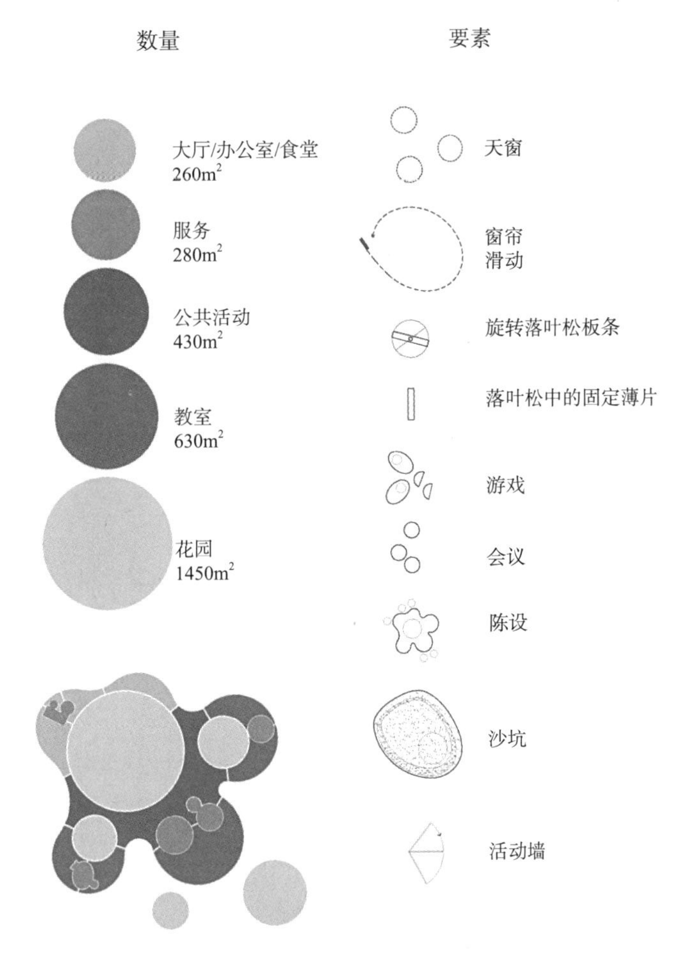

图2.2-23　设计师个人的图解语言（一）

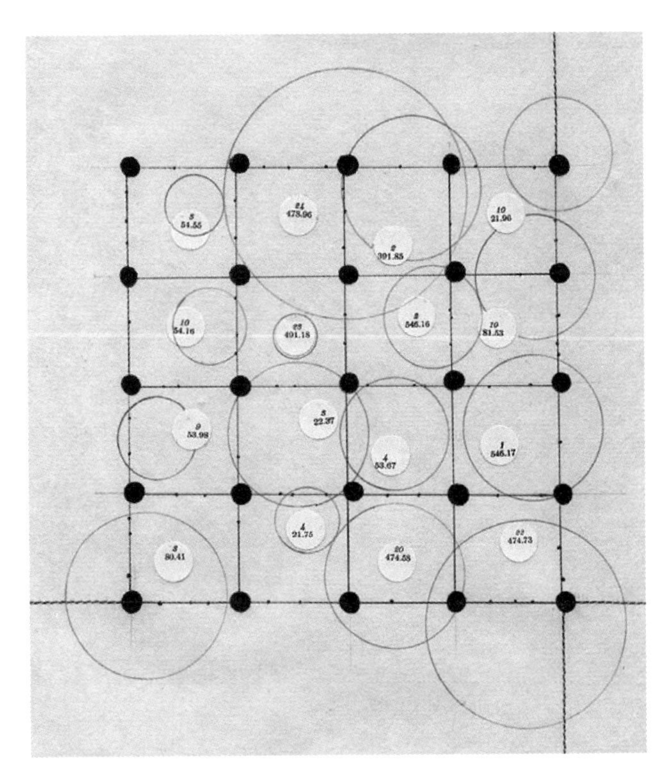

图2.2-24　设计师个人的图解语言（二）

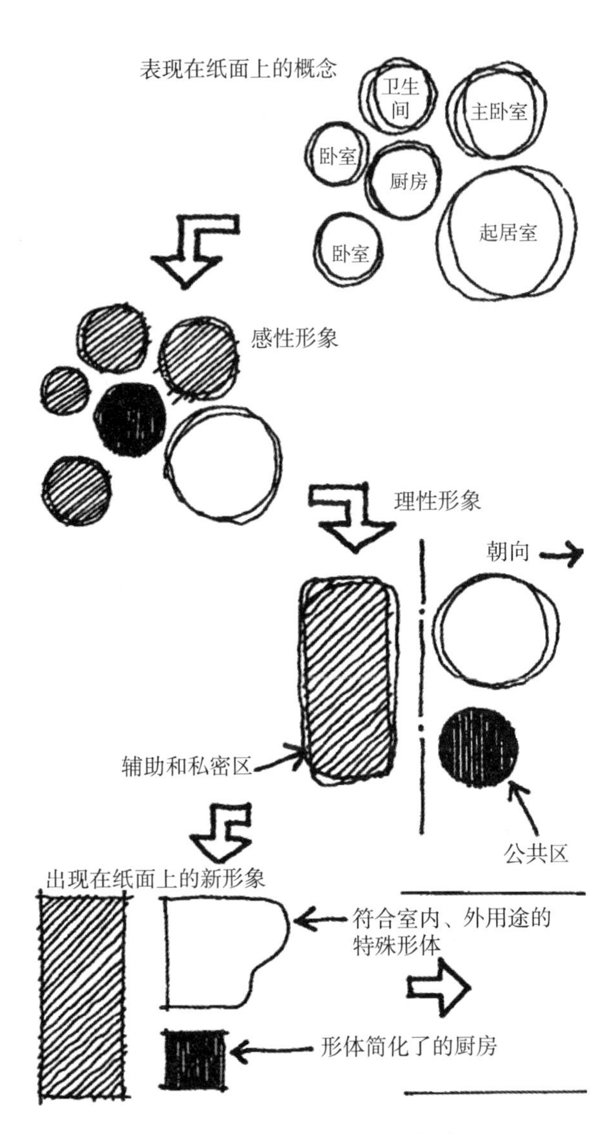

图2.2-25　图解语言的抽象过程

杂关系问题的独特效能。

图解语言的语法规律与它要表达的专业内容有着直接的关系。就环境艺术设计的图解语言来讲，它的语法是由图解词汇“本体”“相互关系”“修饰”组成的。本体的符号多以单体的几何图形来表示，如方、圆、三角等；在设计中“本体”一般为功能空间的标识，如餐厅、舞厅、办公室等。“相互关系”的符号多以不同类型的线条或箭头表示，在设计中一般为功能和空间双向关系的标识。“修饰”的符号多为“本体”符号的强调，如重复线形、填充几何图形等，在设计中一般为区分空间个性或同类显示的标识（图2.2-27、图2.2-28）。

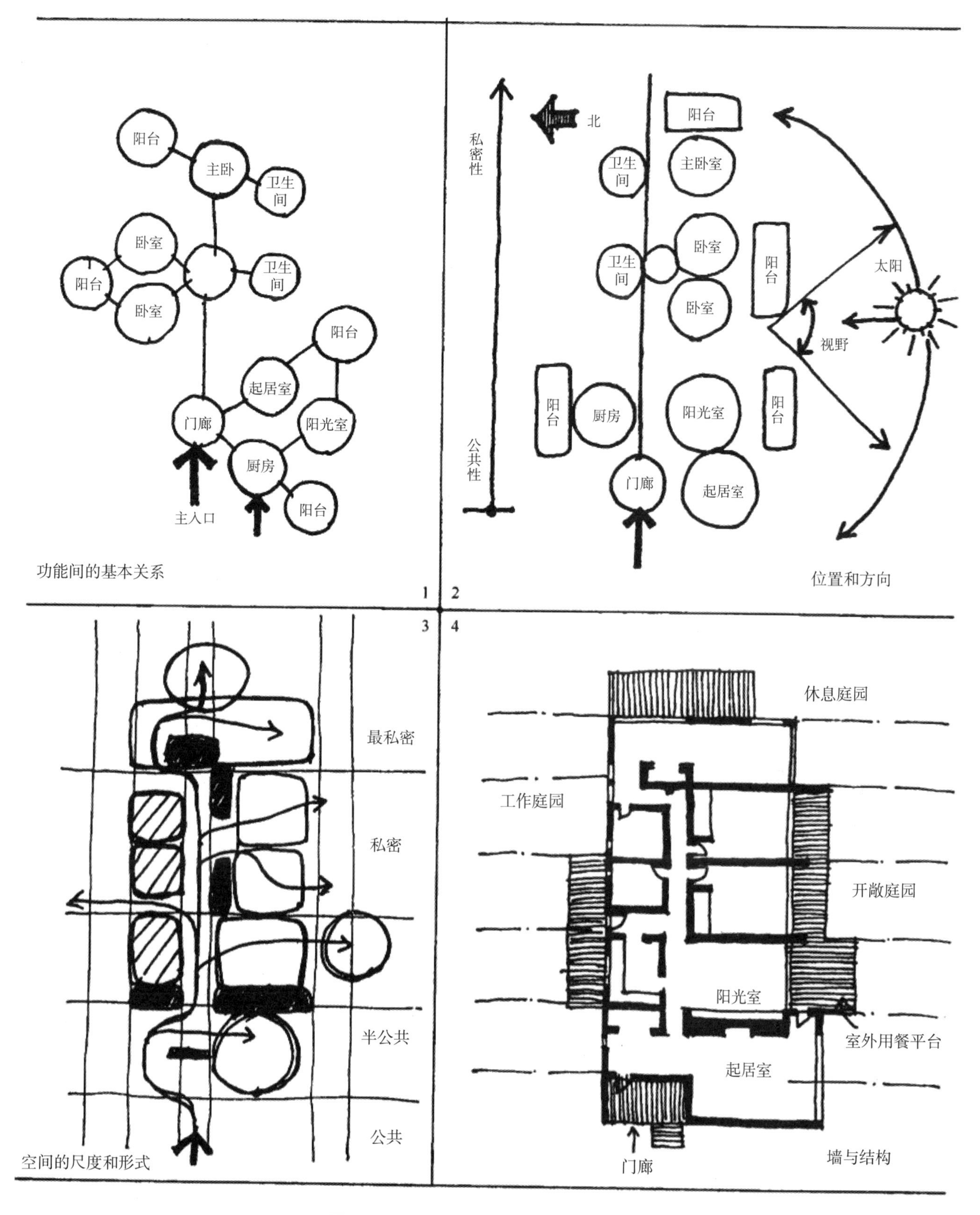

图2.2-26　图解语言在空间设计上的运用

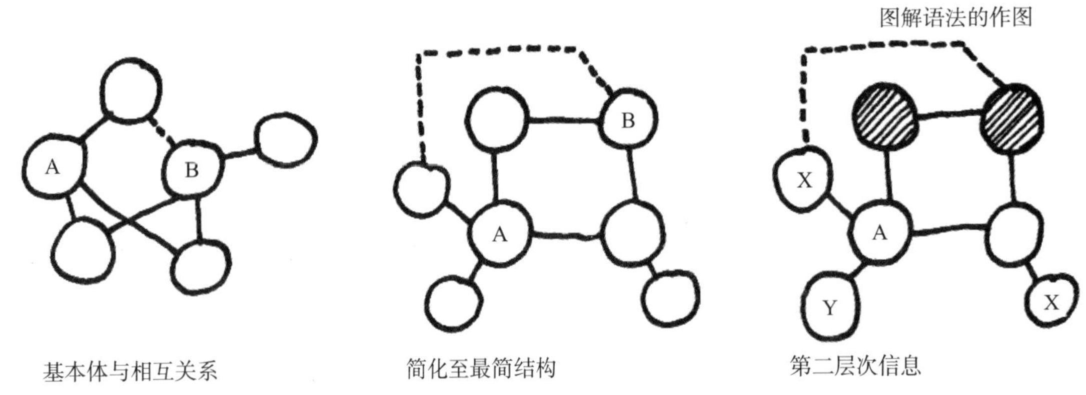

图2.2-27　图解语言的基本体与相互关系

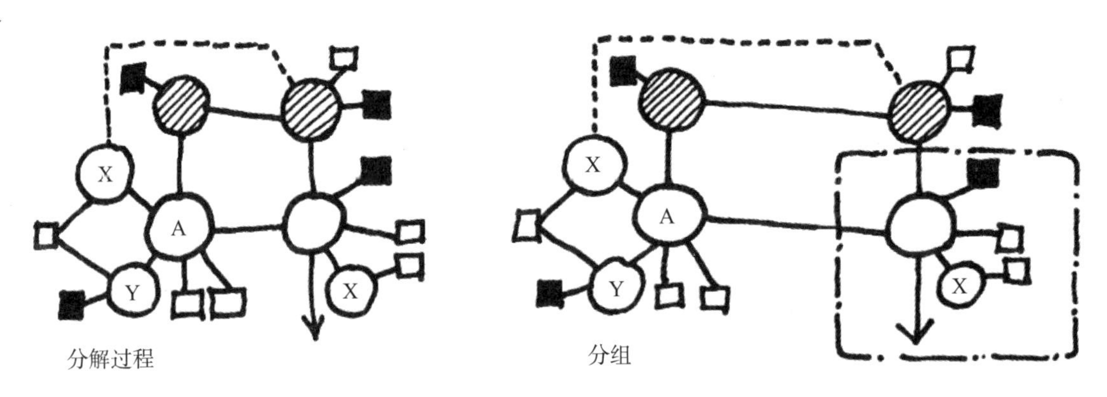

图2.2-28　图解语言的分解与分组

由图解词汇组成的图解语法，在环境艺术设计构思中基本表现为4种形式（图2.2-29、图2.2-30）：

（1）位置法

位置法以本体的位置作为句型，本体之间的关系采用暗示网格表示，具有较强的坐标程序感。在设计构思中常以此法推敲单体功能空间在整体空间中的合理位置程序。

（2）相邻法

相邻法以本体之间的距离作为句型，用彼此间的距离来表示本体之间的关系的主次和

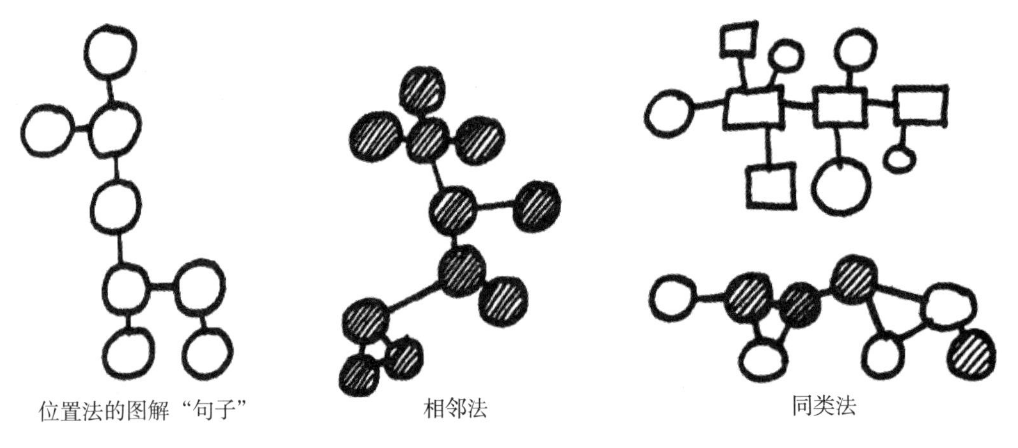

图2.2-29　图解语法：句子法–相邻法–同类法

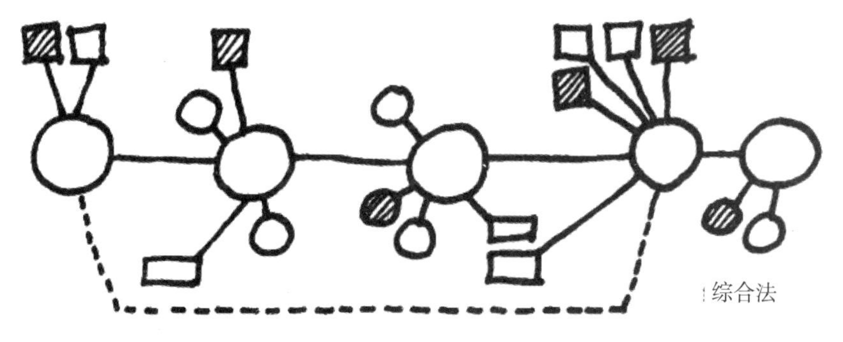

图2.2-30 图解语法：综合法

疏密等，例如距离的增大暗示不存在关系。在设计构思中常以此法推敲不同的单体功能空间在整体空间中相互位置的交通距离。

（3）同类法

同类法以本体的组群作为句型，将本体以色彩或者形体之类的共同特征进行分组，在设计构思中常以此法来推敲空间的使用功能或是环境系统的类型分配。

（4）综合法

综合法是以上三种图解语法组合形成的变体。

当然以上图解语法只是在环境艺术设计的概念或方案设计初期经常运用的一般语法。设计者完全可以根据自己的习惯创造新的语法，在图解思维中并没有严格的图解限定，只要能够启发和表现设计的意图，采用任何图解思考的方式都是可以的（图2.2-31、图2.2-32）。

在掌握了基本的图解语言之后，将其合理自然地运用于自己的设计过程，是每一个设计者走向理性与科学设计的必由之路，可以说成功的设计者无不是图解语言的熟练运用者。在环境艺术设计领域经常使用以下三种由图解语言构成的网格和图解思维分析方法：

（1）关联矩阵坐标法

关联矩阵坐标法是以二维的数学空间坐标模型作为图形分析基础的。这种坐标法以数学空间模型y纵向轴线与x横向轴线的运动交点形式作为图形的基本样式，成为表现时间与空间或空间与空间相互作用关系结果的最佳图形模式（图2.2-33）。这种图形分析的方法广泛应用于：空间类型分类、空间使用功能配置、设计程序控制、工程进度控制、设备物品配置等众多方面。

（2）树形系统图形法

树形系统图形法是以二维空间中点的单向运动与分立作为图形表现特征的。这是一种类似于细胞分裂或原子裂变运动样式的树形结构空间模型。成为表现系统与子系统相互关系的最佳图形模式（图2.2-34）。这种图形分析的方法主要应用于：设计系统分类、空间系统分类、概念方案发展等方面。

（3）圆方图形分析法

圆方图形分析法是以几何图形从圆到方的变化过程对比作为图解思考方法的。这是一种在进行室内平面设计时常用的图解分析法，在这里本体以“圆圈”的符号罗列出功能空间的位置；无方位的“圆圈”关系组合显示出相邻的功能关系；在建筑空间和外部环境信

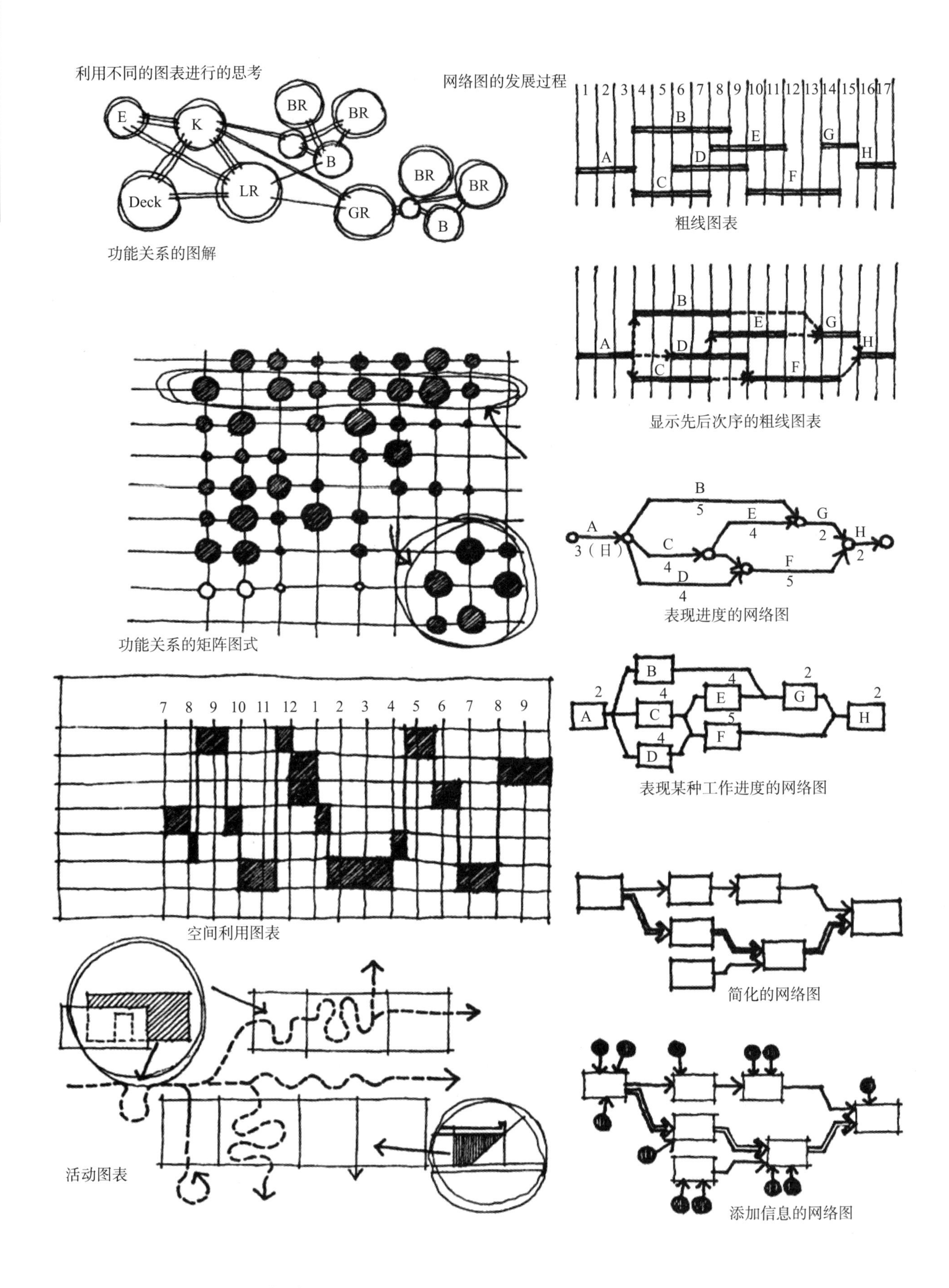

图2.2-31　多元的图解思考方式（一）

当设计思维的火花在头脑中闪烁的时候，利用徒手草图和文字标注的方式使其固定形象化，是一种延伸思维的有效方法

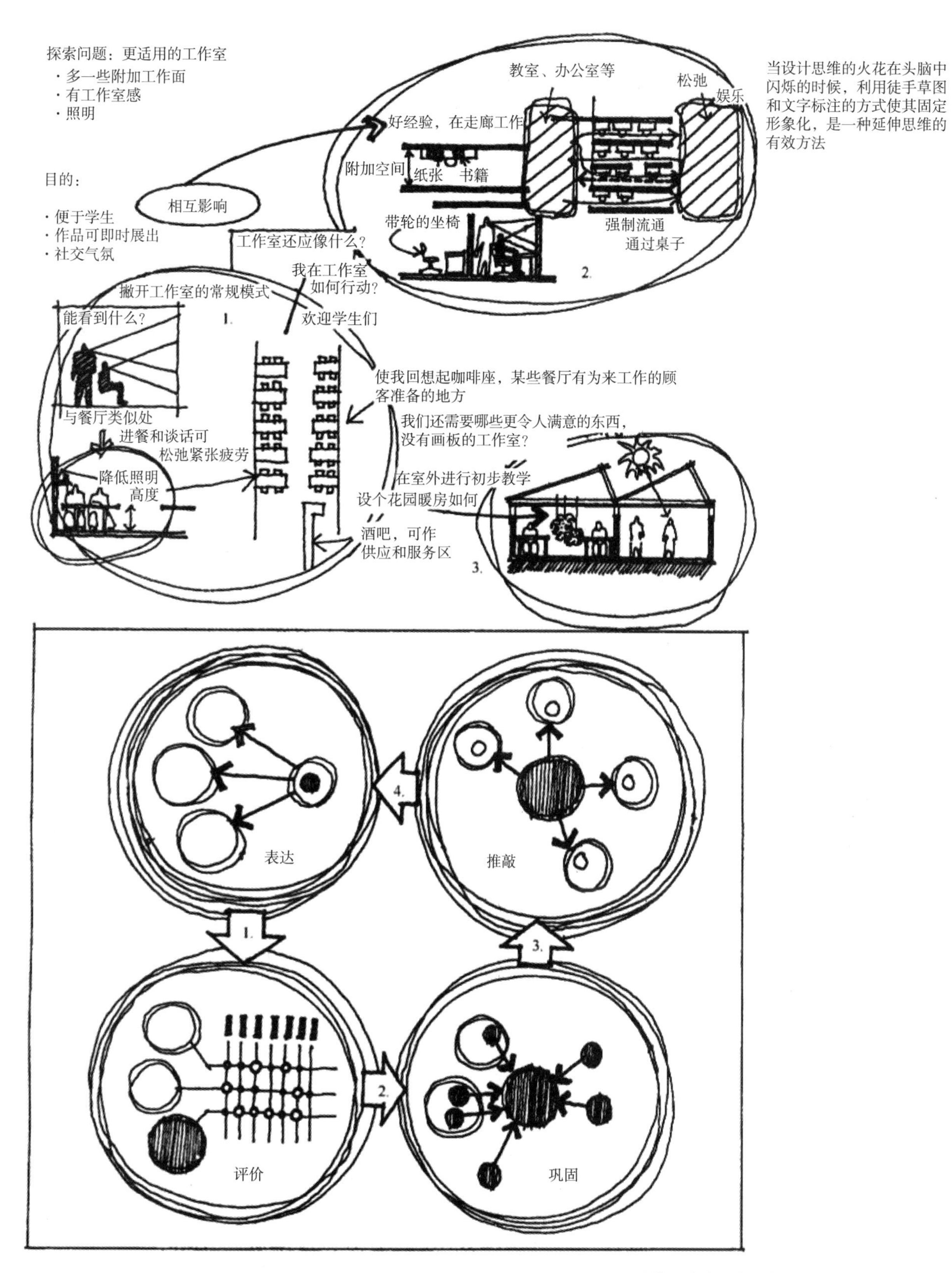

图解思考在室内设计中的典型循环过程

图2.2-32 多元的图解思考方式（二）

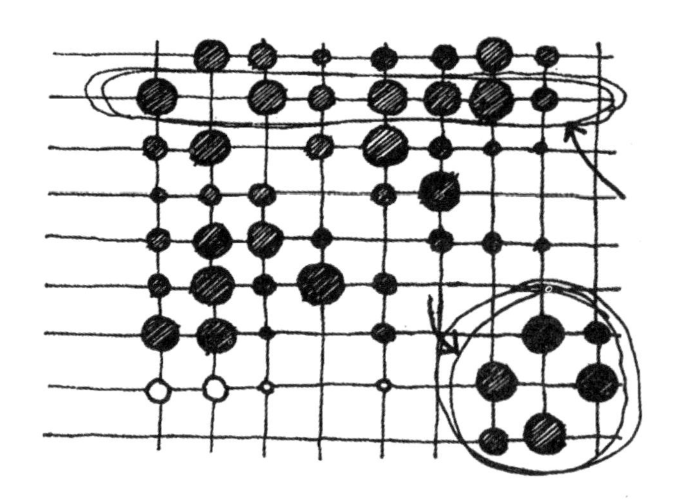

图2.2-33 图解思维分析：关联矩阵坐标法

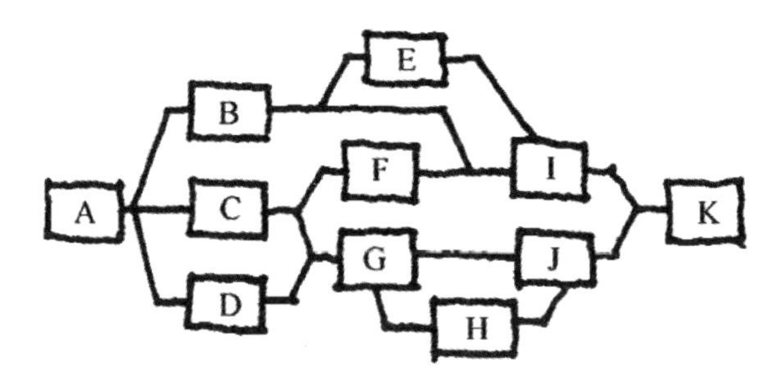

图2.2-34 图解思维分析：树形系统图形法

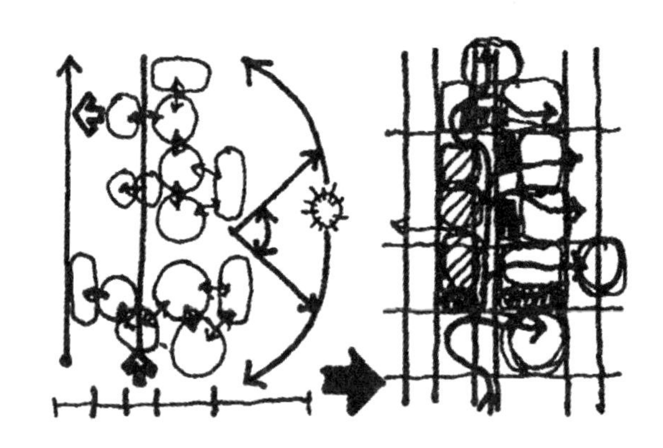

图2.2-35 图解思维分析：圆方图形分析法

息的控制下“圆圈”能够表现出明确的功能分区；在由“圆圈”向矩形“方框”的过渡中逐渐确立最后的平面形式与空间尺度（图2.2–35）。

2.2.4 数据可视化分析

近年来随着数据科学的发展，数据可视化分析的应用越来越广泛，成为各学科研究工作必备的、基础的研究工具和手段。数据可视化分析是抽象思维和形象思维的结合，是设计分析中常用的分析手法。设计概念往往是抽象化的，难以用语言来清晰和直观地传达信息，因为缺乏可视化情景。如果当设计者在相互沟通时，仅仅运用语言和文字来进行概念的传递，那么在各自脑中所呈现的景象必然是各不相同。所以，为了使信息接收者能够明确获知设计师脑中的概念与情景，设计者需要将自己的概念以及自己脑中的情景构思，根据自己的意图通过图面予以传达。相较于图解分析，数据可视化分析更为科学和直观，且通用性也更强，因为它是关于数据视觉表现形式的科学技术研究（图2.2–36）。这种数据的视觉表现形式被定义为：一种以某种概要形式抽提出来的信息，包括相应信息单位的各种属性和变量。数据可视化的技术方法包括允许利用图形、图像处理、计算机视觉以及用户界面，通过表达、建模以及对立体、表面、属性以及动画的显示，对数据加以可视化解释。

在环境设计中，数据可视化主要是在借助于更

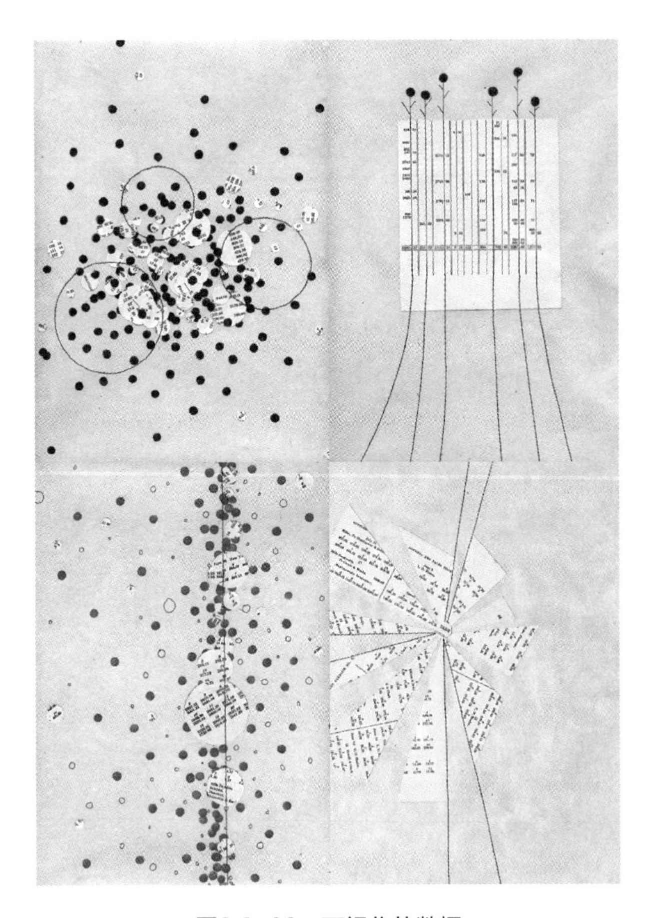

图2.2–36 可视化的数据

加科学的图形化手段，清晰有效地传达与沟通信息。需要注意的是，数据可视化并不是一味地绚丽多彩或者极度复杂，其功能用途是为了更有效率地传播和理解设计概念和设计信息。所以，为了有效地传达思想观念，美学形式应该与图像功能同时考虑，直观地传达关键的设计数据特征，实现对于相当稀疏而又复杂的数据集的深入洞察。根据环境艺术设计的艺术性和空间性特征，可以将数据可视化的内容分为：面积和尺寸可视化、颜色可视化、图形可视化、地域空间可视化、概念可视化等，其中常用的数据可视化分析图包括：

1. 柱状图

柱状图适用于分析内容包含两个方向上的数据（二维数据集；每个数据点包括两个值x和y），但只有一个维度需要比较时运用，用于显示一段时间内的数据变化或显示各项数据之间的比较。同时也适用于枚举的数据，比如在场地前期分析时年降水量之间的关系，横轴表示时间变化，竖轴表示降水量的变化。柱状图利用柱子的高度，通过肉眼对高度差异的敏感，能够直观的反映数据的差异程度（图2.2-37）。

2. 折线图

折线图适合二维的大数据集，或是多个二维数据集的比较。折线图一般用来表示趋势的变化，纵轴多为数量上的变化，而横轴多表现为日期字段。折线图还可以进一步细分为折线图、曲线图、多指标折线图、双X轴图、面积图以及堆积图（图2.2-38）。排列在工作表的列或行中的数据如果转化到折线图中便会非常直观，容易反映出数据变化的趋势。在折线图中，一般类别数据沿水平轴均匀分布，所有值数据沿垂直轴均匀分布（图2.2-39）。

3. 饼状图

饼状图用于表示各项数据占总体的占比，强调个体和整体的比较关系。在实际应用中，饼状图和柱状图会存在一定的重合，例如，在对比不同数据之间的比例关系时，饼状图和柱状图都可以进行表现。但如果是需要观察发现单体因素在整体因素中的占比，饼状图的数据可视化优势更为明显，通常饼状图的各个数据点显示为整个饼图的百分比。目前比较常见的饼状图包括二维饼状图、三维饼状图和圆环图（图2.2-40 ~ 图2.2-42），但饼状图的可视化应用非常丰富，可以多色应用强调不同颜色的关系，也可以局部放大突出重点，例如著名的南丁格尔玫瑰图，也被认为是饼状图的变形之一（图2.2-43）。

4. 各种数据地图

数据地图适用于有空间位置的数据集，一般分成行政地图（气泡图、面积图）和GIS地图等。数据地图就是解决空间问题的一种地理数据表达方式，在空间设计中运用广泛，通过地图来分析和展示与位置相关的数据，要比单纯的数字更为明确和直观，让人一目了然。例如在图2.2-44、图2.2-45中设计师通过一张地图清晰的表达了设计场地中重要的场地条件。

5. 雷达图

雷达图分析法在许多专业领域都是很受欢迎的方式，适用于多维数据（四维以上），一般是用来表示某个数据字段的综合情况，数据点一般6个左右，主要用来了解各项数据指标的变动情形及其好坏趋向（图2.2-46）。制作雷达图之前要先确定需要进行比较的设计数据属性，在具体表现的时候，也可以根据表现内容的不同，选择不同的雷达图表现

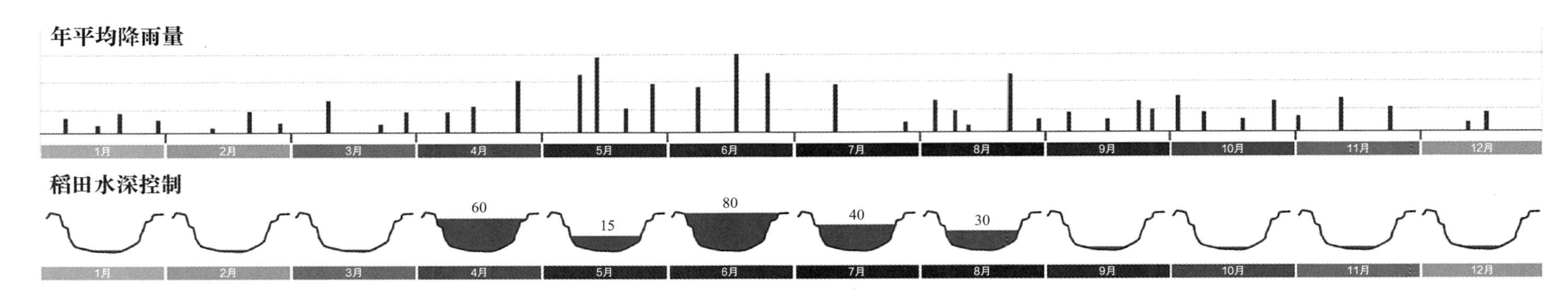

图2.2-37　柱状图的表现

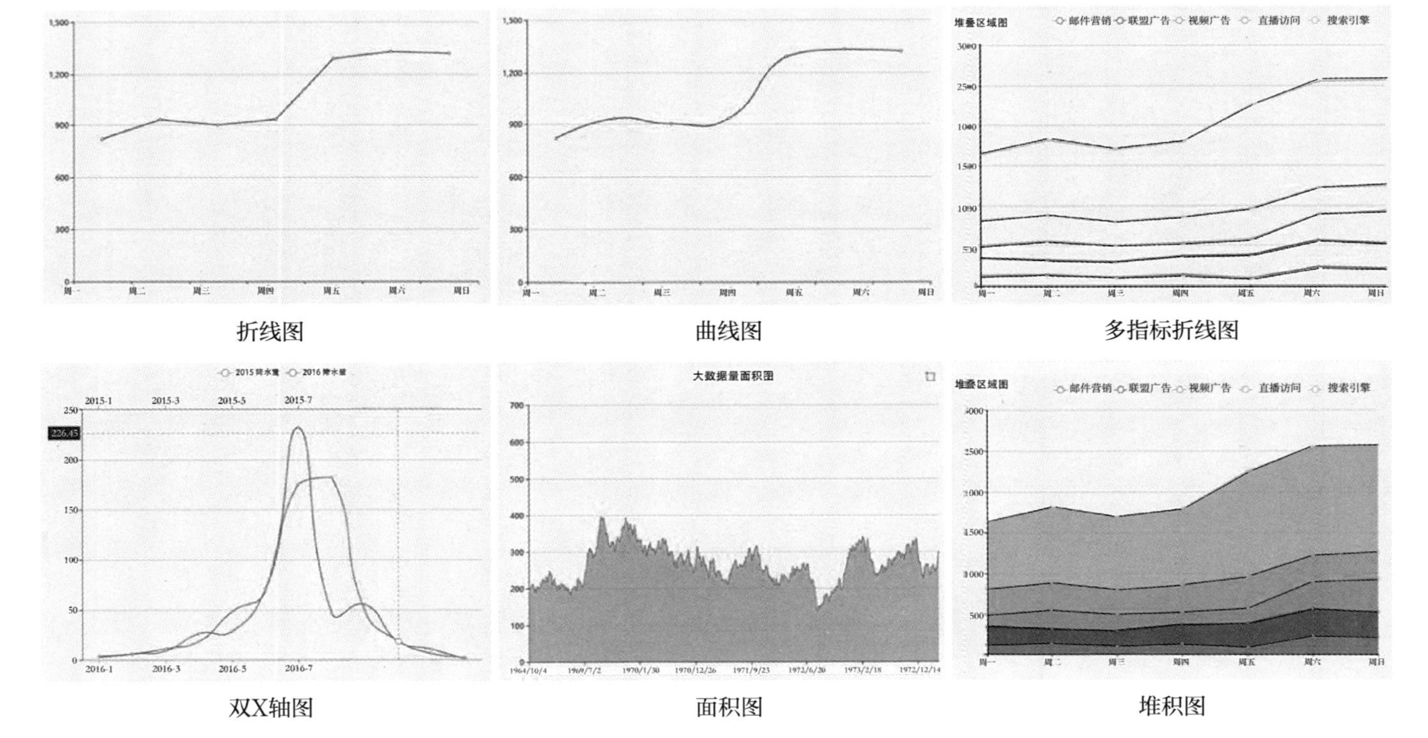

图2.2-38　折线图的分类

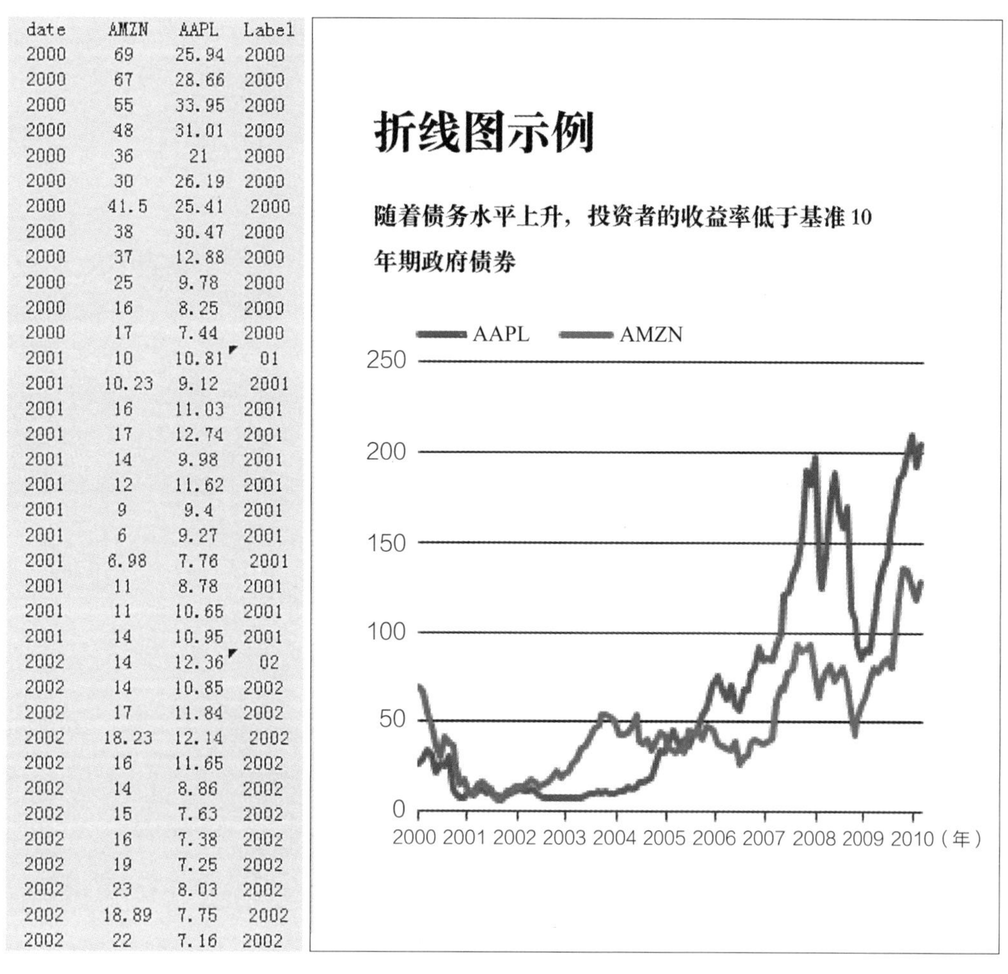

date	AMZN	AAPL	Label
2000	69	25.94	2000
2000	67	28.66	2000
2000	55	33.95	2000
2000	48	31.01	2000
2000	36	21	2000
2000	30	26.19	2000
2000	41.5	25.41	2000
2000	38	30.47	2000
2000	37	12.88	2000
2000	25	9.78	2000
2000	16	8.25	2000
2000	17	7.44	2000
2001	10	10.81	01
2001	10.23	9.12	2001
2001	16	11.03	2001
2001	17	12.74	2001
2001	14	9.98	2001
2001	12	11.62	2001
2001	9	9.4	2001
2001	6	9.27	2001
2001	6.98	7.76	2001
2001	11	8.78	2001
2001	11	10.65	2001
2001	14	10.95	2001
2002	14	12.36	02
2002	14	10.85	2002
2002	17	11.84	2002
2002	18.23	12.14	2002
2002	16	11.65	2002
2002	14	8.86	2002
2002	15	7.63	2002
2002	16	7.38	2002
2002	19	7.25	2002
2002	23	8.03	2002
2002	18.89	7.75	2002
2002	22	7.16	2002

图2.2-39　数据表与折线图的对比

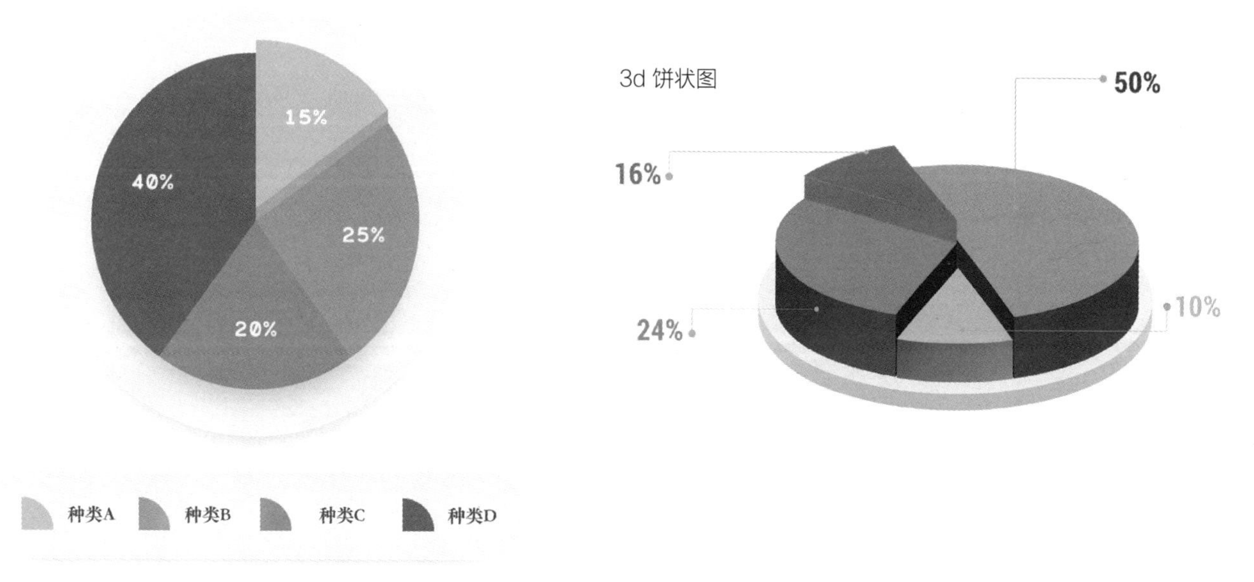

图2.2-40　二维饼状图

图2.2-41　三维饼状图

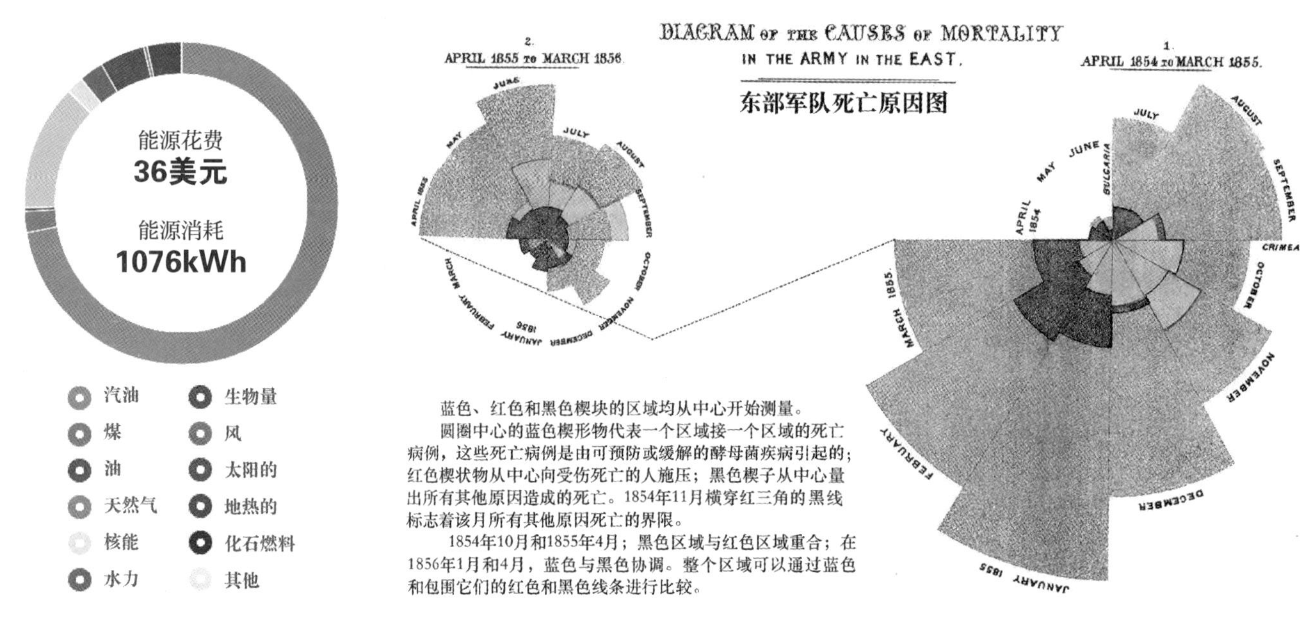

图2.2-42　圆环图

图2.2-43　南丁格尔玫瑰图

图2.2-44　数据地图分析图（一）

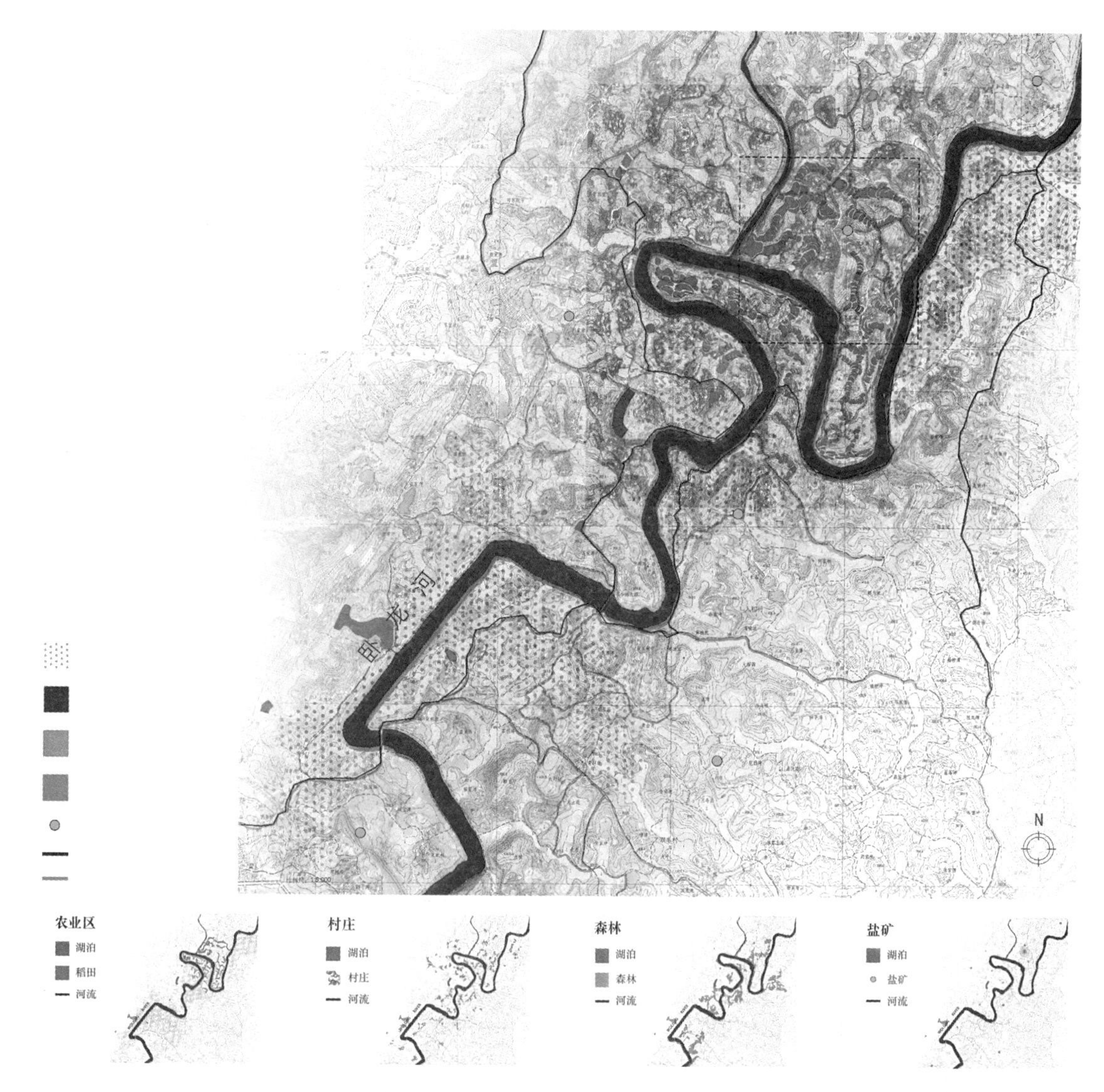

图2.2–45 数据地图分析图（二）

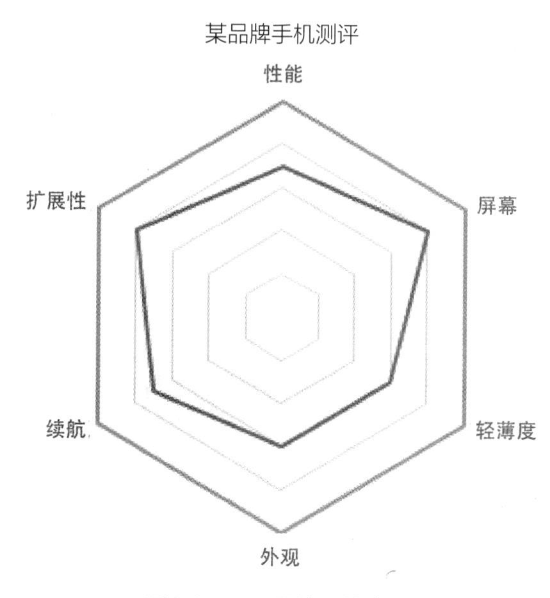

图2.2–46 雷达图的表现

方式，例如单个问题多个关键词的分析，或是在一个大的雷达图上做多个设计数据的分析，以及统一关键词分析等（图2.2–47）。除此之外，也有很多其他的呈现方式，可以根据具体的调研内容确定形式（图2.2–48）。

6. 散点图

散点图主要用来显示若干数据系列中各数值之间的关系（类似*XY*轴），判断两变量之间是否存在某种关联，同时散点图还可以看出极值的分布情况（图2.2–49）。当数据集中包含非常多的信息点时，散点图是最佳的图表类型。另外，散点图还有一种很有意思的表现手法，就是使用图片置换数据点，有时候可以更加形象化地表达数据内容。例如图2.2–50中利用散点图展现的“梅丽尔·斯特里普的艺术人生”。梅丽尔·斯特里普是史上获得奥斯卡提名最多

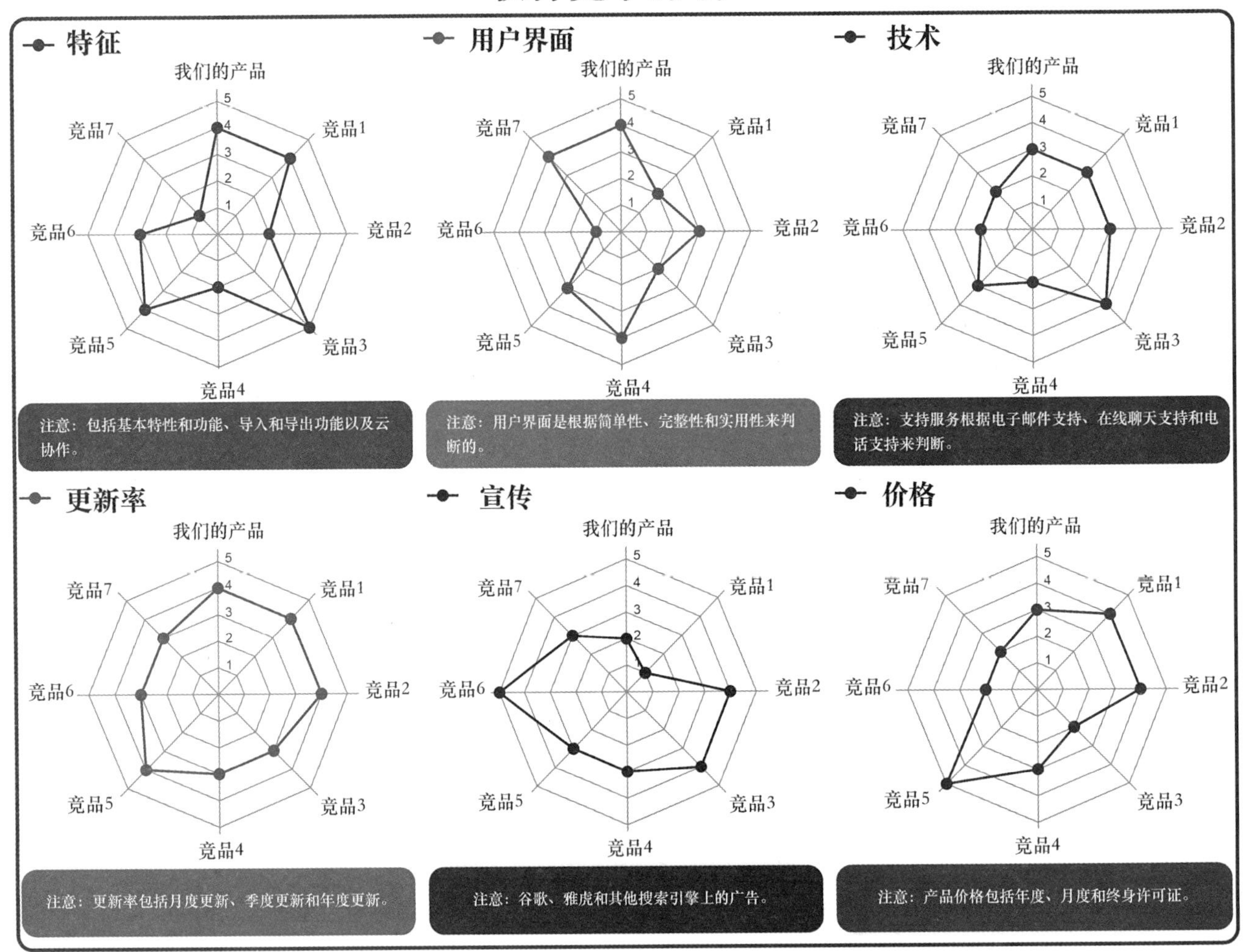

图2.2-47　雷达图的组合式分析

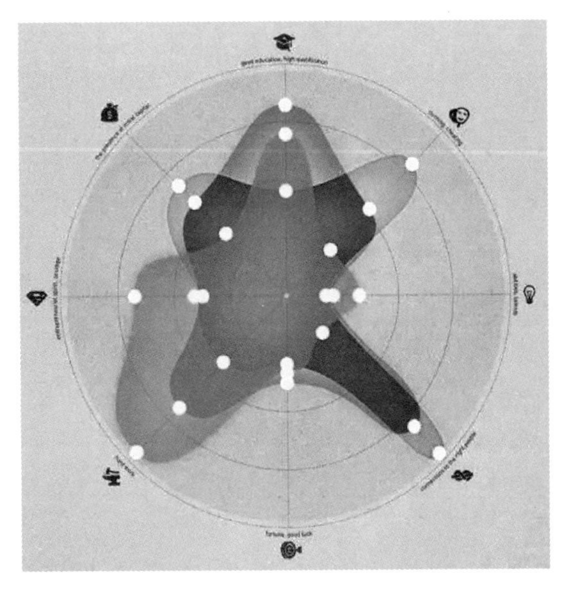

图2.2-48　雷达图的叠加式分析

的演员，其中提名17次，获奖3次。在她的电影生涯中演过的角色不计其数，而且跨度很大。图像把这些角色按照从冷酷（cold）到温情（warm），从严肃（serious）和随性（frivolous）分类，绘制成了散点图。通过这个散点图，也能更加直观地看出她饰演的角色中温情的类型较多，严肃类型稍多于随性的角色。

数据可视化的表现方式非常丰富，以上是一些最为基础和常见的图表分析方法。尤其是在设计数据的分析中，往往并不只有一种简单的数据可视化，而是多个图标和可视化的表现，所以这也要求设计师需要清楚数据之间的关系，以便更好地进行数据分析和运用（图2.2-51、图2.2-52）。

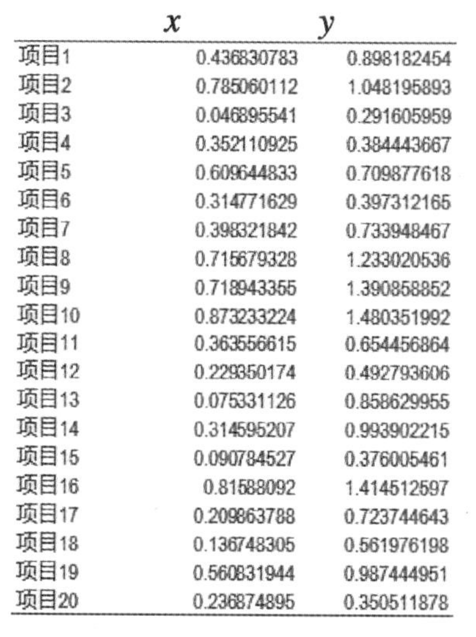

	x	y
项目1	0.436830783	0.898182454
项目2	0.785060112	1.048195893
项目3	0.046895541	0.291605959
项目4	0.352110925	0.384443667
项目5	0.609644833	0.709877618
项目6	0.314771629	0.397312165
项目7	0.398321842	0.733948467
项目8	0.715679328	1.233020536
项目9	0.718943355	1.390858852
项目10	0.873233224	1.480351992
项目11	0.363556615	0.654456864
项目12	0.229350174	0.492793606
项目13	0.075331126	0.858629955
项目14	0.314595207	0.993902215
项目15	0.090784527	0.376005461
项目16	0.81588092	1.414512597
项目17	0.209863788	0.723744643
项目18	0.136748305	0.561976198
项目19	0.560831944	0.987444951
项目20	0.236874895	0.350511878

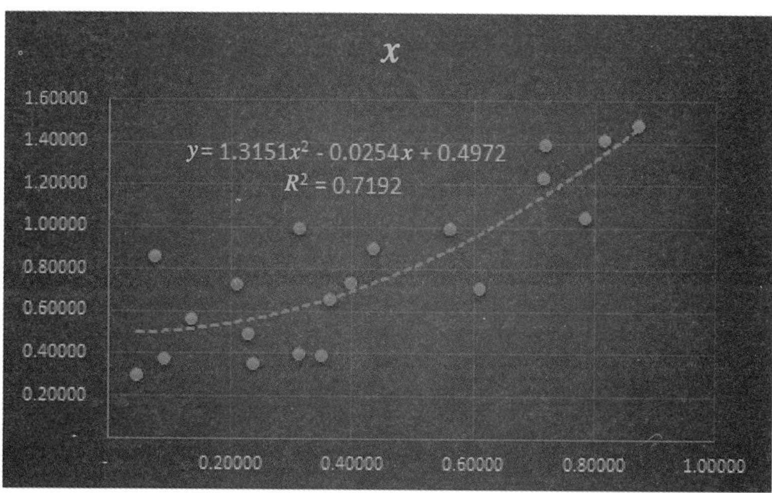

图2.2-49　数据与散点分析图的对比

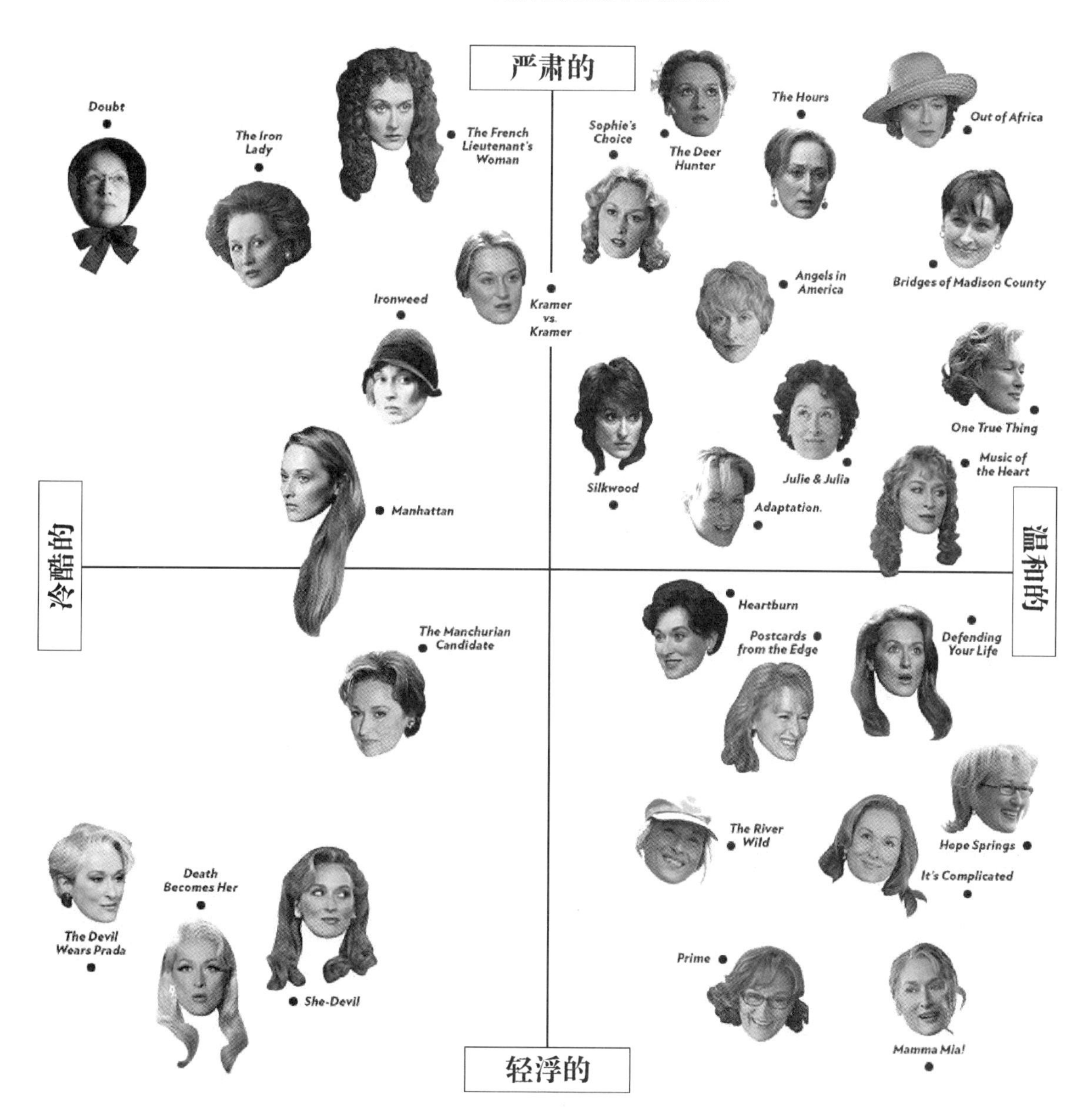

图2.2-50　用散点图的方式分析梅丽尔·斯特里普饰演的角色

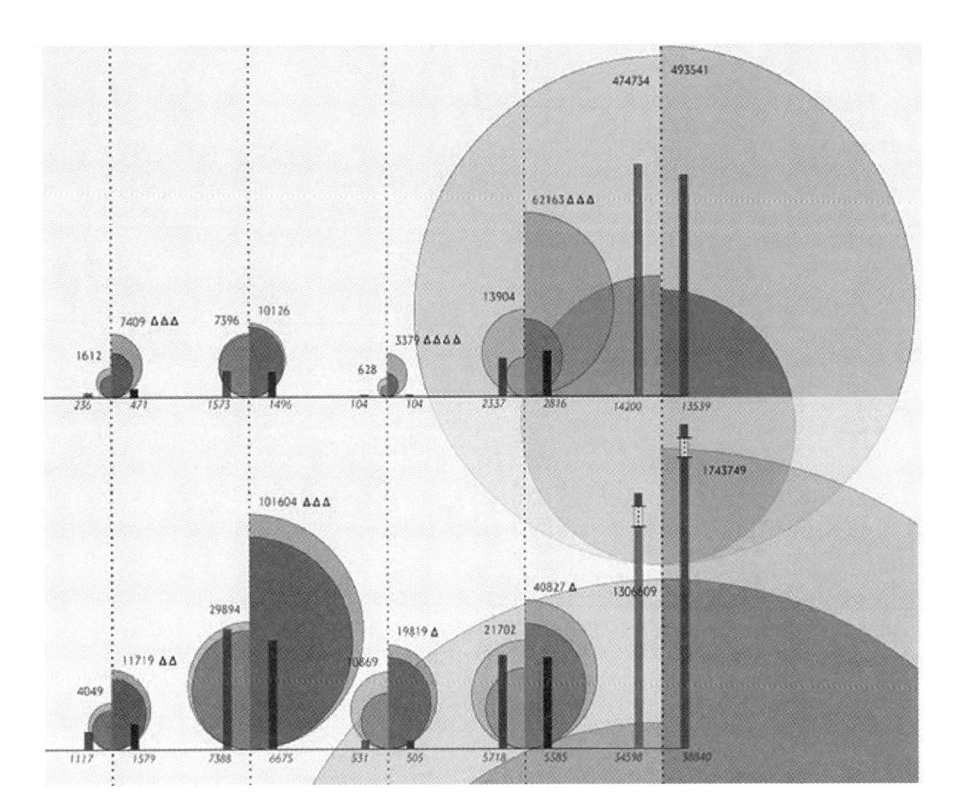

图2.2-51 柱状图与饼状图的结合

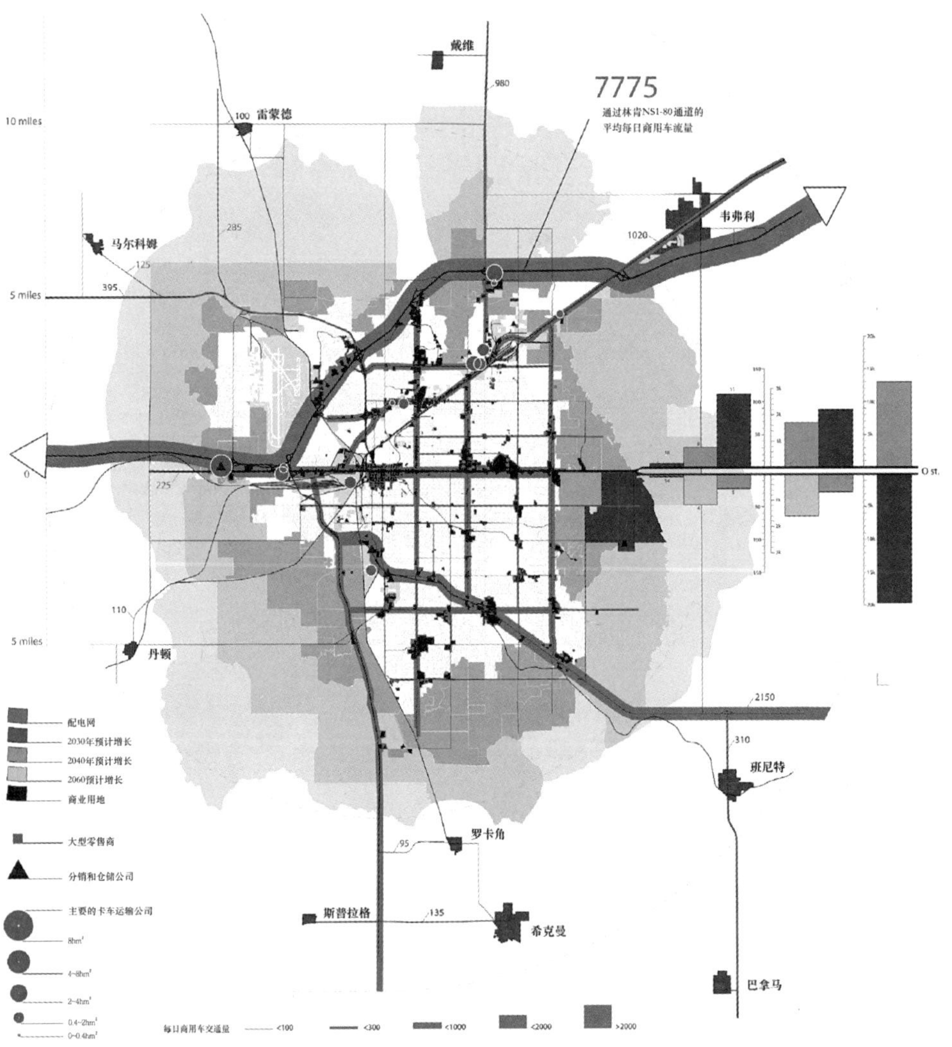

图2.2-52 数据地图与柱状图的结合

2.3 设计方法

设计本身就是一种方法论，设计方法是在设计思维的指导下运用设计分析来推动设计成果的过程。因此在设计思维和设计分析的基础上，可以将环境艺术设计的空间生成方法归纳为——基于空间结构的几何构造法，基于自然图像的自然抽象法，基于数字可视化的模型试验法，以及基于图像学的空间叙事法。

2.3.1 几何构造法

几何构造是空间生成最基础的一种方式，任何复杂的形都可以分解成为简单的基本形，而基本形都是由形的基本要素构成的。形的基本要素是构造各种形的“原始材料”，三者的关系是：“基本要素”——“基本形”——“新的形态”。将任何形分解后都能得到点、线、面、体，把这些抽象化的点、线、面、体称为概念要素，因为它们排除了实际材料的特性，如色彩、质地、大小等（图2.3–1）。点、线、面、体之间可以通过一定的方式相互转化，在一定的情况下，点可以看成是面、是线或是体，反之亦然。基本要素之间存在复杂多变的关系，这就要求我们学会在不同的场合下鉴别它们。

基本形是由形的基本要素点、线、面、体构成的，具有一定几何规律的形体。由于它们已经具有一定的秩序，所以人们常常把它当作是进行形态构成时直接使用的“素材”。为了便于研究，基本形可以归纳为以下几种：

体：球体、圆柱体、圆锥体、立方体、正多面体、锥体……

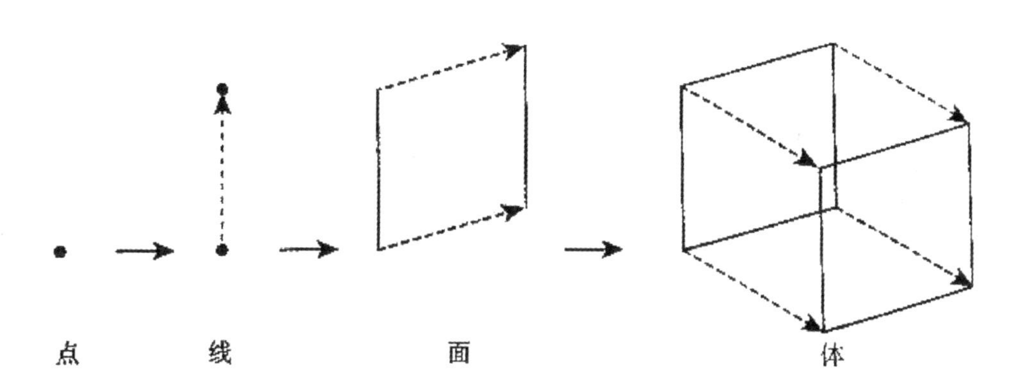

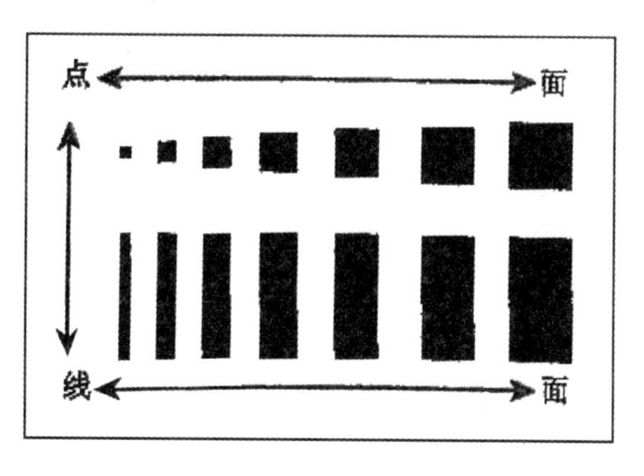

图2.3–1 形的基本要素

面：方、圆、三角、椭圆……

线：直线、曲线……

根据基本形构成元素进一步发展为构成空间，构成空间的组合方式可以分为：

1. 几何重复

基本形的重复是平面构成中常见的一种构成形式，属于规律性的构成形式。几何重复构成是指完全相同的基本形在二维平面的反复排列，这种连续的重复反映在人们的视觉中，能够产生一种秩序的美感。几何重复构成的特点是严谨、稳定、节奏感强。在空间设计中，重复的形体可以产生出独特的空间秩序，创造出有韵律感的空间形态。同时重复也是一种重要的强调手段，人们对形态主体的印象会通过几何体的重复而增强。阿尔瓦·阿尔托设计的伏克塞涅斯卡教堂就属于典型的几何重复的空间构成形式，教堂平面看上去就像一支顶部有三支翎毛的箭，三个空间的重复排列强调了箭杆的线性秩序，教堂的内部同样也是三个形状大小几乎相同的空间，通过活动隔墙的分割让三个空间既可以单独使用，也可以作为一个整体使用（图2.3–2、图2.3–3）。

图2.3–2　伏克塞涅斯卡教堂的外观

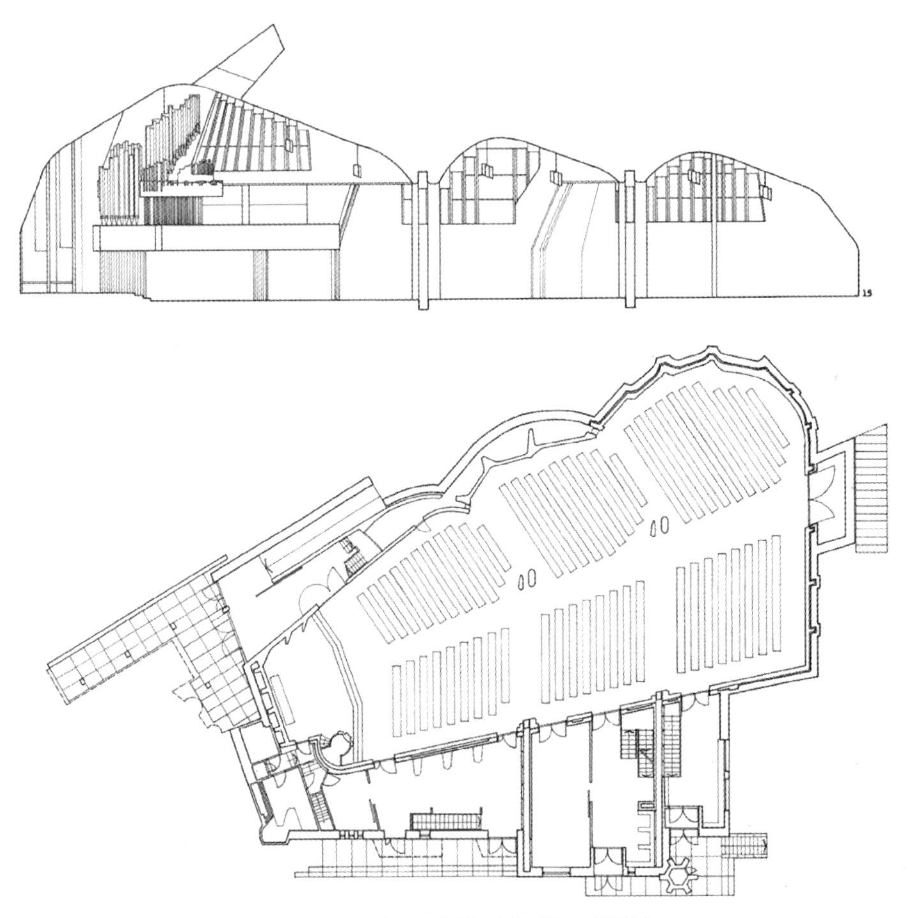

图2.3–3　伏克塞涅斯卡教堂的平面图

2. 几何近似

近似构成和重复构成相似，都是基本形的反复排列，但是几何近似的基本形在局部上有或多或少的变化和区别。近似构成在重复构成严谨、稳定的基础上增加了灵活性，易于创造更丰富的造型和空间。在空间设计中，完全相同的重复形体有时候会使人们产生审美疲劳，而几何近似则强调统一之中的变化美，可以创造更加丰富的视觉效果。斯蒂芬·霍尔设计的西雅图大学圣伊格内修斯小教堂便巧妙的运用了近似构成的手法，整体集中式的教堂被屋顶隔墙分成了数个形状和方位各异的四边形天窗空间，教堂内部的人能够随着所在的位置的移动而感受不同的光影变化和顶部空间体验，同时近似的四边形空间又使得整个建筑具有大方、朴素的风格特点（图2.3-4、图2.3-5）。

图2.3-4 圣伊格内修斯小教堂的外观

3. 几何连接

几何连接主要是指将几何形体进行相互连接，而基本的几何轮廓并不发生改变的构成手法。在空间设计中，室内空间的相互连接、室内空间和室外空间的连接，以及旧建筑的扩建改造设计中新旧建筑的衔接等都大量应用了几何连接手法。空间设计中几何连接的应用大部分是以连接体的形式存在的，例如廊空间便是一种连接几何连接手法，在现代建筑和室内空间中使用广泛（图2.3-6）。

图2.3-5 圣伊格内修斯小教堂的内部空间

4. 几何分割

几何分割则是在平面构成中将整体进行切割，分成不同的空间形式，按照图形分割的方法，可以将几何分割分为等形分割、等量分割、自由分割等。无论是哪一种分割方式，它们的共同点就是分割后的单元体能够重新组合成一个整体，有时会对单元体加以取舍以产生活泼自由的感觉。空间设计中的几何分割以自由分割为主，分割线往往作为室内空间的分隔界限，或者作为中庭以便将光线引入室内，有时也作为交通空间来安排。分割手法中最重要的两点是分割线的设计和分割单元体的取舍，通过分割可以产生丰富灵活的空间形态效果。马里奥·博塔设计的安达圆厅住宅便是运用的几何

图2.3-6 几何连接在空间中的运用

图2.3-7　安达圆厅住宅的外观

图2.3-8　安达圆厅住宅的内部空间

分割的形式来生成建筑空间，建筑的主体形态是由灰色面砖装饰的圆柱体，住宅沿中心被一个裂缝切开，同时马里奥·博塔在屋顶的裂缝位置布置了天窗，让自然的光线通过窄缝导入建筑内部，营造出明亮又有趣的室内空间（图2.3-7、图2.3-8）。

2.3.2　自然抽象法

自然抽象构成法模仿的对象是自然界的物质形态，主要指自然界中的动物、植物以及自然现象等。自然形态是设计师进行形态设计时最好的素材之一，通过利用自然界物质形态的成长规律能够更加有效地解决空间和人类社会关系中的各种问题（图2.3-9）。自然抽象是设计师将自然事物基本特征的抽离之后，加之以个人的思想感情再次重现的过程和方法，也可以称之为仿生构成（图2.3-10）。对于一般事物我们将这个过程称之为概括或是简化，而对于环境艺术设计，这个过程更多的是反映了设计师对于一个既定对象在空间和

图2.3-9　自然抽象手法在设计中的运用

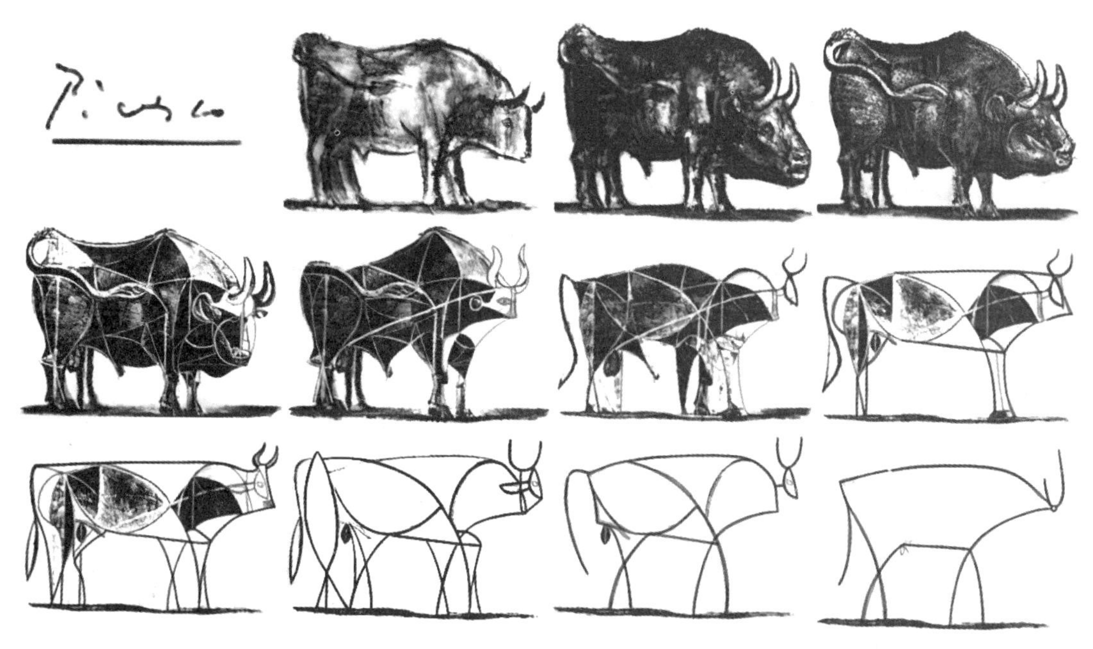

图2.3-10 毕加索的抽象绘画过程

色彩方面深层次理解的再现。因此自然抽象法在不同的设计师对空间的不同理解下，形成的艺术风格也是不同的。

日本高松伸设计的天津博物馆便是自然抽象构成的一个典型例子。整个建筑形态模仿天鹅展翅的造型，像一只天鹅横跨在圆形的天鹅湖之上，天鹅展开的圆形翅膀和修长的天鹅脖颈分别代表了主要的展厅空间和入口较长的回廊空间，而其屋顶也采用了类似天鹅羽毛形状的天窗（图2.3-11）。整个建筑以白色作为主要的统一色调，建筑的壳面和光滑柔顺的幕墙曲面也象征了天鹅白色浑圆的形态特征。天鹅的造型来源于对天津城市的理解，在设计构思过程中，设计师通过分析天津作为滨海城市的特点，从城市特色、地理位置、建筑功能、结构设计等各方面比较，最后确定采用具有美好象征的白天鹅的优美造型。同时天鹅优雅的脖颈和翅膀造型也带给了设计师更多的灵感，整个建筑空间的设计实现了优秀的结构传力和布局合理的功能分区等，成为天津市的标志性建筑之一（图2.3-12）。

图2.3-11 天津博物馆入口空间

保罗·安德鲁设计的上海艺术中心也是值得借鉴的仿生造型之一，整个空间由五个半球形的表演大厅组成（图2.3-13），建筑形态犹如五片绽放的花瓣，组成了一朵硕大美丽的“蝴蝶兰”。建筑整体的玻璃幕墙也采用了从透明到不透明的渐变模式，对应了自然界中植物花朵的色彩渐变特征。

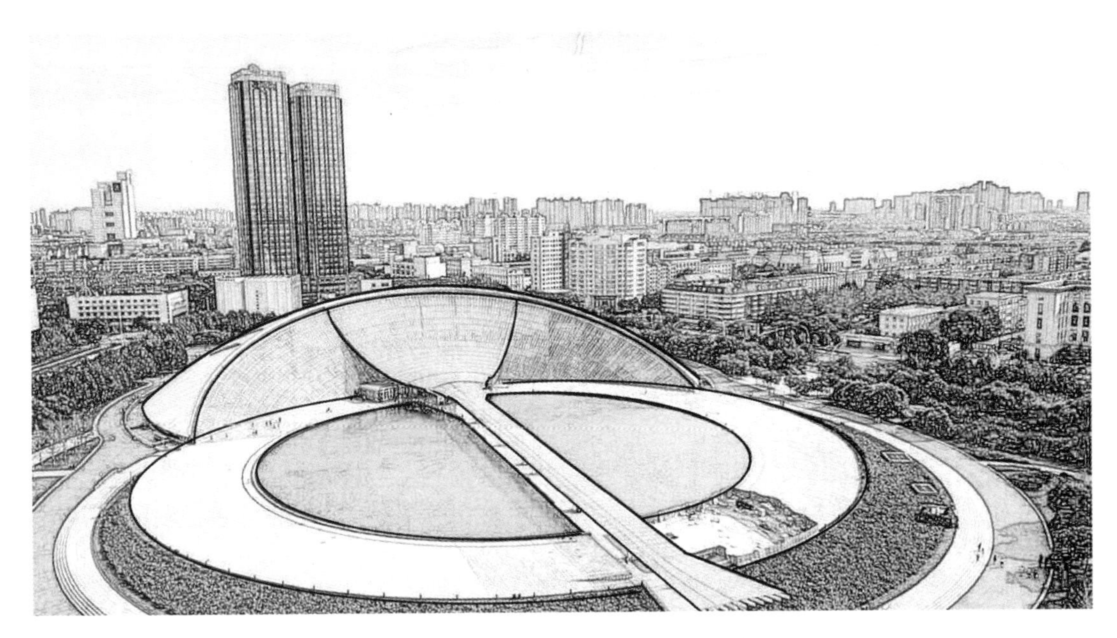

图2.3-12　白天鹅造型的天津博物馆

图2.3-13　花瓣造型的上海艺术中心

在环境设计中，自然抽象的设计是人与自然碰撞的产物，设计师要学会在大自然中寻找设计的灵感，将自然界的美与设计相融合。为了更好地学习和利用自然物质的美学特征，可以将自然形态的抽象手法分为以下三类：

1. 造型抽象

环境设计的形态抽象主要是指在空间设计过程中，设计师将自然生物体的形态特征与空间外观相结合并提取其相似之处。通过对生物的外形轮廓或者生物形态的结构关系进行抽象和转化，将转化后的形态元素运用到环境设计中，来使得设计造型具有一定的自然形态特点。丹麦设计大师雅各布森设计的现代家具的经典之一——“蚂蚁椅”便是运用了自然抽象的手法。这把椅子结构简单，形状酷似蚂蚁，设计师在合成木板上做出了粗细有致的“躯体”，并用细长的钢管模拟了蚂蚁的腿足（图2.3–14）。简单的线条分割加上层压板的整体弯曲，使得座椅的形态得到全新的诠释。另一个案例是菲律宾设计师肯尼斯·科邦普设计的花朵椅，同样也是自然抽象的手法，整体造型宛如一朵绽放的鲜花（图2.3–15）。这把座椅用超细纤维材料缝合而成，将其制作成类似干花纹理般的褶皱，并安置于碗状的树脂基座上。整个座椅形态优美、新颖，让人很容易联想到花朵，从而心情愉悦。

2. 结构抽象

自然界的生物千姿百态，并且每一种生物都拥有其独特的结构。结构抽象指的是将自然界中具有明显特征的结构形态，通过艺术化的抽象手法加以修饰并应用到设计中。大多数情况下，设计师会选用稳定性较好的结构来进行模仿设计，例如同样由雅各布森设计的蛋椅便是如此，它采用了壳体结构，整体造型如同半个鸡蛋（图2.3–16）。壳体结构是自然界中的一种典型的稳定结构，虽然壳体的外壁很薄，但其结构的独特形态可将物体表面的受力迅速地分散开，使整个壳体表面受力均匀，稳定性极高。西班牙建筑师圣地亚哥·卡拉特拉瓦设计的纽约世贸中心交通枢纽（World Trade Center Transportation Hub）也

图2.3–14　雅各布森设计的蚂蚁椅与蚂蚁

图2.3-15　肯尼斯·科邦普设计的花朵椅与花朵

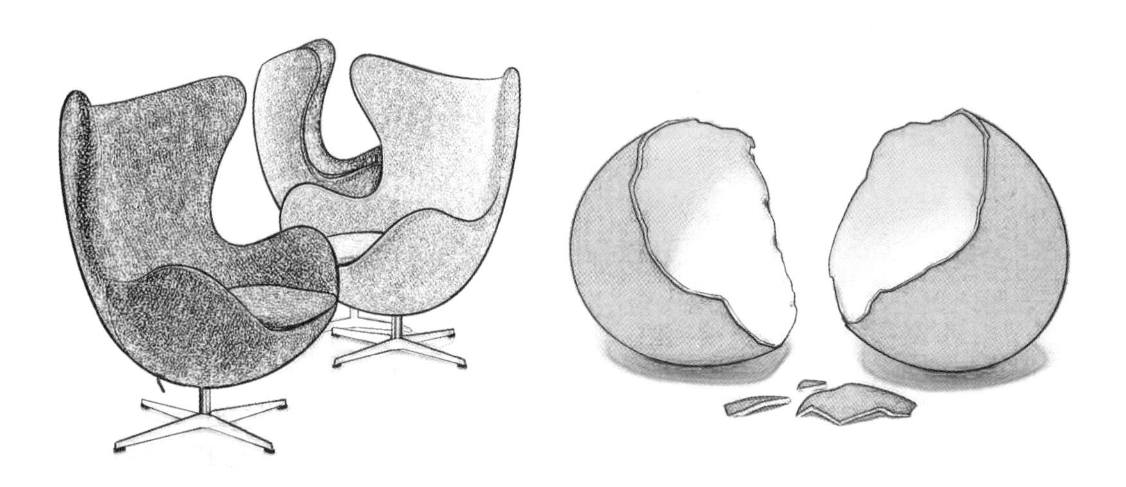

图2.3-16　雅各布森设计的蛋椅与蛋壳

同样运用了仿生结构的建造手法，设计师以翱翔的飞鸟为基本造型，该空间连接了纽约市11条地铁线路，集换乘车站、购物中心和人行通道等多项功能为一体（图2.3-17）。整座建筑结构，从外观上看去，就像一只洁白的和平鸽，张开双翅，正欲展翅飞翔。

3. 色彩抽象

色彩是视觉系统中最直观、印象最深刻的要素，不同的色彩体现出不同的生命特征。环境设计中的色彩抽象就是根据自然生物原型的外表色彩特征来进行空间设计表面的装饰，通过将自然色彩应用在物体表面的方法，能够进一步提升空间的自然美感。例如，原木色就是家居设计里最“仿生”的颜色，此外，绿色、豹纹，都是仿生颜色在家居中的应用（图2.3-18、图2.3-19）。

图2.3-17　纽约世贸中心交通枢纽室内外空间与白鸽

图2.3-18　木纹肌理

图2.3-19　木纹、豹纹在家居设计中的运用

自然界中无数的自然形态有着奇异的造型、多维的结构、绚丽的色彩，将自然抽象的设计方法应用于环境艺术设计的领域，能够丰富空间设计的方法，为环境设计带来新的灵感。并且在科技和经济的快速发展下，随着新技术、新材料的不断出现，将会有更多的自然形态得以运用。

2.3.3　模型实验法

模型是空间设计最直接的表现和研究手段。环境艺术设计中的模型表现具有直观性强的特点，通过模型实验能够有效的训练空间感，把握空间的分割、比例、尺度以及了解材料性能、结构等方面。学习空间设计的过程脱离不开对于立体构成的理解和立体思维的锻炼，除了在设计图纸中运用二维图像抽象反映立体构成关系和效果之外，三维模型的运用可以更加直观、清晰、全面并且自由的表现立体构成特点。可以说任何空间设计方案的构思和表现都离不开模型的辅助，尤其是在信息时代，空间设计和表现获得了空前的表现潜力，在开拓设计师思路的同时也为空间设计的工作提供了极大的便利。下面分别从物理模型和数字模型两方面，阐述模型实验在环境艺术设计中的空间生成方法。

1．物理实验模型

物理模型是设计中传统的方法，是设计师进行方案推敲与深化，以及与他人进行有效沟通的重要途径。空间设计是由“人”出发对空间进行探讨，是人对于能够看见和摸到的，实实在在的形体关系，包括尺度、比例、体量等因素的认知和理解，这些构成了了解和学习空间的基础。由于空间的物理性质，所以对于这些空间基础内容的学习需要用到的不仅仅是大脑的思考和想象，更多的是用身体去体会，用四肢去丈量，用感官去捕捉。所以，对于室内外空间的认识和体悟更多的是来自切身的感受，作为空间基础要素的模拟，模型也是同理（图2.3-20）。

物理模型具有数字模型不可替代的特点，那就是具有物理的触觉感受和视觉感受。手工的物理模型能够和想象中的空间形态建立起直接接触的感受。在制作模型的过程中，比例尺是建模、绘图以及空间尺度感的前提，模型材料的选用则能够反映人们对于实际材料的认识，组件的加工和构成方式则能够启发人们对于空间建造的理解。通过身体感官的直觉和理性的思考，实际接触到的模型和材料的把控是建立设计室内外空间的参考系。根据物理模型的作用，可以将物理模型的特点归纳为以下三个方面。

（1）物理模型能够直观的表现空间形态、布局、关系、尺度和比例

模型的制作过程也可以说是一个设计的实现模拟过程，在这个过程中，设计者可以进一步地去验证设计的合理性和可行性。由于前期的设计分析通常是在纸面上的二维表现，要想做到全面直观地展现空间和物体之间的关系，二维纸面是存在着一定缺陷的。而通过模型制作的导入能够将设计方案更为真实地展现出来，在制作过程中也有助于设计者对空间尺度的理解和把握。模型以三维角度立体的方式展示了空间设计的效果，可以使设计者置身其中的去体验设计的创意，如色彩、材质、造型等，而不再是对创意的凭空想象。在概念阶段，物理概念模型也为设计师进行设计概念的推敲对比提供了更为直观的感受，尽管这个时候的模型是一种相对粗糙和简单的模型（通常概念模型要求制作快、方便修改，经常选用一些便宜的轻质的材料制成，例如薄木板、泡沫、纸板等材料）（图2.3-21）。所以当设计师找到前期的设计灵感并进行二维草图的推敲后，使用物理模型进行三维空间层面的研究是必不可少的。尤其是一个好的前期概念模型，不但在设计前期能够为设计师提供更多的视角，在设计过程中也能不断地辅助设计师思考（图2.3-22）。

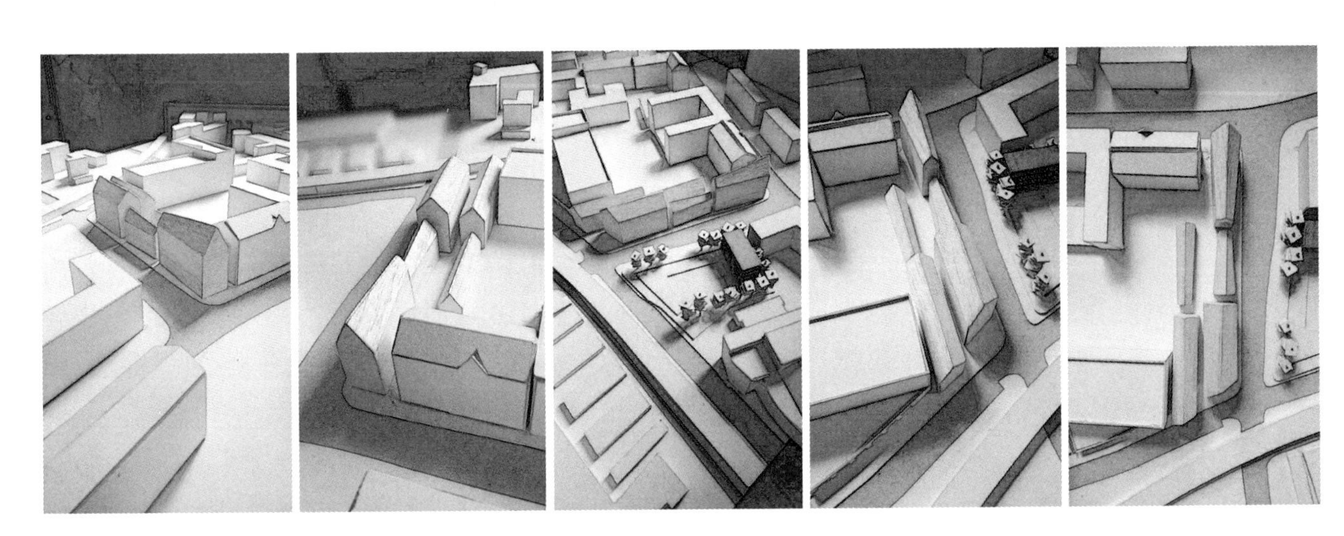

图2.3-20　感受空间尺度的物理模型

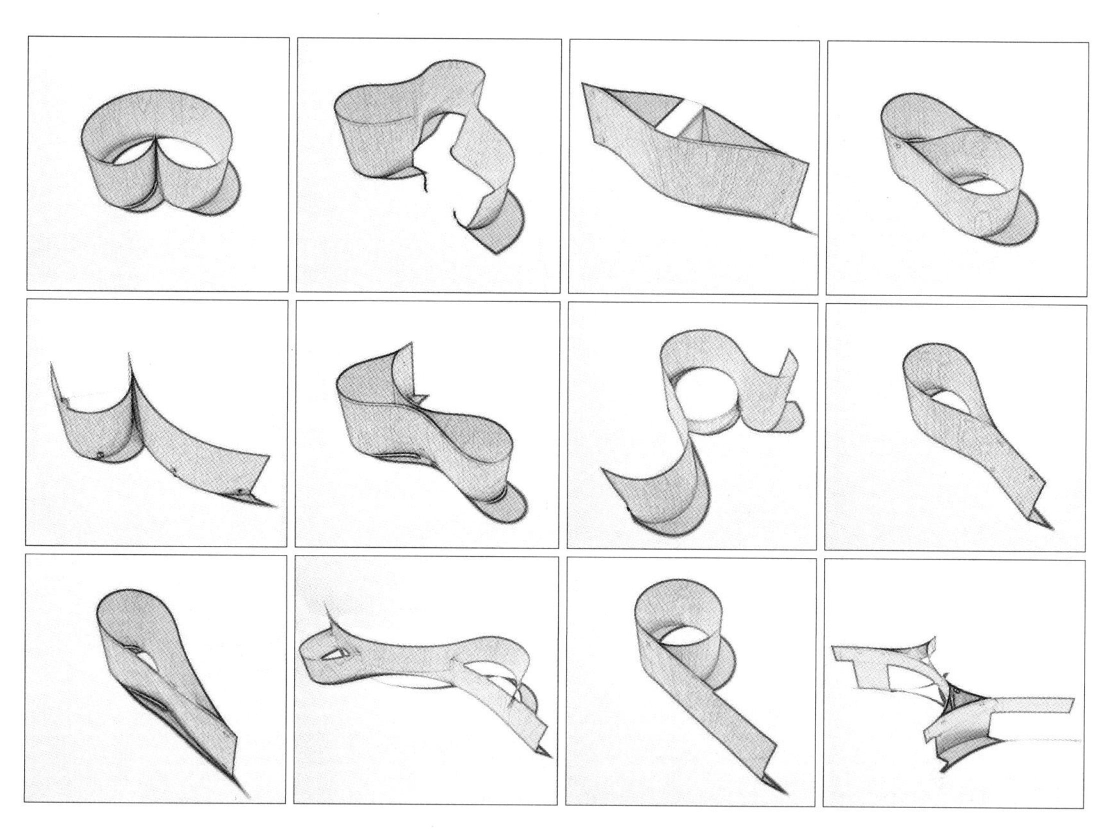

图2.3-21 概念模型的推敲

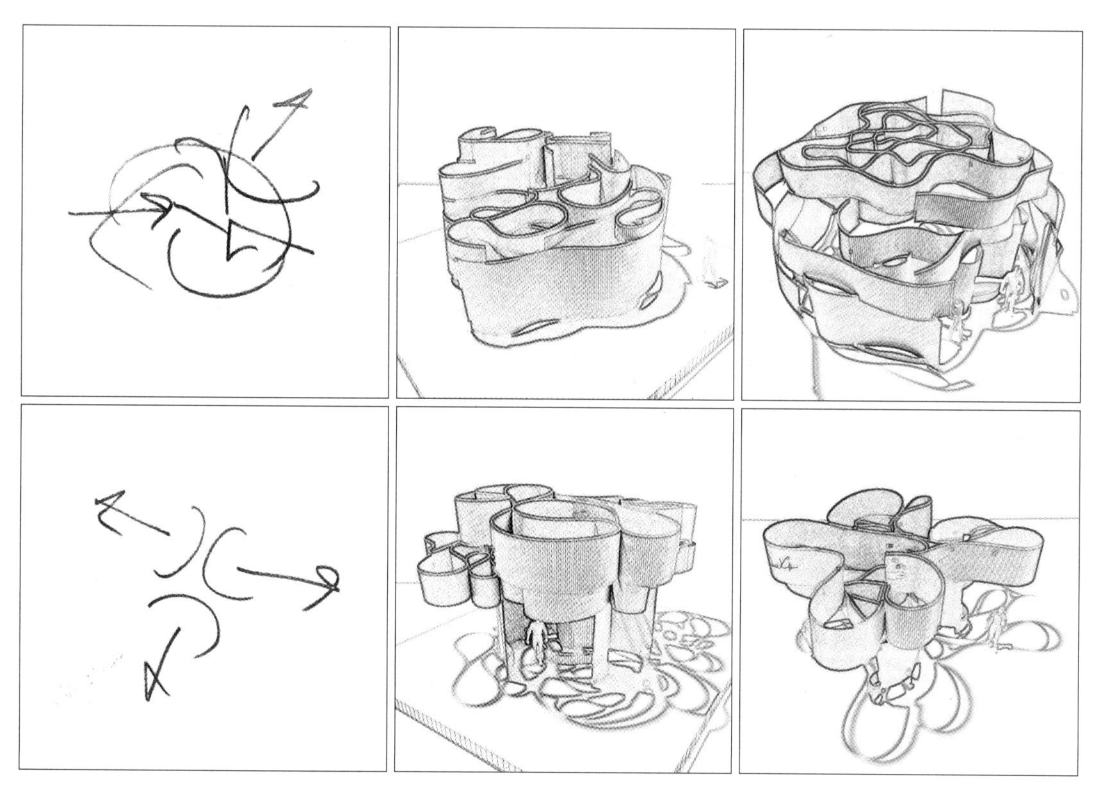

图2.3-22 设计草图与概念模型

（2）物理模型能够有效地了解施工工艺、材料性能及结构和构造

环境艺术设计的设计成果和最终目的是要落到实际的空间中，如果仅仅依赖图纸，很难理解设计在实际空间的概念和施工操作等。因此，在设计中导入模型制作，让设计者亲身制作和体验环境艺术设计的施工工艺和材料运用，将会提高对设计方案的理解。制作模型需要各种不同的工具、材料及胶粘剂，如三合板、卡纸、KT板、PVC板、泡沫板、有机玻璃、木材、钙塑板、ABS工程塑料等（图2.3–23）。选择模型材料就是选择方案材料的一个模拟，在选择的时候要考虑材料的颜色、质感、构造方式能否和空间样式相得益彰，要通过综合比较，进行多角度的分析和研究来确定最终适合的材料（图2.3–24）。此外，模型的制作工艺也是完成一个模型实验关键的一环，和一个真正的实际项目一样，很多时候虽然设计方案优秀，材料选择也很到位，但是由于施工工艺的不尽人意，最后达不到预期的理想效果。所以在制作物理模型时也需要有技术的美感，只有一个严谨精美的模型才能最大化的模拟和实验设计方案的落地性（图2.3–25）。

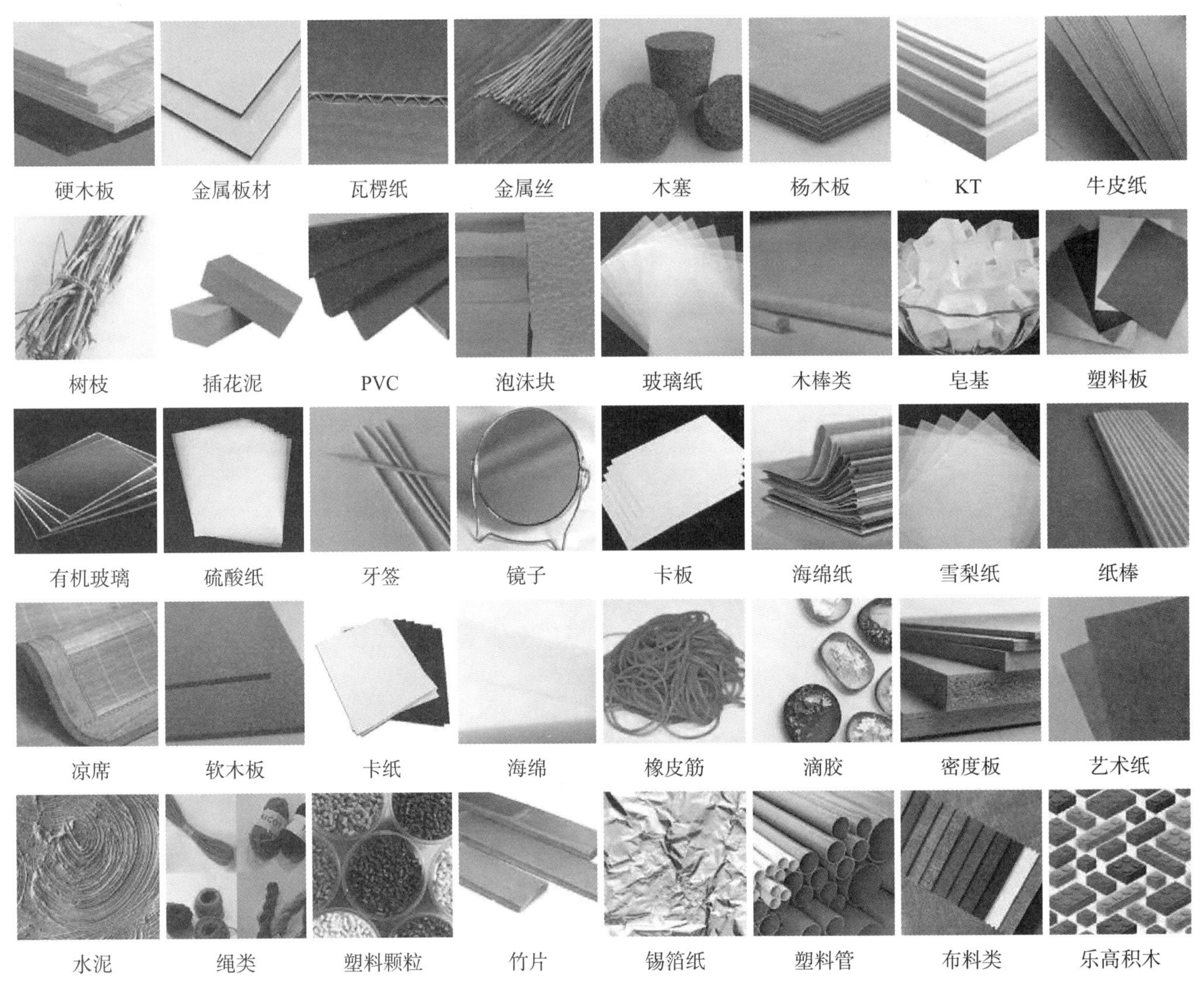

图2.3–23　物理模型的材料

图2.3-24 木棍材料制作的模型

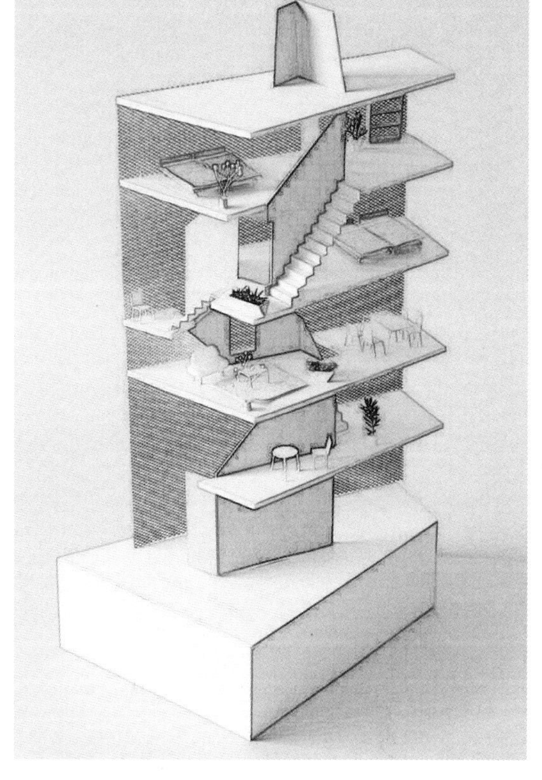

图2.3-25 物理模型表现

（3）物理模型能够有效地发现图纸问题

用实体模型来进行设计是一种设计思维和动态过程相吻合的方式。在这一过程中，由于方案的不断调整和修改，使得模型的各个部件也在被反复的拆除和重新搭建，随着模型的推敲完成，方案设计也就逐渐完成了。随着方案的深入，设计师可以从粗糙的概念模型转而利用构架模型或是大比例的模型来探讨设计方案，这个过程其实也是建造过程的体验。大比例的建造模型能够将图纸上的空间关系清晰地展现出来，二维图纸上一些比较容易忽视或是难以发现的问题也就会随之暴露出来，例如空间的大小合理性，结构构件对于建筑及空间形式的影响等。通过模型将这些问题体现出来，更加有利于设计的深化，并且为施工图的绘制带来极大的便利。大比例模型的制作还为空间设计人员与其他相关专业的工作人员，甚至是非专业人员提供了一个直观的交流平台。因为对于图纸，非专业人员很难完全理解和把握空间，大比例的模型能够帮助他们最大限度地感受接近真实的空间，为设计师与非专业人员的交流提供方便。同时也为水、电、结构专业的工作人员提供最直观的信息（图2.3-26～图2.3-28）。

国家游泳中心的“水立方”无论是在设计难度还是在建造难度上都是一次挑战，这是国内首次采用E膜结构，也是国际上面积最大、功能要求最复杂的膜结构系统。面对成千上万个高施工难度的气泡组成的外墙和顶棚，设计师通过构造模型的制作，直观、准确地展现了各细部的节点，有效地帮助施工人员了解难以想象的新结构，最终高效率地完成了水立方的建设，成为北京标志性建筑之一（图2.3-29、图2.3-30）。

图2.3-26 大比例模型的制作

图2.3-27 场地环境的表现

图2.3-28 模型内部细节

2. 数字模型

随着计算机技术在建筑和室内设计领域更广泛的应用，计算机逻辑已逐渐渗透到设计构思的过程之中，出现了一些计算机草图和参数化设计软件。数字模型不仅仅是虚拟的三维空间呈现，同时也是生成空间的新趋势。通过数字模型，不仅可以从算法生形的角度研究算法逻辑在设计中的应用，探究参数与算法的关系，分析参数化设计的特点，而且可以以算法设计的思维来引导环境艺术设计。与物理模型相比较，数字模型具有精确、灵活的优势，特别适合于探索和尝试那些从未有过的、创新的想法和方案，便于调整、修改、复制等，大大提升了模型实验的效率并降低了成本。

（1）参数化设计的概念

参数化设计是将影响设计的部分要素作为参变量即参数写入到对应的函数中，建立一个参数化设计过程，并通过

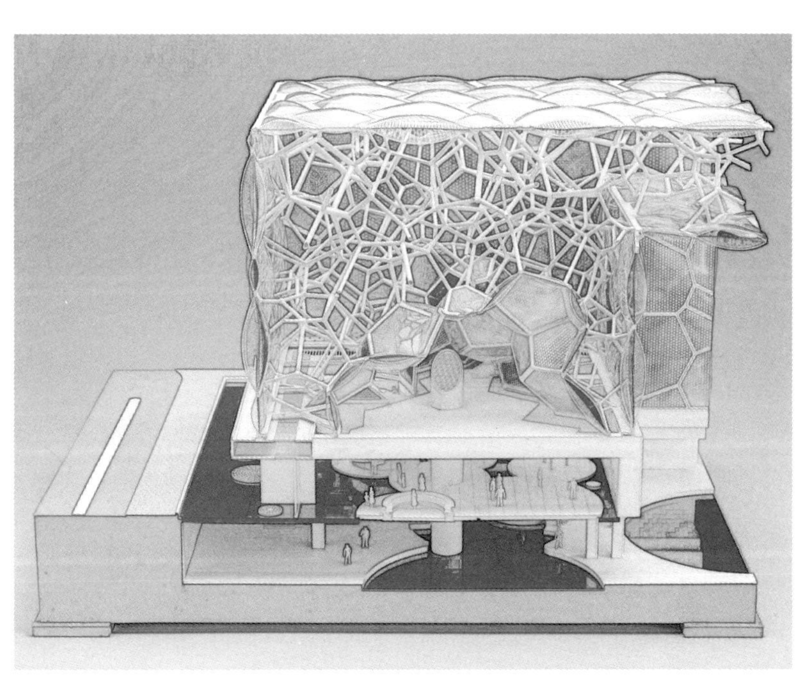

图2.3-29 水立方模型

图2.3-30 水立方的膜结构

对参数的运算改变设计的结果，其本质是通过参数与算法，构建参数控制形态，形成相互关联的有机体的过程。参数化设计是当代设计界的一个热点，也是国际和国内的新趋势。西方学术界认为我们正处于一个非标准化的多元化时代，是个性化展现的时代，在这样的情况下，参数化设计不仅是设计工具的进步，更是一种全新设计方法的发展。

算法在设计中的应用可以根据已有的编写程序进行运算，目前比较常用的空间生成算法软件包括Rhino软件下的编程插件Grasshopper。Grasshopper能够直接将设计参数关系在软件里建立参数模型进行设计生形，其设计生形的过程就是算法的运算过程，同时设计师也可以自行编写和设计算法指定给计算机，借助计算机对编写的算法进行计算，最终生成设计结果。在环境艺术设计的过程中对于形的生成把握可以引入相关要素进行限定，而如何让参数改变设计的形态，则需要借助参数化平台提供的相关算法来解决生形问题。

相较于传统设计，基于参数化软件平台下的算法应用构建出来的空间方案更加新颖、更加多样化。其构建出来的造型并不是只追求形态上的标新立异，而更多的是以参数为根据，把影响的相关要素植入算法之中，因此设计结果更加具有可靠性，而避免了主观性和随意性，同时它的不确定性也使得生成的造型显得新颖和多样。计算机衍生出的造型结果是双向的引导，不仅让计算机的思维与设计师的灵感相碰撞，而且让设计师能够根据结果继续添加相应的影响参数，这样就形成了一种不断影响和相互调整的关系。例如US Embassy in London（美国驻英国伦敦大使馆）的建筑外墙便是一个优美、节能、健康的参数化建筑表皮设计，设计师通过计算机算法优化生成的遮阳系统可以高效地遮挡建筑东、西和南三个方向的阳光照射。建筑表皮的遮阳系统主要是通过筛选分类得出不同部位的细分曲线，然后在计算机中利用Dispatch配合数学方法筛选分类生成遮阳单元，并且利用参数化形成了优雅的比例、轻盈的质感，以及和谐的虚实过渡（图2.3-31～图2.3-33）。

伴随着数字化时代的快速发展，设计方法也会随之调整和转变。参数化设计的大潮已经向我们涌来，站在时代的浪尖上抓住设计方式的变革是每位设计师必须要完成的。

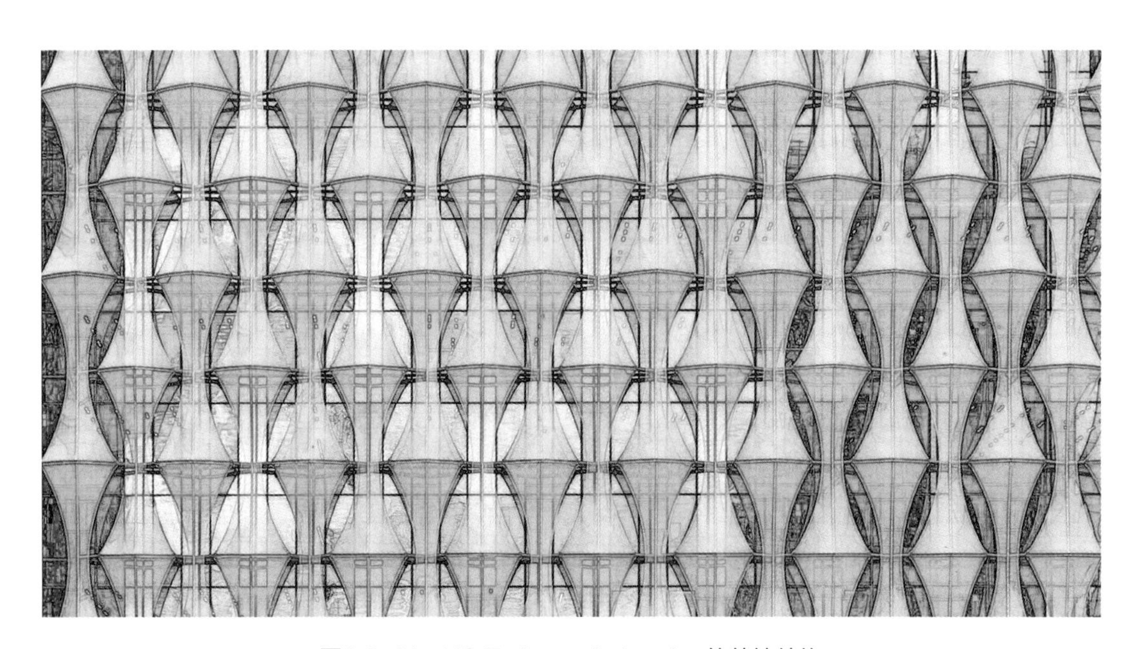

图2.3-31　US Embassy in London的外墙结构

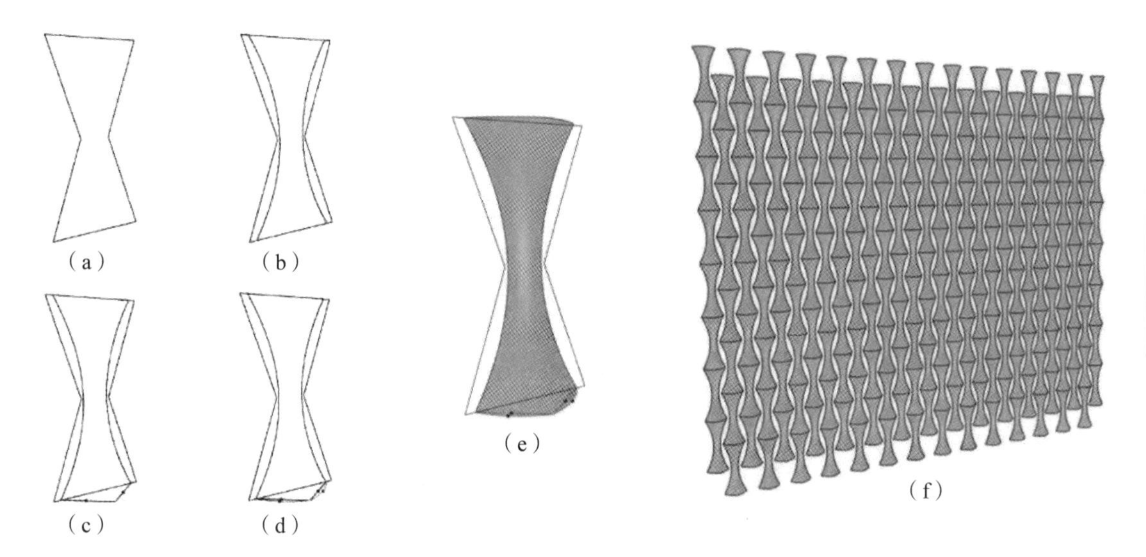

图2.3-32　US Embassy in London的结构分析图

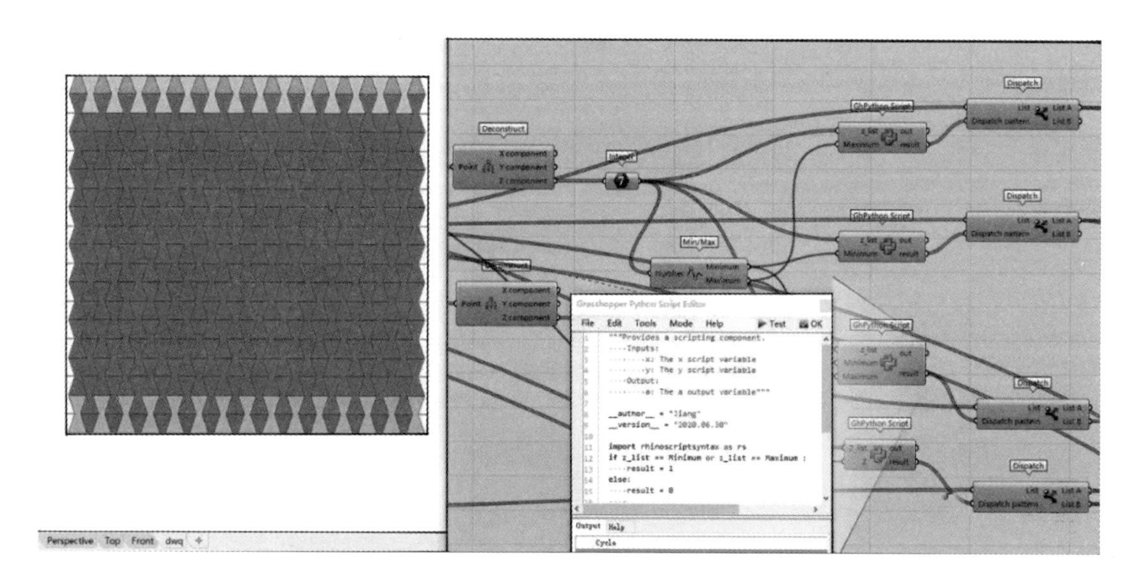

图2.3-33　参数化生成的US Embassy in London外墙

（2）借助算法的参数化设计特点

1）通过算法生出随机造型

在空间设计的过程中受到的约束条件少则几种多则数十种，将这些条件设置为参数进行数学运算则可以生成不同的造型结果。

2）算法生形的不可预见性

对于一个特定空间造型，即使再多的约束条件和受制因素，在没有进行计算机辅助建模运算之前，设计师是很难预见到最后效果的。而计算机的介入，不但能够帮助设计师预览最终效果，而且每一次新的算法生形都会给设计师带来意想不到的创作灵感以生成全新的造型风格（图2.3-34、图2.3-35）。这是参数化空间设计师创作灵感不竭的源泉，也是参数化空间设计最大的魅力所在。

图2.3-34　参数化生成的竹编结构（一）

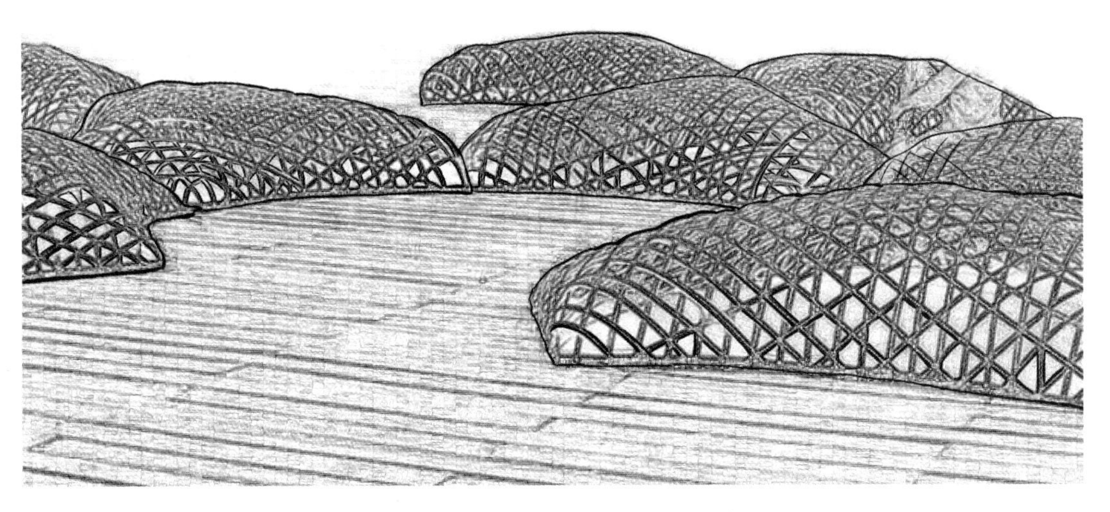

图2.3-35　参数化生成的竹编结构（二）

3）相互联系并且富有变化

在运用算法生形的过程中，不同的参数是相互联系并且富有变化的，所有元素都将和其他元素产生联系并形成连续的差异性。例如由Marc・Fornes和Theverymany设计的加拿大埃德蒙顿拱形垂柳亭子，一个看似浪漫不羁的景观构筑物却集中呈现了轻盈、超薄、自我支撑的结构特征（图2.3-36）。在结构形状的自定义计算策略和画法几何学的帮助下，整个亭子的各个组件相互联系并且变化丰富，多方面相互连结和支撑（图2.3-37）。而且彩色的拱形"垂柳"的着色和周围的Borden公园也是相呼应的，设计师提取了周围环境色彩的参数并用夸张的手法表现在了艺术构筑物上。

图2.3-36 埃德蒙顿拱形垂柳亭子造型

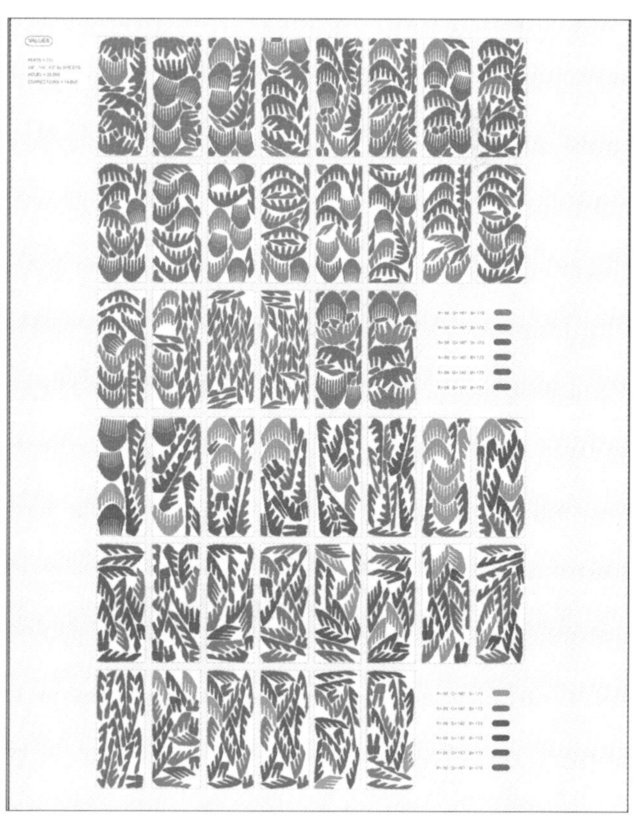

图2.3-37 埃德蒙顿拱形垂柳亭子的图纸

（3）参数化设计在室内外空间中的具体应用

1）参数化设计生成环境空间功能分区

19世纪美国著名建筑师路易斯·沙利文曾提出“形式追随功能”的观点，他认为设计应主要追求功能，而物品的表现形式应随功能而改变。在环境艺术设计中，空间的功能是决定设计成败的核心问题之一，参数化模型的形态形成也是需要建立在满足各种层次功能需求的前提下的。根据人的行为方式，针对不同性质的空间需要有不同体系的功能划分，同时各个空间功能区之间又需要有着紧密的联系。参数化设计能够通过对人们在各种不同功能空间中行为动线的研究和模拟，清楚的计算出各区域之间关系的密切程度，例如生活空间中，客厅与玄关、厨房与餐厅之间的关系等。这些信息的处理在人脑和图像、图解分析中较为困难，而在计算机中，设计师通过功能区域与空间区域关系的参数带入到参数化设计关联系统中，并融为一体，用关联系统来解决其功能区域之间的关系问题会更加准确和科学（图2.3-38）。

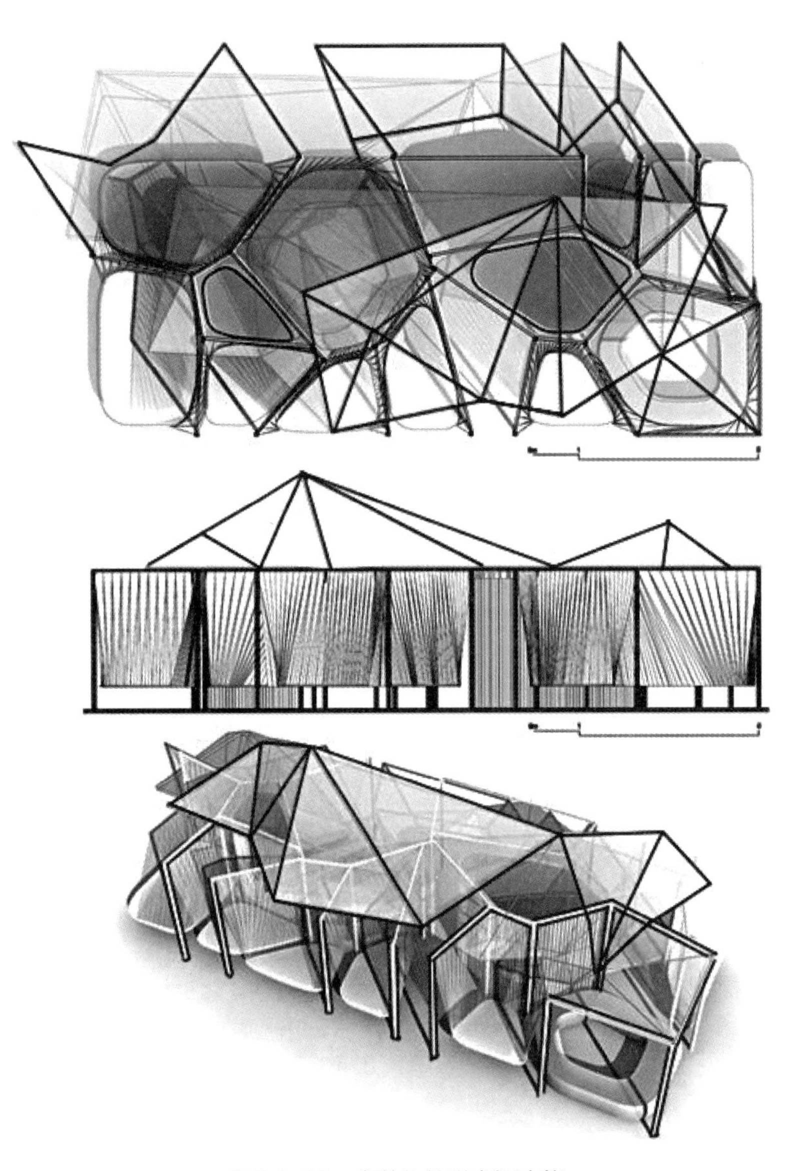

图2.3-38　参数化关联空间功能

图2.3-39 广州歌剧院内部空间（一）

图2.3-40 广州歌剧院内部空间（二）

2）参数化设计统一室内外风格

在参数化设计系统的基础上，当代建筑开始逐渐重组并更新了设计手段，以应对日益增长的复杂性需求，甚至形成了一种新的建筑风格——参数化主义。参数化主义是基于参数化设计范式不断发展并逐渐成熟的一种风格，出自著名女建筑师扎哈·哈迪德之手的广州歌剧院正是这种新兴建筑风格的代表。广州歌剧院整个建筑及室内均运用了新型的结构运算模型，歌剧厅设有三层观众席呈“双手环抱形”，灯光作为顶棚的一部分形成“满天星”的效果，同时歌剧厅内拥有的不对称构造、流线型的墙体和特殊的凹槽，都是通过算法生成以便于音响效果的发挥（图2.3-39、图2.3-40）。

参数化主义下，建筑风格的演化递进也带来了与之相应的室内空间以及家具、器物上的发展。正如3deluxe事务所为品牌Leonardo创造的玻璃立方体房子，以室内空间一体化的设计模式，展现出了参数化设计在未来室内造型设计发展中的巨大前景，同时将建筑风格与室内风格进行了有机的融合统一。这也正是参数化设计的优势之一，设计师能够将建筑表皮和室内空间风格的设计意图通过计算机的关联系统直观的呈现到三维空间中，形成一种内外同步关联的设计方式（图2.3-41、图2.3-42）。

3）参数化设计整合室内家具和陈设

虽然早期在空间一体化设计中有提出关于产品与室内的整体设计，但两个设计方向依旧在一段时间内保持着相对独立的状态。而现在参数化设计作为能够同时关联多项参数的新技术，能够更好地建立两者的关系，将两个部分有机的联系在一起。在“熔岩”（LAVA）设计组的作品“未来旅馆”中，设计师运用参数化设计方法和半自动化的软件技术，用计算机将家具、灯具、窗户等与室内造型进行结合，并实时表达设计概念（图2.3-43）。

2.3.4 文本叙事法

“叙事”一词的拉丁语为“qnarus”，意为“知道”，指通过行为和生活中的偶然事件而获得的知识。叙事学作为一门学科诞生于20世纪60年代的法国，最初受结构主义影响，主要探讨文学作品的内在逻辑性与抽象性。到了20世纪90年代，叙事学突破了结构主义的限制，更加重视社会历史的语境影响，逐渐向后经典叙事学方向发展，同时延伸到了更广泛的跨学科、跨媒介的研究，并出现了图像叙事、电影叙事、空间叙事、景观叙事等

图2.3-41　玻璃立方体房子外部

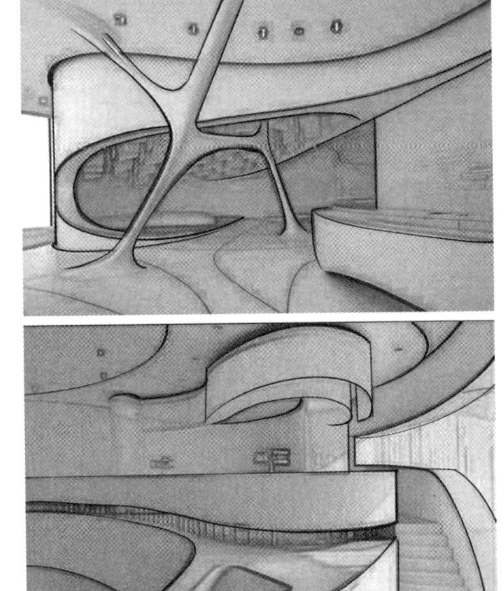

图2.3-42　玻璃立方体房子内部空间

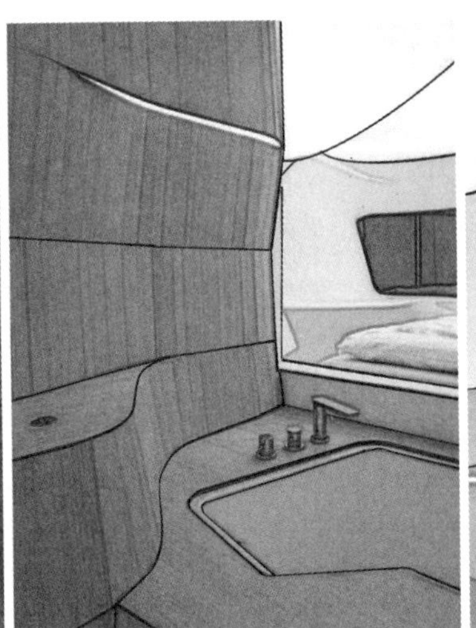

图2.3-43　“熔岩”（LAVA）设计组的作品“未来旅馆”

诸多分支和研究成果（图2.3-44）。文本叙事源自叙事学在人居空间环境中的应用，是生成空间序列的重要方法之一。

文本的范围较为广泛，包含小说、诗歌、地方志、政策文件、古画、邮件、电影、新闻、纪录片、宗教古籍等，蕴含着场所、地点、人物、事件、和空间想象，并且文本中许多故事都是依托于空间结构展开描述的。因此，文本具有空间性和时间性，使设计者可以从文本中获取灵感进行三维空间的梳理与再现：用环境串联事件，空间被描述、被表征、被想象（或再想象）的过程就是叙事赋予空间形象的手段。而文本叙事作为一种方法论，可以体现为对于叙事文本和文化含义的解构和转译，最后体现在空间组织逻辑、布局和形态中。

当代空间叙事理论主要关注空间结构的关联性、多层语意的建构和叙事者的角度

图2.3-44　图像叙事-空间叙事

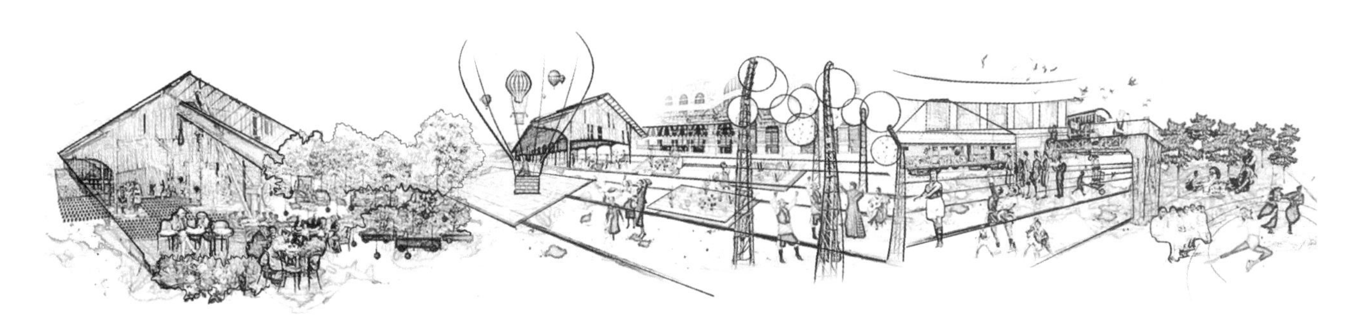

图2.3-45　设计方案中的空间叙事场景拼贴

等。马修·波泰格在《景观叙事：讲故事的设计实践》中提出叙事就是将具象的事物与抽象的叙事网络联系起来的过程，在书中作者进一步将建筑、园林、室内等空间设计案例中的叙事进行了分类，将叙事分为描述习惯性经验或体验、联系和引用、类比与转译、场所记忆、模式化场景、类型图像再现、自然演变过程、事件或行为引发、剧本叙事9大类别。不同类型的叙事可以营造不同的空间体验，例如，剧本叙事则是有关于文本的空间叙事，让空间设计如剧本故事一样有丰富的情节与意义，进而能引人入胜，引起人在审美体验上的共鸣，使空间设计作品具有类似文学的审美意蕴（图2.3-45）。

空间叙事的组织方法主要从文化出发，文学作品的文本蕴含着丰富的文化内涵，可以成为设计师的灵感来源。用空间载体的思维方式去理解文化，然后将其解构重组，将会得

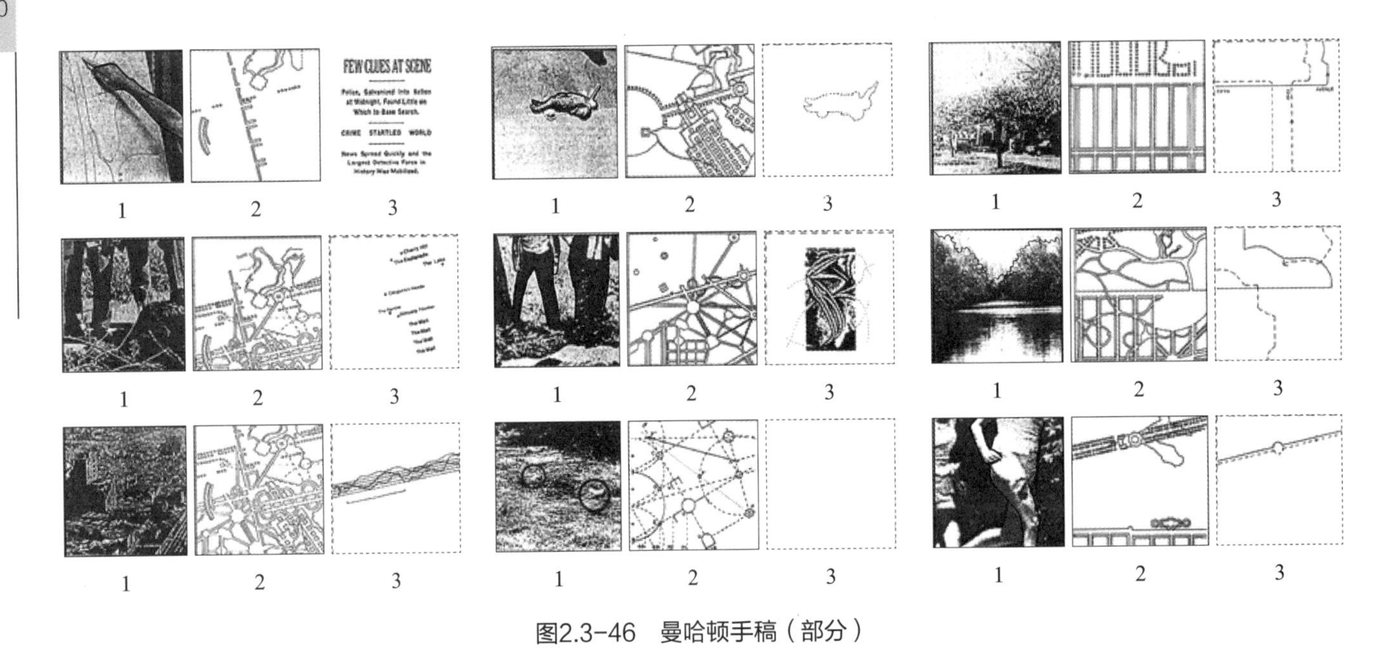

图2.3-46　曼哈顿手稿（部分）

到独特的叙事空间。相较于二维的文字和图像，三维的空间转译在构建叙事语境上更具优势，合理利用叙事技巧可以令人产生身临其境的感受，同时有效地帮助提升项目的整体观感。通过整理和总结，可以把空间叙事的途径和方法简要概括为以下三种：

1．场景营造氛围

著名建筑师伯纳德·屈米曾经在《曼哈顿手稿》中创新性的将四种城市原型——公园、街道、塔楼（或摩天大楼）和街区拟人化，使他们作为空间的主人公，构建不同的叙事场景。例如在公园的部分，他描述了纽约中央公园的一起凶杀案，但是和电影或者讲故事的方式不同，作者想要强调的是建筑空间发生了什么而非整个故事情节的展开。用建筑的表现方式（平面图、轴测图）展示了嫌疑人位置的变化，暗示故事的发展。这种方式以场地的变化作为叙事的主导要素，大量不同的场地信息表达了嫌疑人在短时间内为了躲避追捕，快速逃离现场，以及警方紧追不舍的人物活动，用空间语言构建了一种紧张的叙事语境（图2.3-46）。

2．空间承载记忆

在空间建筑学博士程方立的作品《叙事性结构与超现实主义建筑逻辑》中通过超现实主义的空间语言重新定义了英国著名讽刺画家威廉·贺加斯（1697～1764年）的作品《浪子历程》（1733年）（图2.3-47）。这个叙事项目的亮点在于从二维的油画到三维空间的转译过程，作者改变了叙事的主体，将事件发生的场景作为主体提取，而将人物和事件置后。作者通过叙事的手法让场景获得了时间维度，通过空间中的一些细节，例如墙上挂壁画遗留的小坑来重现这个空间中曾经发生过的故事。这样的处理方式使得空间成为故事的载体，当后人再次进入这个空间时可以再次感受到当时的叙事语境（图2.3-48）。

3．巧用空间的时间性构建沉浸式体验

如果想要在三维空间基础上更进一步，那么就应该思考空间的时间维度，在叙事中也被称为故事线。时间线的布置实际上就是空间序列的安排，简单来说当人们进入空间时，你希望让观者先看到什么和后看到什么，这种先后顺序就可以理解为空间的时间

叙事结构
以及超现实的建筑逻辑：56&58 炮道的故事
东伦敦，1733 年。

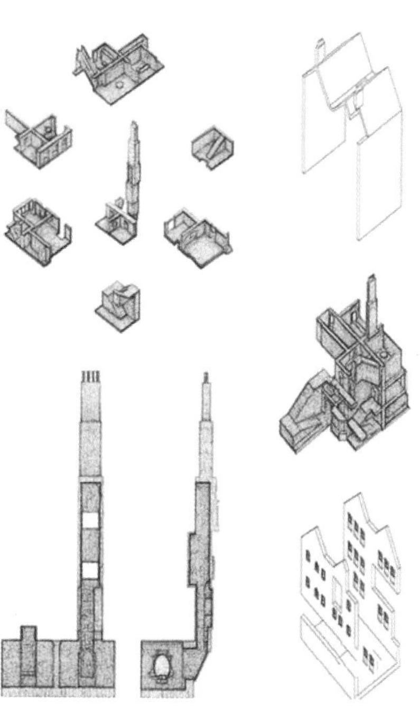

图2.3-47 《浪子历程》（1733年）

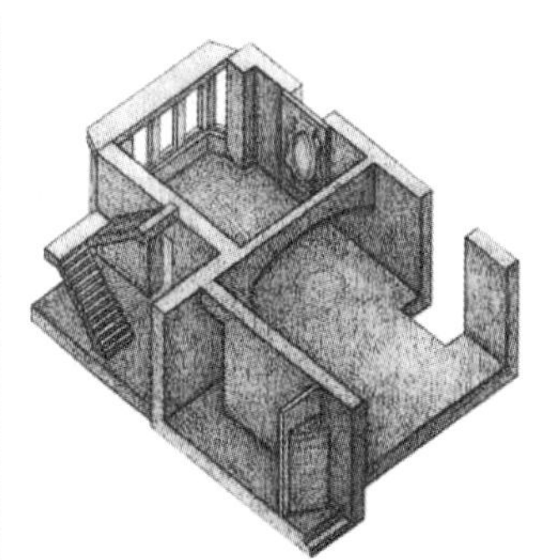

图2.3-48 叙事图像-空间表现

性。时间线的合理布置能够让空间从被动的故事载体变成为主动的讲述者，而体验者也会获得更流畅的沉浸式体验。例如著名的沉浸式戏剧《Sleep no more》，就成功的将演员的表演和场景的搭建联系在了一起，在这个场景中观者可以跟着演员身临其境的感受戏剧的魅力，通过解锁不同的路线来触发不同的演员以获得不同的剧情体验。在这种沉浸的模式下，戏便成为可以多次参与，反复体验的作品（图2.3-49）。

叙事性表达在环境艺术设计中越来越重要，这就要求设计师能够精准地表达设计思路，展现设计的形式内涵。设计叙事学融合了叙事学的内容，丰富了形式语言的符号、语法组织与语意表达的内容，因而可以丰富设计形式的内容。设计叙事语言具有广阔的研究空间，除了符号学与叙事学，还可以进一步结合文学与语言学领域的相关内容，以丰富设计学的人文内涵和设计创意形式表现的理论内容（图2.3-50、图2.3-51）。

图2.3-49 《Sleep no more》剧照

图2.3-50 王子耕的反乌托邦叙事《A Beautiful Country》

图2.3-51 Nick Elias运用小熊维尼故事设计的叙事场景

2.4 设计语言与表达

一个项目从最初的策划、构思、设计到建造、完成，必须经过多专业、多人配合和共同努力才能达成。设计思维和理念的实施、最终的建成效果以及最终成果对设计构想的实现程度等，都有赖于设计语言的交流和各阶段设计成果的表达。

各种设计图是设计思维和理念表达的最主要途径，也是交流设计思想的通用规则。不需要文字语言的交流，通过设计图可以让设计项目的各相关专业，以及不同国家、语言的人通过读图来了解设计意图并进行分工合作。为了保障设计成果的准确性、清晰性和品质，便于项目相关人员的交流沟通，并最终检验设计的合理性和可靠性，各国都编制了法规性的设计文件标准、制定了设计制图规范，从而使得设计思维交流更加畅通而精确。

环境设计的最终结果虽然是包括了时间要素在内的四维空间实体，但环境设计的过程大部分却是在二维平面作图中完成的。在二维平面作图中完成具有四维要素的空间表现，显然是一个非常困难的任务。因此调动所有可能的视觉图形传递工具，就成为环境艺术设计图面作业的必需。环境艺术设计的表达可以按照设计程序来设置，一般包括：概念设计、方案设计、施工图设计三个主要阶段，因此设计概念的表达也可以相应地分为设计过程图、设计表现图以及设计成果图3个部分。

2.4.1 设计过程图（分析图）

概念设计阶段的设计图一般都是以各种形式的分析草图出现的，是设计师自我交流的产物。设计草图的重点是要能够表达设计师可以自我理解的完整的空间信息，是帮助设计深化的工具。概念设计草图是设计师将抽象理念进行表达的一个途径，而在设计概念确定后的方案过程表达图则是另外一种概念。设计过程图具有双重的作用，一方面它有助于设计概念思维的进一步深化；另一方面它又是设计表现最关键的环节。设计者头脑中的空间构思最终要通过方案过程图的表现，展示在设计委托者的面前。视觉形象信息准确无误的传递对设计过程图具有非常重要的意义。根据设计内容的需要可以采用不同的制图表现方法，例如平面分析图、轴测分析图、展开图、分层图等。

1. 平面分析图

平面分析图往往是进行环境艺术设计的第一步，平面图和平面分析图表示的是从空间上方俯视时所看到的概念和空间元素，平面分析图能够客观和清晰地将功能、空间构成和布局联系展现出来（图2.4–1、图2.4–2）。

图2.4–3是某社会住房项目方案的平面分析图，该组分析图清晰地表达了不同的房间类型和它们的空间组织方式。图2.4–4是Sanaa在“Taichung City Competition ”项目绘制的平面分析图，采用了平面图配合简单流线的方式，清晰地描述了“21世纪博物馆”设计的出入口和交通流线，直观的展示了建筑内部空间的流通性。综上，平面分析图是一种非常适合场地前期分析的表达方式，并且在绘制平面分析图时不要仅仅是利用cad来表现，也要更多的利用卫星地图和图块的方式来表达内容，让分析图尽量的丰富以传达更多的信息。

2. 立面和剖面分析图

立面和剖面分析图作为基于平面的重要分析图，表现的是通过垂直面切割物体所显示的内部空间的设计，从而建立室内空间与建筑体的关系或其中空间概念的关联性（图2.4–5）。这些分析图通常可以很清晰地将建筑形式与功能，包括一些不可见的环境关系（例如采光和通风）联系起来，并将不同的空间元素通过人的尺度联系起来（图2.4–6）。剖面分析图可以用来说明结构与整体空间功能的布局关系，在绘制的过程中可以尝试使用不同的颜色和清晰的编码，来区分不同的区域。

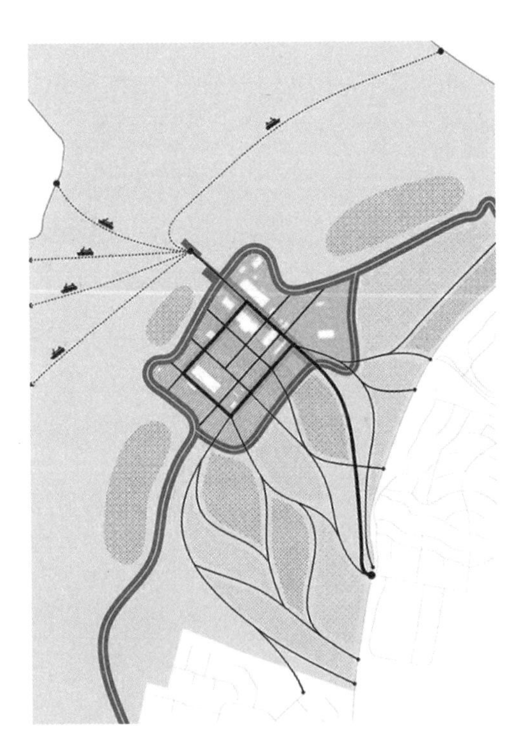

图2.4–1　客观清晰的平面分析图

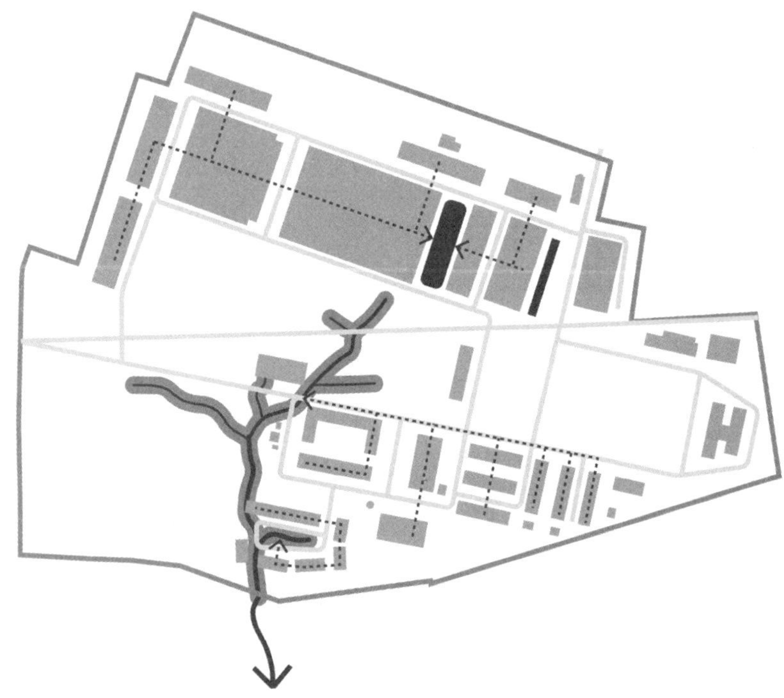

图2.4–2　平面分析图表现功能与布局

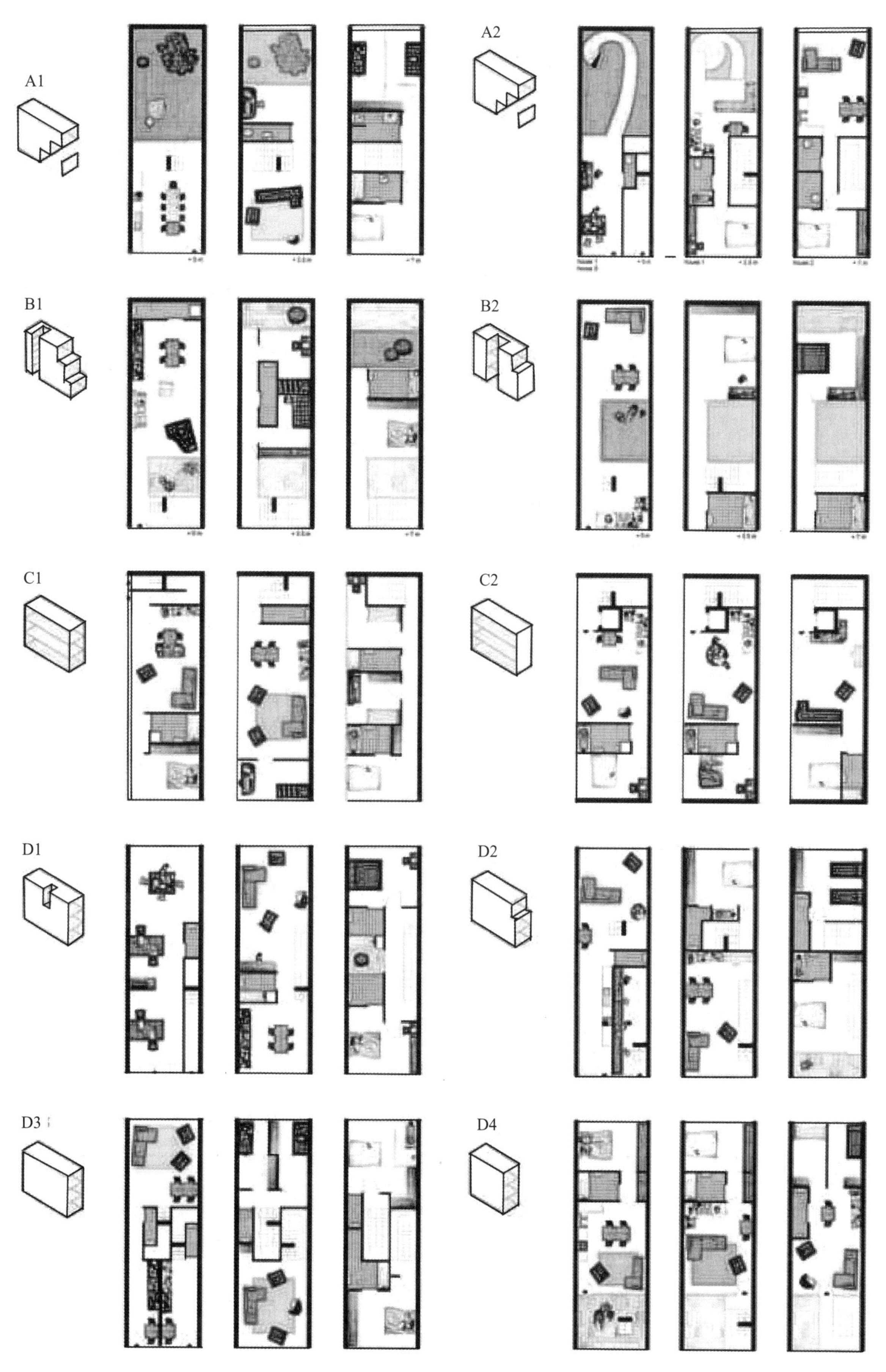

图2.4-3 某社会住房项目方案的平面分析图

图2.4-4 “Taichung City Competition”平面分析图

图2.4-5 剖面分析图显示内部结构

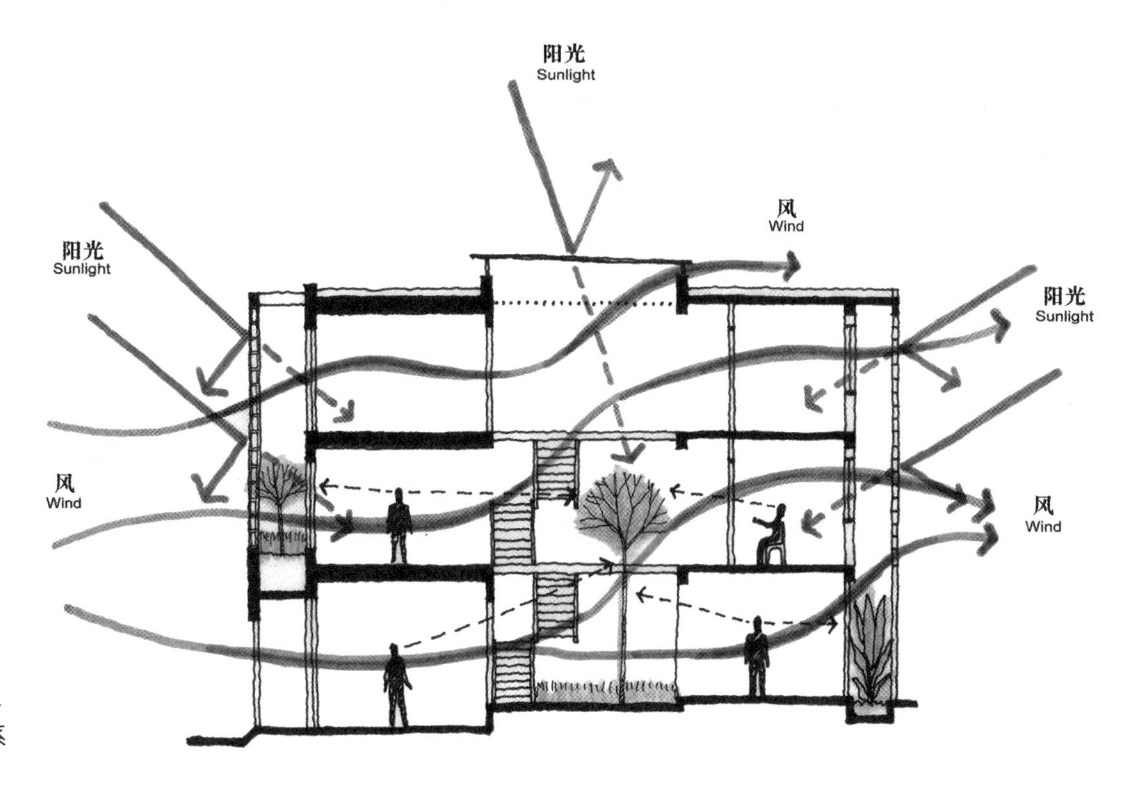

图2.4-6 剖面分析图表现环境关系

平面和剖面分析图不仅仅是设计展示的工具，在某些情况下也可以生成和发展设计。例如图2.4-7中Vitrahaus的设计，使用不同类型的截面形状来作为建筑生成的重要概念，并在此基础上最终生成了整个设计方案。

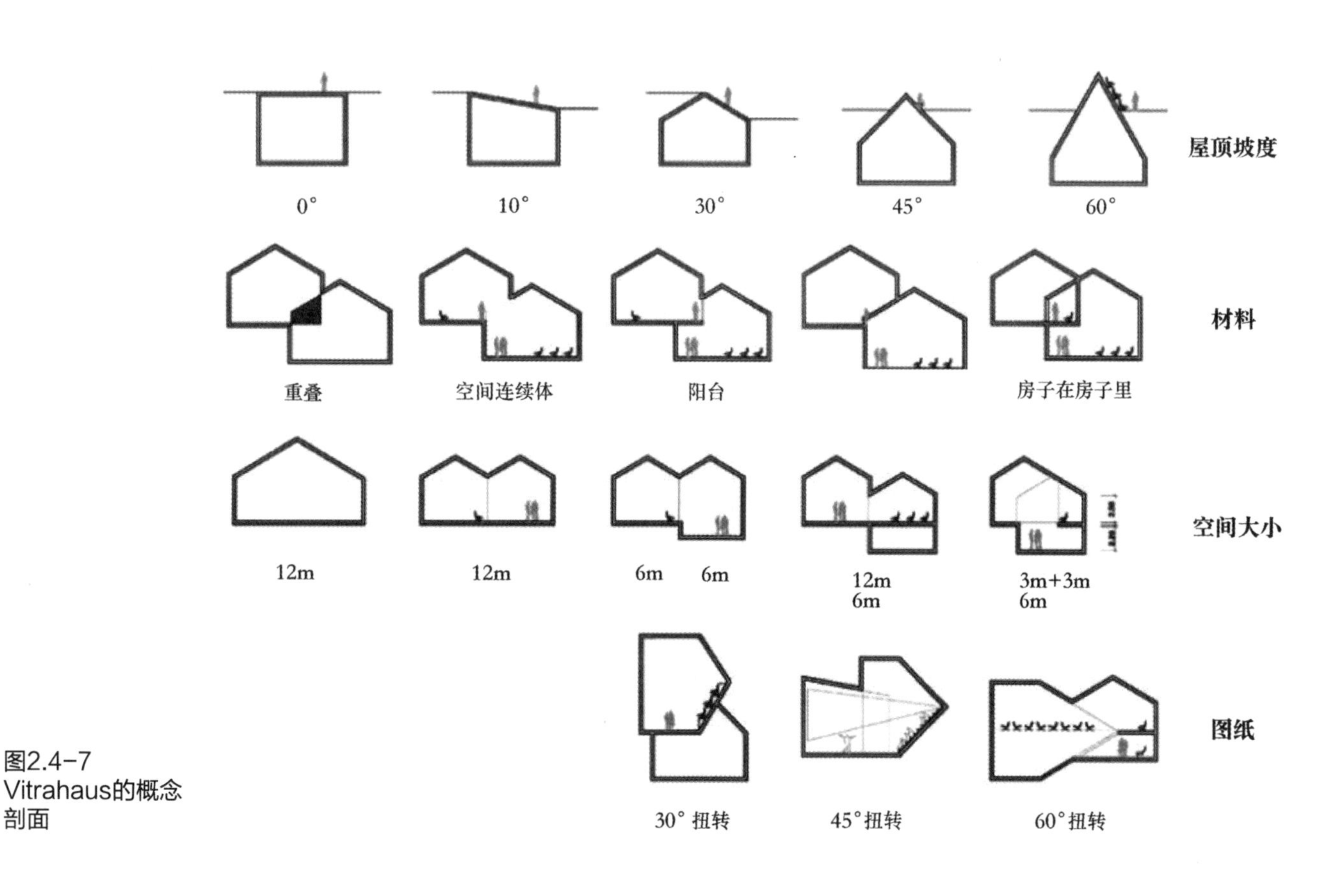

图2.4-7 Vitrahaus的概念剖面

3. 轴测分析图

轴测图是一种单面投影图，能够在一个投影面上同时反映出物体三个坐标面的形状，轴测图更加接近于人们的视觉习惯，更加形象、逼真且富有立体感。轴测分析图也可以说是平面图和立面图的结合，可以作为一种兼具工程和展示的有效方法，用来全方位地展现设计，说明一个整体的设计概念（图2.4–8、图2.4–9）。轴测分析图的形式非常丰富，可以是多个元素的爆炸轴测图，也可以是表示预期最终结果的鸟瞰视角图等（图2.4–10 ~ 图2.4–12）。其中爆炸轴测分析图能够清晰地展现设计中的各个元素和设计流线，帮助观者更深入地了解内部与外部的空间关系。

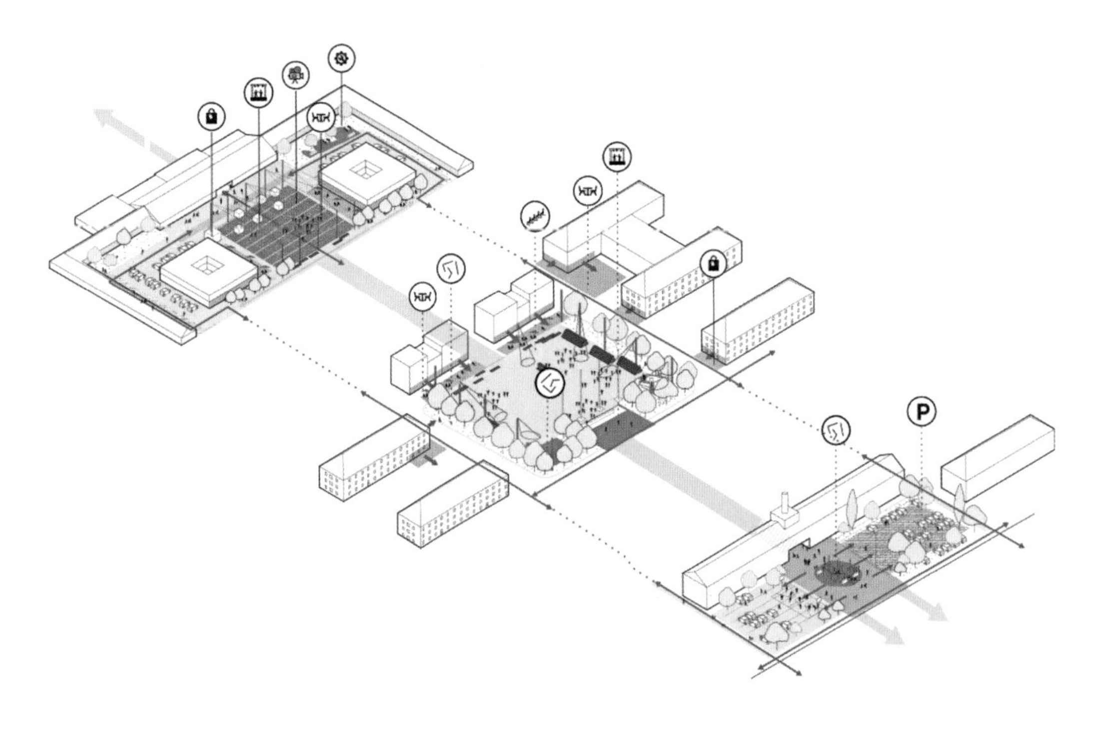

图2.4–8
轴测分析图（一）

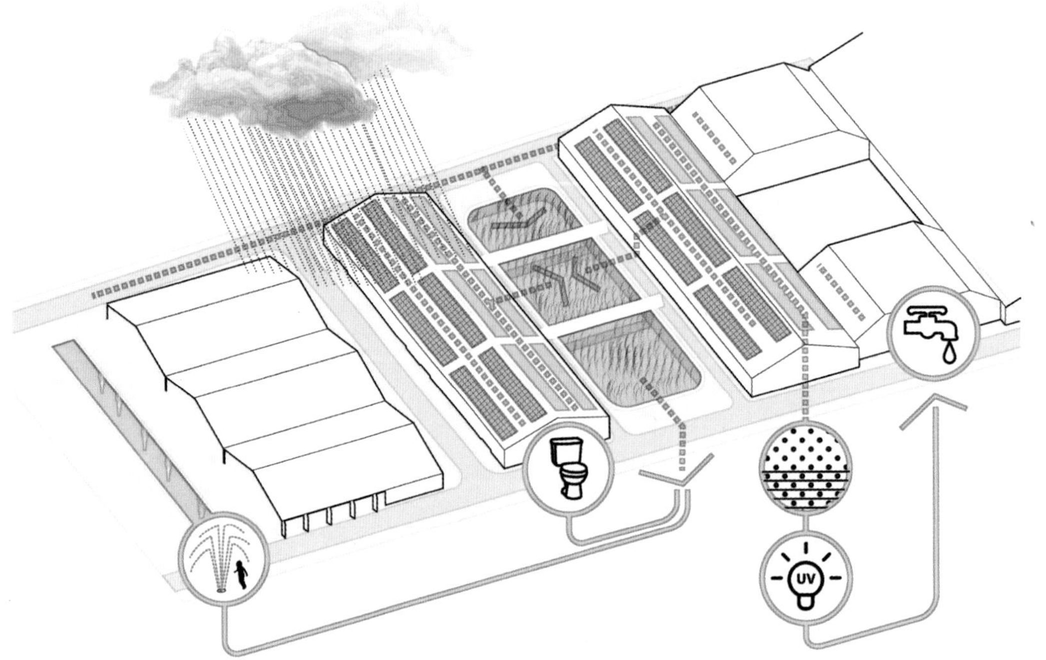

图2.4–9
轴测分析图（二）

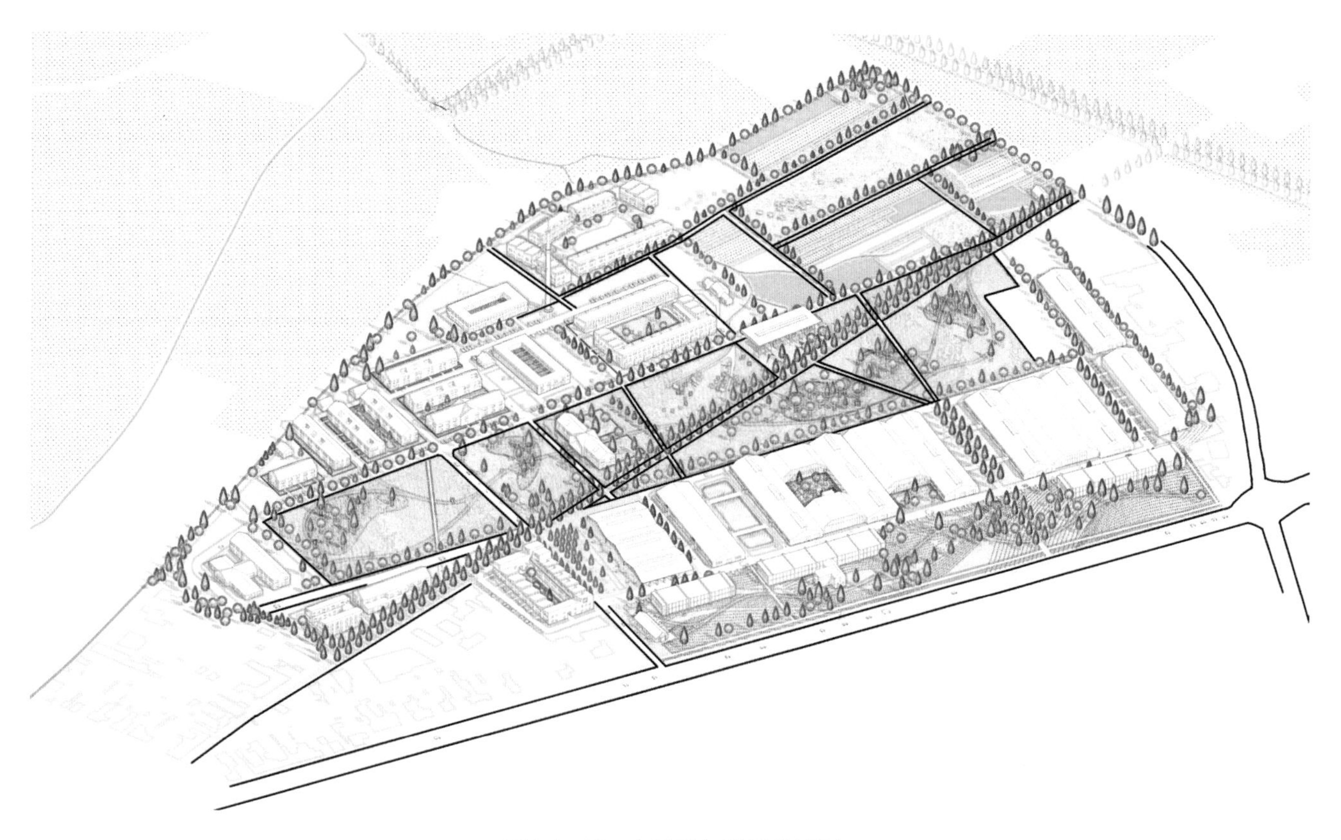

图2.4-10　鸟瞰视角轴测分析图

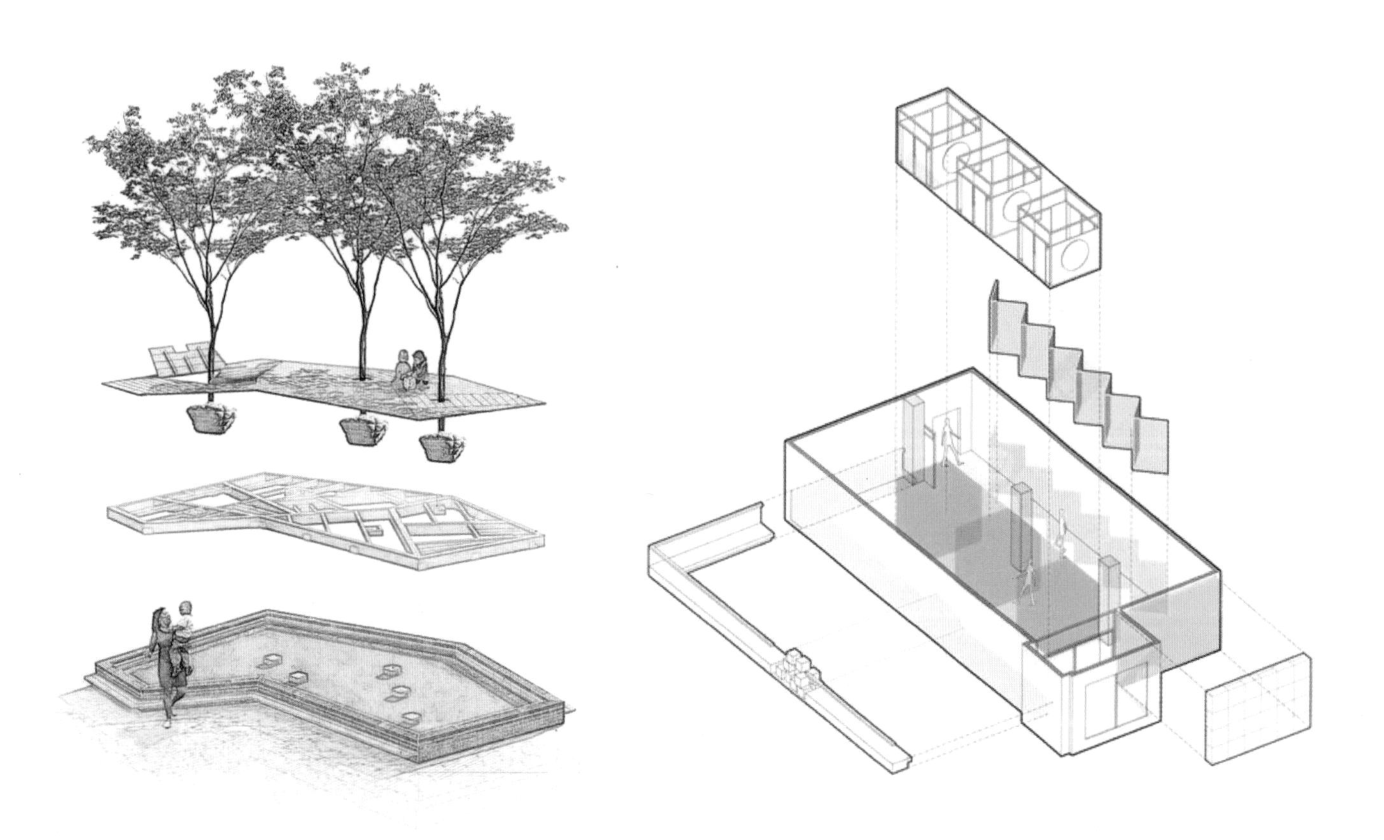

图2.4-11　轴测爆炸分析图（一）

图2.4-12　轴测爆炸分析图（二）

轴测式分析也是表达设计过程的一个重要手法，大部分设计师都会选择轴测这个视角进行设计的分析和表现，让观者更客观地了解空间相对完整的形态。同时轴测分析图也可以作为设计过程的一部分，帮助设计更好地推进。

4. 分层叠加分析图

分层叠加分析图适合将设计概念与场地内的各种信息、条件联系在一起并综合表现，从而让人对场地整体、全局的情况有一个清晰的认识。这些图经常用于表达整体的设计概念、场地的情况、建筑景观与周围环境的关系等，因此通常比其他类型的分析图包含更多的细节。这种语境式分析图的尺度可以是对设计项目周围小环境的描述，也可以是更大范围内的多因素分析。这类分析图是图纸叠加组合后的综合展示，可以包含总平、平面、高程地形、轴测、剖面等多种图纸。通过这些图纸的组合，在多个维度表达和展现设计方案与场地之间的关系（图2.4-13 ~ 图2.4-15）。

2.4.2 设计表现图（效果图）

设计表现图的目的是生动而形象地展现设计思维，将抽象的设计思维转化为具体的、便于理解和认知的视觉形象。设计表现图主要包括设计方案的效果图、鸟瞰图以及辅助的视频和动图表现等。

好的设计表现图是突出氛围、渲染到位、层次清晰、效果统一的表达，重点在于表达

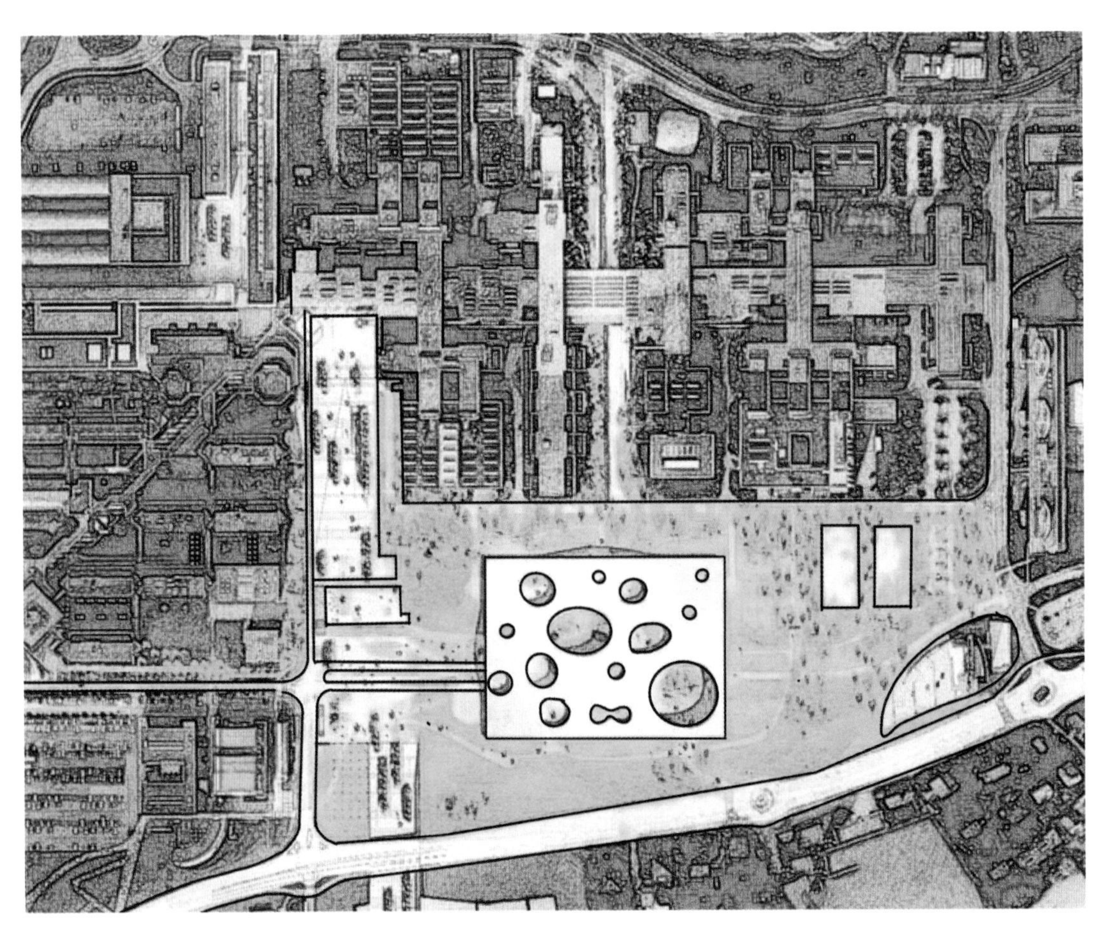

图2.4-13 总平分层叠加分析图

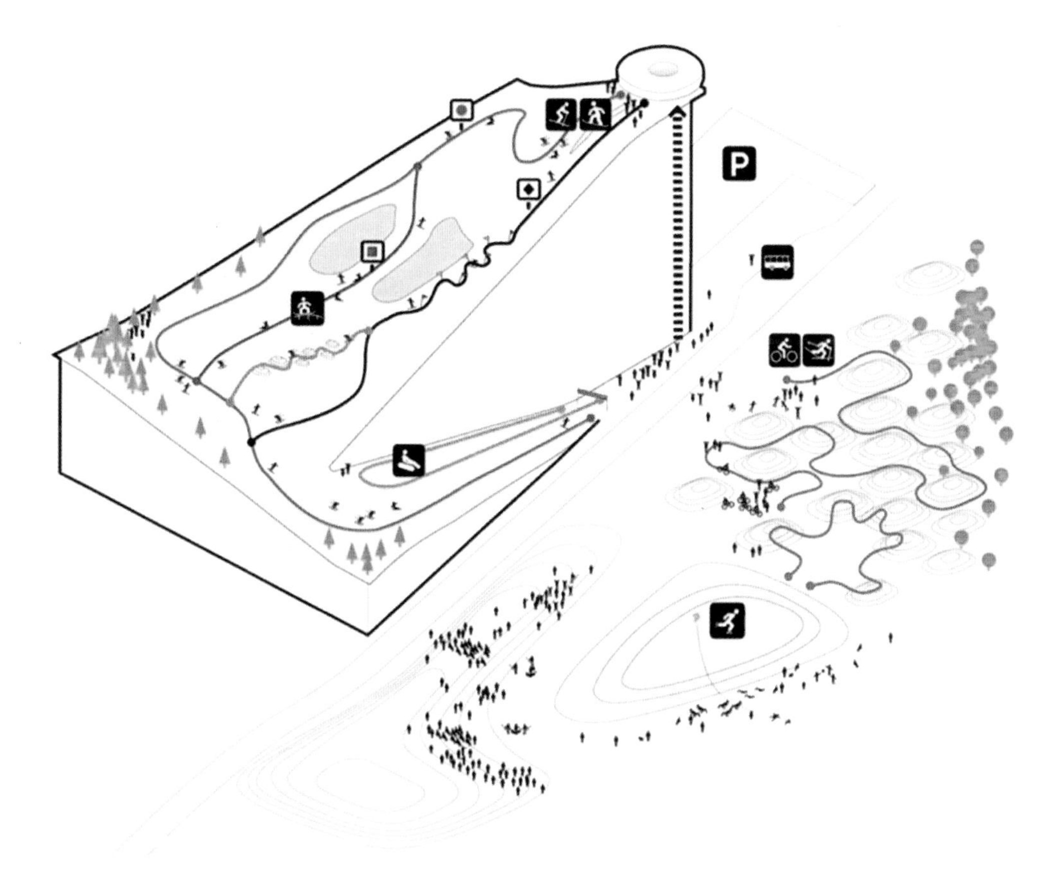

图2.4-14　轴测分层叠加分析图

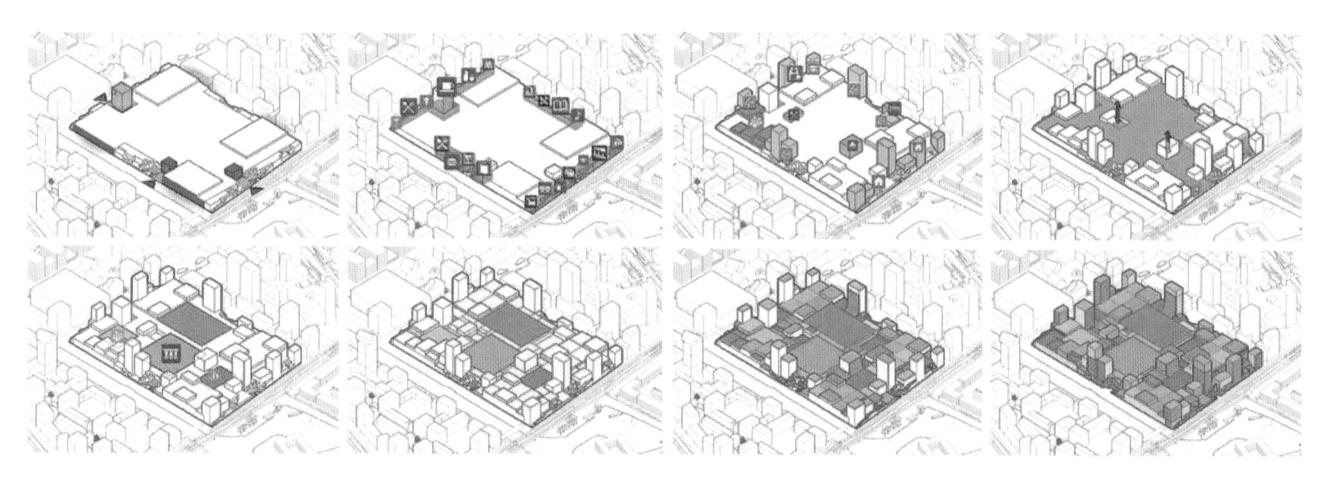

图2.4-15　分层叠加分析图：多信息的组合

清楚需要强调的主体，根据效果图的重点和所要表达的氛围区分出层次——场景中的远近、虚实，营造出实际场景的纵深感。在环境艺术设计的效果图中，不论是近景还是远景，重点大多落在强调人视角的空间效果以及室内或景观空间与周围环境之间的关系。效果图的另一个制图要领就是要有一个浓烈的氛围，比如设计的是儿童活动场地，那么就要能够表现出儿童在这里玩耍的欢乐；如果是林荫小路，那么就要能够表现环境的静谧。氛围的烘托很重要的一点就是要身临其境，要让观者能够想象设计建成以后的空间效果。所以在绘制设计表现图时要从使用者的角度出发，渲染出氛围感和场景感较强的表现图，通过图像表现让空间生动起来（图2.4-16、图2.4-17）。

很多时候效果图也可以与相关的设计分析结合起来以更好的传递信息、营造效果。例如研究场地中植物的花期时，为了能够有效地将不同植物的花期进行信息汇总，提炼各种植物独特的色彩，并将花朵的绽放规律通过视觉化符号进行信息传达。可以将场地信息与花期进行整合，并在一张图面中进行项目概念与设计意图的整体传递。也可以结合效果图，将某一时间节点的植物生长情况，通过最接近真实的图面效果表达出来，并在图面中标注出使用的植物信息（图2.4-18）。

在设计表现图中，鸟瞰图也是一种非常重要的表现形式。相较于平面效果图而言，鸟瞰图更加立体和饱满，也更能模拟出真实的空间环境。鸟瞰图是根据透视原理，用高视点透视法从高处某一点俯视地面起伏绘制成的立体图像。它能清晰地表现出场地外的环境、场地内的道路、建筑及景观间的关系，让观者可以一目了然地掌握整体空间设计

图2.4-16　水景步道效果图表现

图2.4-17　中庭空间效果图表现

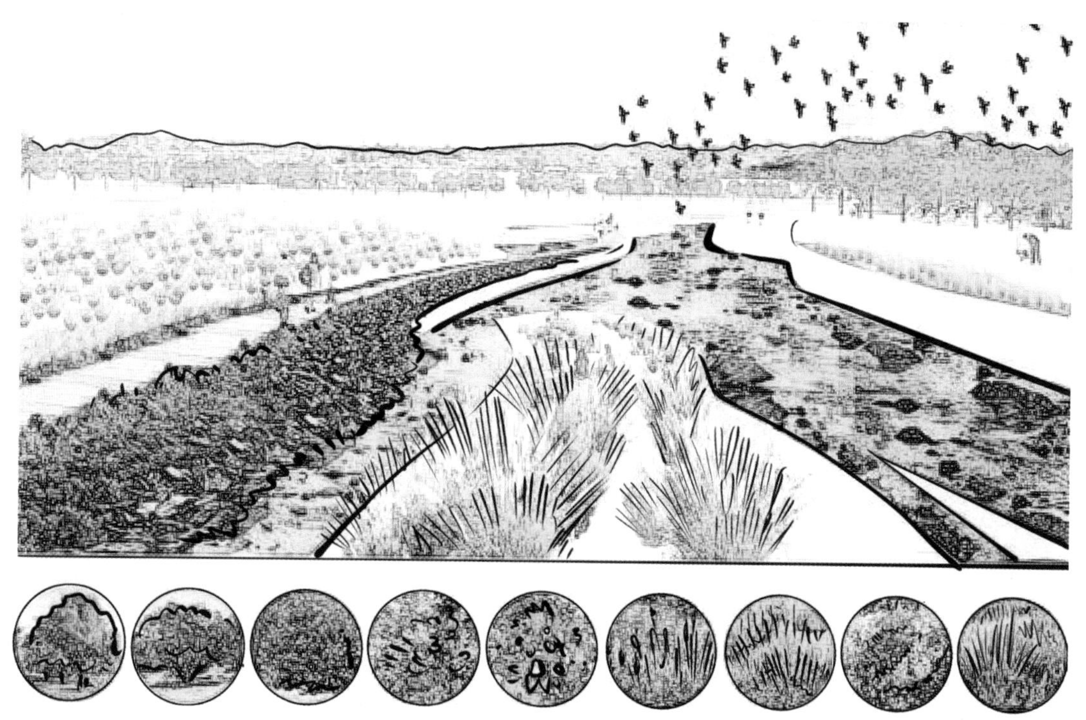

图2.4-18 景观效果图与植物信息的结合

（图2.4-19～图2.4-21）。同时鸟瞰图也是不容忽视的重要的空间设计“语言”，它能在设计中更多的融入设计者的空间直觉，只有应用透视原理准确把握物体在空间环境中的尺度和形态，才能将设计者的直觉与感受最大限度的调动起来。尤其是在规划设计创作过程中，鸟瞰图所发挥的作用是不可替代的。[①]

另外，动图也是空间设计效果和方案理念传达的有效方式，能够更加形象生动地展示空间在时间或功能上的变化。虽然在日常图面展示时有一定的限制性，它更适用于数字演示（网站、社交媒体、电子邮件等）。所以当受到展示设备限制时，也可以选择以组图的形式来展示空间的时空变化（图2.4-22、图2.4-23）。

2.4.3 设计成果图（施工图）

设计成果图也可以理解为施工图，这是设计最终成果的定量和定性表现，也是各专业交流、施工、验收的基本依据。环境艺术设计方案经委托者通过后，即可进入施工图阶段。如果说草图阶段以“构思”为主要内容，方案图阶段以“表现”为主要内容，那么施工图则以“标准”为主要内容，这个标准是施工的唯一科学依据。施工图需要清晰准确地表达出施工中每一个环节的细节。再巧妙的构思，再精美的表现，如果离开标准的控制也可能面目全非。施工图是以材料构造体系和空间尺度体系为其基础的，所以施工图的绘制过程，就是方案进一步深化与最终确定的过程。

一套好的施工图需要做到设计的延续，根据设计理念和主要空间效果图去领会设计元素，包括材质、配色、造型等。每一个设计意图和设计细节都需要在施工图里清晰有效的标示出来。一套优秀成熟的施工图需要注意以下4个方面：

① 杨伟伟．论鸟瞰图在规划设计中的应用[J]．门窗，2013，（08）：213+217.

图2.4-19 鸟瞰效果图（一）

图2.4-20 鸟瞰效果图（二）

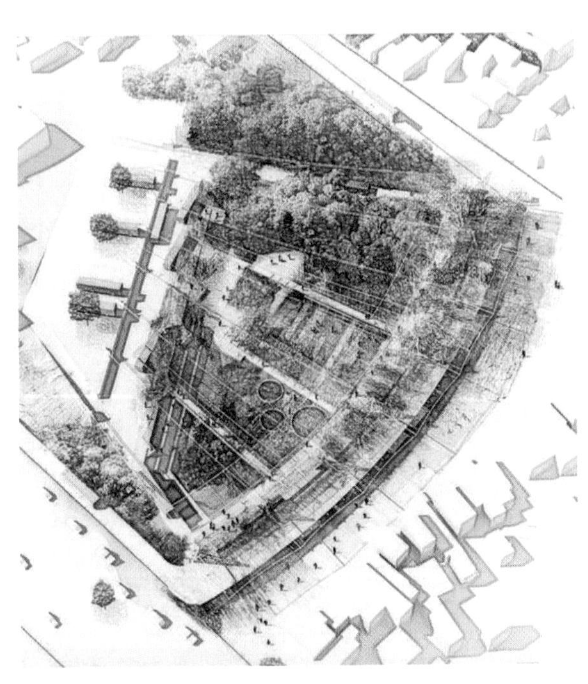

图2.4-21 鸟瞰效果图（三）

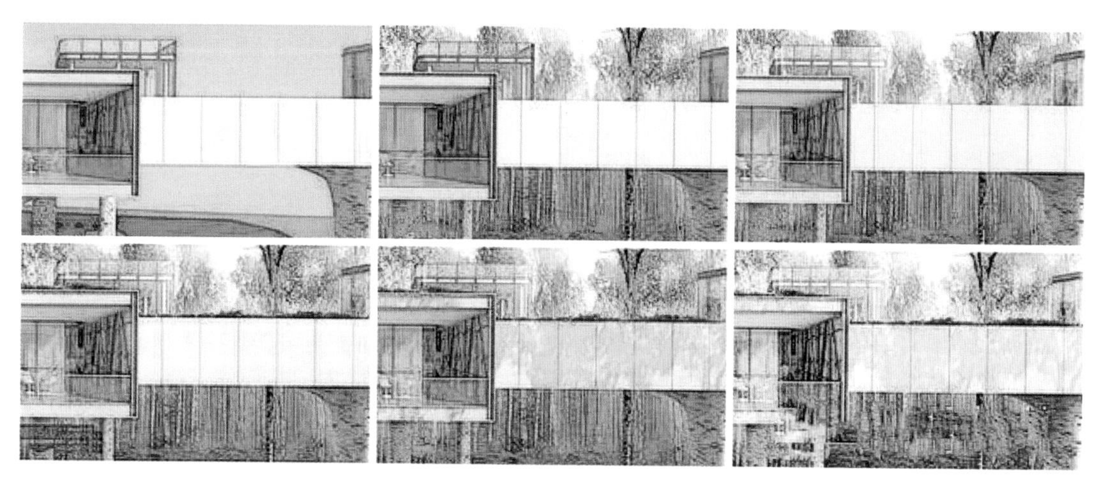

图2.4-22 动图效果图（组图）（一）

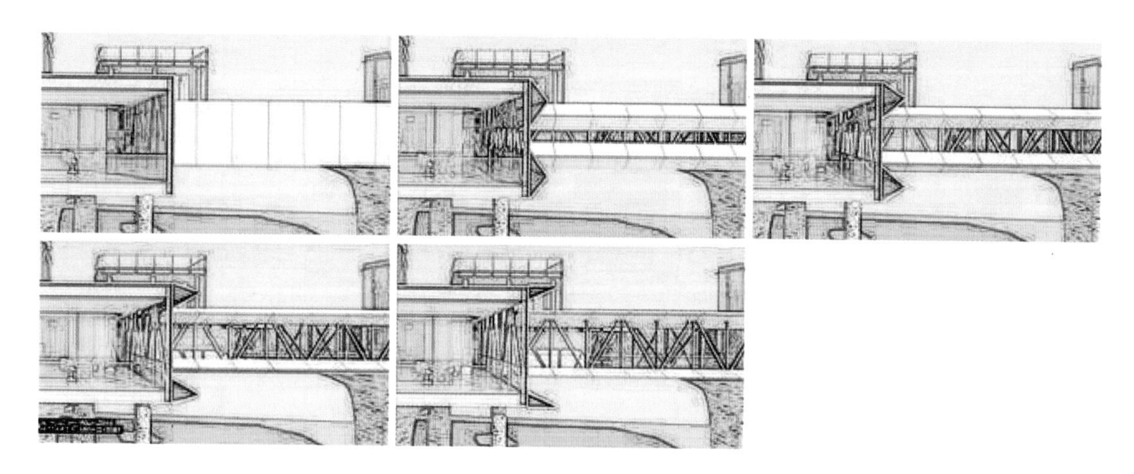

图2.4-23 动图效果图（组图）（二）

1. 图纸系统

（1）完整的目录体系。一套好的施工图一定要有完整的目录体系，在制图前科学严谨地规划好图纸目录，才能保证后期制图的时候没有遗漏（图2.4-24）。

（2）清晰的图纸索引逻辑。一套清晰的图纸索引逻辑不仅有利于设计师更好的表达图纸内容，同时为查看图纸的施工单位提供了方便。

（3）全面的图纸覆盖。施工图包含的内容众多，其中最常见的有平面图、立面图、节点图等。此外，项目的设计说明、材料表、局部放大图等也是施工图的重要组成部分，都是不可忽视的（图2.4-25）。

2. 图纸信息

（1）图纸需要清晰地表达出空间信息和精确尺寸。如果图纸没能清晰地反映出场地信息，那么在具体施工的过程中便很容易忽视掉许多重要的场地限制条件，导致图纸上的方案并不能最终落地和实现。

（2）图纸需要清晰地表达出设计信息。清晰的图纸信息是施工图最为关键的一点，施工图的绘制需要清晰的理解设计方案并表达设计方案，让读图的人能够一目了然地明白相关的设计信息，完整地表达出设计意图（图2.4-26）。

序号	图号	图面名称	比例	序号	图号	图面名称	比例	序号	图号	图面名称	比例	序号	图号	图面名称	比例
1	SH201-001	施工说明表		35	SH201-401.1	1F客厅四向立面图	1/50	69	SH197-507	标准框料玻璃门细部大样图		103	SH197-522.3	夹层健身区细部大样图	
2	SH201-002	图号索引表		36	SH201-402	1F餐厅四向立面图	1/50	70	SH197-507.1	标准框料玻璃门细部大样图		104	SH197-523	夹层会客区柜体细部大样图	
3	SH201-003	材料说明表(主材)		37	SH201-402.1	1F餐厅四向立面图	1/50	71	SH197-508	淋浴间标准玻璃门细部大样图		105	SH197-524	夹层会客区移门细部大样图	
4	SH201-004.1	1F壁面材料分析图	1/100	38	SH201-403	1F主卧四向立面图	1/60	72	SH197-508.1	淋浴间标准玻璃门细部大样图		106	SH197-525	夹层下沉庭院细部大样图	
5	SH201-004.2	夹层壁面材料分析图	1/100	39	SH201-403.1	1F主卧四向立面图	1/50	73	SH197-508.2	淋浴间标准玻璃门细部大样图		107	SH197-526	夹层公卫细部大样图	
6	SH201-004.3	B1F壁面材料分析图	1/100	40	SH201-403.2	1F主卧四向立面图	1/50	74	SH197-509	衣柜通用细部大样图		108	SH197-527	夹层客卧柜体细部大样图	
7	SH201-201	1F设计平面图	1/100	41	SH201-403.3	1F主卧四向立面图	1/50	75	SH197-509.1	衣柜通用细部大样图		109	SH197-527.1	夹层客卧柜体细部大样图	
8	SH201-202	夹层设计平面图	1/100	42	SH201-404	1F客卧四向立面图	1/50	76	SH197-510	氟化铜活动植栽槽细部大样图		110	SH197-527.2	夹层客卧柜体细部大样图	
9	SH201-203	B1F设计平面图	1/100	43	SH201-405	1F公卫四向立面图	1/60	77	SH197-511	1F玄关柜体细部大样图		111	SH197-528	夹层客房细部大样图	
10	SH201-211	1F尺寸放样平面图	1/100	44	SH201-406	夹层健身娱乐区四向立面图	1/50	78	SH197-511	1F玄关柜体细部大样图		112	SH197-528.1	夹层客房细部大样图	
11	SH201-212	夹层尺寸放样平面图	1/100	45	SH201-406.1	夹层健身娱乐区四向立面图	1/50	79	SH197-512	1F客厅置物架细部大样图		113	SH197-529	夹层客卫细部大样图	
12	SH201-213	B1F尺寸放样平面图	1/100	46	SH201-407	夹层会客休闲区四向立面图	1/60	80	SH197-513	1F客厅电视背景墙细部大样图		114	SH197-530	夹层工作间细部大样图	
13	SH201-221	1F地坪铺面平面图	1/100	47	SH201-407.1	夹层会客休闲区四向立面图	1/60	81	SH197-514	1F餐厅细部大样图		115	SH197-530.1	夹层工作间细部大样图	
14	SH201-222	夹层地坪铺面平面图	1/100	48	SH201-407.2	夹层会客休闲区四向立面图	1/60	82	SH197-514.1	1F餐厅细部大样图		116	SH197-531	夹层换季衣帽间细部大样图	
15	SH201-223	B1F地坪铺面平面图	1/100	49	SH201-408	夹层客卧四向立面图	1/50	83	SH197-514.2	1F餐厅细部大样图		117	SH197-532	夹层换季衣帽间细部大样图	
16	SH201-231	1F天花反射平面图	1/100	50	SH201-408.1	夹层客卧四向立面图	1/50	84	SH197-514.3	1F餐厅细部大样图		118	SH197-531	夹层换季衣帽间细部大样图	
17	SH201-232	夹层天花反射平面图	1/100	51	SH201-409	夹层客房四向立面图	1/50	85	SH197-515	1F主卧细部大样图		119	SH197-532	B1F备用房细部大样图	
18	SH201-233	B1F天花反射平面图	1/100	52	SH201-409.1	夹层客房四向立面图	1/50	86	SH197-515.1	1F主卧细部大样图		120	SH197-533	B1F车库柜体细部大样图	
19	SH201-241	1F天花灯具平面图	1/100	53	SH201-410	夹层工作间四向立面图	1/50	87	SH197-516	1F主卫细部大样图		121	SH197-534	1F-夹层楼梯间细部大样图	
20	SH201-242	夹层天花灯具平面图	1/100	54	SH201-411	夹层换季衣帽间四向立面图	1/50	88	SH197-516.1	1F主卫细部大样图		122	SH197-534.1	1F-夹层楼梯间细部大样图	
21	SH201-243	B1F天花灯具平面图	1/100	55	SH201-412	B1F备用房四向立面图	1/60	89	SH197-516.2	1F主卫细部大样图		123	SH197-534.2	1F-夹层楼梯间细部大样图	
22	SH201-251	1F插座平面图	1/100	56	SH201-413	B1F车库四向立面图	1/50	90	SH197-516.3	1F主卫细部大样图		124	SH197-535	夹层-B1F楼梯间细部大样图	
23	SH201-252	夹层插座平面图	1/100	57	SH197-501	天花细部大样图		91	SH197-516.4	1F主卫细部大样图		125	SH197-535.1	夹层-B1F楼梯间细部大样图	
24	SH201-253	B1F插座平面图	1/100	58	SH197-501.1	天花细部大样图		92	SH197-517	1F书房细部大样图		126	SH197-535.2	夹层-B1F楼梯间细部大样图	
25	SH201-261	1F给水排水平面图	1/100	59	SH197-501.2	天花细部大样图		93	SH197-518	1F衣帽间细部大样图		127	SH197-701	五金规范一	
26	SH201-262	夹层给水排水平面图	1/100	60	SH197-502	壁面细部大样图		94	SH197-518.1	1F衣帽间细部大样图		128	SH197-702	五金规范二	
27	SH201-263	B1F给水排水平面图	1/100	61	SH197-503	地坪细部大样图		95	SH197-519	1F客卧细部大样图		129	SH197-703	五金规范三	
28	SH201-271	1F空调平面图	1/100	62	SH197-504	卫生间通用细部大样图		96	SH197-520	1F公卫细部大样图		130	SH197-801	灯具规范一	
29	SH201-272	夹层空调平面图	1/100	63	SH197-505	淋浴用品架细部大样图		97	SH197-521	1F庭院吧台细部大样图		131	SH197-802	灯具规范二	
30	SH201-273	B1F空调平面图	1/100	64	SH197-506	标准门（内平齐）细部大样图		98	SH197-521.1	1F庭院植栽槽细部大样图		132	SH197-803	灯具规范三	
31	SH201-300.1	1F剖立面索引图	1/100	65	SH197-506.1	标准门（外平齐）细部大样图		99	SH197-521.2	1F庭院植栽槽细部大样图		133	SH197-803	灯具规范四	
32	SH201-300.2	夹层剖立面索引图	1/100	66	SH197-506.2	标准门（暗门）细部大样图		100	SH197-522	夹层健身区细部大样图					
33	SH201-300.3	B1F剖立面索引图	1/100	67	SH197-506.3	移门细部大样图		101	SH197-522.1	夹层健身区细部大样图					
34	SH201-401	1F客厅四向立面图	1/100	68	SH197-506.4	移门细部大样图		102	SH197-522.2	夹层健身区细部大样图					

图2.4-24 施工图目录体系

图例说明：

PT-01 白色乳胶漆	GL-01 钢化超白清玻璃	MB-01 白色石材亚光面(客餐厅/夹层墙地面)	WD-01 深色胡桃木饰面(1F木饰面)	FB-01 壁布硬包(客厅/主卧及衣帽间/夹层等)	MT-01 拉丝黄铜(客厅/餐厅/夹层/书房书柜等)
PT-02 浅灰色乳胶漆(餐厅天花)	GL-02 防雾明镜	MB-02 深色石材亚光面(客厅电视墙)	WD-02 深色胡桃木地板(1F木地板)	FB-02 皮革硬包(开放置物柜背墙/主卧等)	MT-02 拉丝氧化铜（主卧/主卫/书房等）
PT-03 深灰色乳胶漆(餐厅天花)	GL-03 5+5mm夹丝玻璃(透光半透视)	MB-03 中国黑亚光面(套口地面等)	WD-03 浅色橡木木饰面(BF木饰面)	FB-03 壁布硬包(1F次卧)	MT-03 白色铝百叶(夹层天花)
PT-04 深灰色亚光钢琴烤漆(餐厅/夹层)	GL-04 5+5mm夹丝玻璃(透光不透视)	MB-04 米色石材亚光面(主卫)	WD-04 浅色橡木木地板(BF木地板)	FB-04 壁布硬包(夹层客卧)	MT-04 深色氟碳漆金属板(楼梯)
PT-05 白色钢琴烤漆(玄关/客卧)	GL-05 灰色玻璃(客厅)	MB-05 浅色石材亚光面(夹层客卫)	WD-05 户外防腐木地板	FB-05 壁布硬包(夹层客房)	
PT-06 白色喷漆(工作间,车库)	GL-06 白膜玻璃（夹层楼梯间）	MB-06 瓦尔斯机切面(下沉庭院墙面)		FB-06 壁布硬包(B1F备用房)	
		MB-07 观音石喷砂面(室外硬铺面)			
		TL-01 磁砖(工作间)			

PT-01 白色乳胶漆　PT-02 浅灰色乳胶漆　PT-03 深灰色乳胶漆　PT-04 深色钢琴烤漆　PT-05 白色钢琴烤漆　PT-06 白色喷漆　GL-01 超白钢化清玻璃　GL-02 防雾明镜

GL-03 夹丝玻璃(透光半透视)　GL-04 夹丝玻璃(透光不透视)　GL-05 灰色玻璃　GL-06 白膜玻璃　WD-01 深色胡桃木饰面　WD-02 深色胡桃木地板　WD-03 浅色橡木饰面　WD-04 浅色橡木地板　WD-05 户外防腐木地板

MT-01 拉丝黄铜　MT-02 拉丝氧化铜　MT-03 白色铝百叶(夹层天花)　MT-04 深色氟碳漆金属板　FB-01 壁布硬包　FB-02 皮革硬包　FB-03 壁布硬包(1F次卧)　FB-04 壁布硬包(夹层客卧)　FB-05 壁布硬包(夹层客房)

MB-01 白色石材亚光面　MB-02 灰色石材(电视背景墙)　MB-03 中国黑亚光面　MB-04 米色石材亚光面　MB-05 浅色马赛克(次卫)　MB-06 瓦尔斯机切面(室外墙面)　MB-07 观音石喷砂面(室外铺面)　TL-01 磁砖(工作间)　FB-06 壁布硬包(B1F备用房)

图2.4-25　施工图材料表

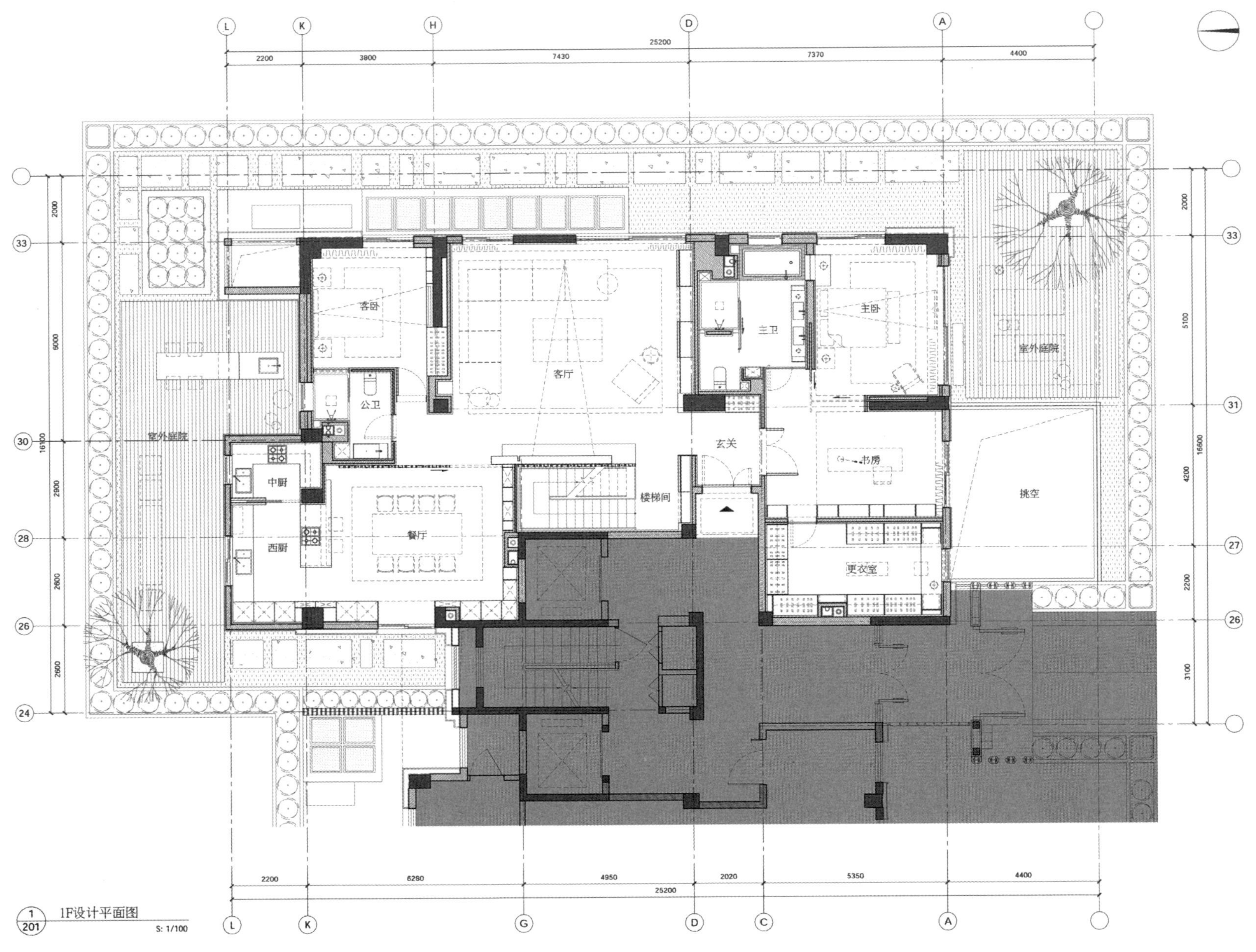

图2.4-26 清晰的设计信息

（3）图纸需要清晰地表达出其他相关信息。其他的相关信息主要包括结构、机电、暖通、灯光等配套专业信息。设计师在进行方案设计时，不但要考虑视觉上的美观，还需要时刻考虑结构、机电布置，在最终的施工图中清晰地整合所有的信息，能够帮助设计方案更好的落到场地上（图2.4–27）。

3. 图面问题

（1）合理的图纸比例。图纸的最大目的就是要把设计意图表达清楚，虽然理论上图纸比例没有严格的要求，但是一般可以参考以下相对常用且科学合理的图纸比例。

立面图比例通常为1：30～1：100；

平面图比例通常为1：50～1：100；

节点图比例通常为1：2～1：20。

（2）美观的辅助类信息。辅助类信息主要是指模块、文字、标注、标高等，在一套相对成熟的施工图里，辅助类信息需要做到统一、美观，帮助读图者快速准确地获得图纸信息（图2.4–28）。

（3）合理的线型设置。施工图要求绘图严谨、语言统一。早期室内设计的施工图是以

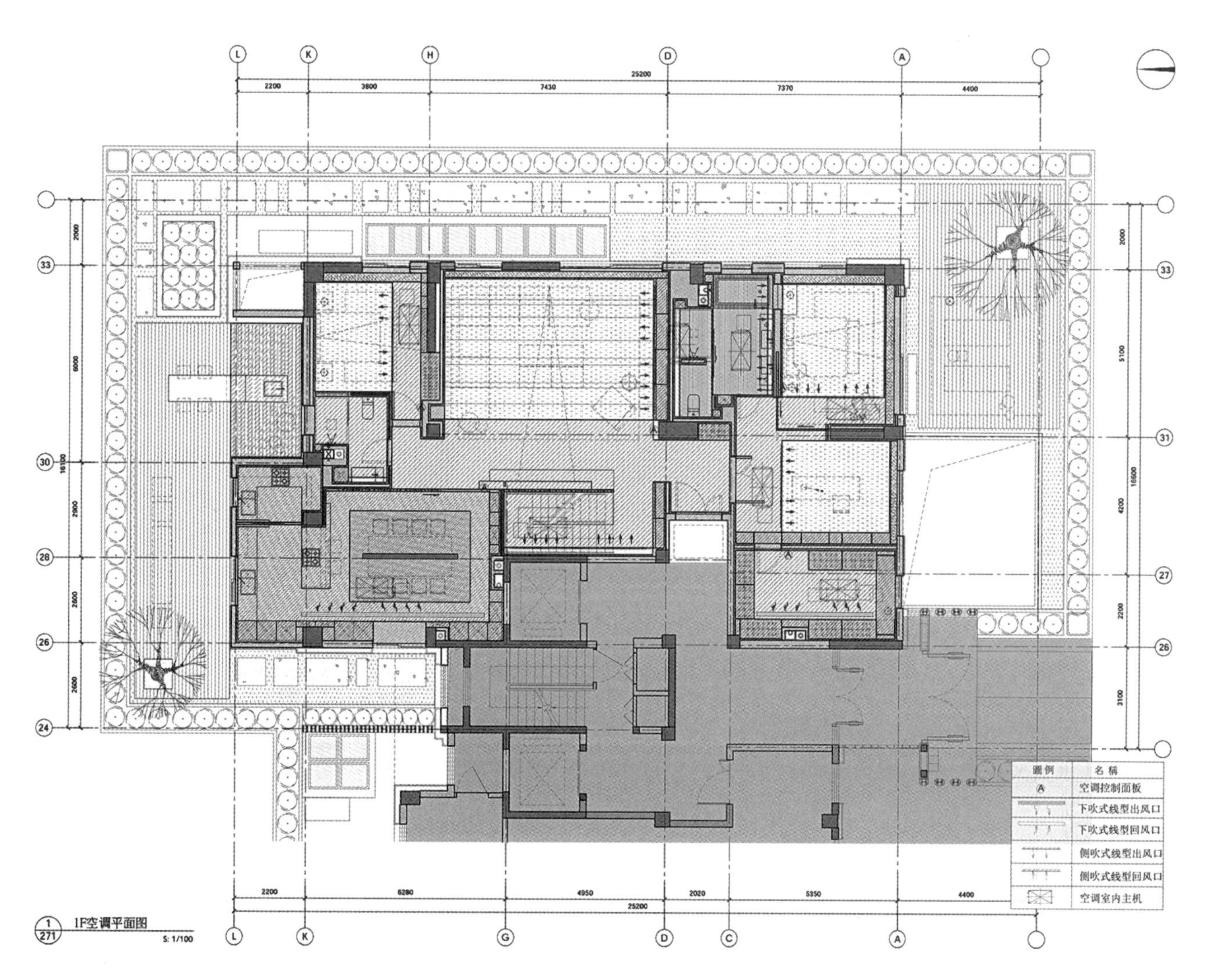

图2.4–27 施工图中的结构、机电信息

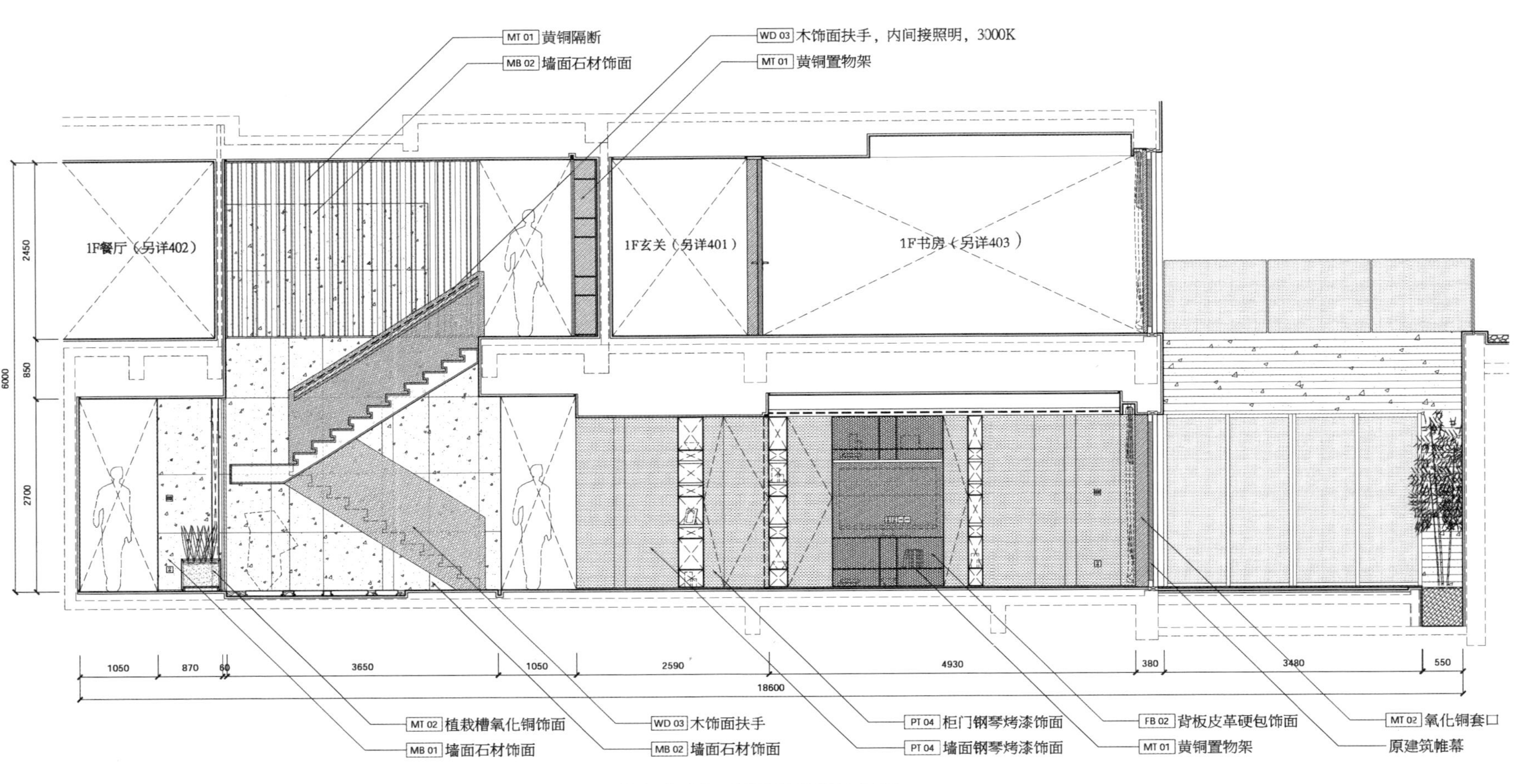

图2.4-28　辅助类信息的标识

手绘为主，线条以不同粗细表示，来区分不同材质、结构和空间关系。后来在计算机的发展和帮助下，现在普遍用CAD进行施工图的绘制。以室内施工图为例，常用的线型导出一般以墙体最粗0.3mm，完成面中0.18mm，造型线和家具线较细0.15mm为标准（图2.4-29）。例如图2.4-30中墙体是最粗的线条，能够直接清晰的显示出整体布局和结构，而家具则选用较细的线条，避免过于杂乱。这样的观念让线条构成的物体更加生动和可辨识。

4. 图纸深度

合理的图纸深度控制。施工图的绘制并不是强调图纸表达的信息越多，表达的深度越

CAD打印线型			
图层	注释	线宽	使用颜色
1	墙	0.3mm	白色
2	完成面	0.18mm	红色
3	家具	0.15mm	黄色
4	门	0.15mm	黄色

图2.4-29　CAD常用线型标准

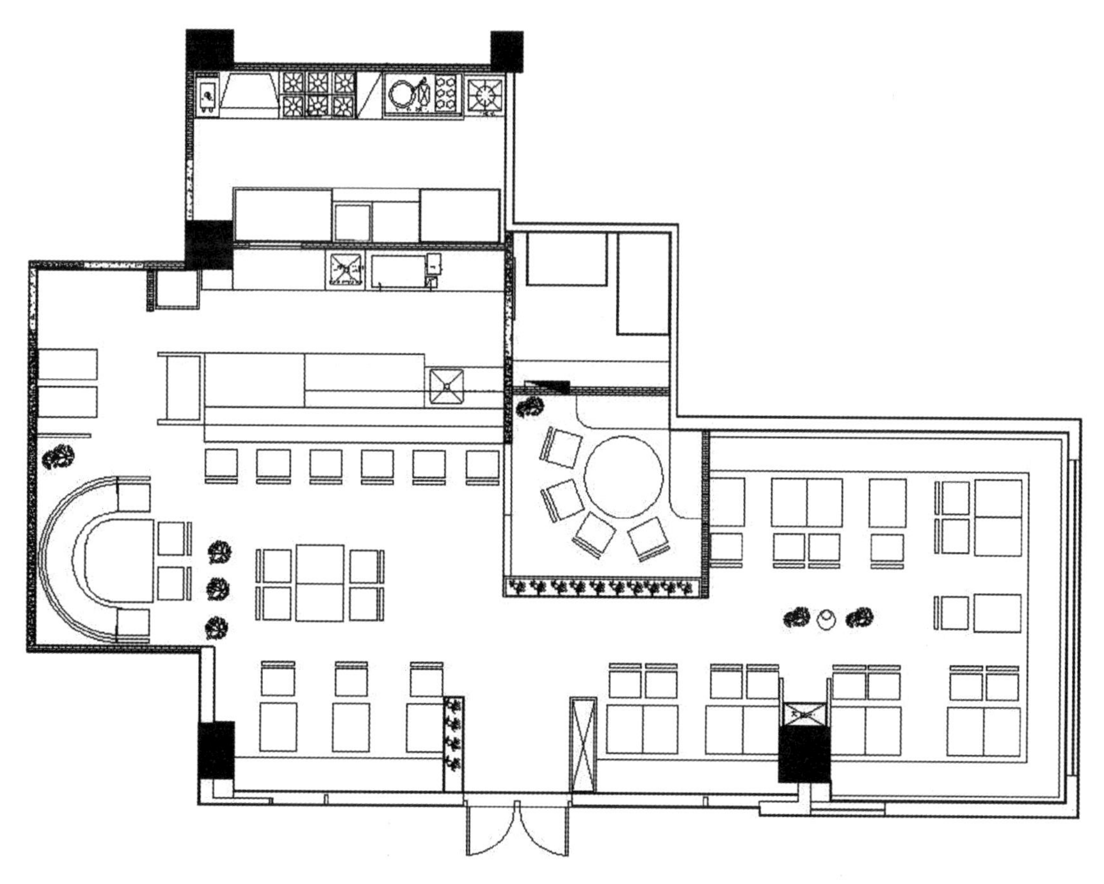

图2.4-30　施工图：合理的线形

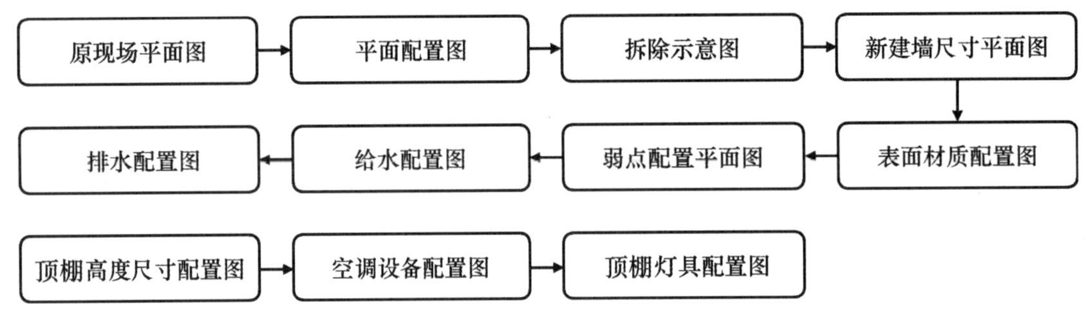

图2.4-31　室内施工图流程

深，就越专业。图纸深度需要根据不同的项目，合理的控制和调整，做到清晰准确地表达出设计所需要表达的信息，不能太过简单，导致信息缺失或太浅薄，同时也不能为了追求图纸深度而过分堆砌冗余的信息。

下面以一套室内施工图为例，展示施工流程中所需要的施工系统图。一套完整的室内施工图包含：原始平面图、墙体拆况图、新建墙体图、平面布置图、地面材料布置图、顶棚布置图、顶棚尺寸图、强弱电布置图、开关连线图、给水排水布置图、立面索引图、立面图纸、电气系统图、照明平面布置图等（图2.4-31）。

（1）拆除示意图

拆除示意图是室内施工图的第一步，当室内设计因为平面配置图影响到原始的空间分隔时，就需要将原有的隔间进行修改和拆除。所绘制的施工图要明确标识拆除的位置及尺寸，以减少拆除时所产生的误差及问题。通常情况下，在进行现场拆除时也会依拆除示意图，结合喷漆或者粉笔等工具在现场需更改及拆除的墙面上进行标识。绘制拆除示意图的注意事项如下（图2.4-32）：

1）在拆除示意图的表现上，需要将要拆除的隔墙的实线更改为虚线，并填入剖面线（HATCH），目的是让需要拆除的墙面范围更明显。

2）若一段墙面只需拆除部分隔墙时，需标识距离尺寸。

3）隔墙遇到开门洞、窗洞或者拆除设备、地面及墙面表面材质时，需加注文字说明。

（2）新建墙尺寸图

在新建墙尺寸图中不需要显示家具配置等信息，以免使图在标识尺寸时过于混乱。室内隔墙常用的材质包括1/2B砖墙、轻隔间、轻质混凝土墙、木隔间等。在绘制新建墙尺寸图时，以梁位为基准标识新建隔间的尺寸，如图2.4-33所示。以定水平及垂直点标识新建隔间尺寸，如图2.4-34所示。需要注意，如果在一户空间里有多种新建墙的材质，则需要利用图例的方式进行注明（图2.4-34）。且当四边外墙无法达到垂直及水平，造成墙面、地面有落差的情况下，要定水平和垂直点，以便让误差值减至最小。

（3）表面材质配置图

表面材质配置图又称为“地面配置图”，是针对地面材质所绘制的图。地面材质一般会采用石材、抛光石英石、瓷砖、木地板（实木及复合木地板）、塑料地砖及特殊材质地面等。在绘制表面材质配置图时，需注意施工地面材质的先后顺序，根据施工顺序相对的表面材质配置图的画法也会有所调整。

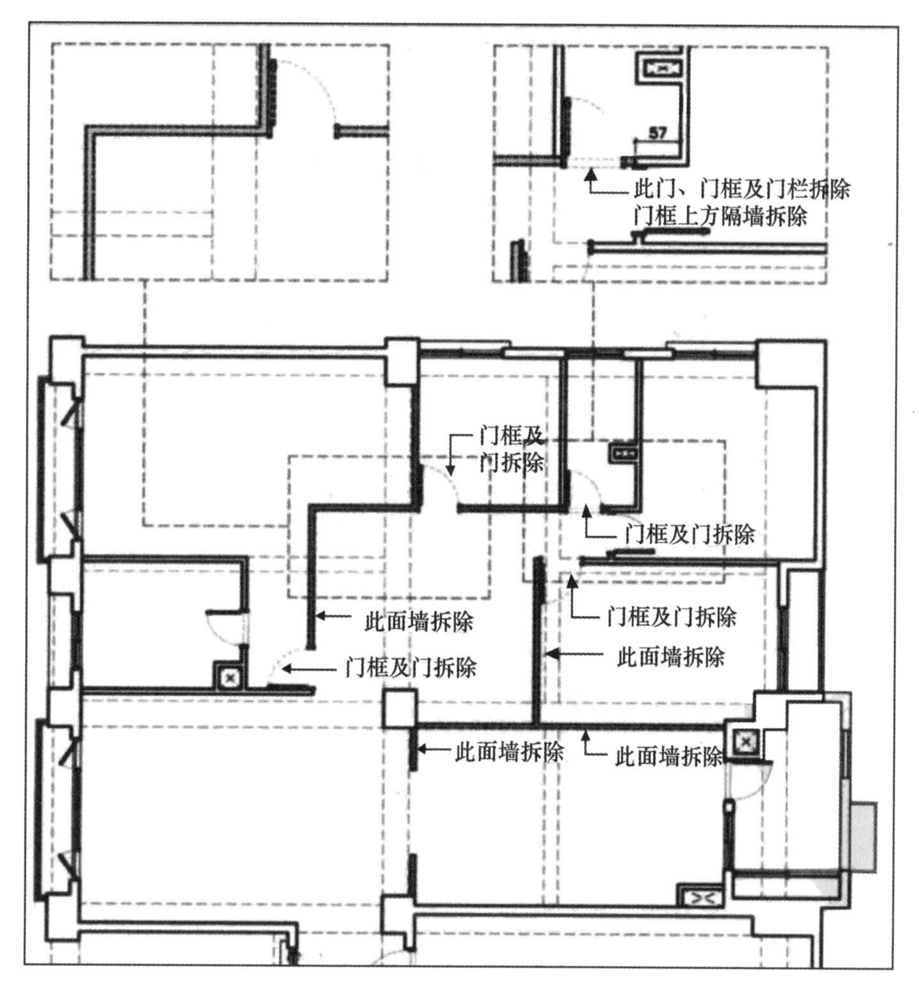

图2.4-32 室内拆除示意图

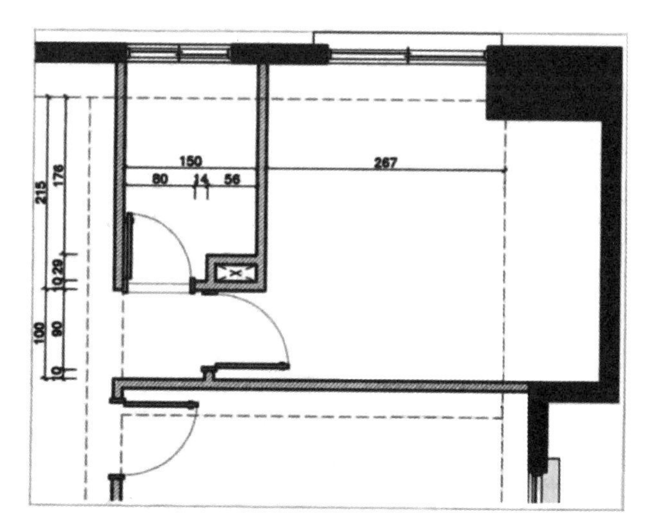

图2.4-33 以梁位为基准标识新建隔间的尺寸

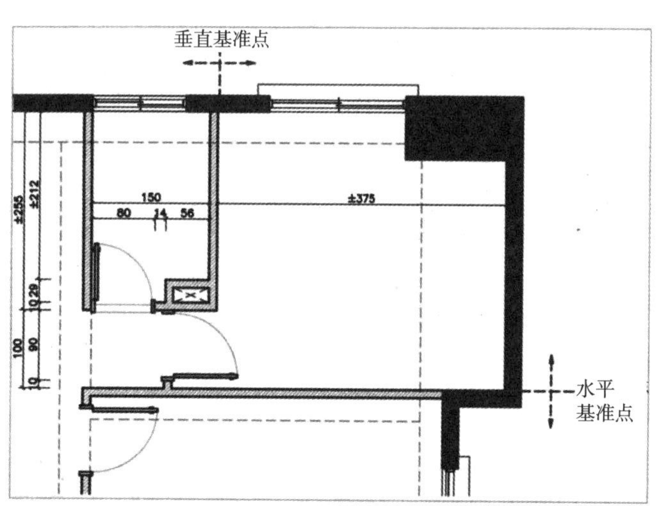

图2.4-34 以定水平及垂直点标识新建隔间尺寸

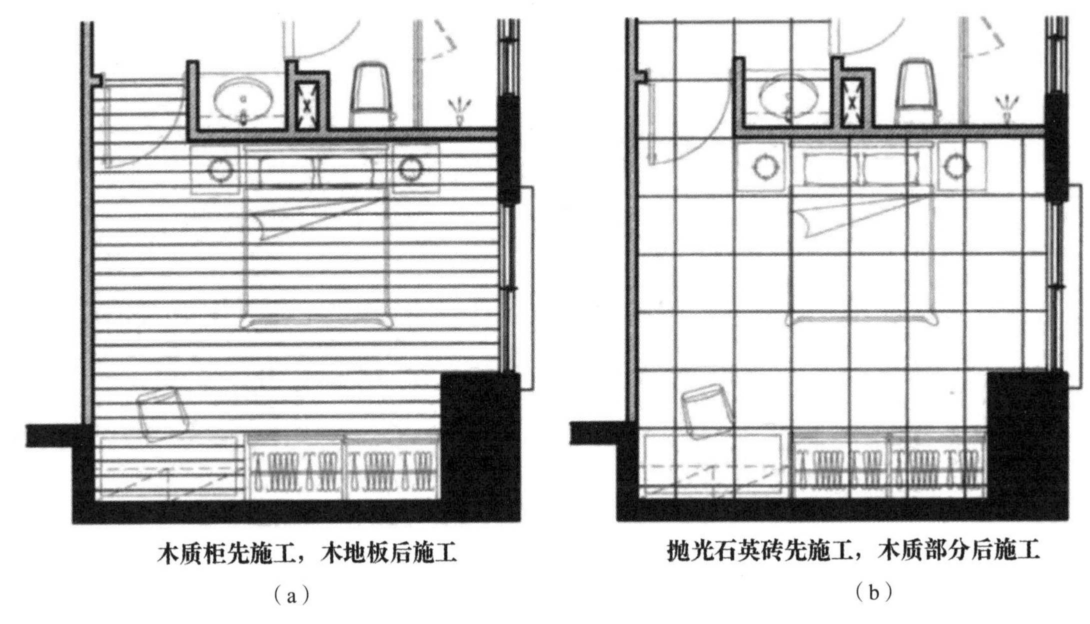

图2.4-35 表面材质配置图

举例说明：如图2.4-35（a）所示，如果有固定家具，如木质柜先施工时，在绘制施工图时木地板线条则不需要延伸至衣柜范围内；但遇到活动家具且是摆设在木地板上时，施工图中木地板的线条则需延伸至家具范围。另外如图2.4-35（b）所示，抛光石英石先施工，之后再施工木质柜。而遇到衣柜及活动家具时，地面线条都需延伸至此范围内。

综上所述，一般木制工程及油漆工程施工完毕退场后，才会进行木地板施工；抛光石英石则需在木制工程进场施工前进行施工。由此得知地面施工的先后顺序会影响绘制图现场的区域，地面的每一条线段均以实际施工面积绘制，每一条线段都有其依据。

（4）弱电配置图

设计者要根据业主及空间上的需要设计规划弱电，而弱电部分设计者也需要具备一些基本概念，因为不同空间使用的设备不同，会影响弱电的配置及高度。

例如：在厨房空间内，烘碗机一般会放置在水槽上方，但如果增加了洗碗功能，则需放至在工作台下（图2.4-36）。电视柜部分也会因为设计者所设计的柜面造型影响到弱电的位置及高度，若再把影音视听设备纳入到电视柜的设计上，其弱电上的配置就需更多考虑。诸如此类皆会影响空间弱电配置上的调整（图2.4-37）。

（5）给水配置图

在室内空间设计中，给水高度也会因使用设备造型的不同而有所影响。一般需配置给水的空间有卫生间、厨房、阳台、露台、洗衣间（工作间）等，依配置图上的需要给予冷热水出口。配置给水的位置要尽量居中，标识尺寸时要标识在中心位置，例如坐式马桶的冷水出口需设置在马桶侧边（而标识尺寸仍以中心点标识），这是因为坐式马桶会因品牌不同，形体尺寸也有所不同（图2.4-38）。

（6）排水配置图

有配置给水就一定要配置排水，排水大致上分为地面排水及墙面排水两种。而地面排

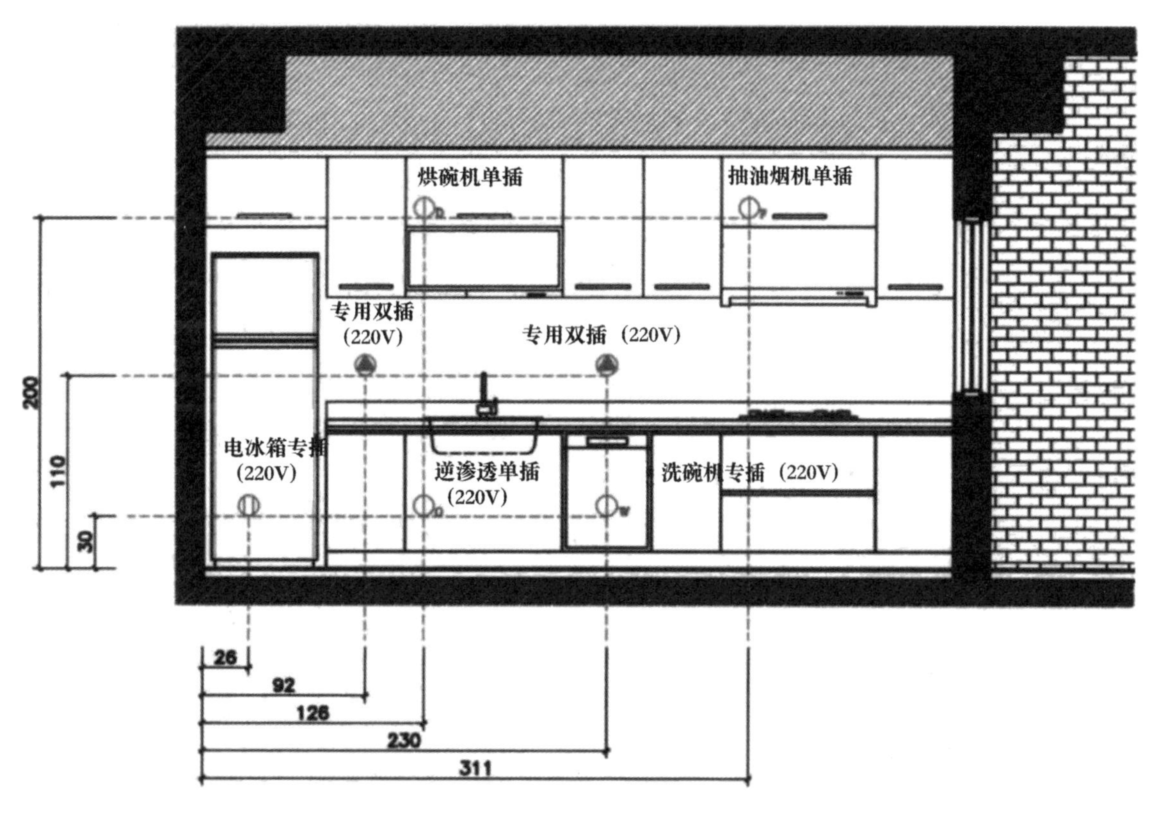

图2.4-36　厨房弱电配置图

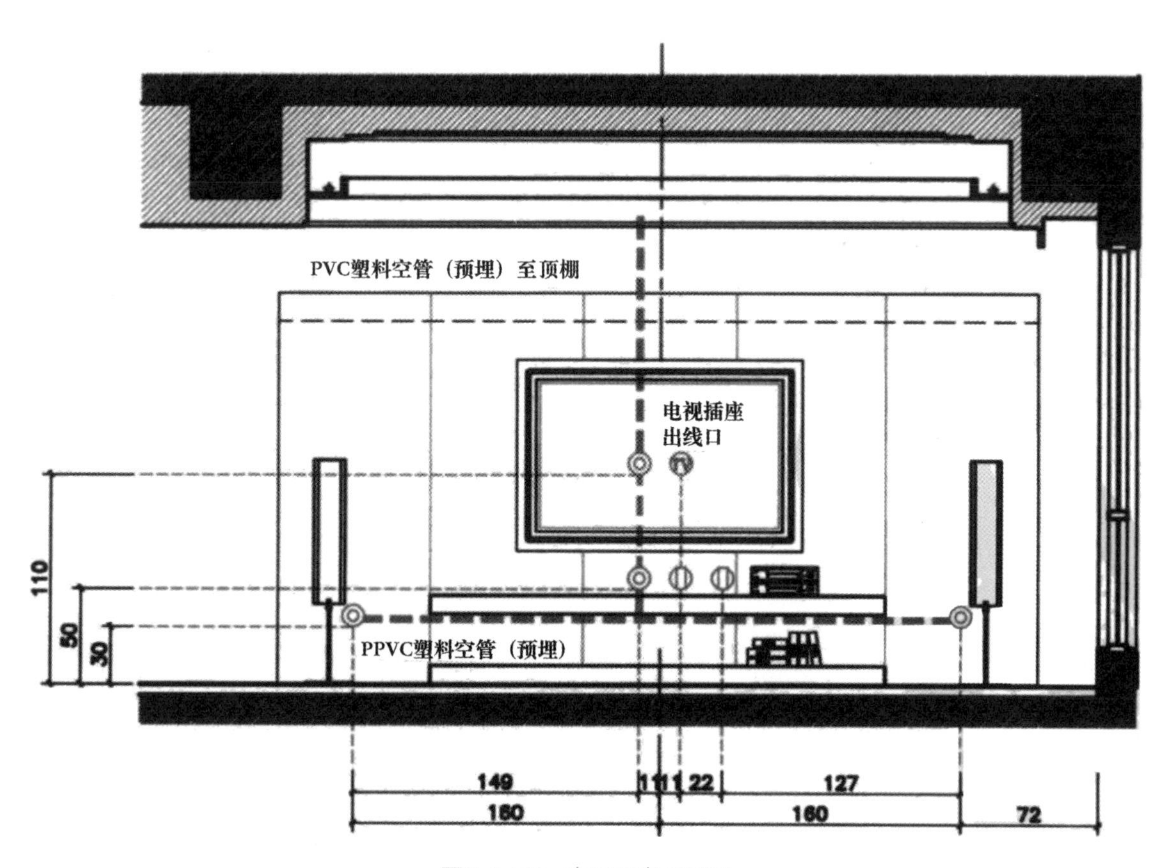

图2.4-37　客厅弱电配置图

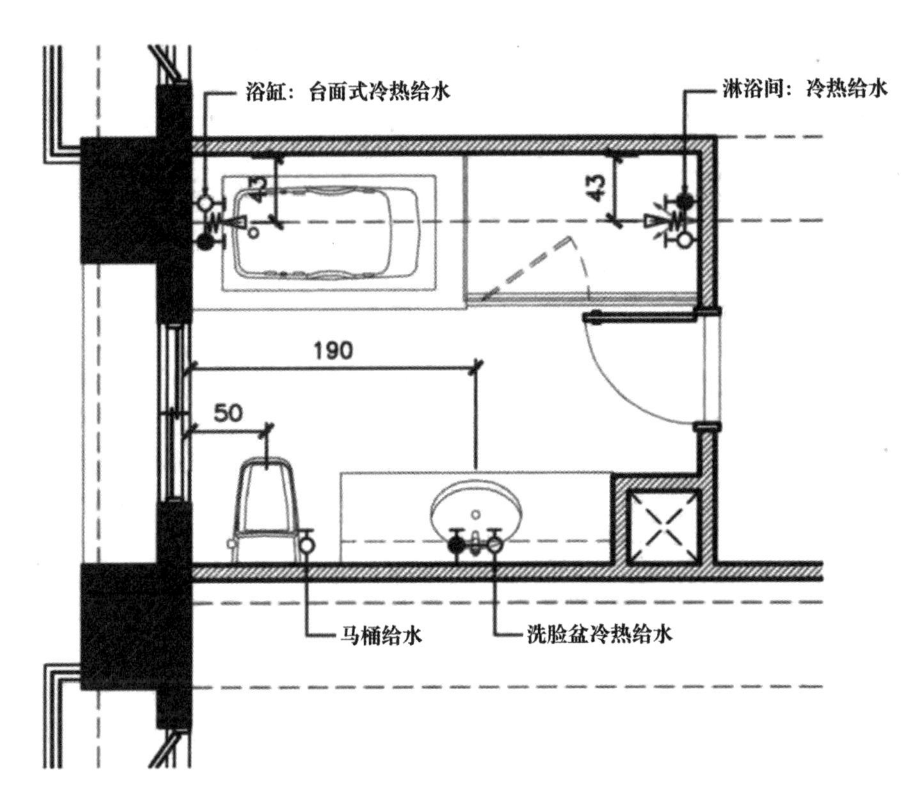

图2.4-38　给水配置图

水通过泄水坡度引导至地面排水孔里；墙面排水是离地30～45cm，设置在预埋墙面的排水孔（图2.4-39），配置排水需注意以下几点。

1）地面排水部分的配置

①洗脸盆：其排水通常设置在洗脸盆的下方位置，但若此区域刚好遇到梁位，则需设置在其他不频繁使用的位置。

②淋浴间：通常会设置在淋浴龙头的同一水平面上。

③浴缸：预防使用过久的浴缸出现破裂现象，需在浴缸范围内的地板上多增设地面排水孔。

④洗衣机：地面排水需让管路凸出地面1075mm，方便套洗衣机的软管排水。

2）墙面排水部分的配置

一般卫生间的洗脸盆排水及厨房的水槽排水都设置在墙面中。

（7）顶棚高度尺寸图

在绘制顶棚高度尺寸图时，从地面往顶棚的视角来看，看不到的落差边缘以虚线表示，能够看到顶棚有明确落差边缘的则用实线表示。为了让顶棚范围及造型更明确，可绘制剖面线加深区域的轮廓面。当室内顶棚超过两种高度时，则可用不同线型的剖面线做分隔（图2.4-40）。

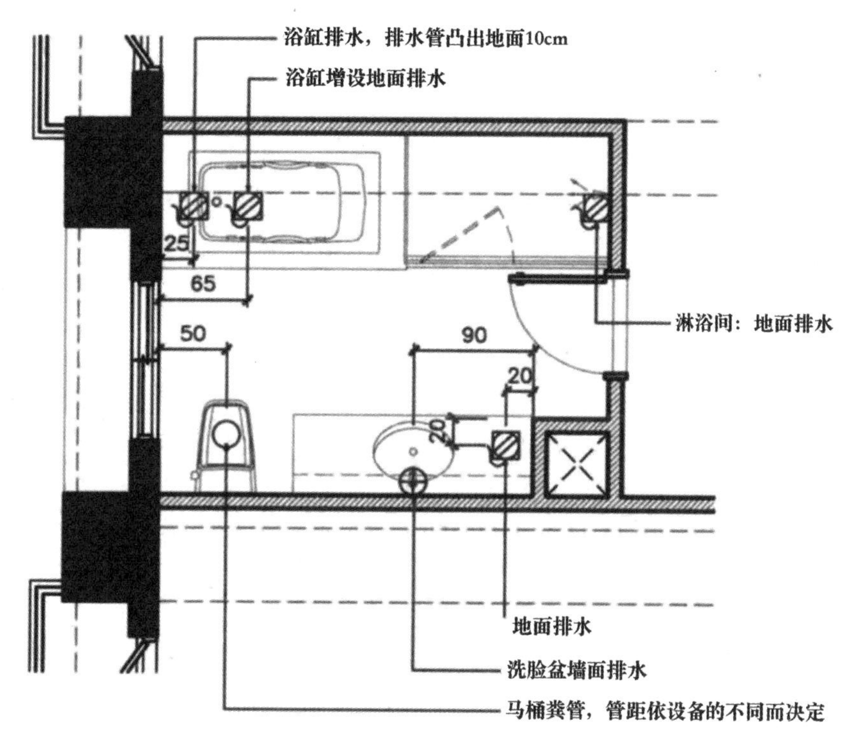

图2.4-39 排水配置图

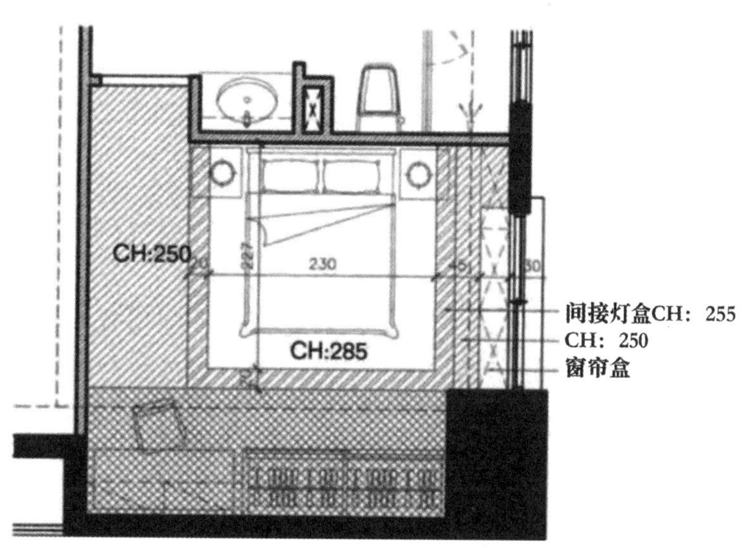

图2.4-40 顶棚剖面图

（8）顶棚灯具配置图

顶棚灯具配置图要以平面配置图及顶棚的高度尺寸图为依据。灯具配置需考虑以下几个方面的内容：

1）住户从室外进入室内所使用的灯具及开关。

2）住户从卧室至室内的公共区域所使用的灯具及开关。

3）住户从室内的公共区域至卧室所使用的灯具及开关。

4）全户光源营造之氛围。

5）动线、格局需考虑住户的习惯。

上述5个方面皆会影响灯具和单向及双向回路开关的配置，如图2.4-41所示。

顶棚灯具配置图的灯具回路的早期画法为弧线画法，但此画法如果遇到单一空间回路过多的情况时便会使得图面过于混乱而无法准确识别，因此现在灯具回路线多采用垂直或者水平的绘制方法，这样可让灯具回路至开关的路径非常清楚，如图2.4-42所示。

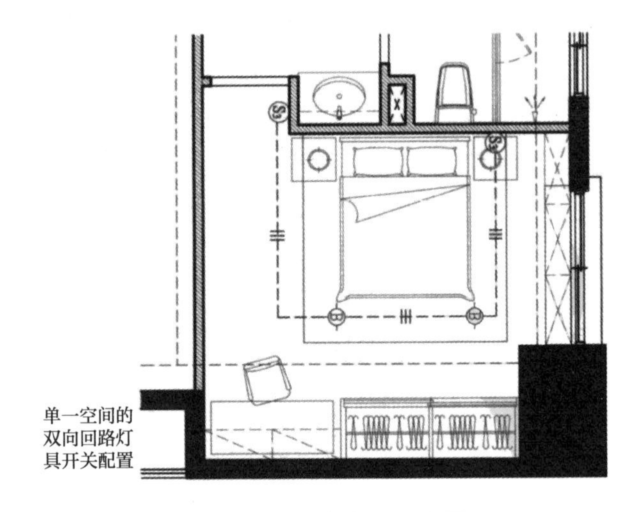

图2.4-41　顶棚灯具配置图

本章小结

一项设计从概念到完成，离不开设计思维的启发和设计方法的推进，系统地训练设计思维、不断地实践设计方法是一个优秀的设计师不可或缺的基本素质。设计是跨学科的，要求我们运用多元的、创造性的设计思维方式，形象思维与逻辑思维相结合，发散思维与收敛思维相统一，在多种方案、多种途径中去探索、比较和选择，充分运用设计思维在设计分析中的指导作用推动设计方案的发展。从具象到抽象，从形象思维到抽象思维，不断训练和培养个人的设计思维与设计分析能力。同时，设计本身就是一种方法论，在设计过程中要学会设计语言的运用，利用设计图让设计的各相关专业，以及不同国家、语言的人通过读图来了解设计意图并进行分工合作。

设计思维与设计方法不是一蹴而就的，也没有固定的规则和法式，需要经过长期的知识积累、素质磨砺才能具备。所以也就要求设计师在寻求设计问题的答案时，多角度、多侧面、多层次、多结构的去思考，长期的探索、刻苦的钻研设计方法，以此才能获得创新性的设计成果。

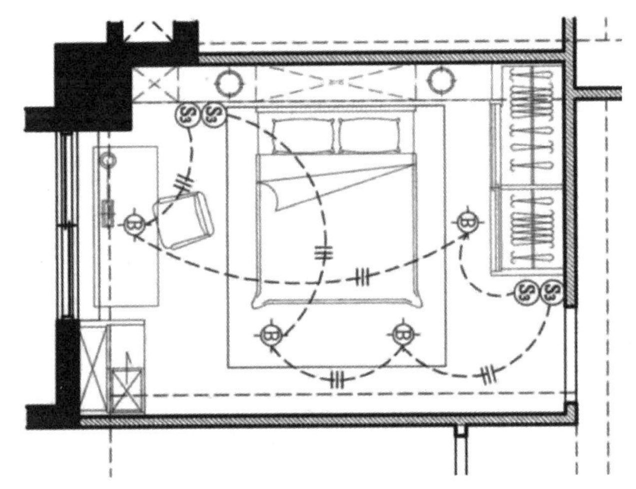

灯具回路采用弧线的画法

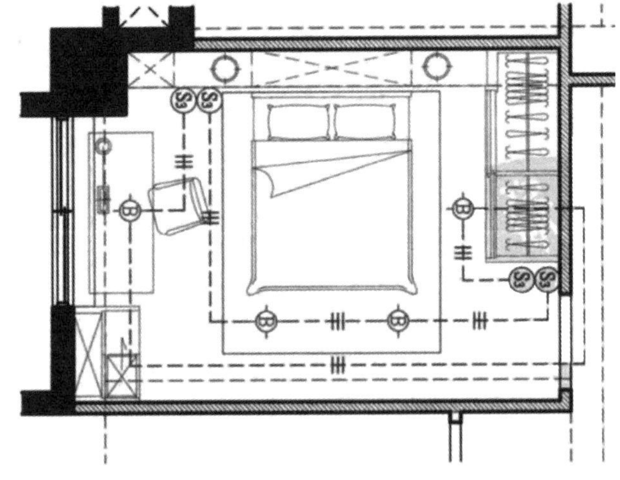

灯具回路采用垂直或水平的画法

图2.4-42　灯具回路的弧线画法与垂直画法

参考文献

[1] [美]保罗·拉索．图解思考[M]．邱贤丰等译．北京：中国建筑工业出版社，2002.

[2] [日]多湖辉．创造性思维[M]．王彤译．北京：中国青年出版社，2002.

[3] 田学哲，郭逊．建筑初步（第三版）[M]．北京：中国建筑工业出版社，2010.

[4] 范庆华．室内设计方法中的图形思维与表达[J]．兰州：兰州教育学院学报，2005（2）：54–58.

[5] 张进，方向．建筑平面的构成模式[J]．科技资讯，2011（025）：75–75.

[6] 留美幸．室内设计制图讲座[M]．北京：清华大学出版社，2011.

[7] 杨伟伟．论鸟瞰图在规划设计中的应用[J]．门窗，2013（08）：213+217.

[8] 杨恺甲．面向大量民用建筑建造的施工图深化设计问题研究与解决方法初探[D]．南京：东南大学，2016.

[9] 严思琪．室内空间形态的情趣化研究[D]．长沙：湖南师范大学，2014.

[10] 陈晨．浅谈天津博物馆建筑设计理念与风格特色[A]．中国博物馆协会博物馆学专业委员会，中国博物馆协会博物馆学专业委员会2013年“博物馆建筑与功能”学术研讨会论文集[C]．中国博物馆协会博物馆学专业委员会：中国博物馆协会博物馆学专业委员会，2013：4.

[11] 楚琦，杨茂川．浅谈参数化设计在室内空间中的运用趋势[J]．艺术与设计（理论），2013，2（09）：89–91.

[12] 王茂林．图解思维在室内设计中的应用与表达[J]．艺术教育，2009（10）：132–133.

[13] 吕红，王昕羽．仿生设计学在座椅设计中的应用研究[J]．家具与室内装饰，2019（07）：116–117.

[14] 柴环环．浅谈仿生家具的形态设计[J]．艺术品鉴，2016（03）：50.

[15] 兰棋．抽象绘画与建筑形态和空间设计的关系研究[D]．北京：北京交通大学，2014.

[16] 方向．建筑形态的构成化设计研究[D]．郑州：郑州大学，2011.

[17] 崔中芳．东方语汇的艺术中心[J]．建筑学报，2005（08）：59–63.

[18] 张若美．建筑装饰施工技术[M]．武汉：武汉理工大学出版社．2004.

[19] 吴军伟．论设计中的创造性思维[J]．包装工程，2006，027（004）：261–263.

[20] 张华龙．体悟教育研究[D]．兰州：西北师范大学，2008.

第3章　设计程序

为了得到一个满意的、可靠的设计成果，就需要按照一定的顺序推进设计各个阶段的活动、内容并取得相应的成果——这就是所谓的设计程序。它是一套严密、完整的逻辑和过程，包含了设计的基本步骤及其相互关系，使得设计活动实现了从无序到有序、从偶然到必然、从主观到客观的转变，若一个地方出现问题会影响到最终的设计成果。严谨而全面的设计程序不仅有利于设计师把控设计活动的目标和效率、阶段性输出成果的品质和可靠性，从而保障最终成果的品质，而且有助于统筹安排各个设计阶段，系统化整体化把握设计流程，合理的有针对性地解决设计过程中出现的问题，具有协调高效的作用。虽然不同的项目设计工作内容具有一定的个性化和特殊性，但大体上可以将设计程序概括为以下五个步骤（图0–1）。

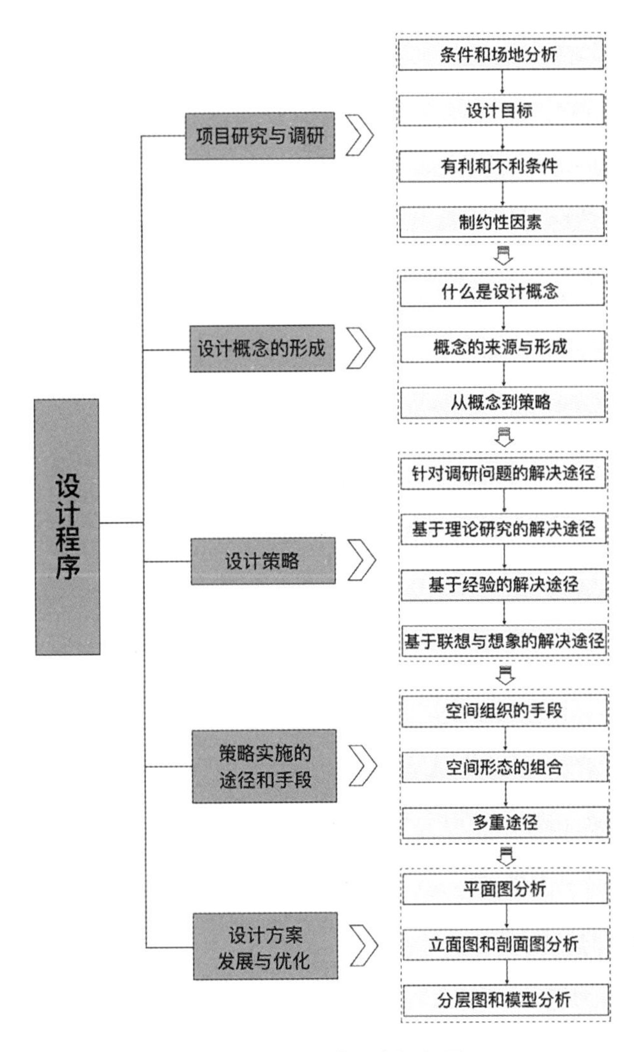

图0–1　设计程序框架图

3.1 问题的提出——项目研究与调研

设计理念的形成不是凭空想象的，而是基于调研内容梳理、提炼和总结出来的，并由此提出问题和设计目标。实际项目中各种相关因素复杂多样，设计师需要从中找出核心问题，作为设计过程的起点，在设计程序中起先导作用。设计师通过前期调研，对项目背景、特征、需求、目标和现状的要点进行归纳，进而针对性的提出问题，指导概念和策略的形成。在这个过程中，问题的提出只有建立在对各种现实因素深刻、充实、全面和细致的分析基础上，才能为有效解决问题提供充分的依据和信息支持。进行项目研究与调研的内容可以概括为以下四大类。

3.1.1 场地分析

When（历史、现在）、Where（地域性特征）、Who（使用对象）、What（需求）、Why（问题）

进行一个项目首先就要对目标场地进行调研和分析，试图从中找出问题和挖掘潜在的要素。条件和场地分析是判断问题的重要途径，是设计的第一步。其中蕴藏设计的前提条件与限制性因素，将对如何解决问题起到重要的导向作用。

1. When（历史、现在）

设计的目标虽然是为了解决现在和未来的问题，但场地总是拥有其自身历史，而这些不仅是设计师灵感的重要来源并从中获得解决问题的启发，而且很可能是形成设计方案创新性的出发点。因此设计师需要了解场地的历史文化特征，通过收集大量的数据与信息以挖掘场地过去的经济、社会、环境和体制；从过去真实发生的事件中了解场地的空间氛围与特质，感受场地的情感与精神内涵，从而更好地延续场地文脉。具体来说可以以问题为线索进行信息的收集：场地在历史中有哪些记载？历史上的文化、意识形态、社会关系、技术水平和生活方式与环境的关系是什么？场地历史上是否有知名的建筑或景观，它们是怎样的布局和形态？场地中建筑、景观在历史不同阶段所展现出何种特点？场地中是否发生过具有历史意义的事件等。

同时，设计者还需要关注场地当下的状态，了解当下社会的物质层面和非物质层面的状况；进而思考历史事件和空间布局与现在环境有什么关系？对场地未来会有什么影响等？并通过纵观历史和当下的方法产生对场地文化、情感、精神、制度和社会关系等层面的理解、共鸣与质疑。

例如在纽约高线公园（High Line Park）中，设计就保留了火车停运后废弃的铁轨和枕木，它代表了高线的历史，承载了这片区域的文脉。它利用了结实的工业材料，如回收的木材、混凝土和耐候钢等（图3.1–1），保留了特殊的地点并显露出十字路口的原有结构（图3.1–2，图3.1–3），表达了高线的历史特征，彰显了纽约曾经作为工业城市的功能，使场地具有独特性与不可复制性。高线公园在保留历史元素的前提下进行创新，连接了现在，通过重新设计线性的铺装、植物、照明、栏杆等，使观者在漫步的过程中沉浸与畅想；沿着铁路设置弧线长椅，观者可以在这里驻足休憩；铁路延伸出的枝丫构成了沿线的眺望点，观者可以停留与眺望城市美景；移除观景平台处的混凝土甲板，露出牢固的高线钢筋构架，唤起人们对于高线铁路的记忆。

图3.1-1　利用回收的耐候钢材料建造场地

图3.1-2　废弃铁轨与植物的配合，营造了一种工业自然景观

图3.1-3　保留的原结构改造为观景休息平台

虽然高线公园场地的历史只有不到100年，尚且可以挖掘出如此丰富的历史信息、素材和记忆，那么对于历史文化深厚的地方来说，和When有关的信息会更多、更复杂，设计者需要对其进行梳理和提炼后进行表达和应用。

2. Where（地域性特征）

Where简单来说就是地域性和地方性特征及信息。场地条件暗示着设计的限制性因素，又在一定程度上启发设计者，成为概念生成的起点。概括来说，场地条件包括场地自身的特征、场地所属的环境特征、场地与周围环境的关系、场地及其周边环境的局限性等。正是因为场地提供了限制性的因素，才为设计者圈定了思考范围，使设计方案具有针对性、独特性和落地性。

（1）从宏观上看，Where包括超出设计场地外更大尺度、更大范围的自然和人工条件。

具体来说包括：当地气候条件（气温和降水）、地形、地貌、日照、水文、动植物物种、土壤特征等因素（图3.1-4～图3.1-6）。场地的人工条件包括：交通基础设施、区域功能规划、市政设施、经济产业内容、历史文化和自然保护区（文物）分布等因素。

设计方可以向业主方索取各类基础性资料和文件，如规划文件、地形图、等高线分布

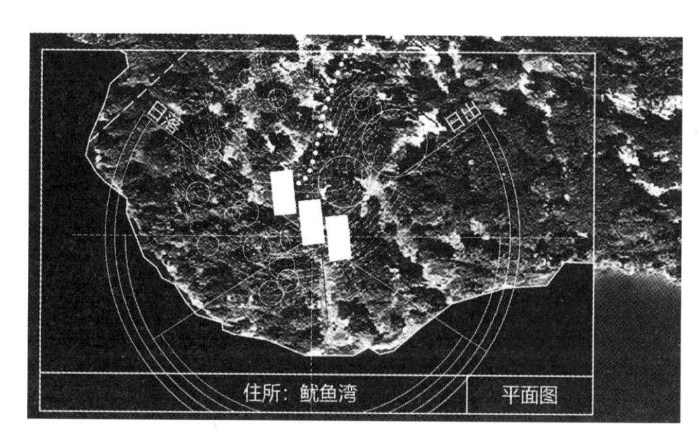

图3.1-4 场地区位图

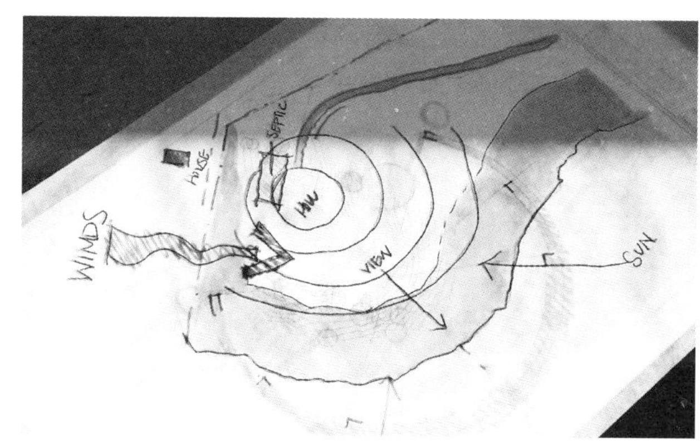

图3.1-5 气候条件图

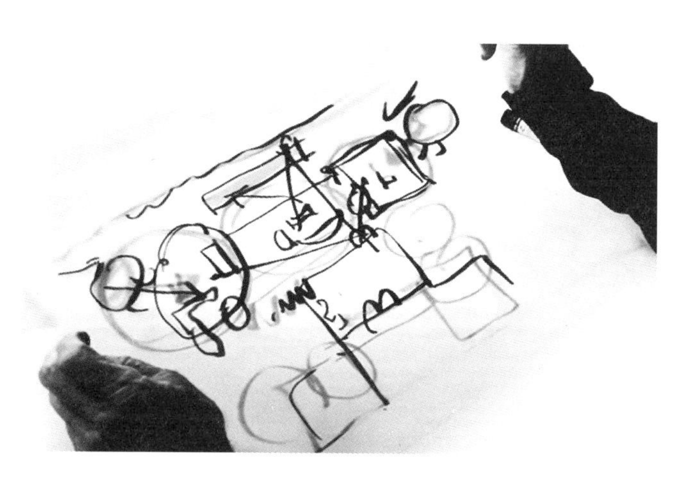

图3.1-6 场地分析图

图、植被现状图、交通分布图、建筑分布图和水文图等，进而对场地的地形、现有植被、交通分布、建筑分布和水文条件等进行分析与提出问题（图3.1-7～图3.1-13）。此外，设计者还可以通过网络搜索查询公开的数据信息。在全面了解认知场地条件的前提下，设计者需要结合场地的可能性或局限性找出场地中的问题，进而启发设计。

路易吉·罗塞利设计的WA长城（The Great Wall of WA，澳大利亚，2014）位于亚热带气候，当地的气候特征为日照强、气温高、少雨、蒸发旺盛等，因此，设计师用夯土墙改善了场地高温的气候问题。夯土墙采用了当地的砂质黏土混合附近河流中的碎石以及本地水源建成，不仅导热系数小，具有良好的隔热效果，而且热惰性好，使建筑在炎热的环境中能保持内部自然凉爽（图3.1-14）。因地制宜的设计策略不仅解决了场地的气候问题，还使建筑融于自然，营造出内敛的气质（图3.1-15）。

（2）微观上来说，Where指场地具体的位置、尺度、形态等信息，例如具体范围、与城市道路的距离、与河流的位置关系或周边是什么区域等。

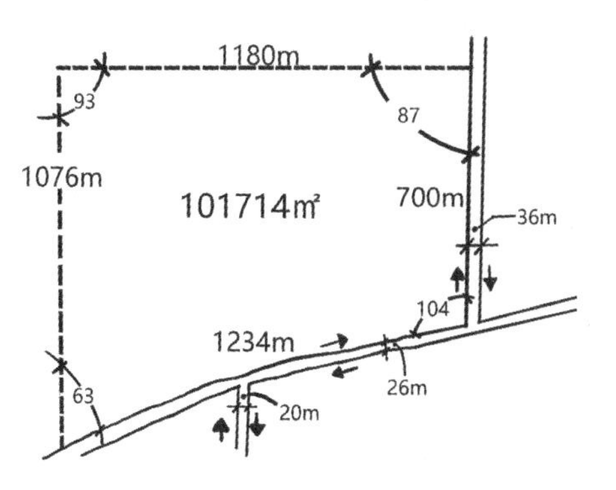

图3.1-7 场地规模分析

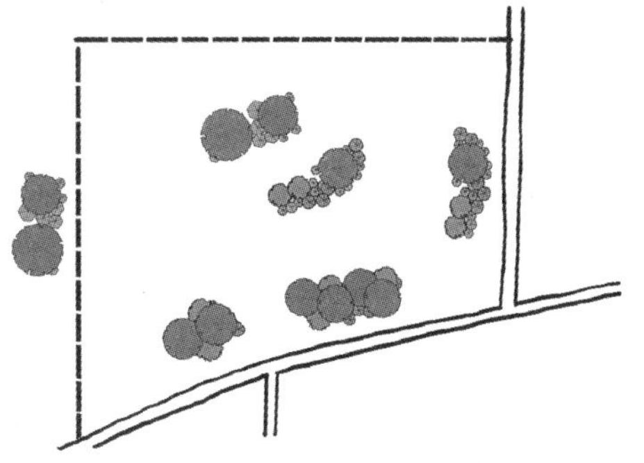

图3.1-8 植被现状分析

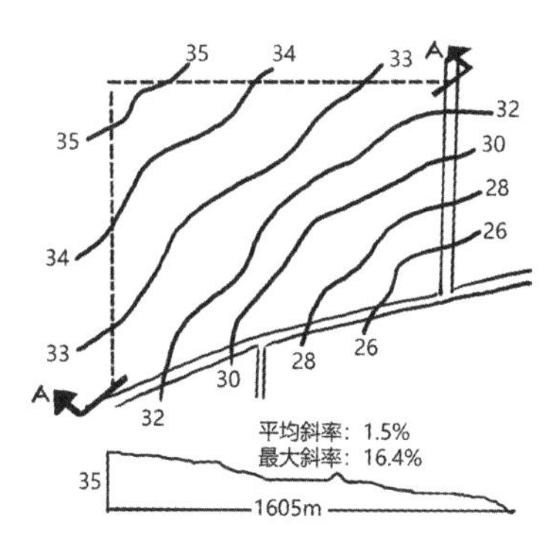

图3.1-9 等高线分析

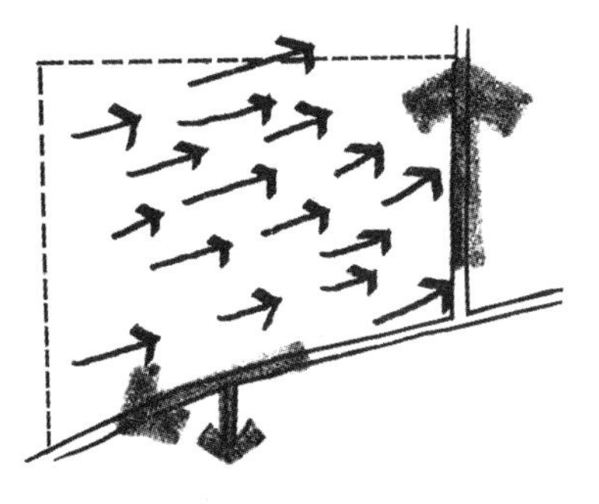

图3.1-10　排水系统分析

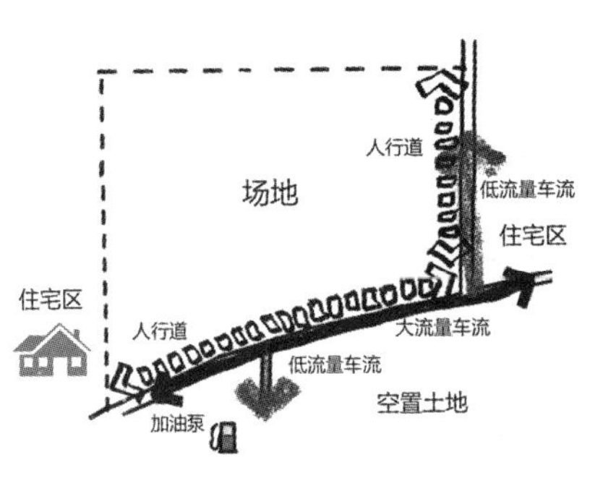

图3.1-11　车辆和行人分析

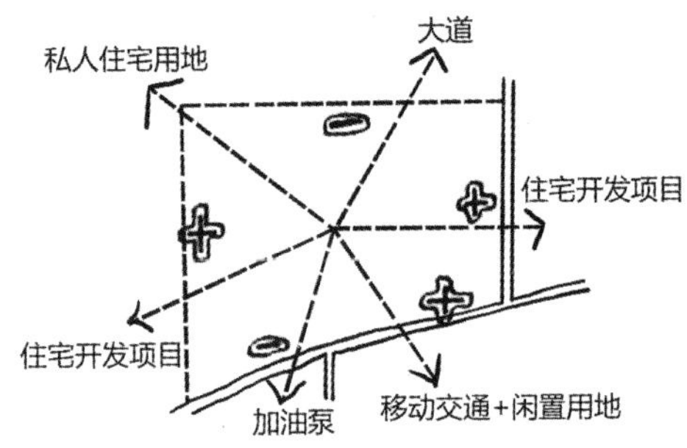

图3.1-12　视线分析

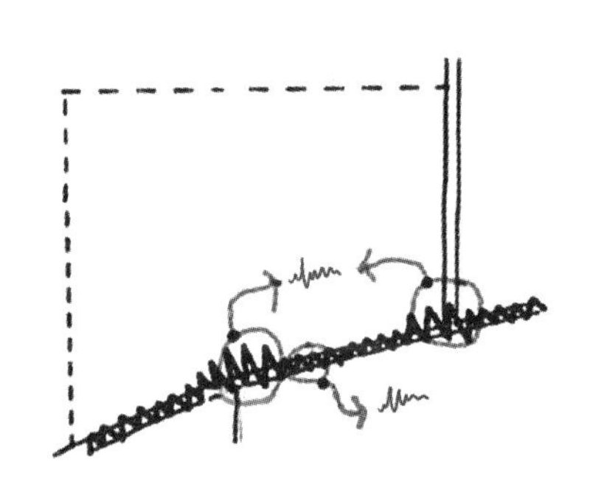

图3.1-13　噪声分析

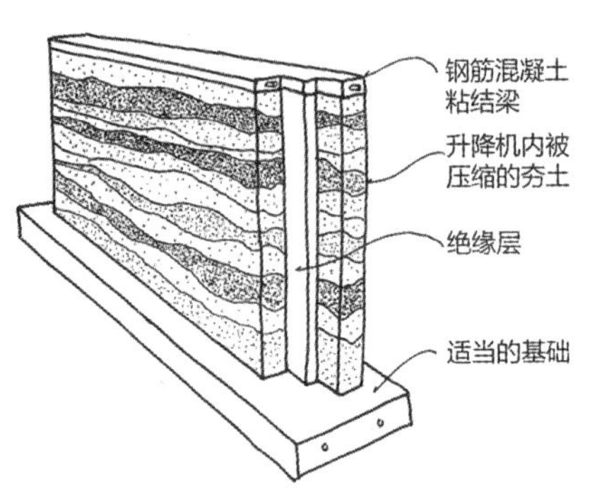

图3.1-14　利用夯土改善场地高温气候

图3.1-15　融于自然的建筑

除了直接从相关规划、管理部门获得资料外，设计师还可以通过现场实地探勘获取此类资料，包括：场地情况与收集图纸的异同信息、场地周边环境情况、土地所有权、土地使用性质、所处方位、最高眺望点、场地内构筑物风格类型、植被现状、土壤状况、排水现状、交通现状、地下水、电力、电信通信状况、噪声情况等资料。

Sasaki参与设计的芝加哥滨步道（Chicago Riverwalk，芝加哥，2015）就是考虑了场地与河道的关系做出的设计（图3.1-16）。场地中的河道是芝加哥河的一条支流，它原本是一条蜿蜒的沼泽溪流，但后来成为支持城市工业转型的工程渠道。设计者正是考虑了场地特殊的环境条件进而设计了丰富多样的公共活动空间。具体来说，正是因为临近河道的区位条件，设计者考虑了使用者在餐厅里或户外座椅上的观景视线，如何能让使用者更好

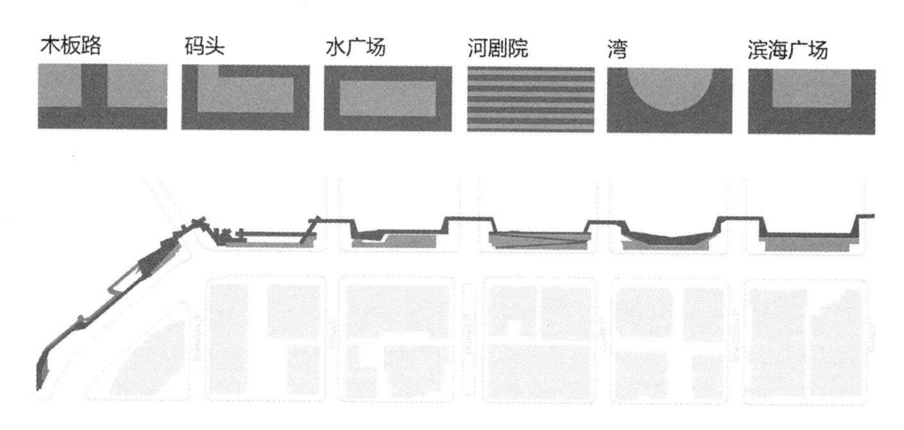

图3.1-16　滨水空间功能分析

的欣赏水景（图3.1-17）；考虑了如何利用水景使儿童和家庭更偏爱在这里戏水和度过周末；还考虑了如何利用水上项目吸引游人和市民参与其中，如设置皮划艇租赁、水上出租车、观光船和垂钓项目等（图3.1-18）。此外，针对场地扩建宽度的限制，以及河流每年将近七英尺的洪水垂直高度变化等情况，设计者需要考虑如何将挑战化为机遇。不论是充分利用场地优势资源，还是柳暗花明地处理场地劣势因素，对这些场地问题的解答顺理成章地推动了设计向下一阶段发展。

除了信息数据的收集外，处理和表达这些信息的过程对设计者而言有很高的实用价值。清晰的分析表达有助于设计者了解场地，也有助于提高信息传递效率和推进设计。例如，通过网络设计者能够较为容易的获取到精确的气候统计数据，并添加风或太阳等气候变化的动态图表，从而丰富分析图的表达形式。另一方面软件模拟分析场地的光照条件，有利于设计者更全面、准确的提取和把控场地的地域性特征（图3.1-19 ~ 图3.1-21）。

设计师还可以通过抽象的设计草图将Where场地特征表示出来，进而能够从中找到应解决的问题和解决方法。草图应着重标出场地的大体特征，构建起对场地重要信息的视觉记忆，进而借助分析图进一步牵引出场地的信息，如隐蔽的缓冲地带、最佳建造位置、景观视线等。

3. Who（服务对象）

设计从本质上说是一种服务行业，其服务对象既包括项目业主方、投资方、管理方

图3.1-17　游客的观景视线分析

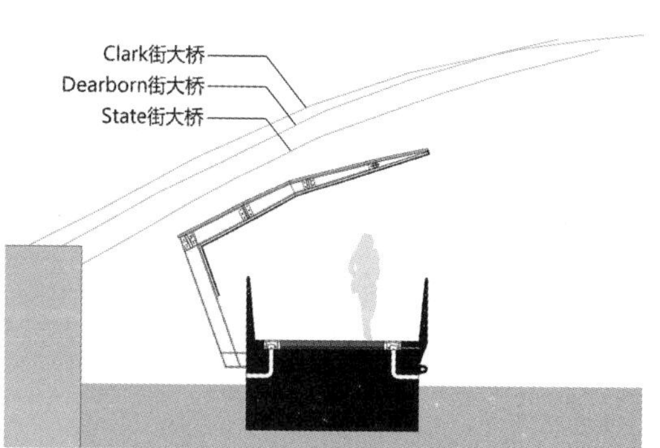

图3.1-18　水上项目空间分析

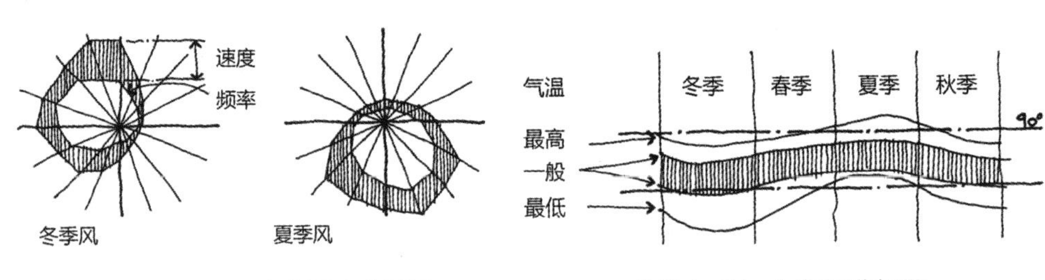

图3.1-19　季风方向强度分析图

图3.1-20　年气温分析图

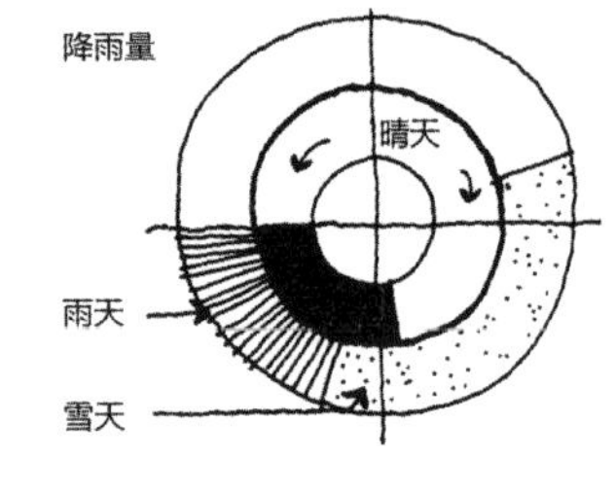

图3.1-21　日照和降雨量分析图

等，也包括设计结果的直接使用者。这两类服务对象的意愿和满意度都是设计成败的决定性因素，因而分析使用对象是制定有效策略最直截了当的途径。

（1）首先，设计者需要明确关于服务对象的相关问题，即为谁设计场所？服务对象的意向是如何？服务对象期待的解决方法有什么倾向？明确主要问题后，设计者可以通过观察、调研和共情等手段了解使用对象的习惯、经历、意愿和需求，并对调研结果进行总结和分析，提取有效的设计信息。具体的数据类别包括使用对象的年龄、性别、行为、时间占用、职业、收入、教育背景等。在进行归纳和分析后，设计者就能够提出更具体的问题。例如，不同年龄段的人群行为方式和特点有哪些不同？不同年龄段的人群的心理特点有何区别？不同年龄段的人群对空间与色彩的认知有何差异？至此问题已较为具体，进而使设计者能够对症下药、有的放矢。

在分析使用对象数据信息的表达方式上，较为基础的形式为柱状图、饼状图、折线图等（图3.1-22～图3.1-24），分别用以表达数量关系、比例关系、变化趋势等信息，清晰且一目了然。不仅有助于设计师快速抓住核心问题，也是设计团队之间以及项目相关人员之间沟通的有效手段。

在此基础上也可以运用一些综合性图表进行表达，这些分析图表需要借助数据可视化方法呈现（参见本书第2章相关内容）。

（2）使用对象的文化、习俗和生活习惯等与环境空间的设计紧密相连，因此设计者需要了解使用对象所处文化的内涵、地方习俗的仪式或流程、生活习惯的特点等，结合项

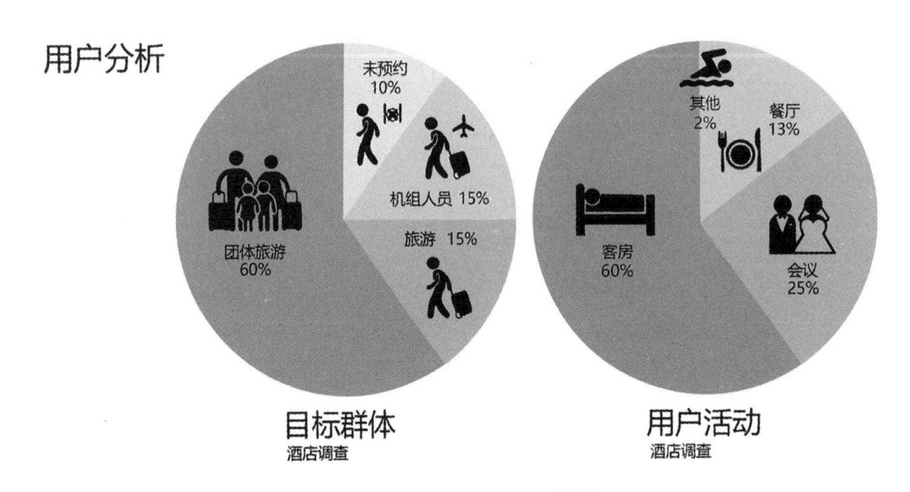

图3.1-22　饼状图

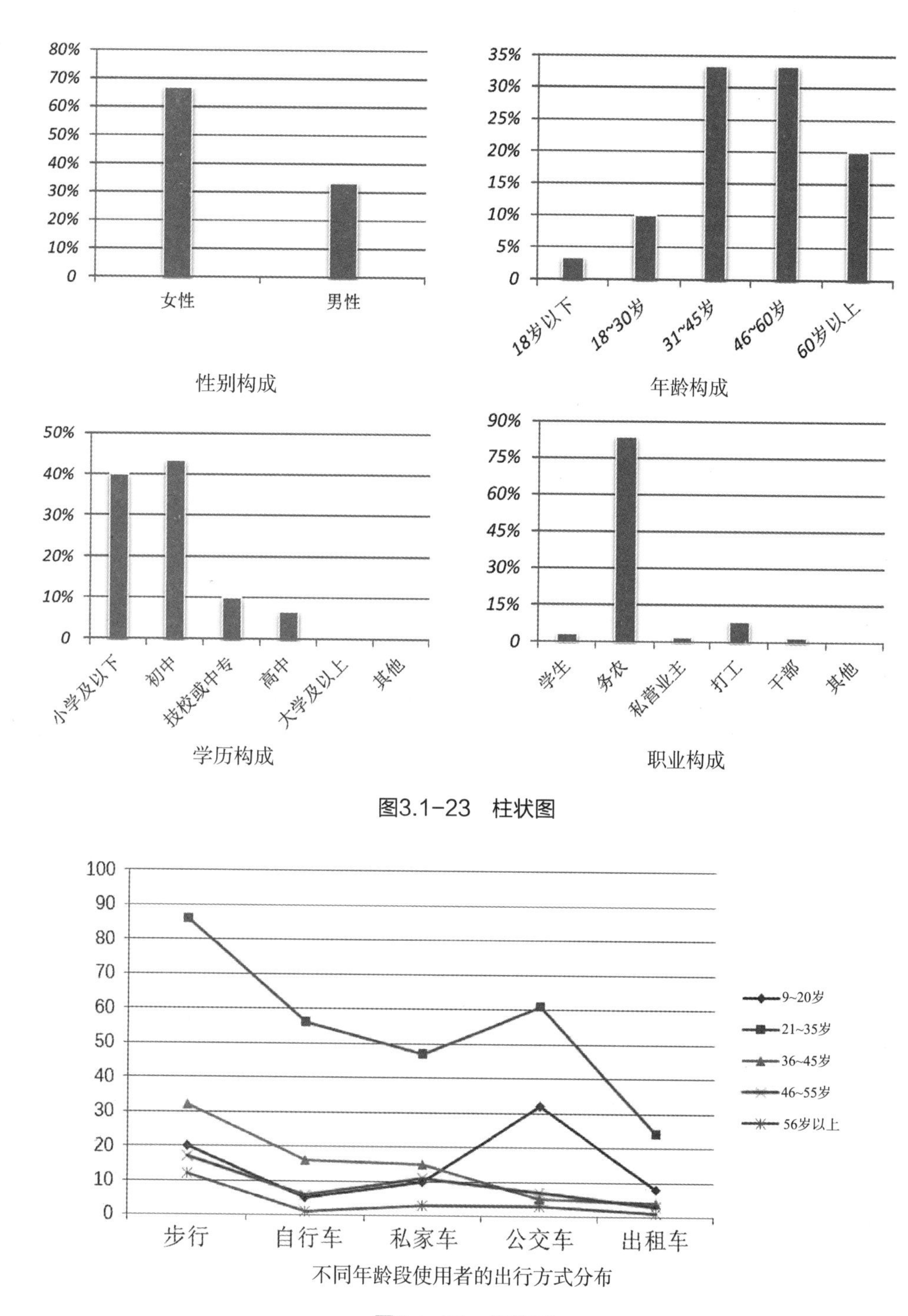

图3.1-23　柱状图

图3.1-24　折线图

目本身的特质寻找启发和设计切入点。例如让·努维尔（Jean Nouvel）领衔设计的“The Roof”（中国上海，2021）景观和生态设计项目，研究了里弄中居民的生活习惯和状态，挖掘其与上海高度现代化的建筑、街道不同之处（图3.1-25）。里弄中近人的尺度促进了人与人之间亲密、真诚和融洽的邻里关系（图3.1-26）；居民们与繁茂的肆意蔓延的绿植、盆栽相伴，悠闲缓适的生活在巷道中，共同孕育了人与人、人与自然和谐共生的城市文化基因。因此，里弄中居民的生活习惯和状态成为设计切入点以及设计师的灵感启发，被应用在空间设计的多个表达层次中（图3.1-27）。

图3.1-25
里弄居民的生活习惯和状态分析

图3.1-26
里弄到城市街道的尺度分析

图3.1-27
里弄文化特点的应用

4. What（需求）

需求非常复杂和多样，设计者不仅要看直接的、表面上的需求，还要看潜在的、未来的、可能发生的需求（图3.1-28）。首先，设计师需要了解业主对项目建成后的期待、需要达什么目标、可能面临什么困难等问题。可以从如下三方面进行分析：一是业主的经济能力、投资概算；二是业主的文化品位、项目建设的目标（图3.1-29）；三是业主特殊要求。在此基础之上，设计师思考解决问题的策略，并要对发散性思维思考出的结果进行结构化的梳理。

设计师通常可以通过任务书或简要说明来掌握业主的需求信息，同时也可以通过调研梳理出使用者的需求结果，从而明确设计的主次关系、优化空间朝向和选择能源手段等。例如在布鲁克林大桥公园设计中，景观建筑师与当地居民和社区团体进行了大约300次会议，旨在使目标群体的需求问题得到有效的解答。

此外，设计者需要帮助业主梳理和选择优先需求。因为一般业主对需求的轻重缓急没有准确的断定，而业主面面俱到的需求往往会造成经济负荷，甚至可能会忽略某些潜在需求。因此设计者需要辅助业主明确需求，并择优而取，避免出现后期因造价过高而产生消减、东拆西改的现象。设计者可以通过矩阵图进行需求的梳理与表达，先从设计要素和空间功能入手，利用纵横交叉的对应关系分析交叉点上设计要素和空间功能的重要程度，进而勾画出交点的大小关系。在图表中，交点的大小对应着设计要素的主次关系（图3.1-30），当每一问题都用此法表示后，能非常直观地看到它们之间的等级关系。此时设计者将图标按空间重要程度重新排列的话，就能够观察到图标所显示的设计问题的关键所在（图3.1-31）。

5. Why（问题）

设计者首先要站在业主的角度提出问题，其次要站在专业的角度提出问题。设计师站在业主的角度提问就是要了解业主为什么要做这个项目，例如是为了促进生态建设、实现市民愿景、解决环境污染、缓解灾害问题、改善环境、创建城市形象，还是为了获得经济效益？而站在专业的角度，设计师可以根据过往的经验结合场地情况提出问题，并进而为设计指明方向，避免产生不痛不痒的设计策略。

设计项目的业主一般分为政府公共类和私人类，它们的动力不同，需求也是不同的。

图3.1-28　潜在需求分析

图3.1-29　项目建设目标

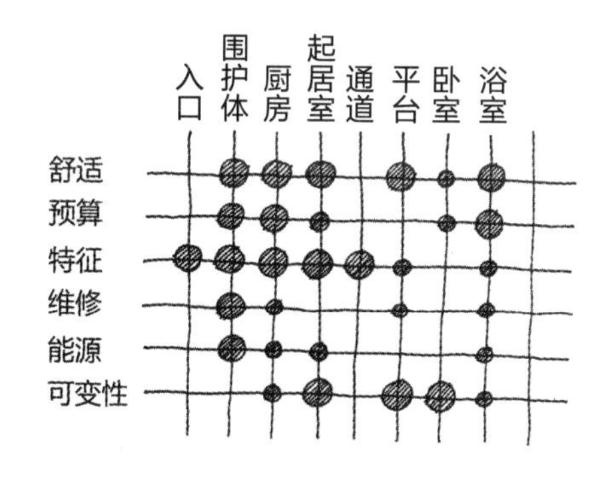

图3.1-30　标示设计要素的主次关系

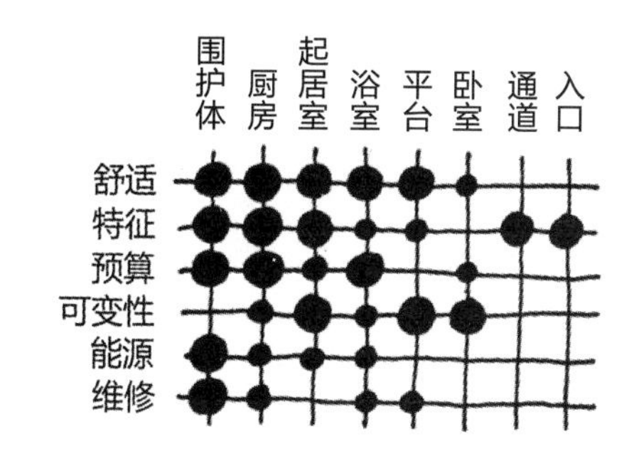

图3.1-31　对设计要素的主次关系进行排列

（1）政府公共类

政府公共类设计项目的业主一般需求为空间提高安全性、减少犯罪、促进生态品质、改善公共设施、拉动地方经济增长、建立地方文化形象等。例如扎赖斯克历史中心改造（Zaraysk Renovation of Historical Center，俄罗斯，2019）设计中，设计者明晰了当地政府希望通过此项目的建设不仅鼓励更多的企业参与进来带动该区域的经济发展，而且达到城市环境更新的目的。因此在设计方案中首要修复了具有百年历史的水塔，使其成为主要的文化标志和旅游景点，同时对改造区域的交通进行重新规划，为游客通行提供了良好的交通条件，而且设置了多样的经营、消费形式。不仅使游客获得更丰富而独特的空间体验与观赏视线，而且激活了当地经济。图3.1-32 ~ 图3.1-34是项目改造的图纸。

（2）私人类

私人类设计项目的一般需求除了能获得经济回报外，还包括打造品牌形象、提升工作和生产效率等。因此设计师不仅需要了解业主的目的，同时也要以自己的经验和见识帮助业主提出更优的目标。所以设计既是一种创意、想法，也是交流和沟通，更是一种经济、经营策略。例如奥本海姆建筑事务所设计的艾拉高尔夫俱乐部（Ayla Golfclub，约旦，2018）项目，就是通过独特的有机形态打造亚喀巴市艾拉绿洲综合度假村的标志，吸引游客促进旅游产业的发展。设计的灵感来自约旦沙漠的自然沙丘和壮丽的山脉以及古代贝都因人的建筑。通过捕捉连绵起伏的沙漠形态，使建筑与自然建立了联系；通过弯曲的外壳与远处的亚喀巴山脉呼应，进而构成了具有地域性特征的独特的建筑形态。最终使艾

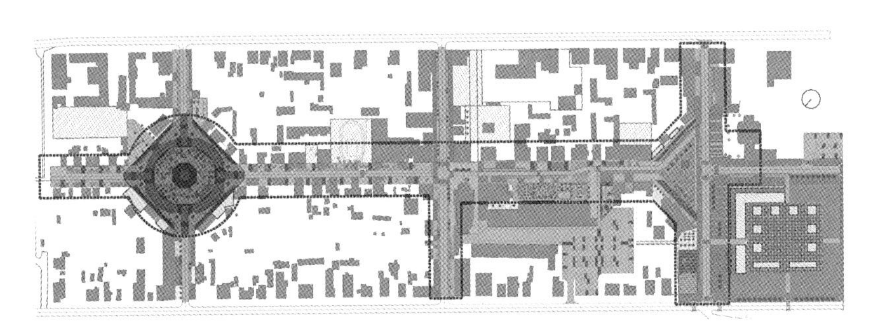

图3.1-32 扎赖斯克历史中心改造平面图

图3.1-33 轴测图

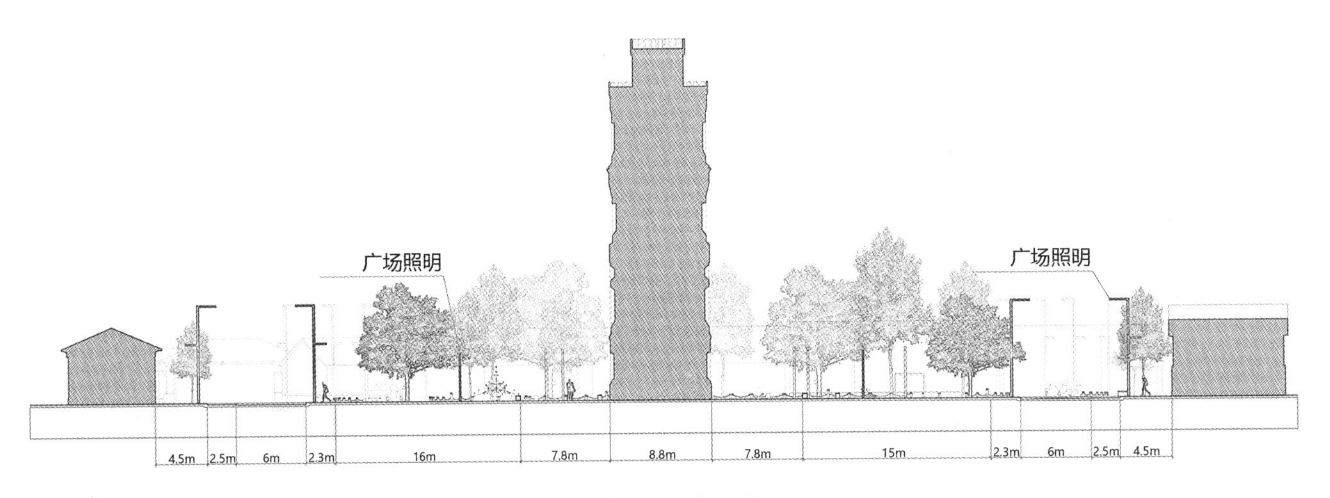

图3.1-34 立面图

图3.1-35 艾拉高尔夫俱乐部平面图

拉高尔夫俱乐部成为该休闲开发项目的中心，带动了相关会所、公寓、酒店和商业空间的发展（图3.1-35是俱乐部的平面图，图3.1-36）。

设计师站在自身职业角度提问就是要了解项目中包含哪些基本的和潜在的问题，例如环境卫生差、使用体验枯燥、利用率低、犯罪多、阻碍交通、气候条件差等，从而有利于设计师对症下药。例如贝尔加斯广场改造（Remodeling of the Plaza de los Belgas，西班牙，2020）设计中，设计者对场地中交通流线、停车区、绿地、休息区和场地功能等方面进行了质疑，指明这些因素最终导致了广场与周边环境的分离，并进而提出了本项目的目标及有效的设计策略（图3.1-37）。

3.1.2 设计目标

设计目标是提出项目的总体方向，即基于调查的基础上，提出总体的建设方向以及解决问题的切入点和思路。设计者首先要梳理任务书，明晰项目的面积、范围、程度、时间和造价等基本信息，并明确其主要给定的任务目标，例如重点要求、功能需要等。其次，设计者要结合前期调研中提出的问题细化目标，提出具有针对性的任务目标，此时设计目标不再是空中楼阁，具体的解决方法也变得有的放矢，它将在设计工作中起主导作用，指引设计工作的进行。例如Heatherwick Studio设计的小岛公园（Little Island Park，纽约，2021）项目，设计师最初被给定的任务是为曼哈顿西南部的一个新码头建造一个用于户外活动的大型建筑物。设计师对场地进行了调研，并提出了如何激发码头的活力？如何增强游客体验？如何使游客忘记城市中心的拥挤的感受？码头场地必须是平坦的吗？等问题进而明确了具体的设计目标，即“码头再生”“使游客感受到水上的兴奋”“沉浸于自然”（图3.1-38）“创造新的码头地形”等（图3.1-39），从而指明了设计接下来的方向和策略（图3.1-40、图3.1-41）。

图3.1-36 艾拉高尔夫俱乐部效果图

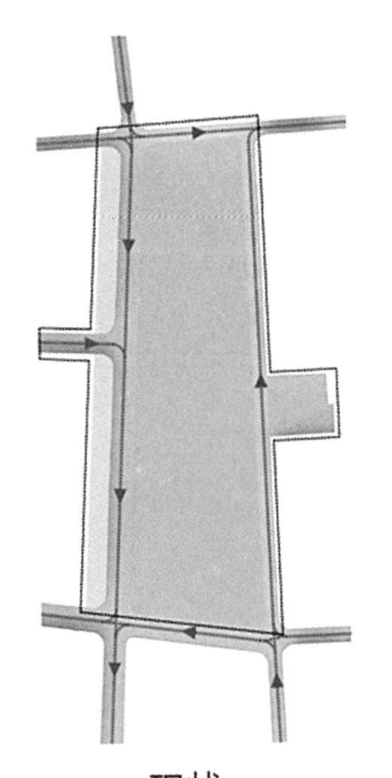

现状

广场与周围环境隔绝，几乎不透水，在功能上也是孤立的。

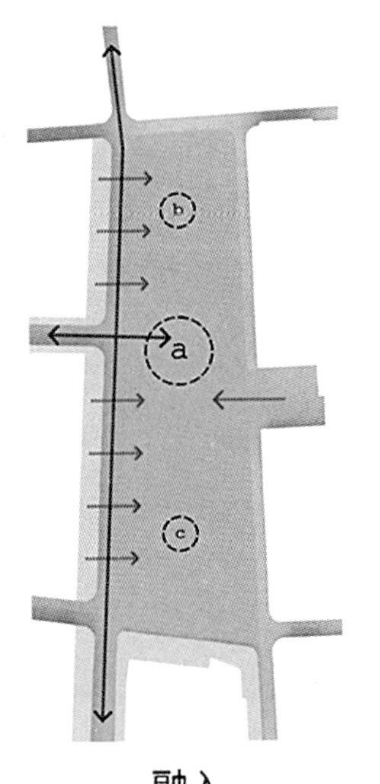

融入

目标是将广场融入城市肌理,并将功能集中起来。

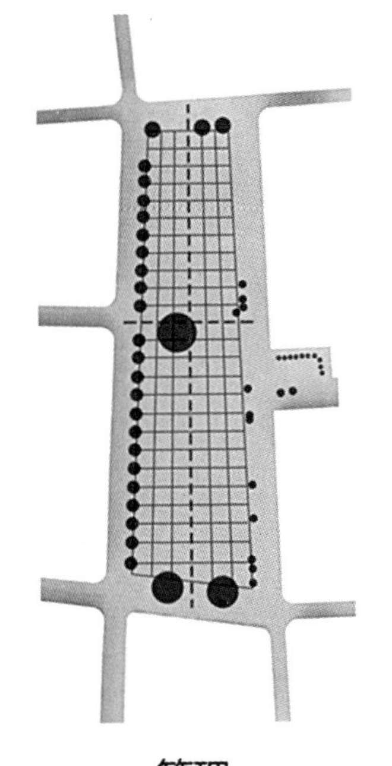

管理

建立一个网格，将绿地、家具等新元素联系起来。

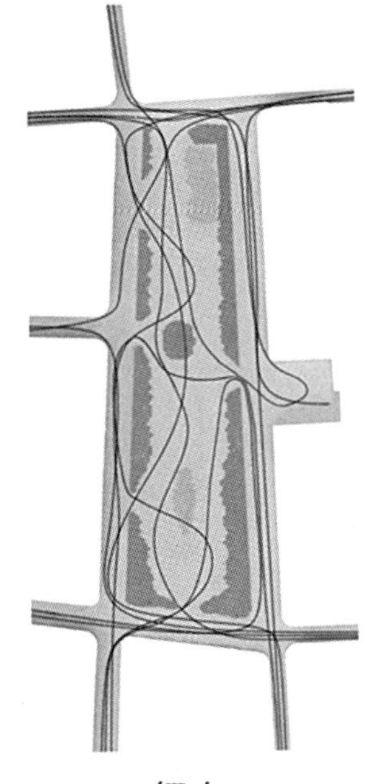

行人

创造高质量环境，促进行人使用场地。

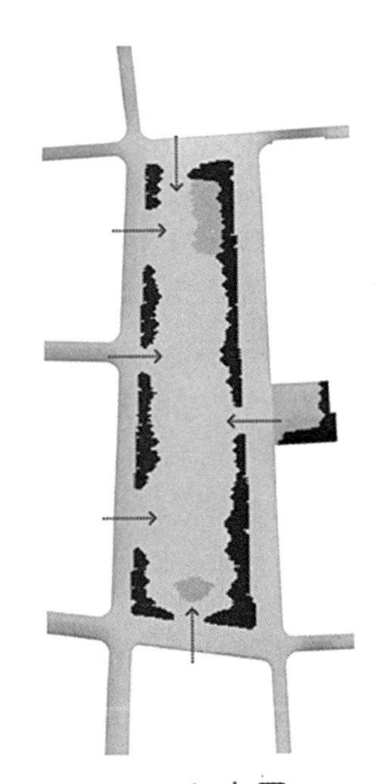

绿地和水景

减少铺装面积，增加绿地面积，还引入了水景。

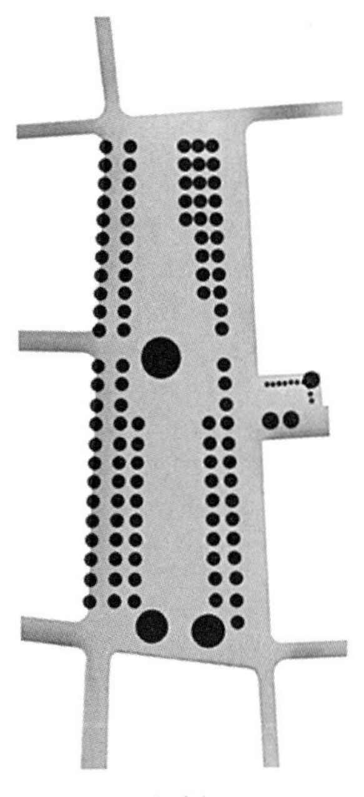

森林

种植约80棵新树，提供更好的热声学条件。

多样化

创造一个多功能的空间，以适应各种活动。

图3.1–37　贝尔加斯广场改造策略

有时一个项目的名称就展现了设计师提出的目标，其中可能隐含或明示了设计项目的功能形态、形象、策略、思路、切入点、创新点等信息。“无尽之屋”（Endless House，1950）提出的设计目标是用建筑内光线的相遇，象征生命是循环的、无尽的（图3.1–42）；“蒙特利尔生物圈”（Montreal Biosphere，1967，加拿大）提出的设计目标是促进建筑与

图3.1-38 营造使人沉浸于自然的氛围

图3.1-39 独特的混凝土立柱和“花盆”结构形态

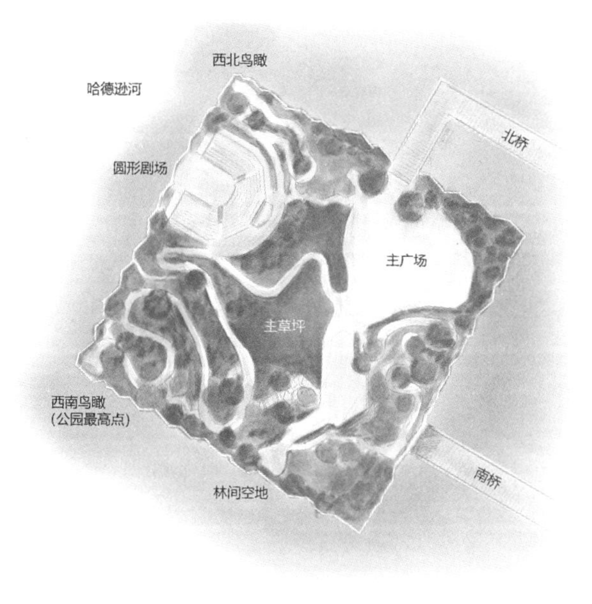

图3.1-40 平面图

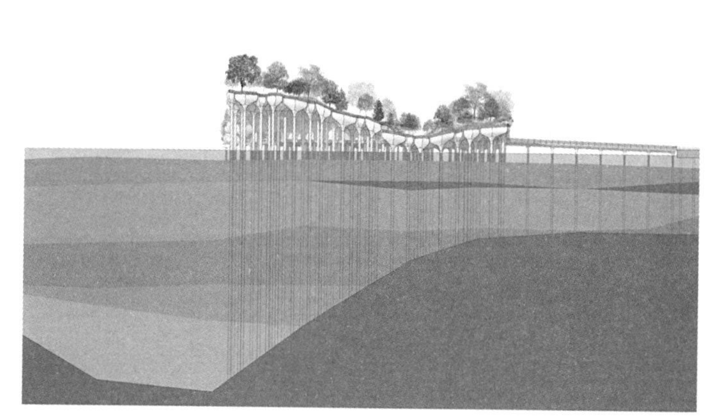

图3.1-41 剖面图

图3.1-42 无尽之屋

人、自然的密切接触（图3.1–43）；“中银胶囊塔”（Nakagin Capsule Tower，1972，日本）提出的设计目标是设计一个胶囊建筑，为在东京工作、旅行的人提供住宿（图3.1–44）；“水晶大教堂”（The Crystal Cathedral，1980，美国）提出的设计目标是设计对“天空和周围的世界”开放的教堂（图3.1–45）。

3.1.3 有利和不利条件

在对场地进行调研的基础上，设计师需要梳理场地现状的有利条件和不利条件，即基于达到目的有哪些有利因素和不利因素，有哪些障碍和难点需要克服。梳理场地现状条件是设计的客观依据，有利于设计者对场地有利条件和不利条件的区分，进而思考哪些因素是应该充分发挥其优势的，哪些因素是可以通过调整改良而得以利用起来的，哪些因素是目前必须回避的。

设计中的不利条件包括面积太大或太小、资金限制、气候不佳、场地被切断、噪声、大风、自然灾害频发、日照不足或太强等，设计师需要通过设计改善、消解或者转变场地中的不利条件。例如对于形状不佳的场地（图3.1–46），设计者可以利用树木遮挡住不规则的场地轮廓形成半规则式或自然式庭院，同时营造出富有韵律和变化的空间形式（图3.1–47、图3.1–48）；对于尺度过小的场地，设计者可以通过植物或墙体、障碍物对场地进行遮掩，塑造更为多样的空间序列、层次和感受、创作多个视觉焦点等，避免场地一览无余的呈现在观者眼前，从而营造出空间的变化，丰富了观感，增大了空间感（图3.1–49、图3.1–50）。

图3.1–43 蒙特利尔生物圈

图3.1–45 水晶大教堂

图3.1–44 中银胶囊塔

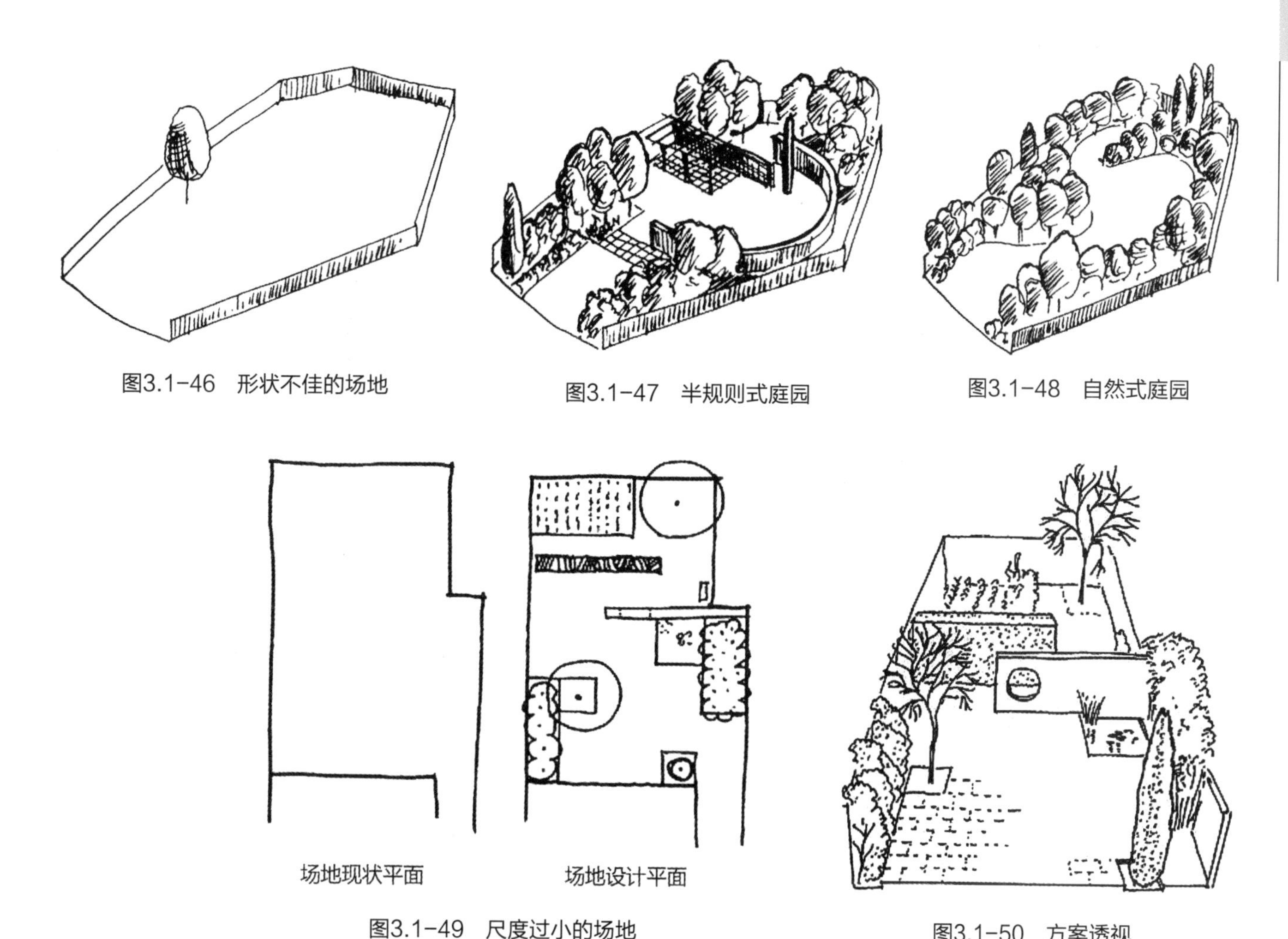

图3.1-46 形状不佳的场地

图3.1-47 半规则式庭园

图3.1-48 自然式庭园

图3.1-49 尺度过小的场地

图3.1-50 方案透视

每个项目场地都会面临各种不同的困难和问题，这就需要设计师用一双敏锐而专业的眼睛去发掘场地最独特的困难。例如纽约布鲁克林大桥公园因地势低洼每日面临潮汐压力，同时存在风暴潮、雨后洪水的威胁。设计师引入了一种全新的边缘类型，其兼具功能性与恢复能力，能够在提高环境能效的同时优化河岸的使用体验，其中以乱石砌筑的河堤在抵御潮汐和风暴潮时的表现比防渗墙更胜一筹（图3.1-51）。同时，设计者将垂直驳岸改成了抛石驳岸（图3.1-52），抛石驳岸碎石间的缝隙能够允许海水通过，从而受到的直接冲击力小。多层的碎石以几何级数的增长方式很好地吸收冲击力，因此抛石驳岸也不易毁坏，更加稳固，在桑迪飓风中布鲁克林大桥公园的水岸线也基本没有遭到破坏。并且盐沼湿地也能够吸纳与储存大规模的降水，对快速排除洪水起到了很大的作用。

但是不利条件和困难也常常是一个项目最独特的条件，设计师通过设计可以将不利条件巧妙地转化有利条件，使之成为项目设计的切入点或创新点和独特之处，成为激发设计灵感的来源。以贝聿铭的法国卢浮宫改造设计为例，其不利因素是：原本建筑的入口狭小，以至于无法满足大量游客的出入，但由于历史文化保护的要求，不能破坏原有建筑和整体建筑的美感，这就限制了设计师对其入口改造的幅度。而贝聿铭则利用金字塔的形态不仅实现了扩建建筑体积上的最小干预（图3.1-53），还满足了功能置入的需求。由于不能破坏原有建筑的限制，贝聿铭将宽阔的中庭、学术交流和购物场所等扩展空间放入广场

图3.1-51　大块花岗石交错堆叠的挡墙

图3.1-52　抛石驳岸

图3.1-53　金字塔形态

图3.1-54　地下中庭

地下（图3.1-54），进而沟通了其与宫殿和城市的交通。又因改造空间置入在地下，贝聿铭又顺势充分发挥了光影在空间中的作用，此外，玻璃材质与古老的建筑形成巧妙的对比，平衡了历史和现代在空间中的表达关系，又没有破坏建筑的整体美感。

总之，设计者需要挖掘有利和不利条件双方的潜力，把握好两者之间的关系及其与场地的关系以找到设计的突破点。

3.1.4　制约性因素

在设计中不可避免地会有诸多限制性因素，如规划、政策、基地、气候、经济、时间、材料和不断变化发展的施工技术等。但正是因为这些限制性因素的存在，设计才具有解决问题的意义。与此同时，制约性因素有助于设计者在无限可能中确定问题的界限，有助于设计者做出确实可行的选择。此外，它还能够给予我们思路上的启发，利用设计解决限制性因素的过程就是产生创意的最佳途径，甚至可以成为设计方案中最打动人的亮点。

1. 城市规划和政策法规

最大的、宏观的制约性因素就是城市规划及政府政策法规。这就要求设计方案首先需要符合规范，设计师在设计过程中必须严格遵守具有法律意义的强制性条文。例如需要将日照、消防和交通规范、后退红线的限定；建筑高度的限定、容积率限定、绿化率的要求、周边建筑、土地可用性等制约性因素纳入考虑的范围。

除了各省、市、区政府规划文件外，不同国家和地区都有自己的相关政策法规，设计师需要将相关的规划和政策法规作为项目设计的基本依据。

我国的相关法律法规包括《中华人民共和国自然保护区条例》《中华人民共和国环境影响评价法》《国家湿地公园管理办法》《城市绿化条例》《建设项目环境保护管理条例》《城市规划暂行定额指标》《中华人民共和国森林法》《中华人民共和国环境保护法》《中华人民共和国建筑法》等。美国的相关法律法规有《古迹遗址保护法案》《历史纪念地保护法案》《户外娱乐法案》《野生动物保护法案》《土地和水资源保护法案》《国家历史保护法案》《国家小径系统法案》《自然风景河流法案》《国家环境政策法案》《濒危物种法案》《历史恢复信用法案》《国家公园及娱乐法案》《国家公园系列管理法案》等。

在Zaha Hadid事务所设计的尼德哈芬河滨步道（Niederhafen River Promenade，德国汉堡，2019）项目中，步道设计的目的之一是为了加固汉堡易北河的防洪屏障，在此之前，它能保护城市免受高达7.20m的洪水侵袭。但随着技术的发展和环境的变迁，现代水文学和计算机模拟技术更准确地计算出屏障高度需要增加0.80m，才能保证汉堡能够避免冬季风暴潮和极端天气的影响。因此，设计师必须在明确的防洪屏障高度的规范下进行公共空间的设计。也就意味着不论步道的形态如何变化，功能区如何分配防洪屏障的高度都不能低于8.00m。最终步道的东段海拔为8.60m，西段海拔为8.90m，达到了防洪要求。图3.1-55、图3.1-56是尼德哈芬河滨步道改造后的状态。

图3.1-55　鸟瞰图

图3.1-56　公共空间效果图

2. 资金

资金是设计师必须要考虑的一项非常重要的制约性因素。通常设计师需要在提交方案时提供相应的造价报表，例如每平方米的造价、资金的投入分配和设计有关的资金会花费在哪些方面、前期拆迁费用、设计费等。从场地建设方面来说，材料的级别、施工工艺的复杂程度、人工的时长等都与资金花费有直接关联，而且不同的形态也会造成造价不同。一般来说设计师都需要在有限的资金下做出理想的效果，或需要对理想效果进行取舍和平衡，做方案的时候就应该考虑哪些资金是必须花费的，以及资金的分配。例如在高级的场所中可以选择成年的树木，而在普通的空间中可以选择种植树苗，而两者的价格和营造出的空间效果是不同的，设计者需要做出取舍。

资金不仅意味着一次性的投入，还应该考虑长久的、建成之后的运营维护的资金投入。著名的密歇根大道街景设计是芝加哥最早的公私合作项目之一，充分体现了资金对设计的约束性。项目的目的是使密歇根大道变得更加美丽以吸引更多游客和投资者，进而产生更多的财政和社会效益。设计者将其设计为一条景观带，横跨33个街区并有多种多样的季节性植物，每年都会以不同的形态出现在街道中并呼应季节的变化。从建造花坛到购置原料和施工，再到每一季植物的种植和项目维护都会需要大量的资金投入，资金的短缺限制了设计想法的实施。设计师采用了可以自然生长的植物以降低维护费用（图3.1-57、图3.1-58），同时政府从城市基金中拨出了一笔赞助资金，并要求北密歇根大道上的零售商们在未来的20年间每年出资20万美元资助运营；而南端则有私人投资者承担维护费用，缓解了资金短缺的问题。

3. 气候、地质、地貌

气候和地理条件也对设计方案具有限制性。设计师不仅需要考虑场地的环境气候条件，例如四季冷热、干湿、雨晴和风雪等情况，还需要考虑地质构造是否适合工程建设，有无抗震要求，是平地、丘陵、山林还是水畔，有无树木、山川湖泊等地貌特征。在芬兰的一个滑雪度假村项目中，BIG事务所将当地气候方面的限制性条件纳入到考虑范畴，进而充分利用了寒地的气候条件，利用雪景使建筑成为自然的一部分，从天而降的雪花能够直接被利用，自然地使屋顶成为滑雪坡道（图3.1-59、图3.1-60），同时设计控制

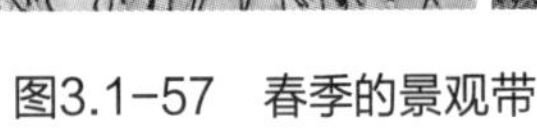

图3.1-57 春季的景观带

图3.1-58 秋季的景观带

夏天
在夏季，屋顶景观是周围自然景观的绿色连续。

冬天
在冬季，屋顶成为滑雪坡道，建筑与雪景融合在一起。

图3.1-59 不同气候下建筑与环境的关系

图3.1-60 利用屋顶成为滑雪坡道

屋顶的坡度使其符合滑雪项目的场地需求，连绵起伏的弧线延续了自然景观，同时构成了滑雪者参与的独特的天际线。

再如南昌红土公园（Nanchang Red Earth Park，中国，2018）就是考虑了场地的地质地貌特征，配合生态战略，对遗址进行修复（图3.1–61）。场地中有广阔的红壤丘陵和大片马尾松林，但面临着水土流失、动植物多样性失衡等问题。设计师在分析现有植被、地形地貌、水文径流的基础上，在红壤低洼沟中种植喜湿的旱生植物，如芦苇、蒲苇等，起到降低土壤黏度、增加地表径流的下渗、缓冲径流对红土地表的冲刷、保持水土的作用。并对植被未来的生长情况进行干预，引入先锋物种刺槐、壳斗科等本土植物，用斑块化混合模式种植。不同品种的植物在相互竞争中成长，逐步地改良红土酸碱度，建立起多样化、平衡的植物群落并有利于本土动物栖息繁殖（图3.1–62）。通过筛土，加石灰水搅拌、加混凝土纤维增强、运输、气动锤粗夯、人工细夯、夹板固结保护等手段制作夯土墙，使人造景观融于自然的同时达到低影响、低维护、低成本的目的（图3.1–63）。

4. 其他限制性因素

其他限制性因素包括自然景观资源及地段日照朝向条件、场地的各类污染情况和不

图3.1-61　南昌红土公园

林相修复策略

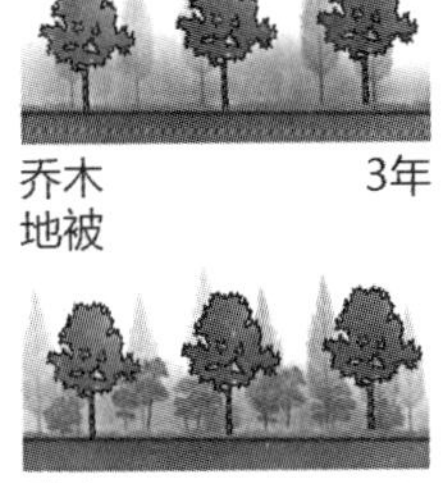

图3.1-62　利用植物改善红土性质

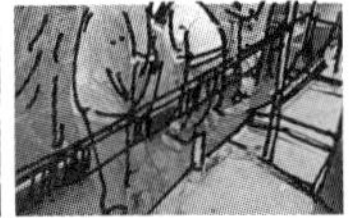

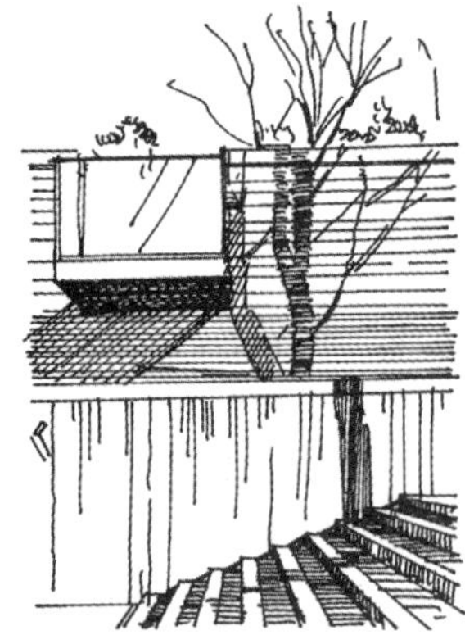
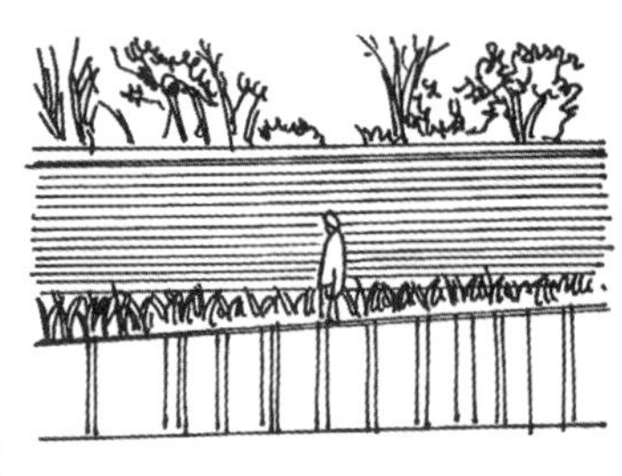

图3.1-63　夯土墙的制作过程

良景观的方位及状况、市政设施的布局及供应情况、微气候条件、场地种植条件、水体条件、承重的要求、视觉条件等。都需要对场地进行仔细勘察、研究之后才能发掘出各种潜在的问题。

在明确限制性要素后，设计者才能提出相应的解决措施。例如当场地某块区域风速较大时，可以利用植物或构筑物调节场地微气候条件，具体来说可以利用高大的乔木和低矮的灌木组合来减小风速。利用墙体和植物组合可以达到阻挡部分气流的目的。具有空隙的墙和树冠茂密的乔木也能够减小部分风速（图3.1-64）。

若场地现有的高楼之间相隔较近，容易产生峡管效应。当气流由开阔地带流入突然变狭长的空间时，由于空气质量不能大量堆积，于是加速流过，而流出后，速度又变得正常，造成局部风速增大。设计者可以通过在入口处布置高大的乔木，在狭窄空间内布置低矮的灌木以减小风速（图3.1-65）。

此外，若场地中有排水问题，设计者可以通过对地形的设计使水自然地排出例如将院子内部的地势提高，两侧靠近下水道的地势减低，水受重力的作用可自然的流入下水区域。这种借助自然力量的

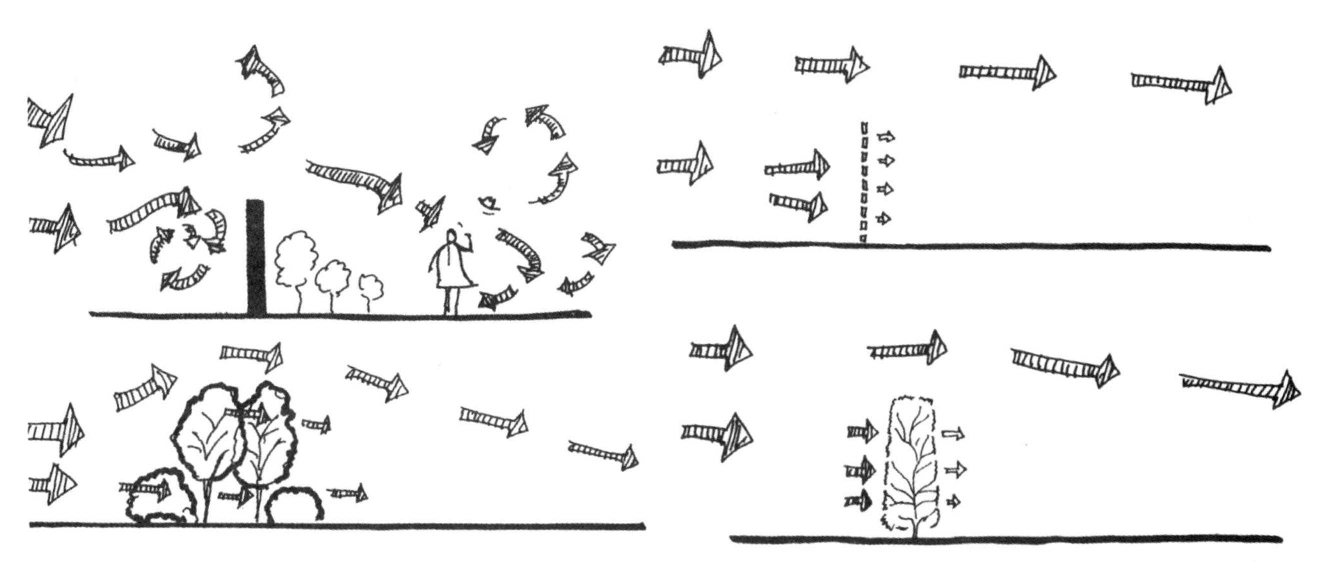

图3.1-64　微气候的调整

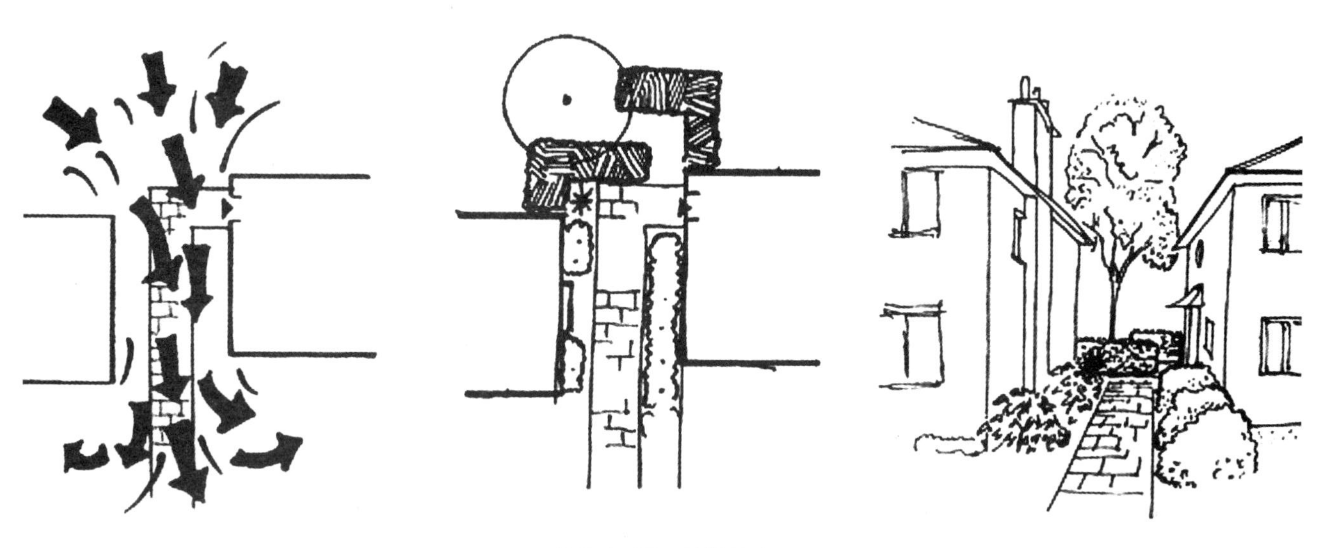

图3.1-65　峡管效应

图3.1-66　利用地势自然排水

手法有利于场地的可持续性发展（图3.1-65）。

Pierhouse & 1酒店（Pierhouse & 1 Hotel Brooklyn Bridge，美国，2017）就是利用了地势自然排水和峡管效应调节场地的微气候，利用屋顶花园收集雨水，同时倾斜的坡面使水自然向下流动，最终汇集于建筑附近的绿地中（图3.1-67）。设计师还在建筑中设计了东西向的街道，窗户也是多为东西向，使建筑形成了多个孔隙，将越过布鲁克林大桥公园的海风引入了建筑，促进了建筑内和周边气流的流动，改善了建筑的通风情况，降低了室内温度（图3.1-68）。

荷兰MVRDV设计的WoZoCo（荷兰，1997）就是解决了采光不足的限制性因素。WoZoCo的老年人公寓

创建涡流

创建空隙

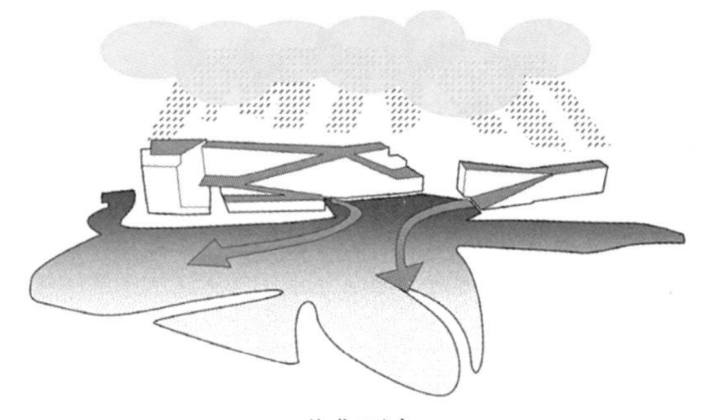

收集雨水

图3.1-67　利用屋顶自然排水

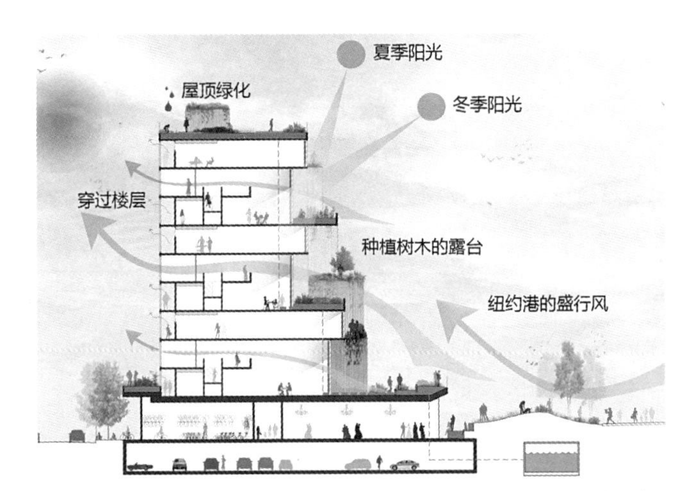

在布鲁克林大桥公园中保留雨水

图3.1-69　WoZoCo老年公寓中的悬挑设计

图3.1-68　利用峡管效应通风，调节场地局部气温

需要提供100个居住单元，但根据荷兰的法律，老年住宅的层高有严格限制，并且每套公寓至少需要有一间房朝南，以保证有充足的阳光。但是经过计算，在满足所有政策的要求后，社区只能容下87套公寓。设计师巧妙地提出将剩余公寓悬挑出来的创意（图3.1–69），既不违反退红线的政策规定，还满足了每套公寓的采光需求，营造了令人兴奋、眼前一亮的建筑景观。

每一个场地情况都不一样，需要设计师敏锐地发现问题，体察问题、并具有分析问题和设想的能力，挖掘潜在的、目前还不存在的问题。

3.2 设计概念的形成

在这个阶段，设计概念还是比较虚的、抽象的、模糊的想法或愿景。因此，需要将其用适当的方式进行梳理、明晰，并以文字、图形等方式记录或表达出来。

3.2.1 什么是设计概念

设计概念是指设计时设计者对其所产生的众多感性思维进行归纳与精炼后得出的思维总结。对于环境设计来说，它能够导出解决特定环境问题的方法和策略。在设计项目中，设计概念既承接了前期的调研分析，又是发展下一设计阶段的独特的视角和切入点，常常意味着是创新点以及后续的策略。因此，设计师需要对前期思维和调研信息进行整合，进而提出初步构思和梳理出设计纲要；在向方案设计发展的过程中，设计师需要不断反思设计逻辑的推导和论证过程，并进行相应的调整。

设计概念的表达方式可以是关键词、文字叙述、图形图表、分析和流程图等，应主要具备以下三种特征。首先，设计概念的表达要尽量简洁清晰。一个项目方案最好是一个概念或者关键词要少。在描述概念时应该只有一个主语，要避免并列的主语。其他关键词应该以定语或者状语的形式出现。主语常常是对象和目标，而定语常常是指向策略。其次，设计概念的陈述要突出解决方案的呈现，它解决的是项目的重点问题，并提供了设计方案的思考构架。最后，设计师需要用简洁、明晰的文字和图示表达出清晰、易懂的设计构想。也就是说设计概念的表达并非不差毫发地罗列结论，而是具有选择性的传递关键的信息，同时设计师需要警惕概念的空洞浮泛。

有时概念中的词可能是对比的逆向的词语，可使概念更具有吸引力。设计方案的题目也常常是设计概念的概括，例如MAD事务所设计的“光之隧道”（2018）位于日本的越后妻有，这里的很多年轻人搬到城市中工作或接受教育，使得该地区呈现出人口老龄化和人口减少的问题。设计师通过设计方案来丰富当地的文化、吸引游客的参观、拉动地区经济发展。隧道尽头的“光洞”隐喻以光为曾经阴暗的地区带来光明（图3.2–1），“光之隧道”

图3.2–1 “光之隧道”

这一题目正是这一概念精炼简要的表达。

而且，设计概念常常比较抽象，需要转化成具体的空间手段，它必须能有效地进行灵感来源和愿景的传达，并包括两者之间的过程，即相应的设计策略。因此设计者就要对概念进行解释，尤其是自身对其进行解释。举例来说，设计师若将跳拉丁舞的舞者类比成人和自然，那么设计师就需要通过舞者的位置关系、方向关系、力量关系、主次关系以及节奏关系推导出空间序列的关系。这需要在自身理解的基础之上对其进行一般性的理解，可以从几个方面解释概念，最终体现在空间形态和机制上。

以Studio Precht事务所在维也纳设计的疫情下的公园为例，项目背景为疫情暴发使公园出于对安全的考虑停止对外开放。因此，设计师尝试寻找新的应对方法，既能够保证居民们在公共空间的活动，又能够保证使用者之间的社交距离。于是“距离公园”（Park de la Distance、2020、奥地利维也纳）的概念应运而生，其以人类指纹为原型推演出空间的组织形式。在短语中，“距离”作为形容词；“公园”作为名词（图3.2-2～图3.2-4）。这简明扼要、生动风趣的表达出设计对象以及设计师通过设计手段保证了社交距离，它不仅

图3.2-2 “距离公园”的设计概念图

图3.2-3 平面图

图3.2-4 效果图

创造出了一种新的设计形态与机制，还在疫情背景下警示人们时刻保持社交距离。他不仅用了“距离”这一常见、简单、为人熟知的词作为概念，引起观者的兴趣，而且采用了简明、易懂的图形图示，将一般化的“距离”概念引入到空间设计策略中。

每个设计项目都需要设计概念，它不仅起到传达精神文化内涵的作用，还能够促进设计形式的革新，有利于提高设计师的创造能力。

3.2.2 概念的来源与形成

任何设计概念都是基于前期调研、以解决问题为目标的。概念的来源反映了解决问题的思路和理念，同时它又需要具备独特的创意性。那么如何巧妙地解决前期提出的问题，其依赖的是天马行空的想象力和与众不同的创造力，需要的思维方式不是规矩的、一成不变的而是别出心裁的，令人出乎意料、眼前一亮。

因而概念的来源与生成过程必须是开放的、不固定的、多元和发散的，才能使设计者的思维不受拘束，产生别具一格的创意。设计概念可以是有关于哲学理念的，或与主题、空间功能、艺术风格、人类情绪等内容有关。也就是说设计师在任何经历中都有可能得到灵感构成设计概念，而灵感就是一种突发式的创造性思维。在灵感迸发的过程中，设计师需要集中精力，保持思维的清晰、敏捷和想象力的活跃，也就是大脑在进行高速的信息输入、处理和输出的过程，进而获得“灵光一闪”的想法。灵感还出现在设计师下意识或并不真正工作的时刻，此时设计师通常仍在进行活动，但思维意识却保持在思考解题方法的状态，于是，设计师会突然兴起得到解决问题的思路或办法。这一过程毫无征兆，常常出现在休息放松的时刻，例如沐浴、听音乐、临睡或初醒时。得到的灵感有时也会很快消失，所以设计师需要随身携带能够便捷的记录它们的工具，及时的把它们记录下来。也就是说想象力与创造力并不是凭空而来的，设计师需要通过不断的学习和训练来获取产生灵感的“刺激”。

灵感主要来源于以下四个方面：一是来自场地的灵感；二是来自地域性元素、历史、文化、艺术等的灵感；三是来自文本阅读的灵感；四是来自案例研究的灵感。在获取到灵感的基础上，设计师还需要依靠理性的思考和深具洞察力的思维来延伸和发展、深化设计概念。

1. 来自场地的灵感

来自场地的灵感即通过场地调研、挖掘场地的条件，并将其“化腐朽为神奇”而得到的概念。场地调研的范围不仅仅是指红线内的区域，而是与城市规划有关，设计师需要梳理场地所在的城市规划、周边的交通状况、地域的可达性、周围的功能区分布等问题。其次，设计师需要把握场地特点和问题，以及了解场地的设计难点。这种设计概念类似于“量体裁衣”，具有唯一的特性和强烈的个性。

BIG事务所在挪威扭体博物馆（The Twist，2019，挪威）项目设计中，通过场地调研获得启发，期望通过建筑构建场地中要素之间的联系。场地被原有河道分割为两部分，并且河岸两侧具明显的高差，它阻碍了场地中的交通，降低了场地的通达程度。场地一侧为雕塑公园，置有国际艺术家设计的雕塑。因而设计者提出了“连接”“交融”的概念，也就是将置入桥梁般的建筑作为解决场地问题的途径（图3.2–5）。通过将建筑体量进行简单的扭转得以自然地将地势较低的森林河岸延伸至北面地势较高地山坡地带（图3.2–6），其

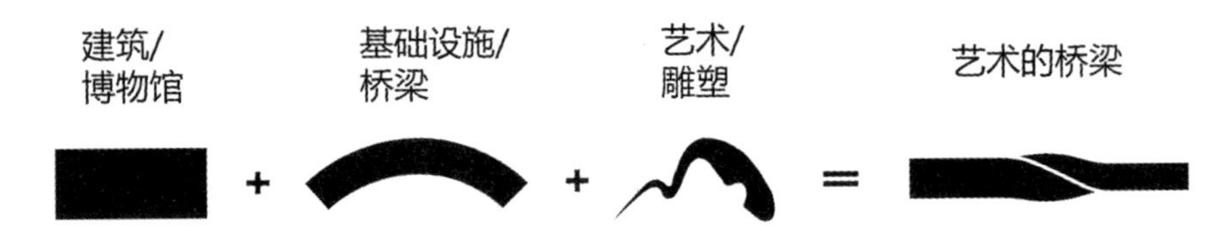

图3.2-5　连接艺术与自然：设计方案将建筑、基础设施和雕塑融为一体

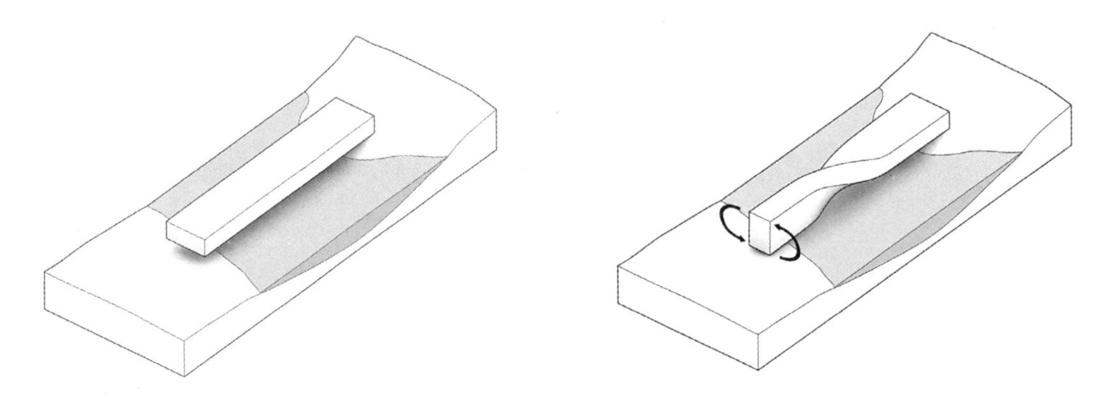

图3.2-6　通过简单的扭转，建筑得以从地势较低的森林河岸延伸至北面地势较高的山坡地带

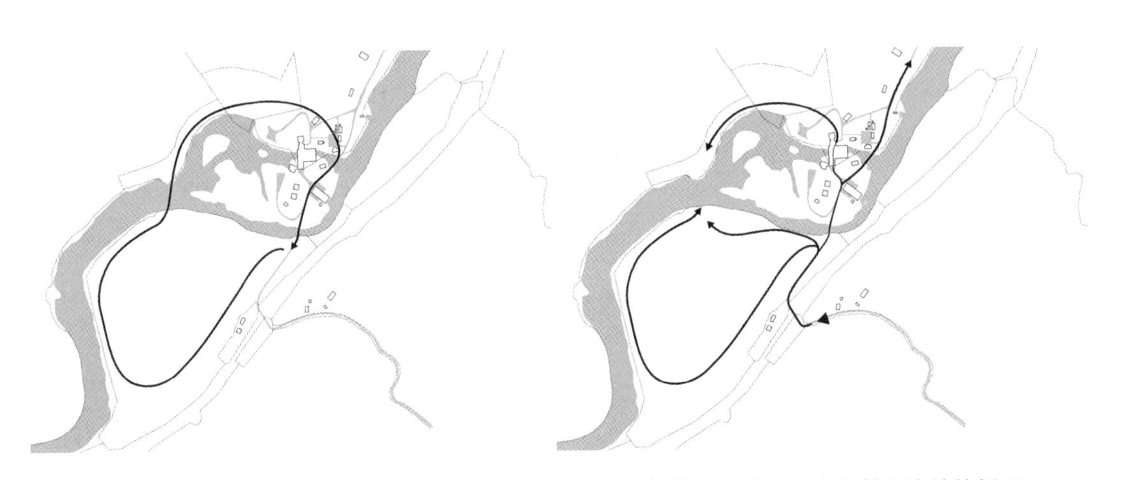

图3.2-7　新的循环式流线：通过对场地条件的回应，场地中形成了一个自然而连续的循环

作为交通的枢纽串联了原本彼此分离的地块，维持了场地景观的延续性（图3.2-7）。与此同时，设计者巧妙地将场地中已建成的雕塑公园与自然环境贯穿了起来，优化了场地中的交通流线，以扭转的建筑形态回应了场地中矗立的景观雕塑（图3.2-8）。

2. 来自地域性元素、历史、文化、艺术等的灵感

在地域性元素、历史、文化、艺术等人文要素中能找到为设计提供灵感和启发的因素和内容，例如从文化风俗、历史名胜、地方建筑等具体对象中就能获得具有地方风貌特色的参考。设计师需要具备细致入微的观察

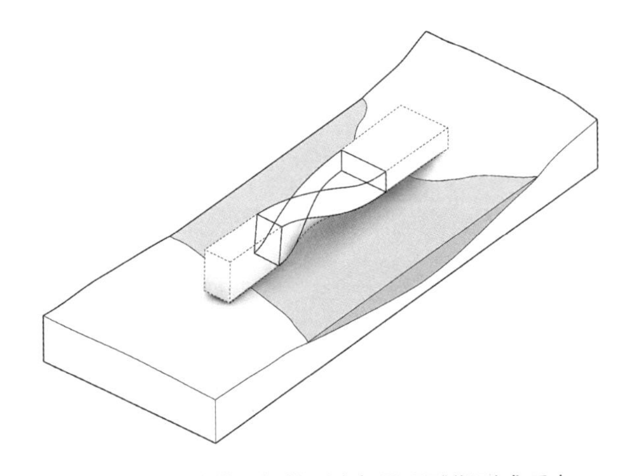

图3.2-8　建筑的扭转形态与景观雕塑形成呼应

图3.2-9 白莲花

图3.2-10 莲花寺

能力，才能发现事物新的、与众不同的面孔。它可能是建筑立面上阴影丰富的装饰图案和形状，也可能是人意识到的元素与环境之间某些特殊的关系。

建筑师法里博兹·萨巴（Fariborz Sahba）设计的莲花寺（Lotus Temple，1986，印度）以印度的国花“莲花”为灵感来源（图3.2–9）。莲花，因其清净、圣洁、吉祥而与印度宗教崇拜的精神密切相关，设计师将建筑的结构与莲花的结构进行联想。建筑由三层花瓣组成，分为入口叶、外叶和内叶，每层有九瓣，入口的叶子划定了空间的入口，外层的叶子作为附属空间的屋顶，内层叶子为主要礼拜空间的屋顶（图3.2–10）。同时寺庙的外表皮由希腊大理石覆盖，呈现出与白莲花相同的颜色，象征着和平与安宁。并且依照莲花在水中生长的特性，在整个建筑周围设置了与花瓣数量相匹配的清水池，使整个建筑宛如在水中盛开的白莲花。莲花寺以其独特的、现代的、具有民族性特征和宗教特色的造型成为新德里的地标建筑。

约恩·伍重设计的悉尼歌剧院（Sydney Opera House，1973，澳大利亚）所在的场地区位临海，他注重建筑的地域文化的挖掘，从自然和本土性元素中获取设计灵感，通过对场地中的特色元素船帆（图3.2–11）和海洋生物的外壳（图3.2–12）进行抽象。利用传统材料和现代技术的结合，使有机形态得以通过现代建筑手段构造出来（图3.2–13）。基于地域性元素的灵感来源使建筑具有地方性特点，构建了与当地环境和人的联系，进而较易得到大众的认可。同时，设计师将三组壳片之下的空间进行梳理，壳形的屋顶暗示了空间的划分，完善了空间功能和形式上的结合。壳形的屋顶在某种程度上暗示着空间的公共性并具

图3.2–11 当地的船帆

图3.2–12 当地的海洋生物的壳

图3.2–13 悉尼歌剧院

有特殊的象征意味，反过来又能够作用于环境，成为环境的一种代表性特征。这些壳形屋顶错落有致，面朝海湾，远望犹如海上巨型的白色帆船，故有“船帆屋顶剧院”之美誉。

3. 来自文本阅读的灵感

文本的范围较为广泛，包含小说、诗歌、地方志、政策文件、古画、邮件、电影、新闻、纪录片、宗教古籍等，蕴含着场所、地点、人物、事件和空间想象，并且文本中许多故事都是依托于空间结构展开描述的。因此，文本具有空间性和时间性，使设计者可以从文本中获取灵感进行三维空间的梳理与再现：用环境串联事件，空间被描述、被表征、被想象（或再想象）的过程就是叙事赋予空间形象的手段。例如设计者可以对文本插画中园林图像观看方法进行研究后，将观画与观园两种行为进行联系，以观看图像的方式引导观赏景园的方式，从而对园林的空间架构进行梳理。

正是因为文本中常常包含着故事、人物、场景、历史风貌、活动内容、文化或者历史事件等，因而能够体现出场地和空间的使用状态，为设计方案的形成提供直接、可靠而具有文脉的依据。这就需要设计者具有良好的文学阅读能力，基于“空间人文学科”（spatial humanities）的知识体系，利用文学中的空间因素，把它们和历史上真实存在的地理空间联系起来，进而做出精彩的文学阐释和空间应用。

叙事所具有的空间性和方向感帮助我们塑造、感知、体验场所，能通过独特的方式想象空间、位置并给予我们一定程度的引导。例如设计者可以从乌托邦小说中获取灵感进而构建出乌托邦的空间。乌托邦小说是一种具有空间性的文类，而乌托邦空间是一种建构在其基础上的非常特别的空间，就像托马斯·莫尔的《乌托邦》（图3.2–14），它不会展示在时间中发生的情节，而是通过种种画面和图像向我们展现空间的样态（图3.2–15）。莎士比亚的名作《罗密欧与朱丽叶》（图3.2–16）是风靡全球的文本，意大利维罗纳小城就是莎士比亚所描述的罗密欧与朱丽叶的故乡，现在维罗纳仍保留着多处与这一爱情故事有关的

图3.2–14　托马斯·莫尔的《乌托邦》

图3.2–15 《乌托邦》中描述的空间

图3.2–16 《罗密欧与朱丽叶》

图3.2-17　朱丽叶铜像

图3.2-18　“朱丽叶的阳台”

史迹。例如位于维罗纳市中心的卡佩罗街23号的朱丽叶故居，有圆形的拱门、罗马式二层小楼，是一座典型的中世纪院落。院子中央有一座朱丽叶青铜塑像（图3.2-17），铜像左上方即是当年罗密欧与朱丽叶幽会的大理石阳台，即“朱丽叶的阳台”（图3.2-18），每年会有众多游客到此参观。正是因为文本中罗密欧与朱丽叶故事广为流传，使维罗纳小城承载了游客的万千思绪，成为世界各地的情侣膜拜的爱情场所。

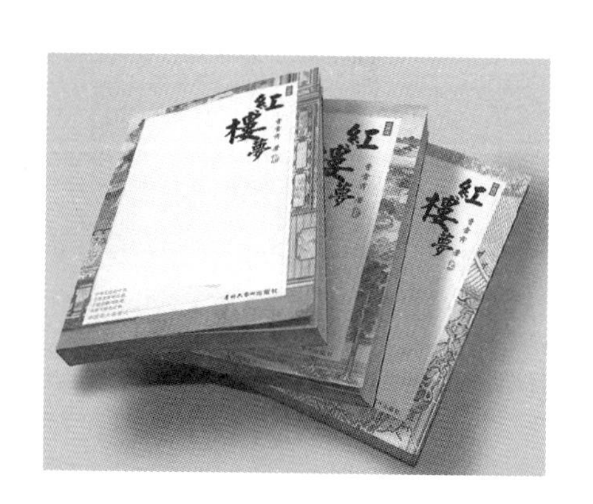

图3.2-19 《红楼梦》

文本叙事也常常需要借助空间的架构，因此在文本的叙事过程中，我们能根据某些具有空间性的词语和句子描绘出空间的布局，进而获得灵感。例如在《红楼梦》（图3.2-19）第17回贾政游览大观园的描写中就可以提取出大观园中叠嶂的布局。贾政刚至园门前，只见贾珍带领许多执事人来，一旁侍立。贾政道：“你且把园门都关上，我们先瞧了外面再进去。”贾珍听说，命人将门关了。贾政先秉正看门。只见正五间，上面桶瓦泥鳅脊；那门栏窗槅，皆是细雕新鲜花样，并无朱粉涂饰；一色水磨群墙，下面白石台矶，凿成西番草花样。左右一望，皆雪白粉墙，下面虎皮石，随势砌去，果然不落富丽俗套，自是欢喜。遂命开门，只见迎面一带翠嶂挡在前面。众清客都道：“好山，好山!”贾政道：“非此一山，一进来园中所有之景悉入目中，则有何趣?”众人道：“极是。非胸中大有邱壑，焉想及此。”说毕，往前一望，见白石峻蹭，或如鬼怪，或如猛兽，纵横拱立，上面苔藓成斑，藤萝掩映，其中微露羊肠小径。贾政道：“我们就从此小径游去，回来由那一边出去，方可遍览。”通过这段文字的描述大致可以得出叠嶂在大观园中的位置，如图3.2-20所示；

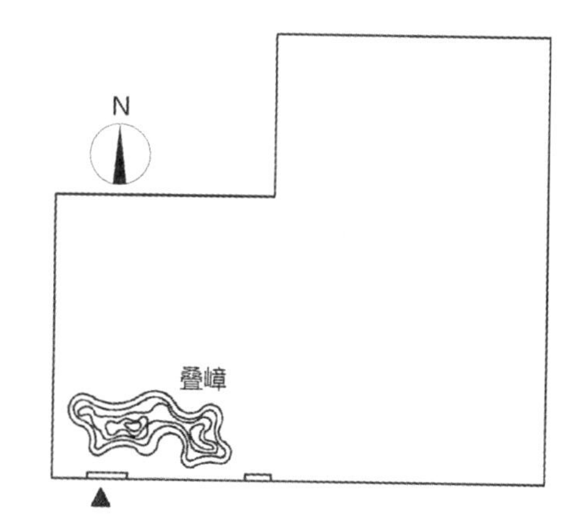

图3.2-20　叠嶂位置图

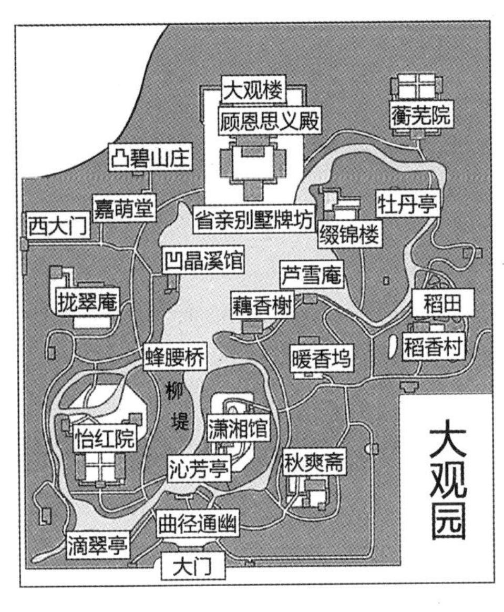

图3.2-21　北京大观园公园平面图

图3.2-22　北京大观园公园

同理，其他空间元素也可通过对应文字的描述转换到平面布局图中。北京的大观园公园（图3.2-21、图3.2-22），就是在《红楼梦》文本中获取的灵感营造出来的景园形象。

4. 来自案例研究的灵感

来自案例研究的灵感就是在借鉴案例的过程中通过得到的正反两个方面的实践经验以获取灵感的过程。学习案例能够获取经验，避免走弯路，也能够通过案例的研究认识了解各类空间。因此，设计者需要学会广泛搜集并运用资料，可以结合设计对象的具体的特点在设计初期一次性完成，也可以在设计过程的不同阶段针对性的有计划的进行。案例的研究主要分为两个方面：

（1）实例调研

调研的实际案例的选择应综合考虑项目性质、内容、规模、实施难度等多方面的因素，并且调研的案例应具备多样性和广泛性。需要对案例中的一般技术性内容和使用管理情况进行调查。梳理表达的形式上应以图文为主，尽可能详尽贴切的进行表达，并适当的进行分析评价，进而总结有助于指导设计的经验。

贝聿铭设计的华盛顿国家美术馆东馆（图3.2-23）就是在实地调研的基础上获取的灵感。贝聿铭从雅典开始了博物馆的考察之旅，接着至意大利、丹麦、法国与英国，旅程达3周，参观了18个博物馆，着眼于观察不同博物馆的优点，还企图发掘其中的缺点，避免重蹈覆辙。同时，贝聿铭对西馆（图3.2-24）和场地周围的环境进行了实地调研，场地东侧为美国国会大厦，南临林荫广场、中心大草坪，北侧斜靠宾夕法尼亚大街，西隔100余米正对西馆东出入口，附近多为国家档案馆、美国最高法院等古典主义风格的重要公共建筑，历史氛围非常浓郁。因此，东馆使用了与西馆相同的田纳西州粉色大理石建材，通过地下空间与西馆连接，增加两馆的联系性。同时，设计师将东馆梯形的地块巧妙划分为直角三角形和等腰三角形，等腰三角形的中线恰好为西馆中轴线的延长线，进而使东馆与西馆相呼应。与之相对的是，东馆使用几何式的建筑体块更具现代感，与西馆和周围其他的

图3.2-23 华盛顿国家美术馆东馆

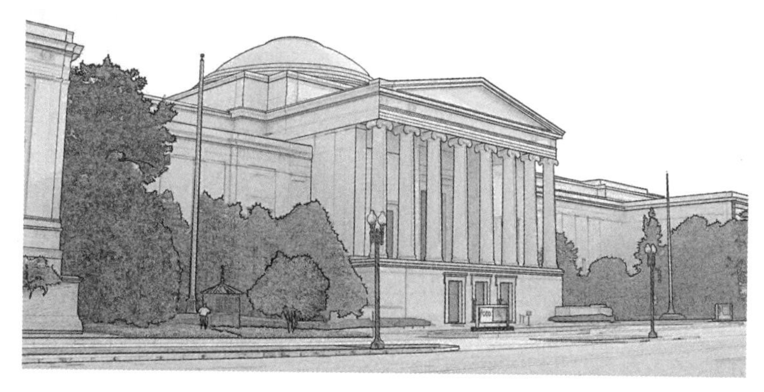
图3.2-24 华盛顿国家美术馆西馆

建筑形成对比。总之，在充分的实地调研的基础之上，整个设计之精妙令人难以忘怀：东馆简洁、大气的整体外形与西馆遥相呼应，而又各自独立；与周围环境和谐统一，而又独具特色，并成功的被评为20世纪70年代美国建筑领域内设计最成功的建筑之一。

（2）资料搜集

资料搜集主要包括规范性资料和出色的设计案例资料。规范性资料是为了保证设计符合政策要求，也是为了保证设计的质量。出色的设计案例资料调研的与实例调研相比较而言，其仅限于对空间的总体布局、平面组织、空间造型等技术性了解。但设计案例较易获取并且丰富多样，能帮助设计者了解当下较新的设计方案和理念。

案例研究的工作量较为繁杂，并不一定能直接作用于具体的设计方案中，但只有在对信息进行全面系统的调查、归纳、分析、整理后，才有可能捕捉到对设计有重要作用的信息。

赖特设计的流水别墅体现了建筑与自然的和谐关系。他强调设计应该顺应和表现自然，充分利用流水和密林，以及两侧巨大的岩石凸显了独特的地形地貌特征，利用建筑的形态与溪流两旁层叠有秩、棱角分明的岩石相呼应，构成了设计标志性的特征。他巧妙地将玻璃、钢材和钢筋混凝土等工业材料与石材、流水等自然元素进行有机结合，努力使建筑成为环境的一部分（图3.2-25）。

安藤忠雄正是在赖特建筑理念的影响下，提出了光之教堂的设计概念（图3.2-26）：

图3.2-25 赖特设计的流水别墅

图3.2-26 光之教堂

与自然对话。设计师将建筑视为自然的一部分进而通过建筑控制了室内光的变化，光配合着建筑营造出空间的庄严氛围，从而使人体会到教堂的肃穆感。

在设计概念阶段，设计者需要综合设计定位已经确立的各种目标要求，通过发散性的形象思维程序，构思出明确的设计概念，从而在文化层面形成设计的主题精神。

3.2.3 从概念到策略

概括来说这是一个信息和思维抽象化的过程。设计概念是会直接导出策略的，是设计程序的重要环节。设计概念与设计策略之间具有清晰缜密的逻辑关系，设计策略是在设计概念这种抽象语言的指导下，借助形象思维将前期的分析结果转化出的具体形态。设计者在提出概念后需要对解决手段的可行性进行推敲，使其更加具体和细化。此时设计者可以结合多方面的资料，将设计方案初步的设计问题的解答逐步发展成为能够指导方案的多个具体可行的策略。因此设计师需要具备简化问题的能力，在纷乱复杂的信息中提炼出本质要素，进而揭示出整个体系的内在结构。设计者可以通过将形象思维进行图解化思考和表达的方式完成这一抽象任务，而构思通过图形得以优化与延展，以此激发创作潜力。

1. 多样的策略

概念的抽象特点决定了设计策略的导出必然是丰富多样的，从功能角度、环境角度、结构甚至是经济技术角度都可以由点及面的延伸发展出一个概念雏形。策略既可以用图示也可以用文字表示。

纽约布鲁克林大桥公园以“后工业的自然”（“Post-industrial natures”）为概念，提出了以快速激活场地生态性；能在密集使用的城市中发展；构建出不加修饰的人工环境等多个目标。为了诠释和实现这个概念，设计师从场地问题角度作为切入点，抓住关键问题，有针对性的提出实现概念的解决途径——策略：

策略一，社区参与+城市交点：针对公园的空间隔离问题做了战略规划，提出在各个入口区加强公园与城市的联系；设置城市散步道、遛狗区、社区运动场和公共空间等，吸引人群，引起人们的共鸣；而有组织的体育运动项目、小型游船使用的私有码头和适宜全市性活动的空间等，都设置在行人不能立即到达的公园深处（图3.2–27）。

策略二，边缘策略：以乱石砌筑河堤，以植物和抛石做护岸，将垂直驳岸被改成了抛石驳岸；并引入多样的自然生境类型，保留盐沼，加固码头柱，增加边缘复杂性（图3.2–28）。

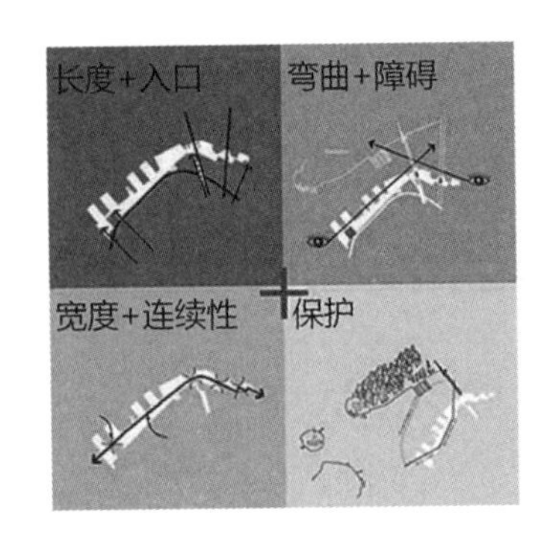

=

城市交点

一个多世纪以来，该地块一直是港口，并与城市隔绝，因此城市交点的概念被提出，发展公园入口——连接城市与公园。

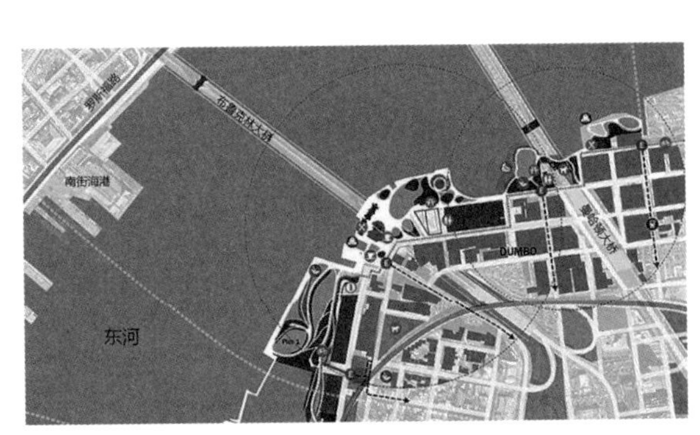

图3.2–27 城市交点策略

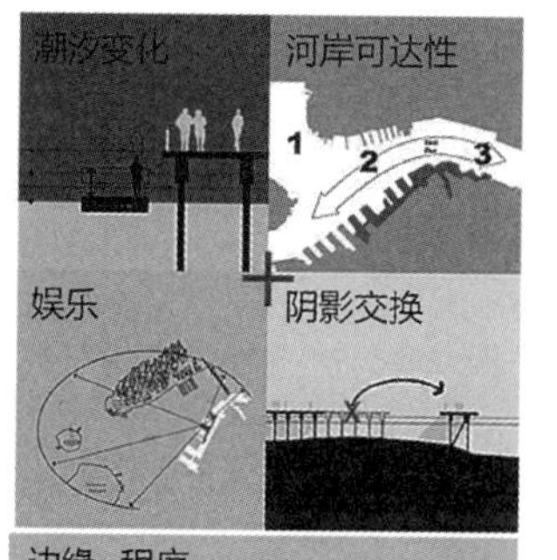

＝

边缘复杂性

公园总体规划以文字和科学的方式(场地上的边缘栖息地)、空间方式、人们可以占据的范围和类型的边缘来构建边缘复杂性的理念，并以隐喻的方式，创造了一种贯穿始终的边缘语言。

边缘=程序

水的边缘是布鲁克林大桥公园中最重要的功能元素。长滩的边缘由数英里长的海洋结构组成，最初设计用于停泊大型商船。任何损坏或状况较差的结构都可以作为一个程序性的机会进行替换，并提供一些人行水上通道。设计将大的河流水域作为公园区域的一部分，并找到免受强烈河流水流影响的休闲划船区域。

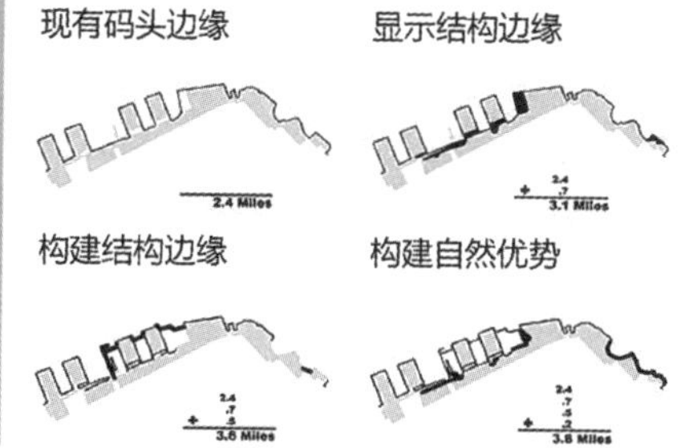

图3.2-28 边缘策略

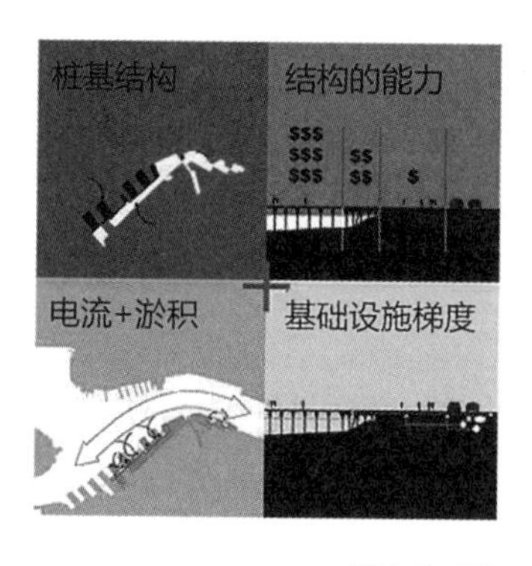

＝

结构高效性

结构经济景观设计师提出了结构经济原则，即场地规划与海洋结构的结构能力进行校准——更多的负荷等于更多的未来维护橡树的支出。

图3.2-29 结构高效性策略

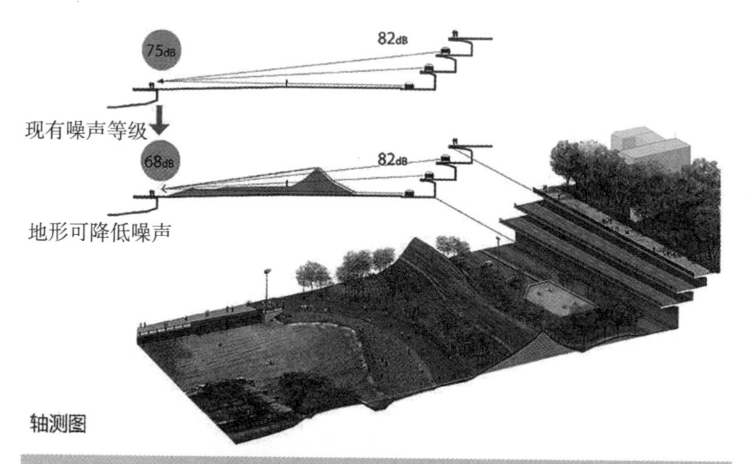

噪声衰减

设计将沙士山作为屏障，噪声将减少5～8dB（分贝）。1bel和2bels之间的震级差是10的次方（1dB=1/10bel）。每增加6dB，声功率就减少1/2×1/2（1/4）。例如：如果原声音是66dB，衰减后变成60dB（差6dB），这意味着衰减后的声音实际上是原声音声功率的1/4。

图3.2-30 弹性设计策略

策略三，结构高效性策略：将轻而薄的应用设置在码头上，将密集而厚重的应用设置在陆地上；并对现存的水工建筑尽可能地保留和再利用；针对公园的不同地区分别选择相适宜的用途，用回收的材料为公园赋予整体的连贯性；利用了纽约其他地方拆毁的大桥的石材作为工程材料抵御了飓风的侵袭，这不仅使场地更具有弹性，石头也保留和凝聚了人与场地的记忆，促进了生态恢复。可以看出从概念到策略可以体现在对物质的选择和利用方面（图3.2-29）。

策略四，弹性设计策略：以地形和建筑遮挡来自各个方向的寒风，以人造的山丘缓冲波浪冲击，保护周边社区，吸收高速公路的交通噪声（图3.2-30）。

策略五，生态重建策略：营建不同的自然区域，单独看它们是一个个花园，而合起来则作为一个新的生态系统发挥作用；尽可能就地处理场地的全部雨洪；最大限度增加可以遮蔽夏日骄阳、抵挡冬季寒风的场所；保留开放空间；重新引入场地的自然生境类型包括海滨灌木带、淡水湿地、海岸森林、野花草地、沼泽和浅水生境（图3.2-31）。

策略六，经济自持策略：开展宣传教育工作，得到周围居民和社区领袖的支持；同时积极地与政府部门进行必要的对抗与协商；将为公园运营、养护和维修提供所需资金的“经济引擎”作为公园的一部分，在布鲁克林大桥公园的土地中规划出了7块房地产开发用地，这些地产的收益直接用于公园的运营成本（图3.2-32）。

设计者通过一系列的策略手段表达了自身对场地的理解，同时也是提出解决方法的过程，促进了公园体验的多样性、创造了可重复使用的材料，以及使场地保持了一种充满生机的历史感，有效地实现了

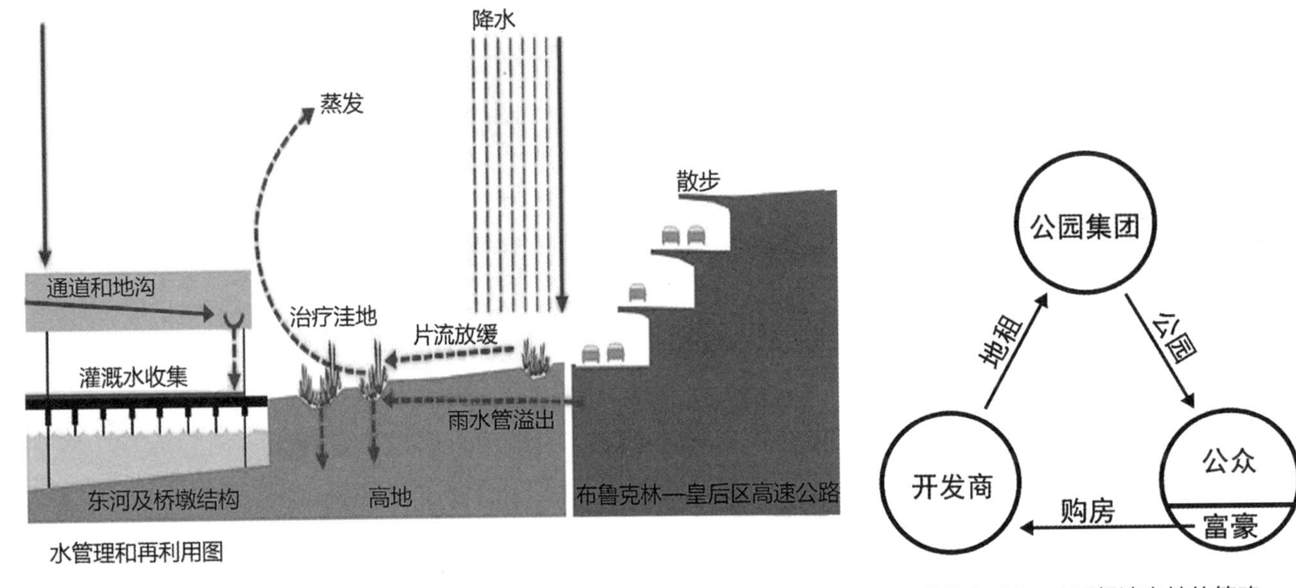

图3.2–31　生态重建策略

图3.2–32　公园经济自持的策略

“后工业的自然”的概念。

2. 设计策略生成

只有通过不断反复的调整和修改，设计者才能为设计问题找到更好的解决方案，通过不断检测是优化设计策略的重要途径。设计者可以通过视觉化设计想法和假设的方法来推演、评估和改进设计策略。在图形的表达中需要不断发现与创新。由图形催生的新想法，还要经过理性的逻辑思维，深入推敲和对比。在理解原有概念的基础上，再产生新的形式与观念，碰撞出崭新的灵感火花。针对已产生的概念构思，绘制大量不同发展方向的设计草图，再利用形象思维派生出尽可能多的分支。只有通过不断拓宽思路的多图形对比与修正，最终优选出的设计概念才能相对完善。

（1）泡泡图

设计师可以用“泡泡图”的分析图作为设计策略导出的工具和思维呈现的方法。圆圈图解需抽象出任务书的要点，并概括各项活动及其相互关系，进而成为从任务书步入设计的节点。设计者只要能够把握其基本规律就能灵活运用。如图3.2–33表示了三个基本部分：名词、动词和修饰词，修饰词包括形容词、副词和短语等。名词代表主体，动词在主语和宾语之间建立联系，即动词构建了两个名词间的联系，修饰词则是描述主体及关系的性质与程度。同理引申，如图3.2–34中，每一个主体用圆圈表示，用线串联它们表示关系，修饰词用圆圈的面积及边线的粗细来表示。图中的线是双向的，代表了两个主体之间的相连。由此，例图就包含了很多句子，进而使设计者能够解读出主体之间的关系。此外，由于人对信息的处理能力具有一定的局限性，因此在绘制该类型的分析图时应尽量简明、清晰。

（2）框图

框图意味着梳理出解决问题的层次、框架、逻辑和空间关系等。框图（图3.2–35）有利于信息的多层次地同时传递和接受。如图3.2–36，框图绘制的基本过程为：首先，设计

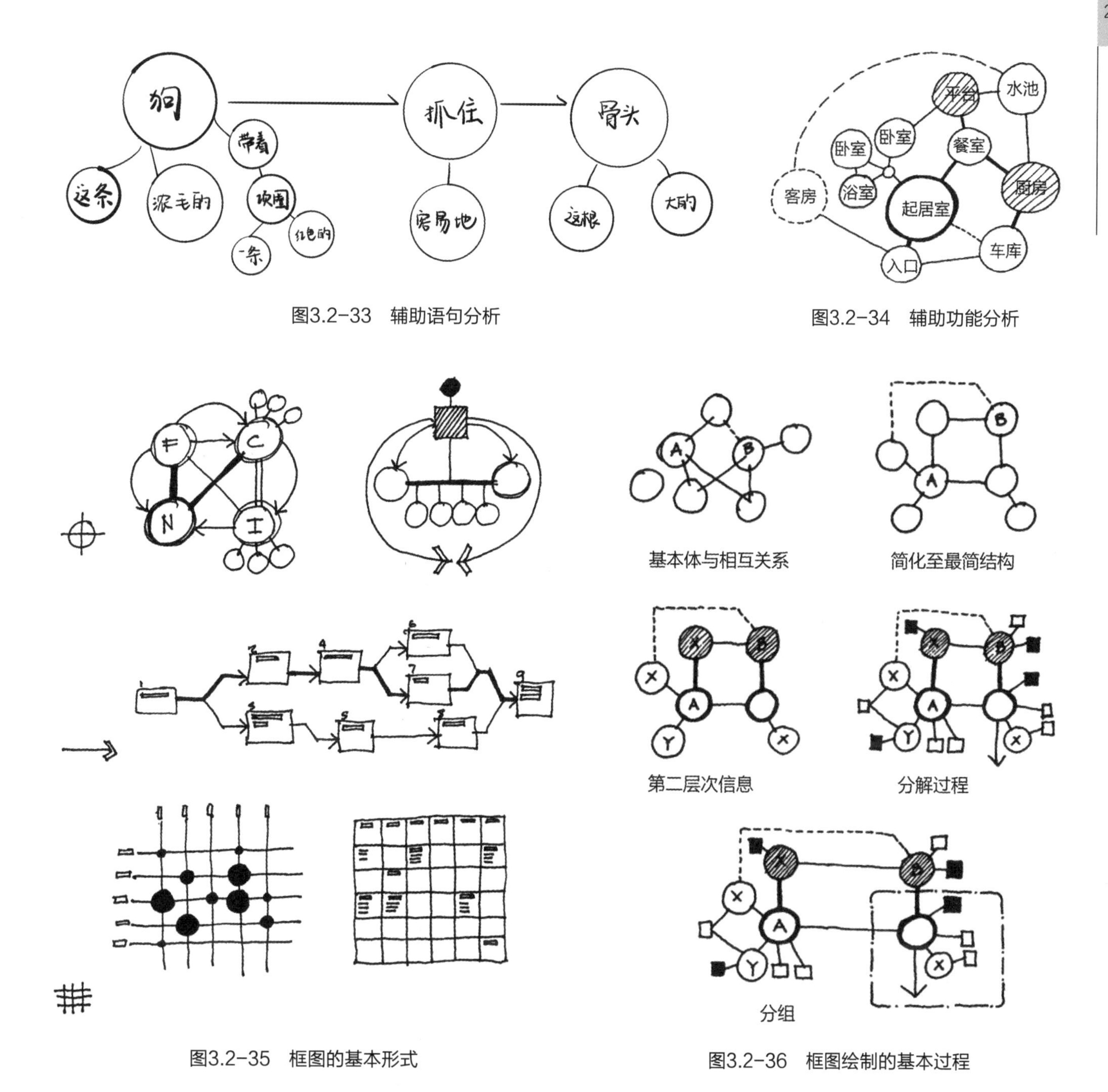

图3.2-33　辅助语句分析

图3.2-34　辅助功能分析

图3.2-35　框图的基本形式

图3.2-36　框图绘制的基本过程

者需要构建出可以表示出各主体及相互关系的简略的框图。然后，将图解的语法规律应用在其中，再用粗细线条和圆圈面积修正框图，在此之后添加其他层次的信息。最后，为避免框图过于复杂，可以将框图分解绘制，最后再进行组合。

（3）矩阵图

“矩阵图”意味着在时间维度上梳理设计想法和计划。其语法的基础是时间和顺序，绘制规则就是按照行与列的特征布局元素，用行与列之间的图形符号表达元素之间的关系。如图3.2-37中，空间和时间正交布局在表格中表示出住宅各个部分的使用状况。由使用者填写一天的活动时间表，整理的结果会使设计者和业主从新的角度看待空间，进而思考与得出设计策略。

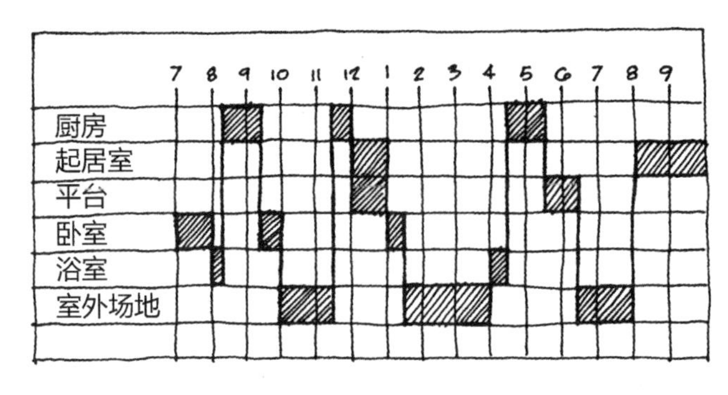

图3.2-37　矩阵图

3.3　设计策略

设计策略是指在设计过程早期确定的为了实现目标而提出的执行手段和解决问题的途径。如果将设计类比为作战，设计策略就是战略，设计方法即为战术，设计策略能指导和生成具体的设计方法。设计策略能展现出设计作品最突出的特点，因而常常作为设计作品的名字出现。例如亚马逊的弗吉尼亚新总部的the Helix（螺旋）办公大楼的名字就是从“双螺旋结构的自然之美”而来的，强调了建筑别具一格的螺旋形态的设计。此外布鲁克林大桥公园的名字“后工业的自然”也是一种设计策略，后工业与自然的结合是设计最突出的亮点。

不同的项目根据其自身特点的不同，设计策略或解决问题的途径通常可以从以下几个方面获得。

3.3.1　基于项目调研的解决途径

针对调研问题的解决途径包括两个方面：一是通过对目标受众的调研、进行相关实验与体验或数据分析等途径了解目标受众的喜好需求、行为习惯、心理等，并尽可能与之产生共情，从而使设计结果满足目标受众的需求。二是根据场地调研，分析场地的交通、地形、人群密集程度、精神文化、社会现状、环境污染等方面的调研，发现问题与痛点，进而提出相应的解决策略。

每一个项目调研的侧重点都会有所不同，例如在哥本哈根动物园大熊猫馆中BIG事务所首先对场地条件、大熊猫的生活和繁殖条件（图3.3-1）、场地与周围建筑关系（图3.3-2）以及参观者的需求等诸多因素进行了调研与分析。明确了设计需满足大熊猫居住、繁殖和游客参观互动的需求，需处理好大熊猫、游客、场地之间的关系；同时，针对大熊猫的繁殖困难、对生存环境要求较特殊的特点，提出了“太极”的概念：阴阳两半互补，构成一个完整的圆（图3.3-3）。设计方案通过流畅的曲线和地面的抬升创造了两个相似但彼此独立的栖息地，构成了有利于大熊猫交配的安全的连续的环境促进了繁殖。同时抬升的地面形成了缓坡，不仅为大熊猫提供了最自由和自然的生活环境，也使游客感受到自然的沉浸，尽可能多地看到大熊猫（图3.3-4）。此外大熊猫馆圆形的设计与园内的其他场馆形成了呼应的关系，圆环的道路连通了场馆与周围的环境，增强了场地的可达性（图3.3-5）。

大熊猫的相互依存(阴阳)
大熊猫在繁殖方面非常挑剔。

为了增加交配的几率，大熊猫一年中大部分时间不能看到、听到甚至闻到对方。

图3.3-1　大熊猫的生活和繁殖条件分析

场地位于北欧地区，在猴屋、新中心广场和大象屋之间。场地中有两棵大树要保护。

图3.3-2　场地与周围建筑关系

圆形的形状与现有的建筑完美地结合在一起。该场地分为两块，遵循阴阳的象征，并分别为雄性和雌性大熊猫提供食物。

建筑被部分抬升，形成地下的空间。一个自然的斜坡被创造出来，让游客尽可能的面对熊猫。

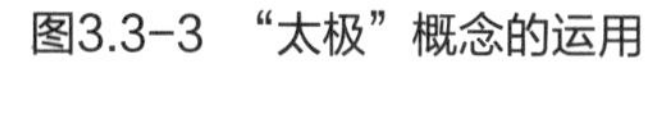

图3.3-3　“太极”概念的运用

游客沿着圆形设施的周边参观，沿着两个向下的斜坡，可以看到内部的功能空间，如训练设施等。

图3.3-4　圆形流线使游客尽可能多的看到大熊猫

大熊猫的栖息地被分为两种不同的景观意境：竹林和林区，模仿自然，让大熊猫像在野外一样在山坡上上下移动。

巨大的绿色中心让游客有机会从各个角度和不同的高度观看大熊猫。

图3.3-5　构成人、大熊猫、自然和场馆之间的和谐关系

3.3.2　基于理论研究的解决途径

理论研究的成果不仅能够指导设计，而且具有普遍性。因此理论研究的成果可以作为设计的理论依据，使得设计方案更加理性、可靠。作为指导设计方案的理论研究方向有可能是城市设计、城市规划等相关领域，也有可能是其他完全不相关领域的术语或者概念，通过借鉴与转换找到理论与设计之间的共性，进而加以应用。

1. 基于设计学科理论研究的解决途径

最常用的是设计学科的有关理论，这些理论通常已经经过了多个实践的验证，具有可靠性、普适性，并且得到普遍的认可。

例如埃利尔·沙里宁（Eliel Saarinen）的有机疏散理论试图解决城市空间过于集中的弊端（图3.3-6）。他将城市片区比作细胞组织，将城市中的问题看作坏死细胞，“有机”即自上而下地对城市进行规划治理，逐一切除衰败区域。“疏散”即对城市进行重组，将

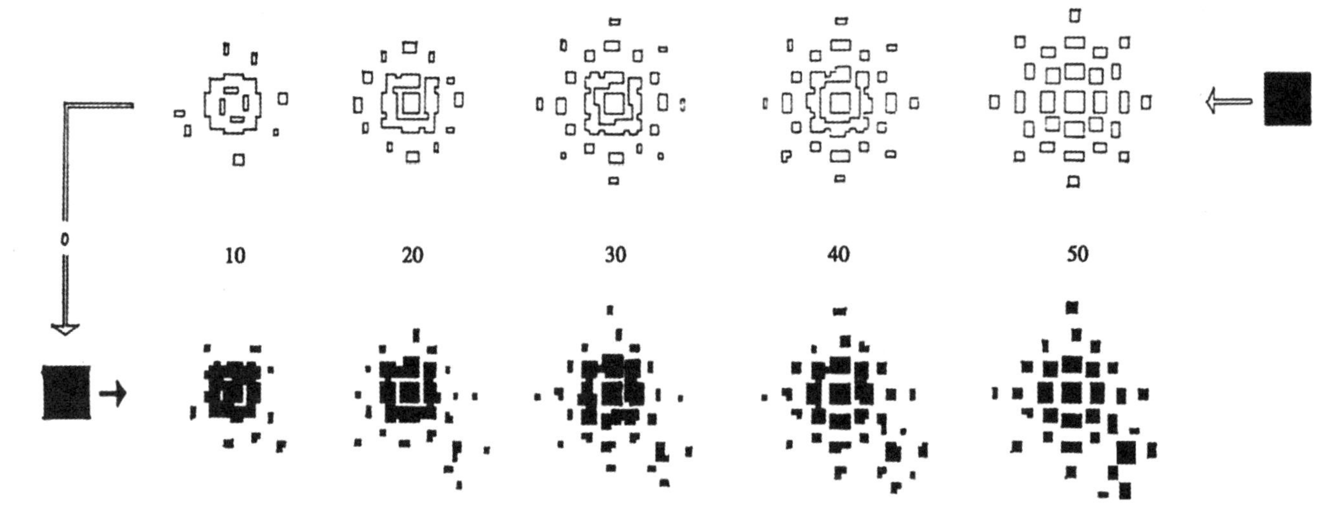

图3.3-6　沙里宁的城市有机设计图解
（资料来源：埃利尔·沙里宁.《城市：它的发展、衰败与未来》）

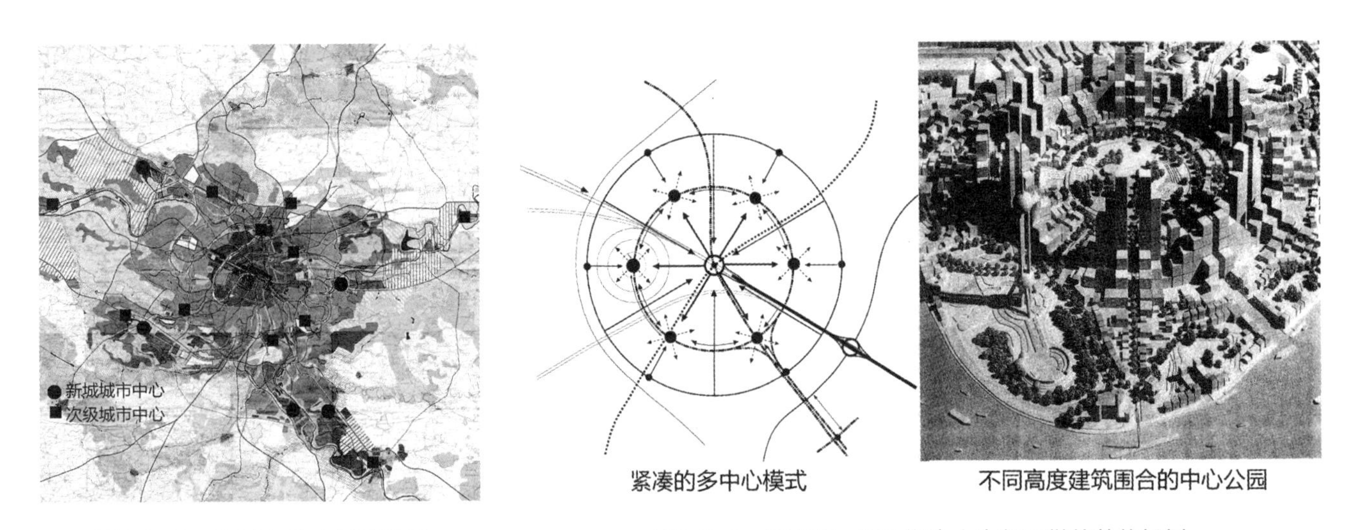

图3.3-7　1965年的大巴黎规划

图3.3-8　理查德·罗杰斯为上海新区做的整体规划

大都市分散成为小区域，并将衰败区域分散到小区域中，重构为新的功能集中区。

1965年的大巴黎规划就是从有机疏散理论中吸取精华，进而提出了打破单中心结构，提出了多中心结构的规划策略。其主要目的是改变人口与工业的聚集方向，沿塞纳河两侧打造优先发展轴，建立5座新城和若干次级城市。以此分担巴黎主城区压力，最终将单中心城市格局转变为多中心城市格局，引导城市转向高效能、高适应性、高健康性的方向发展（图3.3-7）。

再如，紧凑城市理论是一种汲取分散论和集中论优势的折衷的理论方法。理查德·罗杰斯曾通过控制城市形态为上海新区做了一个整体规划（图3.3-8），意在运用紧凑城市理论实现城市的可持续发展。上海在工业化和都市化的过程中产生了严重的污染问题和交通堵塞问题，设计师意在构建一套有利于邻里社区可持续发展的方案构架。他将充满活力的商业区和居住区融入地区中，同时利用公园和公共空间打破私有的区域模式，并

图3.3-9 纺织工艺

以公共交通为主要出行方式，把包括公交在内的日常需求置于舒适的步行距离之内，扭转了以高速公路为基础的城市道路规划。这种规划构建了一套灵活而多层次的交通体系，其结果消耗的能源只有按照通常方式规划的社区所消耗的能源的一半。

2. 基于其他学科理论研究的解决途径

其他学科的理论、术语也常常为设计师提供了灵感和启发。通过从设计学的角度对这些理论进行解读并转译，使之成为构成设计方案的形式、机制和原理的特点。机械学、医学、生物学、法学等，都可以为设计提供创新理念的源泉。

BIG事务所设计的“编织之城”概念就是基于对纺织学理论中编织程序（图3.3-9）的研究而提出的。首先，城市中的交通道路和机织材料中的条状物都可以看作为线状形态；其次，织线通过垂直方向的编织形成具有网状结构的织物。因此，设计者构建了城市与织物的联系，具体来说就是将城市道路与城市的关系类比为将织线编织成织物的过程。在此基础上，设计者提取了横向和竖向的结构作为设计形象的原型，将其应用在街道网络的互相作用中，由此构建了一个灵活的街道网络。它按照使用对象的运行速度进行分类，以及划分道路属性和功能，例如底部被设计为物流链允许自动驾驶的车辆通行，实现了良好的人与车辆及社区的关系。此外，设计师还看到了织物结构的灵活性——可以在一定程度上进行横向或竖向的拉伸，将此过程进行类比，提出了城市结构可以进行不同程度的扩展和收缩的设计策略，由此城市区块可以根据需要适应各种规模、项目和室外区域（图3.3-10）。

3.3.3 基于经验的解决途径

在前期调研时做类似案例研究就是在借鉴经验、规则，通过类似案例的调研和梳理，从而总结出要避免的问题和可能会犯的错误，以及常用的、可靠的、安全的解决途径。

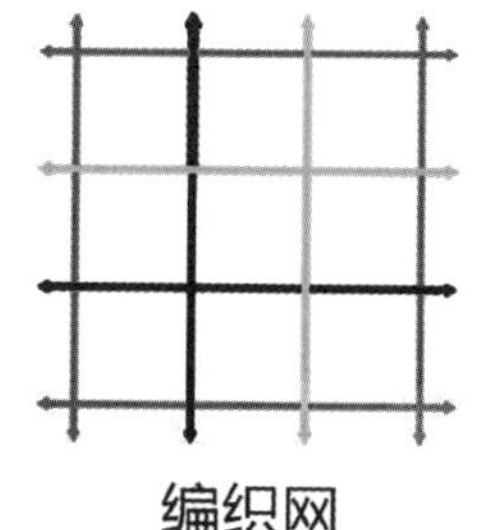

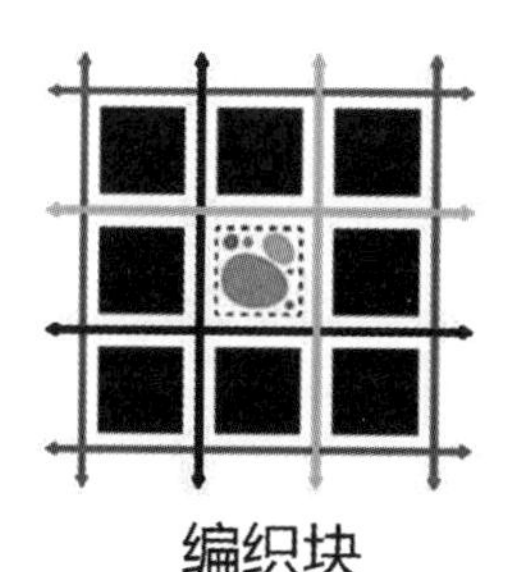

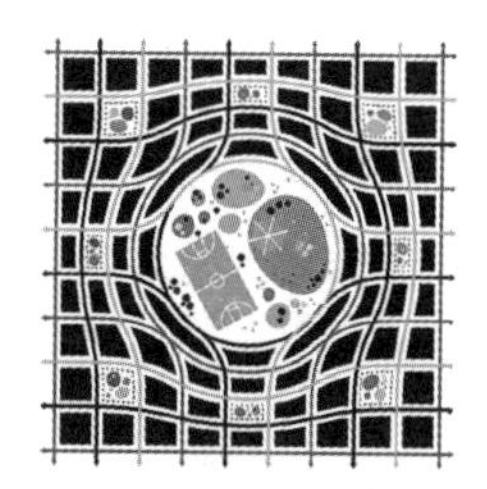

图3.3-10 “编织之城”的概念

除了对类似经典案例的经验进行研究并借鉴以外，设计师自身的经验更加可贵。设计师有了对设计方案实施过程的亲身体验后，就会懂得什么行什么不行，并有自信以自己学到的经验判断设计过程中的设想。这不仅能够加快抉择的速度，也能使设计过程更高效和顺利。具有经验的设计师更能抓住设计过程的本质，能够通过经验不断审视自己的概念，在不断检验后做出调整找到相应的解决途径。

例如赖特就是基于经验总结出了分解“美国盒子”的步骤（图3.3–11）。1893年，赖特在进行芝加哥世界博览会交通馆的设计时，经常跑到对面的日本馆观察日本馆的施工现场。并详细研究过其原型凤凰堂的细节和日本工匠的建造过程。他对凤凰堂所呈现的神性空间和居住空间的混合印象深刻。直到赖特职业生涯的后期，他总结了分解“美国盒子”的三部曲：第一步将支撑物沿着边缘向内移动。第二步：将支撑物由边缘向空间内部移动。第三步：将支撑联合成连续的墙面。即赖特在设计经验的基础之上找到了改变美国住宅的可能之处。

3.3.4　基于联想与想象的解决途径

基于联想与想象的解决途径的前提是：首先联想与想象的产物要跟场地相关；其次要与场地的功能相关，并不是随意决定的；最后是结果要直接，能够在短时间内使观者联想到隐含的寓意，而且联想的结果是大众能够识别和易于理解的。联想与想象的设计结果有时看起来是形式上的关联，最初体现的是形态和形式，但最终需要承载着各类功能和机制。

基于联想与想象的解决途径需要设计师发展和延伸其想像力，可以从简单的练习开始，方法一：先找到一幅有具体指向性的画进行描摹，可以是描绘具体建筑或景象的。然后设计者需要跳出原画的限制，表达通过想象而得出的内容。方法二：先画一组物体，然后想象从不同角度观看它的样子。方法三：先画一个表面带有具体图案的物体，想象对它进行切割后产生的各种画面（图3.3–12）。

Mandrup设计的观鲸文化中心就是基于对鲸鱼的联想和想象产生的（图3.3–13）。首先，鲸鱼作为挪威北部地区的特色生物，在形态上具有独特性和可

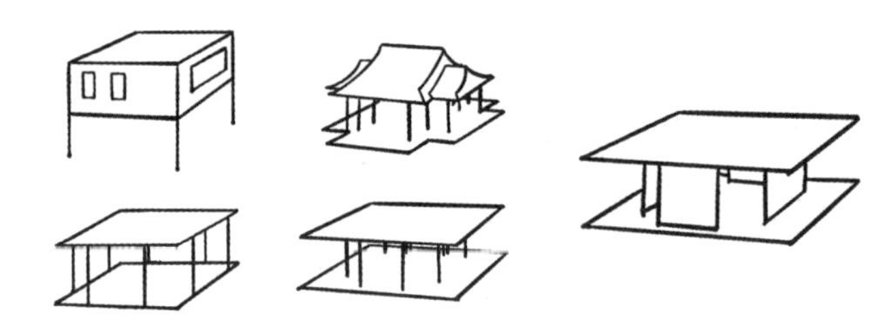

图3.3–11　赖特总结了分解“美国盒子”的步骤

通过临摹引发想象

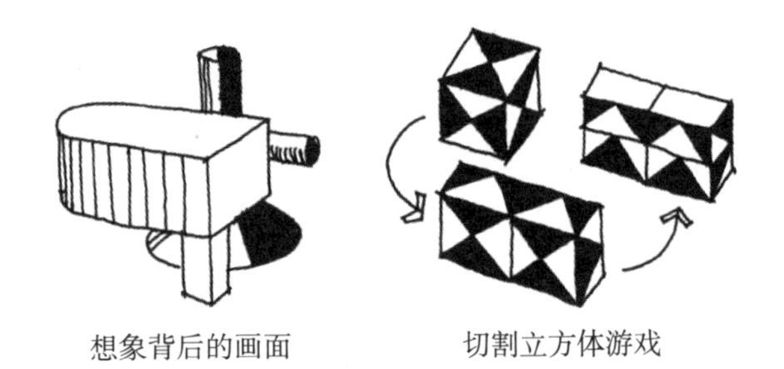

想象背后的画面　　切割立方体游戏

图3.3–12　发展和延伸想象力的方法

图3.3–13　鲸鱼

图3.3-14　隆起的地面创造出建筑内部的空腔

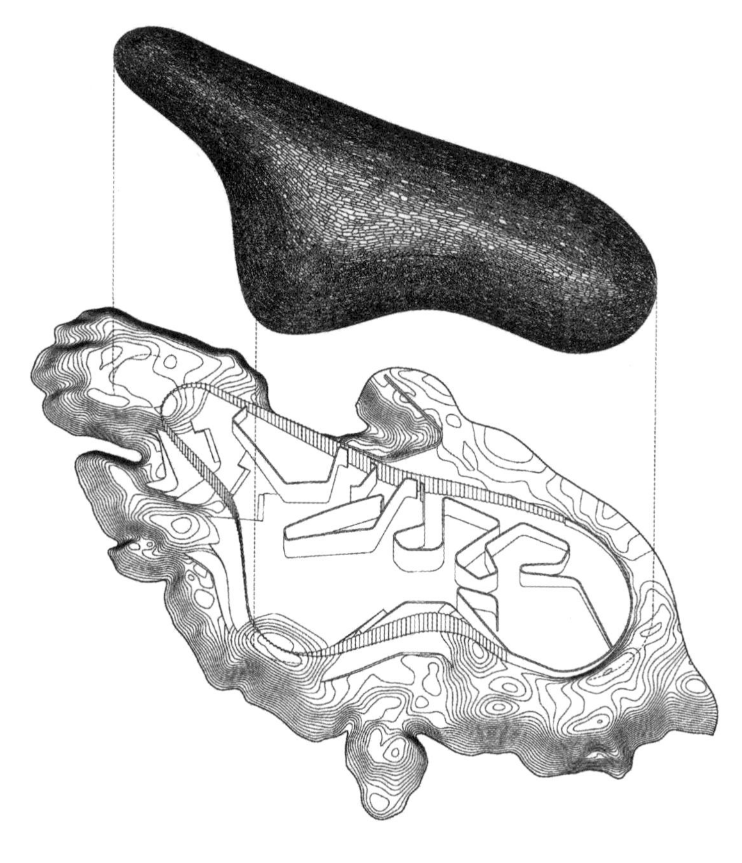

图3.3-15　创造了独特的景观地貌

图3.3-16　内部的功能空间

识别性，因而设计师借助一条“鲸鱼”延续了基地的自然景观——微微隆起的地面自然地创造出建筑内部的空腔（图3.3-14），同时也构成了独特的景观地貌（图3.3-15）。其次，基地所处的海洋环境能够使人联想到鲸鱼，从而在建筑和海洋之间搭建了直接、清晰、简明、形象、易于理解的联系。而且鲸鱼的形象早已融入了当地文脉，是一种地域文化的呈现，满足大众能快速联想和理解项目功能的要求（图3.3-16）。

弗兰克·盖里极具个人特色的建筑设计很多都是基于鱼的联想与想象。弗兰克·盖里从小受犹太文化影响，鱼在他的眼里是生生不息的象征，是救世主的化身。童年时期的弗兰克·盖里就具有恋鱼情结，而鱼成为他创作的本能联想对象。他将建筑形态与鱼联想在一起。借鉴鱼的鱼鳞、鱼尾、鱼形进行建筑设计的表达（图3.3-17～图3.3-19）。

图3.3-17　El Peix鱼雕塑（西班牙，1992）

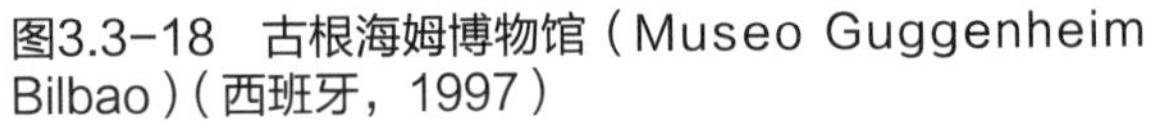
图3.3-18　古根海姆博物馆（Museo Guggenheim Bilbao）（西班牙，1997）

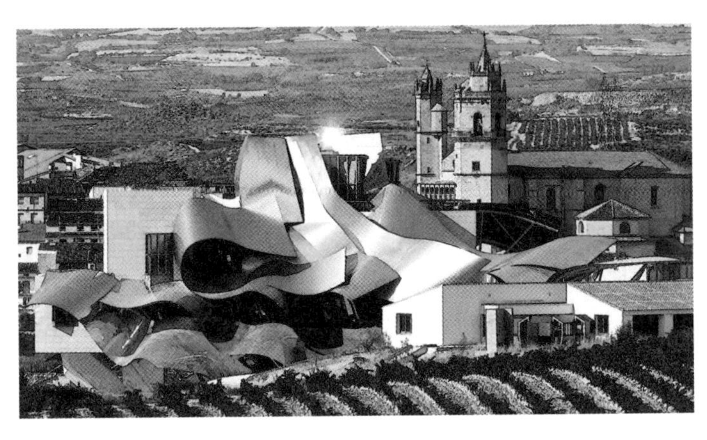

图3.3-19　Marques de rascal酒店（西班牙，2005）

3.4　策略实施的途径和手段

环境艺术设计的对象主要是空间，人与空间不仅通过“环境”进行连接，而且反过来会影响、改造、作用于环境空间。空间也是物体存在或运动的三维概念，而设计者正是通过具体的空间组织手段和空间形态的组合进而控制和限定环境空间。因此，“空间设计”成为推进和实施设计策略的主要途径和手段。

3.4.1　空间组织的手段

空间组织方式和逻辑是帮助设计师实现项目设计目标、完成项目功能和塑造项目形象的重要手段，同时也直接决定着空间结构和形式。空间组织的基本手段将指导设计者如何生成空间。

1. 网格法

网格法就是按照网格所限定的结构方式形成新型的空间构成方法，具有较强的规律性，是最常见、最简单和最实用的空间构成法。网格作为设计的一种规范性术语，可大可小，可以承载万丈高楼也能贯穿于园林草木中，它不可见，但它置身于一切事物之中。

从平面图的布局上来看，首先设计者需要建立一个基本网络，进而依据网格的秩序放置参考点和参考线，在此基础上进行空间的布局（图3.4-1）。通过网格法生成的空间可以避免诸如园路、廊架或座椅等没有与建筑门窗恰当对齐的问题。

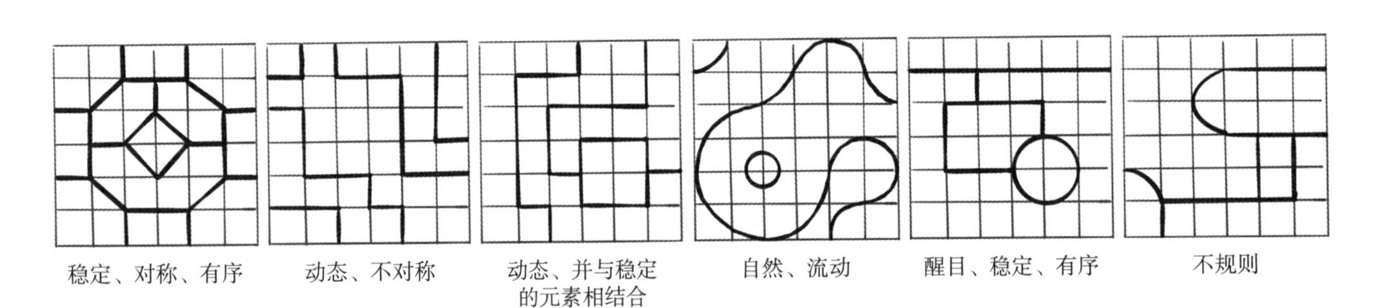

图3.4-1　网格法

通过网格法能够清晰地区分实体和虚体，形成空间虚实的对比，进而增加空间的立体感（图3.4–2）。从两种布局对应的庭园景象能很直观的看到同一种空间生成手段形成的不同空间形态（图3.4–3）。

这个庭院设计以图案为基础，形成了合理、有效的庭园布局结构。用网格作参照进行设计，可以增加场地的秩序感（图3.4–4），参考网格要根据重要的建筑元素如门窗和房屋转角等绘制。

例如在设计一个建筑周围的景观时，靠近建筑的区域建议采用较小的网格，外围区域则可采用3倍的网格，同时需要注意与建筑的关系（图3.4–5）。

当场地被划分为多个区域时，要以一个区域为主，避免形成几个大小相似的区域，若将网格旋转至对角线，则能够突出草坪的位置（图3.4–6）。

外围部分的网格尺寸也可以是建筑周围的4倍，能够划分多个长方形区域，从而赋予了庭园方向感，并且暗示出几个视线方向（图3.4–7）。

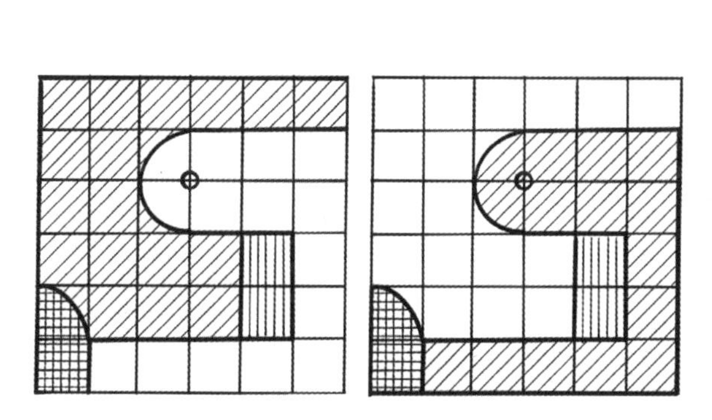

图3.4–2 依据网格法形成空间虚实的对比

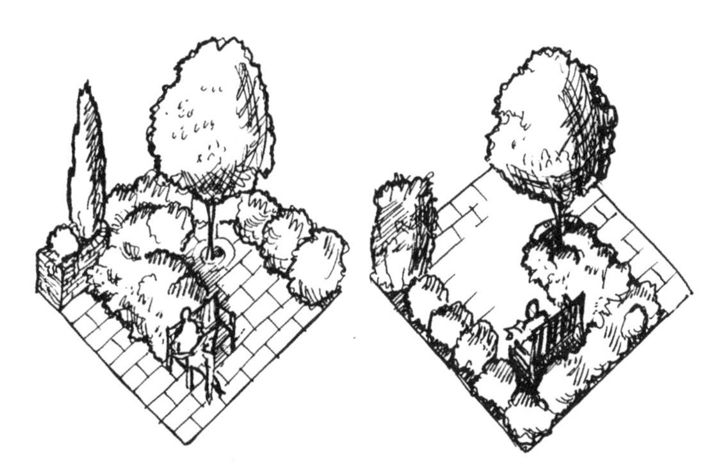

图3.4–3 依据网格法生成不同空间形态的对比

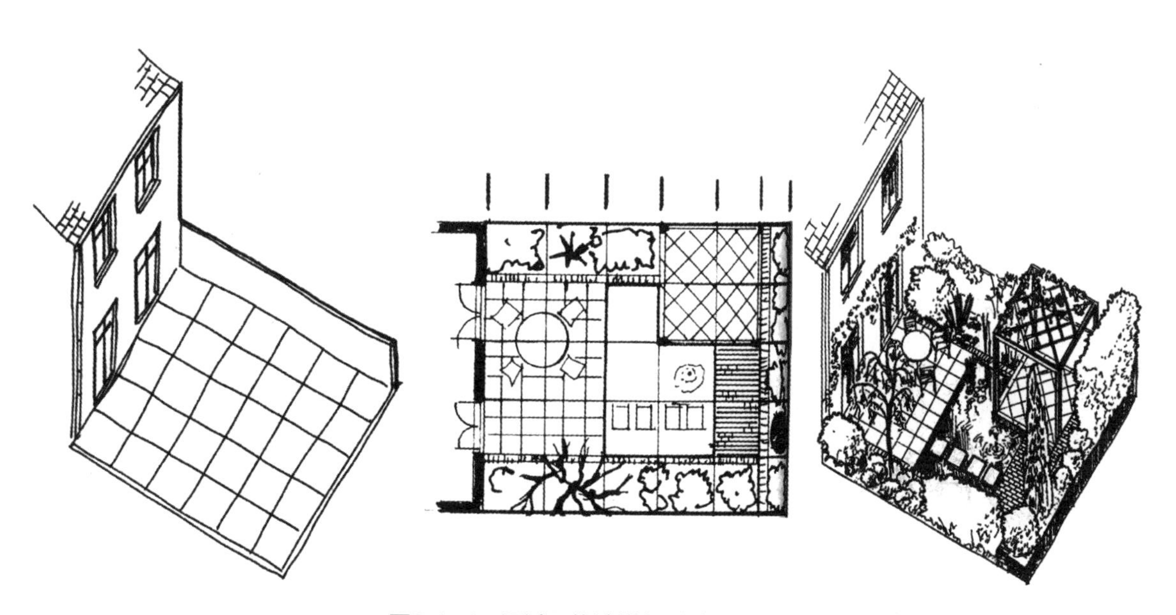

图3.4–4 通过网格法增加秩序感

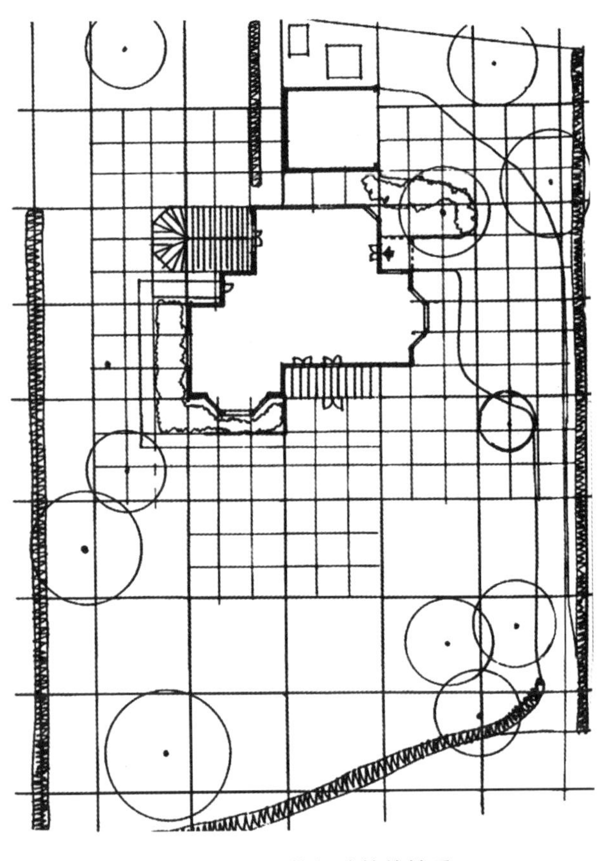

图3.4-5　网格与建筑的关系

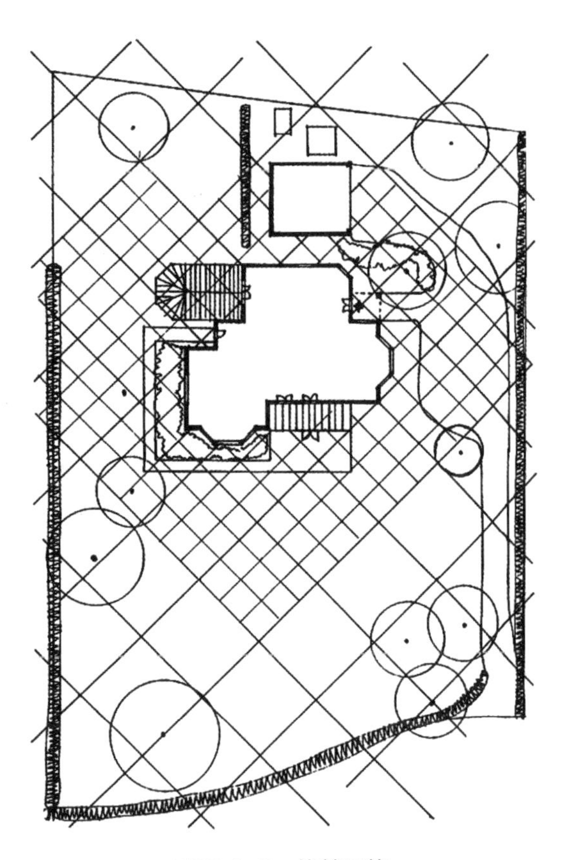

图3.4-6　旋转网格

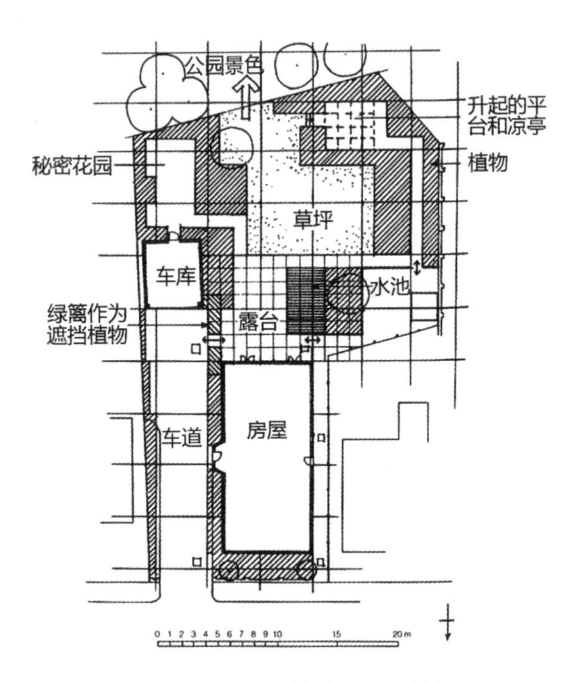

图3.4-7　利用网格法暗示视线方向

在基础的网格法之上，设计者可以丰富网格的词汇和句法，进而丰富空间形式，网格的演变途径包括网格的旋转、网格的叠加、网格的镶嵌等。

若以圆形为构图主题，那么圆形的水池则具有很强的向心性，同心圆也增强了场地的凝聚性（图3.4–8）。

若以45°网格构图，各个区域之间则能够形成相互镶嵌的关系（图3.4–9）。

若网格旋转至对角线方向，则能够增加空间的进深感（图3.4–10）。

网格的选用既与设计师的主观倾向有关，也是客观条件限制的结果。一方面，由于经验积累、审美范式等因素的影响，设计师具有一定的主观选择性，有的设计师喜欢用矩形网格形式，有的则喜欢复合式的网格形式。例如设计师伯纳德·屈米就会使用这种结构较为复杂的网格形式，网格之间能够呈现出叠加和立体拼贴的效果。随着应用经验的积

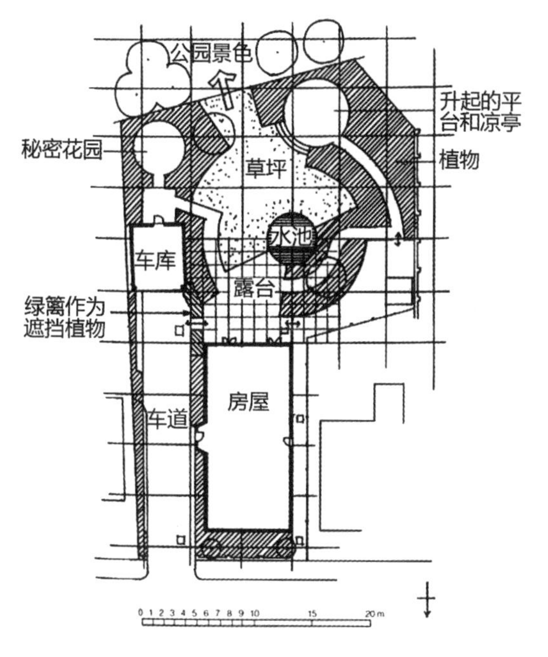

图3.4-8　以圆形为构图主题的网格法应用

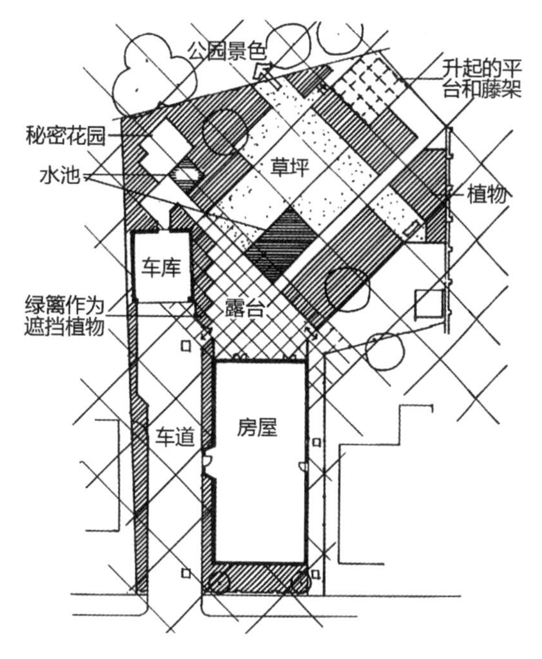

图3.4-9　以45°网格构图

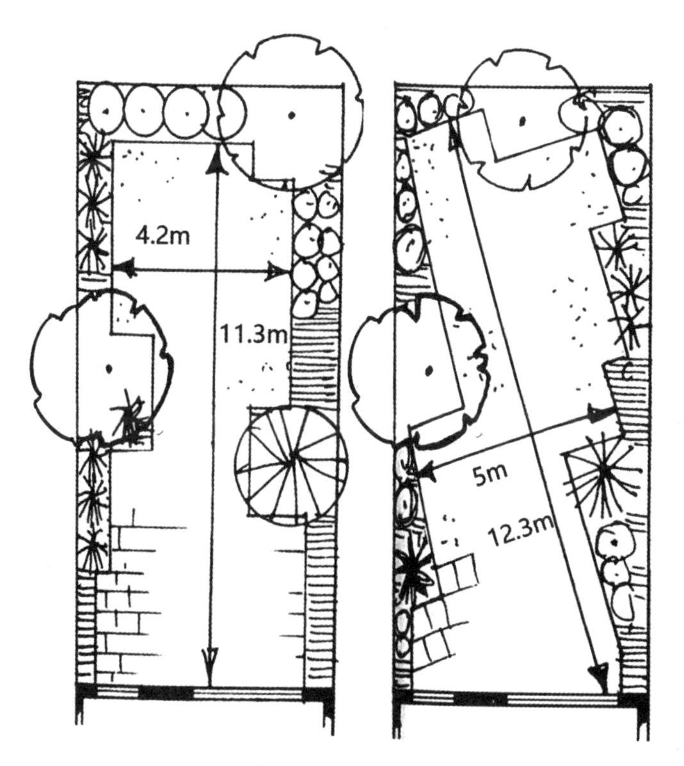

图3.4-10　利用网格法增加空间的进深感

累，这种网格形式也会变成设计者独特的设计语言。另一方面，在选取网格时，场地本身的地形地势、道路的人流分布、建筑的形态和位置、技术等因素都会直接影响网格的选择。因此设计者需要在考虑客观因素的基础上，发挥网格设计的主观能动性。

2. 轴线控制法

轴线控制法就是用轴线组织空间的方法，它不是具象的、可见的线，而是设计师用来进行空间设计的抽象依据和规则，它仅仅存在于设计图纸上。轴线具有支配全局的作用，空间与要素需要按照设定的轴线进行有秩序的排布，其作为空间的组织原则具有一定的引导作用。

在景观、建筑设计中主要包括单轴、放射轴线和组合轴线控制法（图3.4-11）。用单一轴线进行空间或要素的串联和组合方法就是单轴控制法。以某一中心点为原点，轴线呈放射状排布的方法是放射轴线控制法，其景观各元素沿中心向外延伸，并且交汇点在各方面具有主导地位。组合轴线控制法则包括平行轴线和相交轴线两种控制法。在建筑中，单轴线控制法常常应用在古典建筑和具有仪式感的项目中，例如印度的泰姬陵就是通过轴线控制法对环境空间进行布局。泰姬陵坐北朝南，与陵园大门、中心的喷水池居于景观的中轴线上，南北走向的甬道、中心的十字形水池、草坪、树

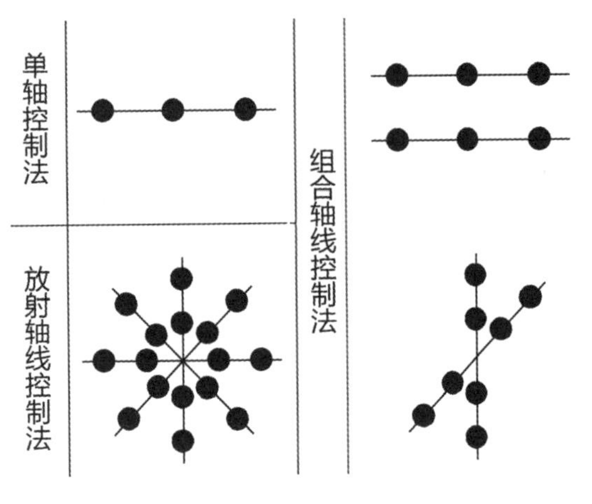

图3.4-11　单轴、放射轴线和组合轴线控制法

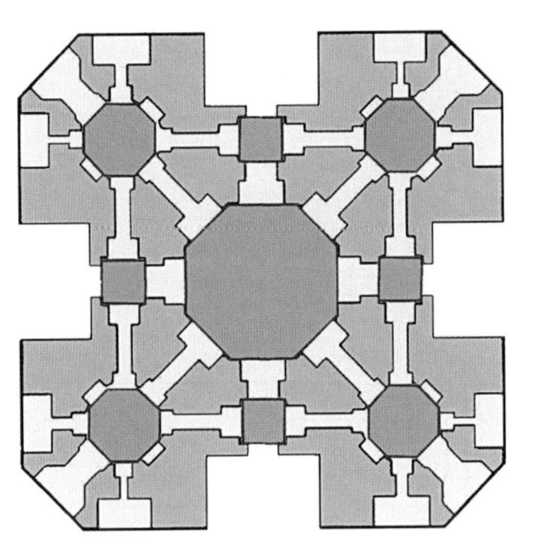

图3.4-12　八边形对称的建筑

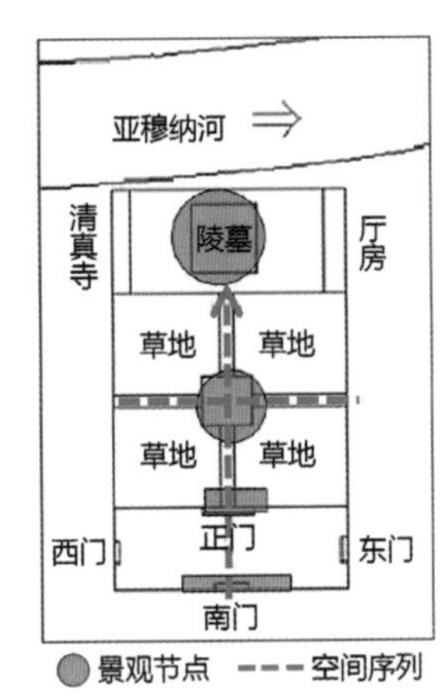

图3.4-13　利用轴线对称营造宗教氛围

图3.4-14　泰姬陵

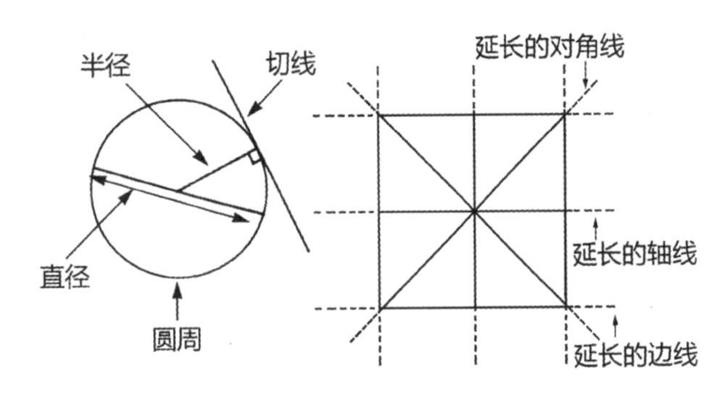

图3.4-15　空间的基本形态

木都沿着中轴线东西对称，且陵墓也是按轴线对称的八边形建筑（图3.4-12），完美的轴线对称关系营造出庄严、神圣的宗教氛围（图3.4-13）。崇高、尊贵的氛围感又与华丽的建筑、优美的爱情故事、丰富的光影效果相结合，成功使泰姬陵（图3.4-14）赢得了全世界人的瞩目，成为世界“新七大奇迹”之一。

3.4.2　空间形态的组合

在环境空间中，空间的形态更多的是由多个基本形态或变体组合、组织而成（图3.4-15、图3.4-16）。圆形和矩形就是最基本、最常用的空间形态，这也是和建造技术、建造材料密切相关的。圆形最重要的是其圆心、半径、直径、圆周和切线；而方形最重要的是边线、轴线、对角线以及它们的延长线。设计者可以通过控制各种基本形的基本要素来塑造空间形态组合时的多样变化。

设计者需要考虑如何选用、配置和组合这些基本形态。基本形态不同，以及基本形态的组合不同，构成的空间形态也不相同。对相同的形态进行组合能够给人简明和富有韵律的感受（图3.4-17），对不同的形态进行组合则能够产生变化丰富、绚丽的效果。例如不同的圆形形态互相组合，会给人活泼、包容、有动感等感受（图3.4-18）。复杂的形态与简单的形态组合就会形成对比与反差，若处理得当就会产生一种匹配、协调的效应，大小的形态组合也是同理。

不同的形态组合方式所构成的空间形态不同，

所带给人的空间感受也不尽相同。例如：相同方形互相组合，会给人清晰、规整、严谨等感受（图3.4–19），而不同长宽比的方形互相组合，长边会给人深远的感受（图3.4–20）。再例如方形和圆形按倾斜轴线排布会给人运动感、张力感，按照垂直轴线排布则给人重力感、平稳感（图3.4–21）。总之，在环境空间设计中，不仅要精心选择形态，还要对形态的组合、安排多加考虑，进而达到更优的空间形态组合。

空间形态组合、变化的多样性，使得设计师能够发挥创造性、施展自己的才华，使环境空间形态呈现出多姿多彩的景象。各类空间形态之间相互组合时，通过控制组合手法能够得到不同的形态结果。常用的组合手法大致有叠合、穿插、并列和串联等（图3.4–22）：

叠合：将多个体层层叠加起来，参与叠合的体的大小、形状没有要求，最常见的例子就是现代的多层建筑，通常是大小、尺寸、位置和形态不同的体块叠合而成。

穿插：不同的体块相互交叉插入，例如建筑外挑的阳台就是运用了穿插的手法，打破体块的单调感，丰富了视觉效果，并且使用者能够明显的感受到体块的变化，利于营造不同的空间氛围。

并列：将不同的体块并排放置的手法，多个形态相近的体块并列会给人以韵律感和秩序感，不同形态的体块并列则会产生对比给人鲜明的变化感。

串联：不同体块之间相互独立但用部件相连的手法，常常用在园林或建筑群中，用廊道连接各个

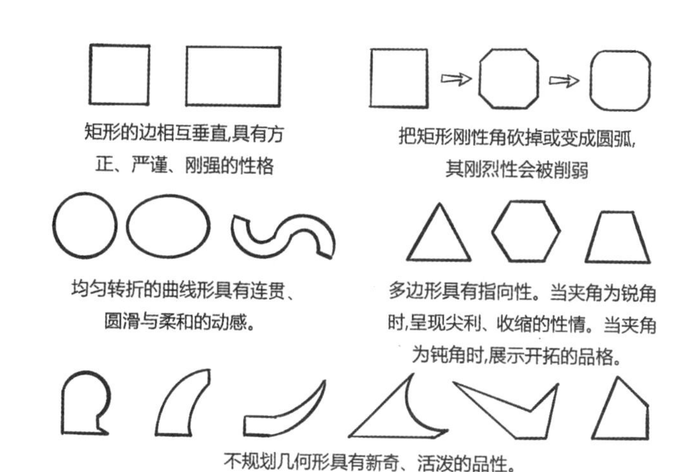

图3.4–16　基本形的变体

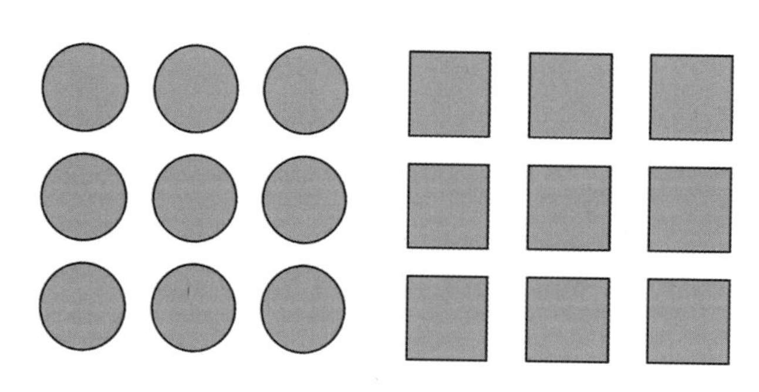

图3.4–17　相同的形态的组合

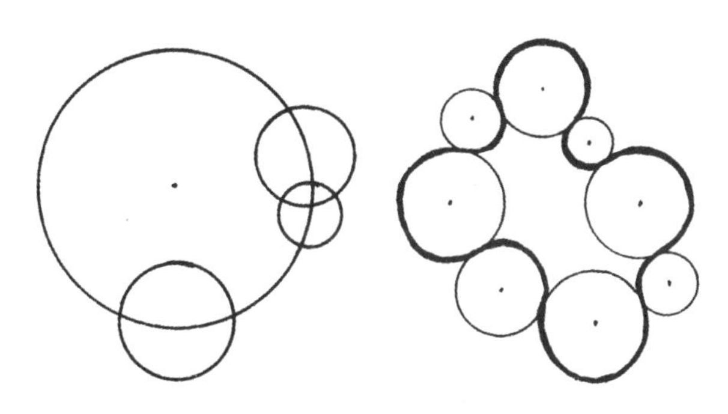

图3.4–18　不同的圆进行组合

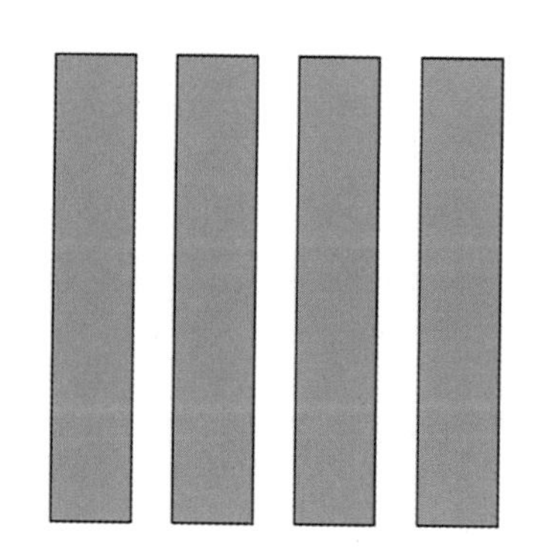

图3.4–19　相同方形互相组合

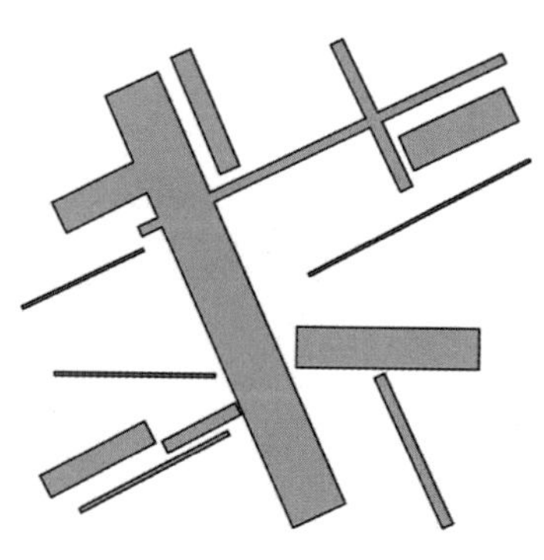

图3.4–20　不同长宽比的方形互相组合

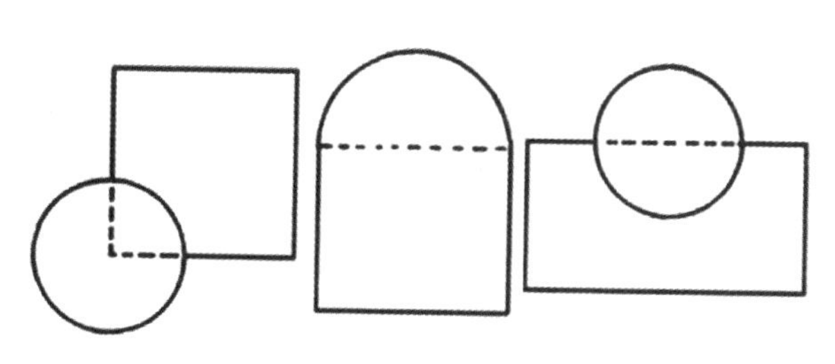

图3.4–21　不同基本形态的组合

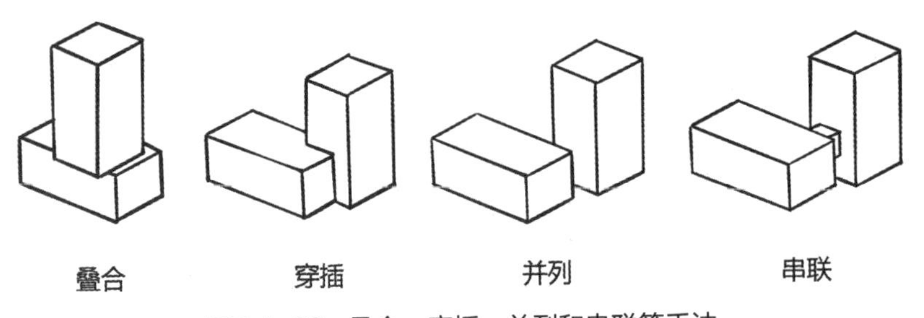

图3.4–22 叠合、穿插、并列和串联等手法

空间，使人的心情随着区域的变化而变化，产生跌宕起伏的游览感受。

总的来说，空间形态是变化无穷的，并且组合手法也是多样的；空间形态组合手法可以单独使用也可以同时使用，根据环境空间满足功能和形态所需，从而营造出最佳的氛围。

3.4.3 多重途径（综合性途径）

对于一个大型、综合性的项目来说，仅仅依靠空间手段是远远不够的，还需要在空间途径的基础上结合多种手段，包括经营手段、活动内容、生态手段等。严格来说，实际上任何一个项目都是多重途径的，只不过侧重点不同罢了，虽然最终都是通过空间形式和组织承载并表现出来，形成视觉形象及风格。

以布鲁克林大桥公园的设计为例，为了缓冲波浪冲击、保护周边社区设计置入了多重土丘系统。通过对空间形态的组织，保证了冬季的光照又以多种不同的方式遮挡了来自各个方向的寒风，还可以吸收来自布鲁克林–皇后区高速公路的交通噪声，保证了公园内部的清静舒适感，同时形成了分层土丘的视觉形象（图3.4–23、图3.4–24）。

为了适应场地的水质环境，设计师根据地形和与水岸的距离布置当地耐盐碱的植物（图3.4–25），以植物作为岸线巩固的措施；种植土壤的选择也偏沙质（图3.4–26），以砂质土壤加速透水和排走盐分。与此同时也营造出极具特色的景观。

为了激发场地活力，设计方案不仅预留了大型集会场地（图3.4–27），还在2号码头

图3.4–23 多重土丘系统鸟瞰图

图3.4–24 多重土丘系统平视图

图3.4-25　互花米草营造的“盐沼花园”

图3.4-26　砂质土壤

图3.4-27　1号码头举办音乐会

图3.4-28　2号码头的运动场

设有3个全尺寸篮球场、手球场、运动健身器材、溜冰场以及多用途的草地，吸引民众体验（图3.4-28）。不仅塑造了一个能够长久发展的文化场所，也构建出人融于自然的和谐景观。

3.5　设计方案的发展与优化

发展与优化设计方案就是在设计推演中思考、验证初步方案的好坏与利弊；通过分析研究，最终得到一个最优的实施方案的过程。设计方案的优化还可以通过多方案的比较，进而优选出处理问题的最优解。而这种思维的创造过程需要落实在一定的表达媒介上，从而便于设计师之间、设计师与业主之间的沟通和探讨；而它反过来又能推进方案的深化。设计方案发展与优化的内容应包括对形态、过渡、尺度比例、材质色彩、穿插等各种关系的推敲，其具体的表达媒介包括平面图、立面图、剖面图、分层图和模型分析等。

3.5.1　平面图分析

平面图的调整应注意各个功能区块的布局关系、与周围环境的关系、动线组织、光影关系，空间的位置、形状和大小关系以及空间内要素的布局等。例如在对比不同方案时应统筹空间中各功能区块的布局关系，预留充足的公共活动场地，设置多样的公共设施，使空间能够满足使用者交往与活动所需，并考虑使用者所处空间对其情绪的影响进而优化不同区块的面积比例；不断改善空间内交通流畅性和安全性，调整机动车道、自行车道、人行道和消防车道的位置与关系，做到人车分流，并不断优化各类流线之间的关系。此外还需要考虑观者使用空间的整个过程的体验，调整空间中功能区布置和局部要素设计的秩序感和层次感等。平面规划与设计是设计发展的重要支点，只有良好的平面设计才能营造出好的空间效果。

北京奥林匹克森林公园就是在多方案的对比优选之下实施的，在Sasaki设计的总体规划基础之上（图3.5–1），Sasaki和THUPDI共同优化了总体规划（图3.5–2）。方案延续了中华文明五千年纪念大道的理念，并融入了“从城市通向自然和自然通向城市”的概念，最终将景观规划方案命名为“通往自然的轴线”。该方案中虽然仍是以北园山为主水为辅，南园与之相反的布局，但设计师用大型的、整块的草板将南园和北园串联起来，进而使中轴线隐藏于山水之中。而实施方案进一步对设计范围和内容进行了择优调整，最终设计范围确定为北区（图3.5–3）。公园占地680hm^2，位于紫禁城南北中轴线的北端，公园、许多国家古迹和景山沿着中轴线完美地排列在一起，气势磅礴，其延伸了北京城中轴线，并将这条城市轴线完美的融于自然中（图3.5–4）。

3.5.2 立面图和剖面图分析

立面图分析是在平面功能初步落实的基础之上，进行空间立体关系和外部造型的推敲。应表达出空间在垂直方向的尺度和高差变化，并综合考察横向和竖向上要素之间的空间距离、空间关系，植物的层次变化，构筑物的尺度，小品位置等。应对照平面图确定空

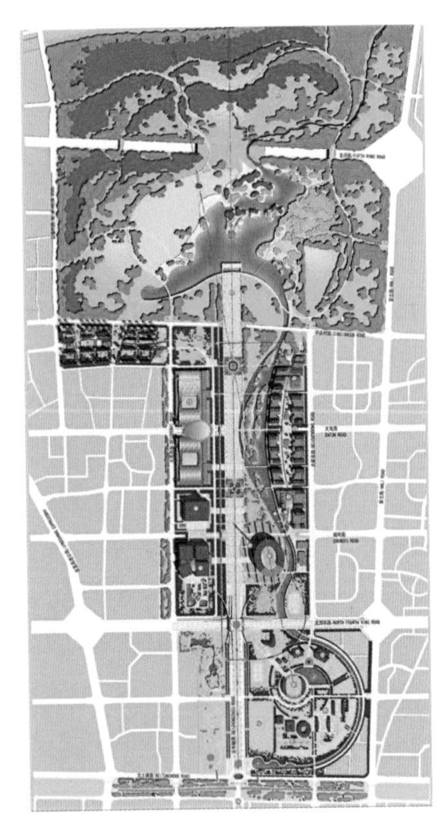

图3.5–1 Sasaki设计的总体规划

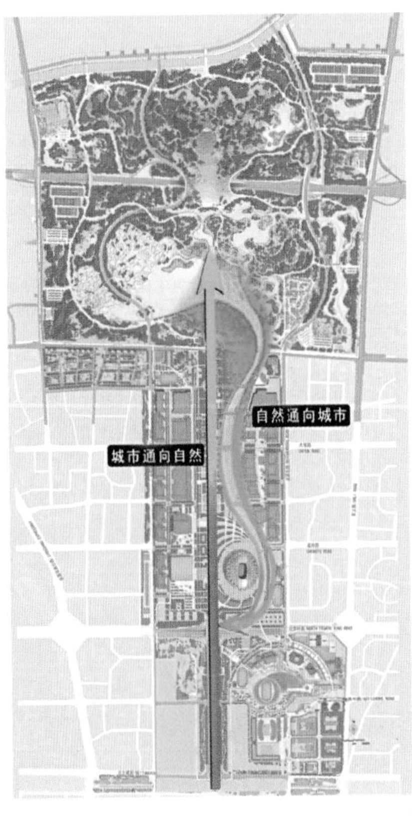

图3.5–2 Sasaki和THUPDI共同设计的总体规划

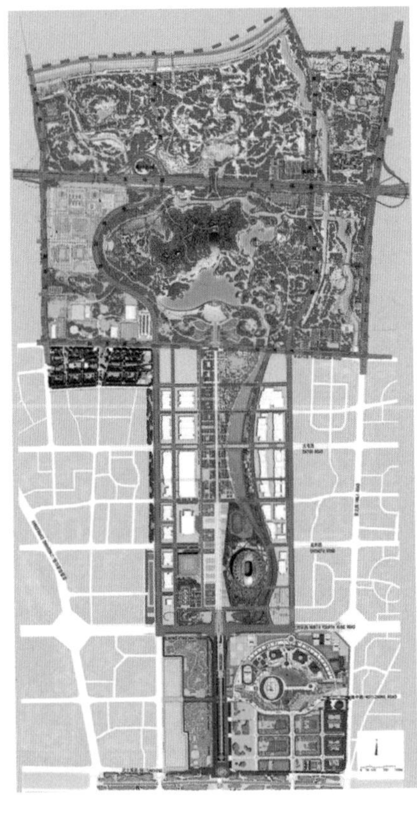

图3.5–3 实施计划

图3.5–4 奥林匹克森林公园的总平面图

间立面造型、尺寸，并标注各部位的相对标高以及详图索引符号。还应注意空间内部元素的分布、形态，调整比例和尺度关系。在立面中添加配景的车辆和人物能够反映图纸的尺度感。

设计师需要对空间的动态变化进行分析，可以通过剖面图进行推敲与表达。在进行了前期分析和平立面图的推演之后，设计师不仅应明确要强调和主要表达的设计内容，尤其是要对场地中个性化的设计进行表达，还需要表达场地内各种细部元素之间可能存在的相互关系。剖面图的调整首先要考虑高差和空间层次关系，以及内部各要素的尺度、构造、材质、形态关系以及横向、竖向交通的连接方式——这实际上是从另一个侧面补充平立面图的细节，反映竖向关系、前后关系和细部的做法。设计师还需要对照平立面推敲剖面的结构，尤其需要表达重要或比较复杂部分的构造、尺寸，并考虑各种因素对场地的影响，并结合具体的采光、通风和动线等因素进行分析与表达。对于剖面的绘制，设计师首先要明确被剖空间的结构，哪些是被剖到的，哪些是没有被剖到但看得到的；其次要选择好最佳观看方向，哪个方向能更好的展示出细节；最后还要注意空间层次感，营造由近及远的视觉感受。

赫尔辛基中央图书馆方案设计中，设计师在剖面中推敲了建筑的具体形态和构造，并分析了剖面中不同功能区布局和空间中阳光、灯光、风、植物、人、书架等元素的关系；同时通过剖面表达出建筑与周边环境中的高差关系、空间要素的异同及交通情况的分析结果等（图3.5–5）。

至此，方案中的空间、动线、围护、结构、造型等应该基本成型。分层图和模型图将作为方案的收尾工作，将该阶段的调整、发展之后的成果如实而充分的呈现出来，同时成

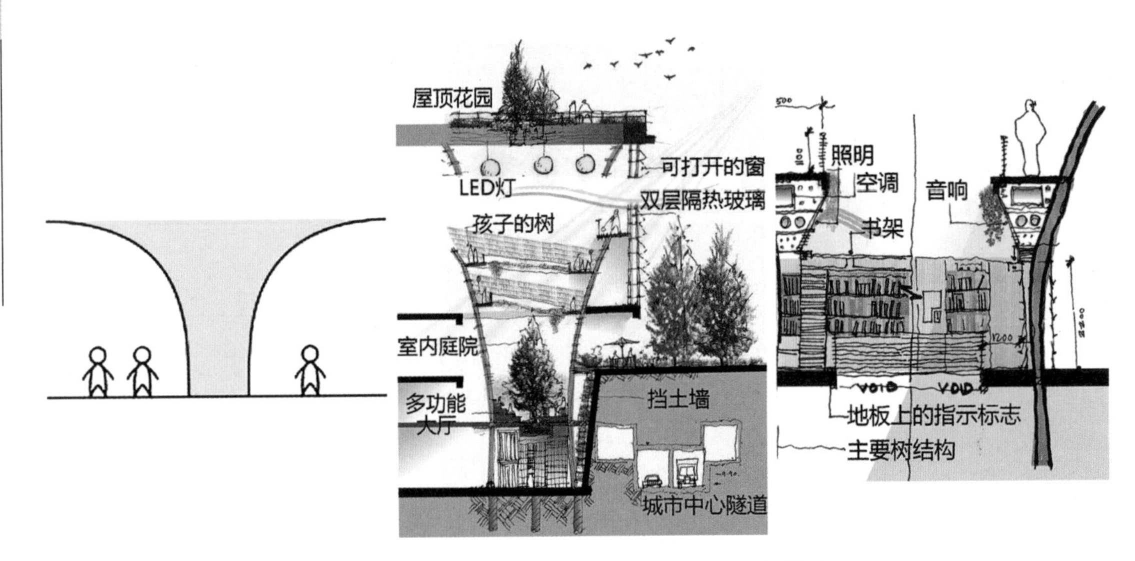

图3.5-5 赫尔辛基中央图书馆方案剖面分析推演

为指导深入细化设计的重要依据。

3.5.3 分层图和模型分析

1. 分层图

分层图就是将场地中的各种信息进行归纳后，按照一定的逻辑进行分类后的拆分和叠加表达，从而使得信息表达更加清晰、生动、直接和准确。它可以把场地的分层信息融入同一张分析图中，并进行立体化的表达，便于设计师对场地有更为整体和直观的理解。

首先，不同的层级图应按照一定顺序进行排布，每一层级表达不同种类的信息。并且分层图需要有明确的范围，设计师需要选择以场地边界、圆形或其他形状作为分析图的边缘。其次，每一张分层图都有对应的图例，不仅可以通过线的粗细、虚实、疏密以及颜色的饱和度高低、渐变、色相差异，还可通过点的密度、大小差异、图的关系等来进行图解表达（图3.5–6）。

分层图具有立体化、形象化表达信息的优势，并能达到对信息分类、归纳、对比的目的。举例来说，一张分层图的不同层级可以由下到上排布，依次为卫星图、主要道路和分区图、车行流线图、车行速度图、城市肌理图、开放与封闭空间分析图、功能分区图、可达性分析图，具体分析信息根据项目不同有所差异。

例如Logon建筑事务所青浦湿地的设计中，为了使密林层、灌木层、立体交通和中心湿地的设计融入场地中，将这些要素与场地地形叠加在一起进行分层设计分析。设计通过植物净化污染，完善了雨水收集、净化和再利用的系统，以立体交通控制人车流量，恢复生态多样性，促进了环境的平衡（图3.5–7）。

Biesbosch博物馆岛（Biesbosch Museum Island，荷兰，2015）项目中，为了对减少能耗、污水处理、就地取材等手段进行分析，将回收的钢结构，基础和屋顶板、绿色屋顶、柳树过滤器（净水）、地面墙作为热缓冲、地板供暖/制冷、生物质加热器、河流冷、太阳能耐热玻璃、水轮发电、当地柳树用于生物质加热器、当地的水和餐厅的食物的要素进行了分层分析，同时也表达出了建筑、室内、水体模型和淡水潮汐公园的空间关系（图3.5–8）。

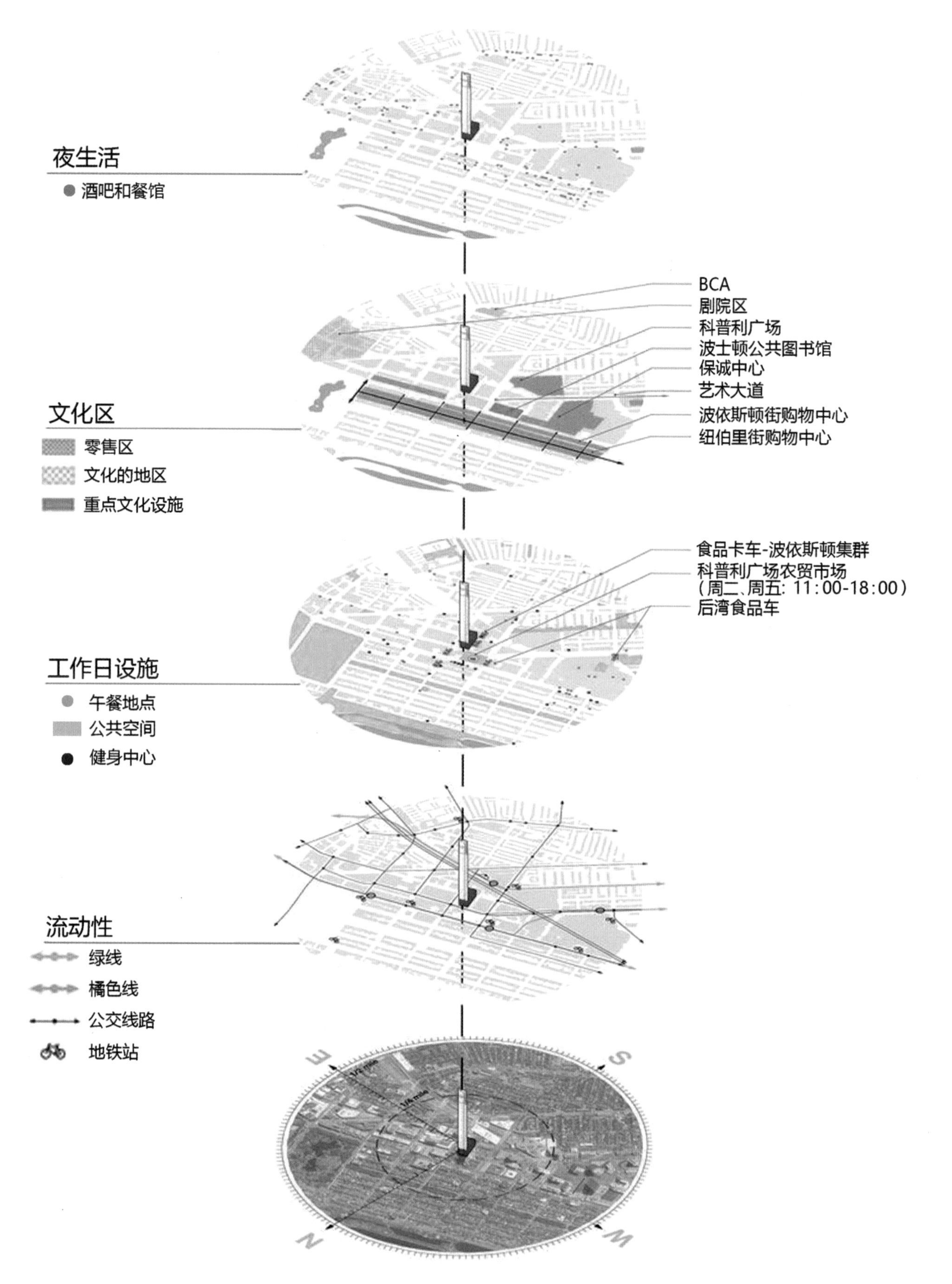
夜生活
酒吧和餐馆
BCA
剧院区
科普利广场
波士顿公共图书馆
保诚中心
艺术大道
波依斯顿街购物中心
纽伯里街购物中心
文化区
零售区
文化的地区
重点文化设施
食品卡车-波依斯顿集群
科普利广场农贸市场
（周二、周五：11:00-18:00）
后湾食品车
工作日设施
午餐地点
公共空间
健身中心
流动性
绿线
橘色线
公交线路
地铁站
E
S
N
W

图3.5-6　分层图样例

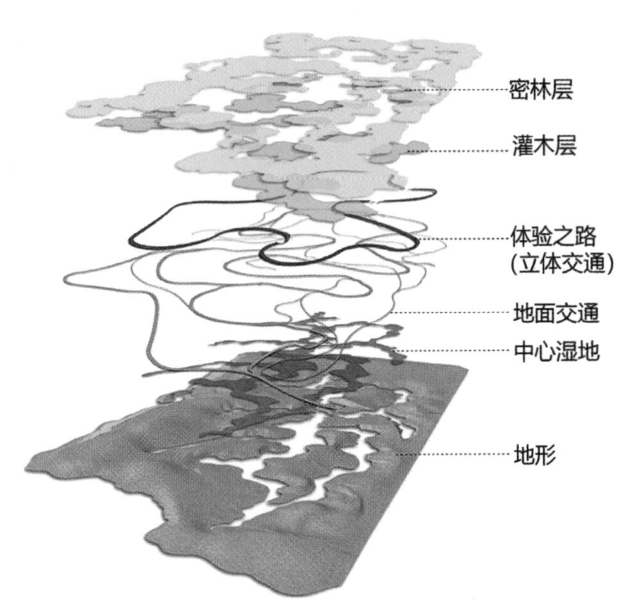

图3.5-7　青浦湿地设计分层图分析

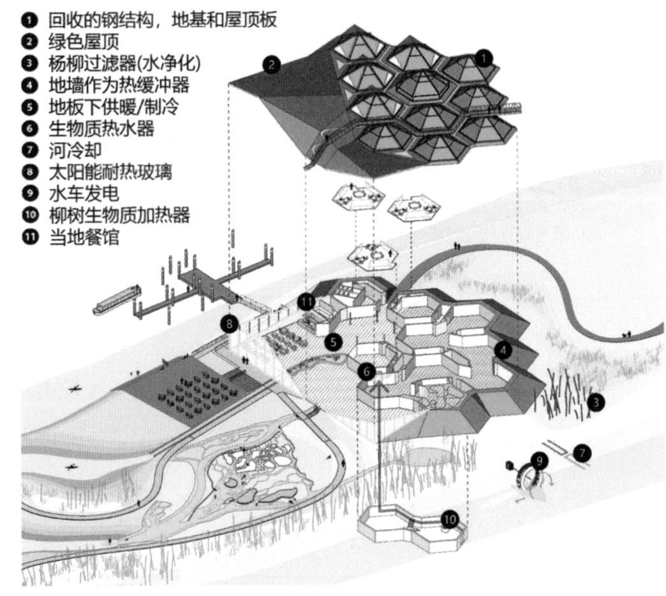

图3.5-8　Biesbosch博物馆岛分层图分析

达卡大学 Shomaj Biggyan Chattar 景观广场（Shomaj Biggyan Chattar at University of Dhaka，孟加拉国，2016）为使场地更具活力，通过景观进行干预，还运用了建筑手段为项目增加视觉焦点。因此，将植被、干预手段和特性、场地底层设计进行了分层分析（图3.5-9）。

2. 模型分析

利用电脑三维软件或实物模型对初步方案进行“预搭建”，模拟出方案实施后的效果，从而便于设计师能够更细致、更切身地分析设计方案，找出存在的不足之处。设计者需要通过模型考量空间的尺度、比例和体量关系。实体模型是设计者切身体验空间的过程，在设计构思阶段，手工草模能够快速记录设计最初的灵感，辅助设计推敲。而在方案深化阶段，手工模型使设计者能通过四肢和其他感官感知到空间的形态、尺度和材料的真实性，有利于其获取直接感受和对建造过程的理解，进而有利于其对空间形态的推演、尺寸的推敲、材料质感的把握进行理性的思考（图3.5-10）。

例如OMA事务所设计的Jussieu图书馆（Jussieu-Two Libraries，巴黎，1992）就是利用纸片制作草模，进而推演出建筑形态。设计师利用纸片辅助建筑

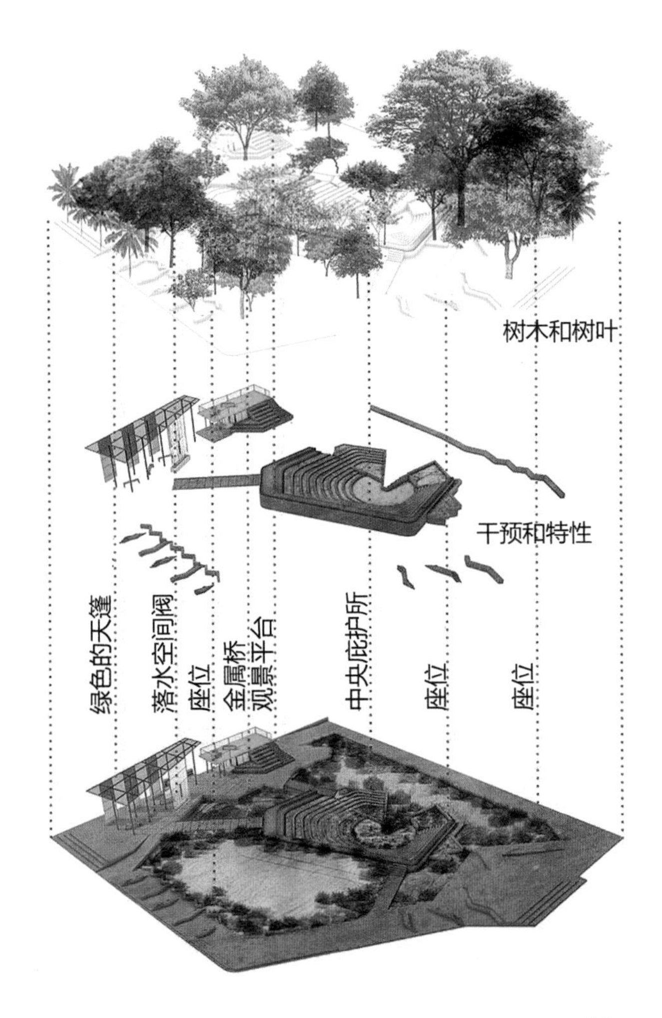

图3.5-9　达卡大学Shomaj Biggyan Chattar景观广场分层图分析

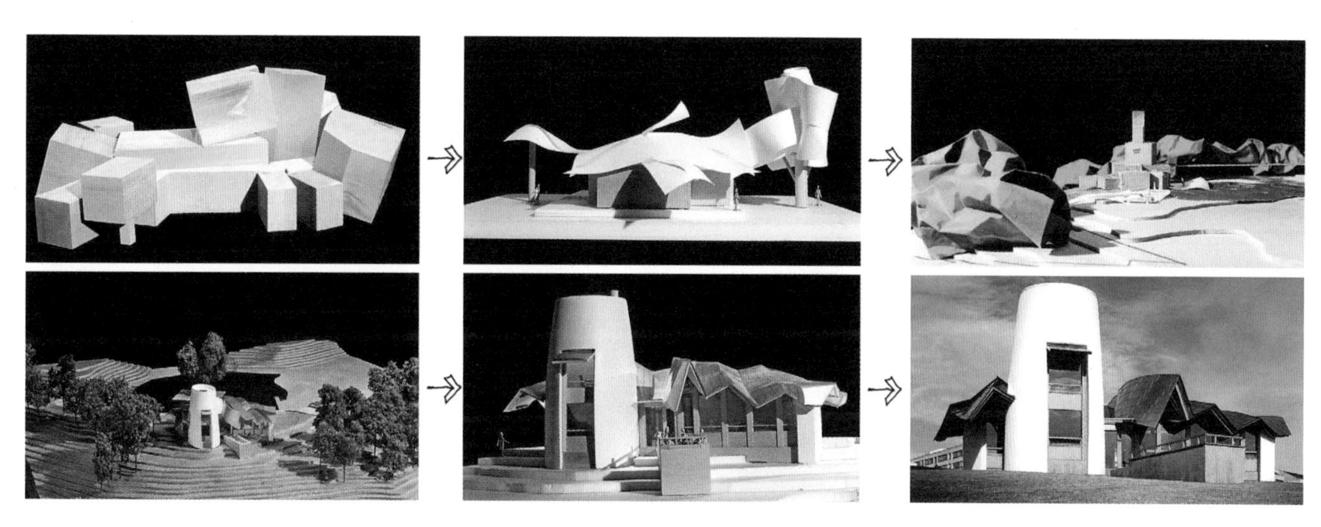

图3.5-10 Frank Gehry设计的Dundee Maggie中心模型的推敲过程

的推演，巧妙地借用纸张易折叠、可塑性强的特性，模拟了建筑中连续的步道，同时颠覆了绝对水平和建筑基准面的概念；使生成的建筑平面并不在一个楼层之上，同时使建筑的通道为一个完整的轨迹，贯穿整个建筑，好似一条蜿蜒的林荫大道。总之，纸材的灵活性激发了设计师的想象，辅助了模型推演与生成，促使了创意策略的产生：用景观策略解决建筑空间的问题，使设计突破了景观与建筑的边界（图3.5-11）。

有时为了更直观、更详尽地分析和检验设计方案，甚至会做出1：1的模型，例如意大利家具品牌Arper与Lina Bo Bardi合作推出的碗椅。设计师将人置于设计的中心，创造了一种更舒适的“坐”的方式：使用者可以在没有任何机械装置辅助的情况下向各个方向转动座椅，试图引入一种灵活的方式和结构，使椅子适用于人们生活的各种场景，而不仅仅是用来坐着。设计师首先确定了椅子基本的结构：由两部分构成——金属的支撑结构和柔

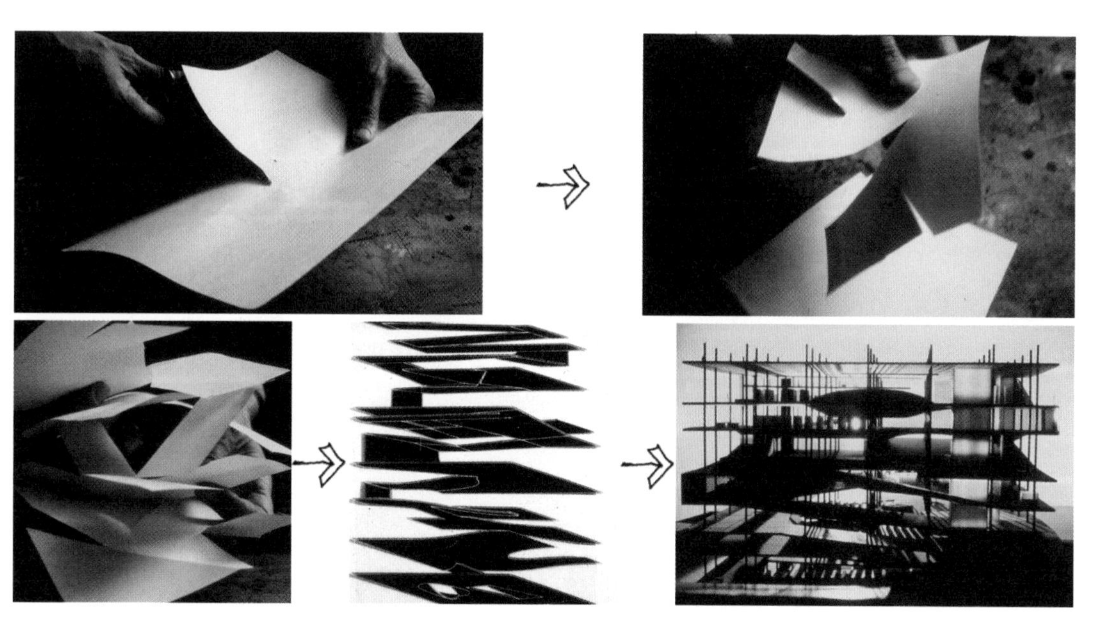

图3.5-11 Jussieu图书馆模型生成过程图

图3.5-12　1：1碗椅模型的制作过程

软的垫子，在确定设计图之后，制作1：1的模型，利用等大的模型亲身体验，获取更真实的使用感受，进而利用体验反馈、完善设计，使椅子符合人体工学并达到更好地为人服务的目的，最终得出具有创造性的设计结果（图3.5-12）。

软件建模分析相较于手工模型更加容易建立，且较易修改。其在设计初期以软件草模的形式辅助设计推敲，在设计末期阶段则起到形象、准确、立体表达空间的作用。设计者可以控制软件模型的大小，既可以缩小模型观察其整体效果或与周边场地的关系，也可放大模型深入刻画空间细部，从而有利于设计者从整体和局部两方面把握设计，使得设计者不受视角限制直观、便捷地浏览和检阅设计的空间。例如建筑师李兴钢设计的记绩溪博物馆的屋顶就是借助软件建模进行设计初期的推演和末期的空间形态表达（图3.5-13）。他通过参数化的手段模拟自然中起伏的山脉，将诗意与情感寄托于此“山”中，在设计初期用于屋顶大致形态的调整和推敲，在设计末期则用于展现设计结果，表达建筑材质、形态、结构和空间布局（图3.5-14）。

上海新天地中庭改造也是用了模型辅助分析。设计师首先利用模型分析了中庭的空间形态和人流方向，然后对干预手段进行分析：一楼通过户外铺地和绿色座椅岛将户外引入；巨大的“格子”长满繁茂的植物，构成了中庭的框架，并成为视觉的焦点；垂直的竖框也建立了一种节奏，增加了室内空间的肌理感和复杂性，丰富了空间的层次感；座位岛使人们能够在中庭中逗留和享受温馨（图3.5-15）。最终，中庭不仅仅是一个冰冷的通道，而是一个模糊了室内外边界的花园，成为能与人互动的充满活力的室内广场（图3.5-16、图3.5-17）。

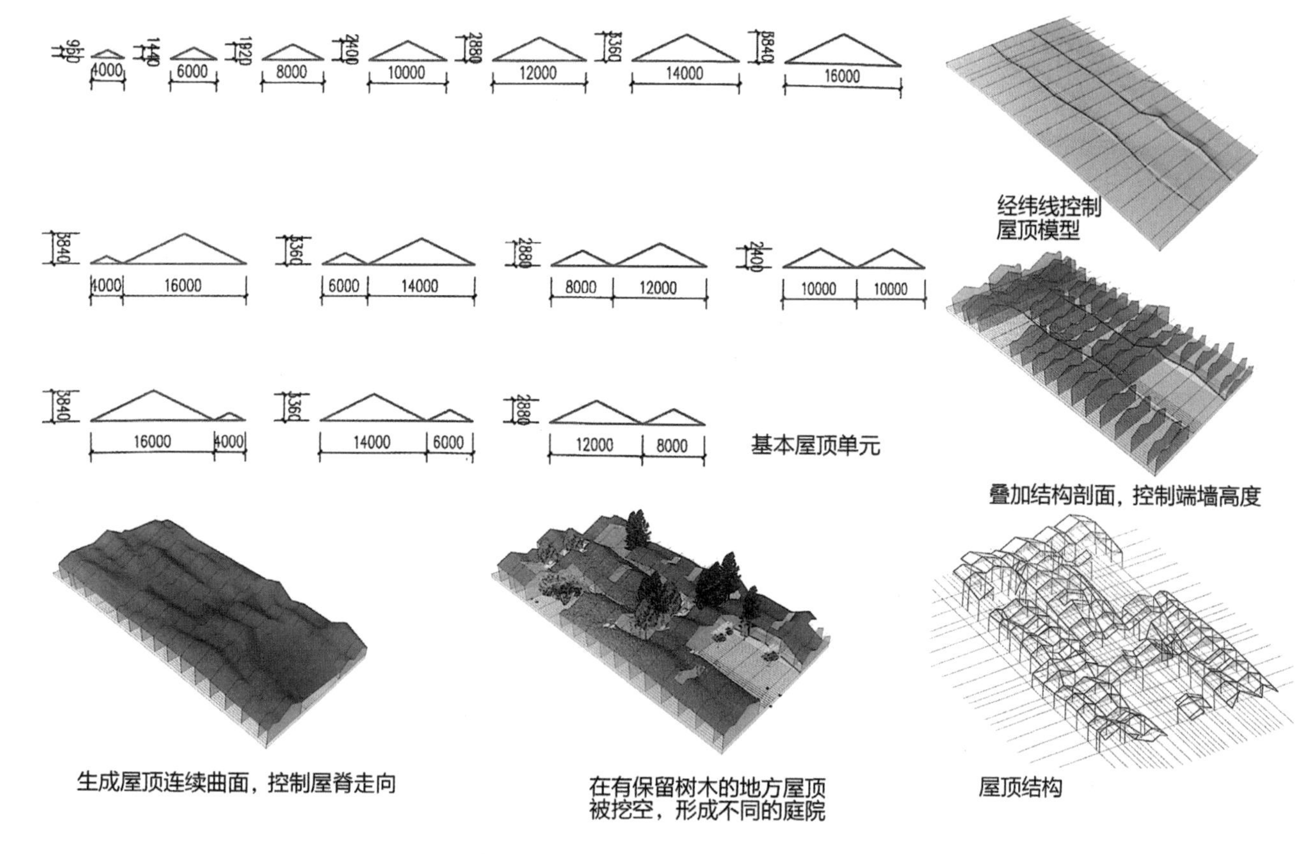

图3.5-13　用软件模型推敲屋顶设计

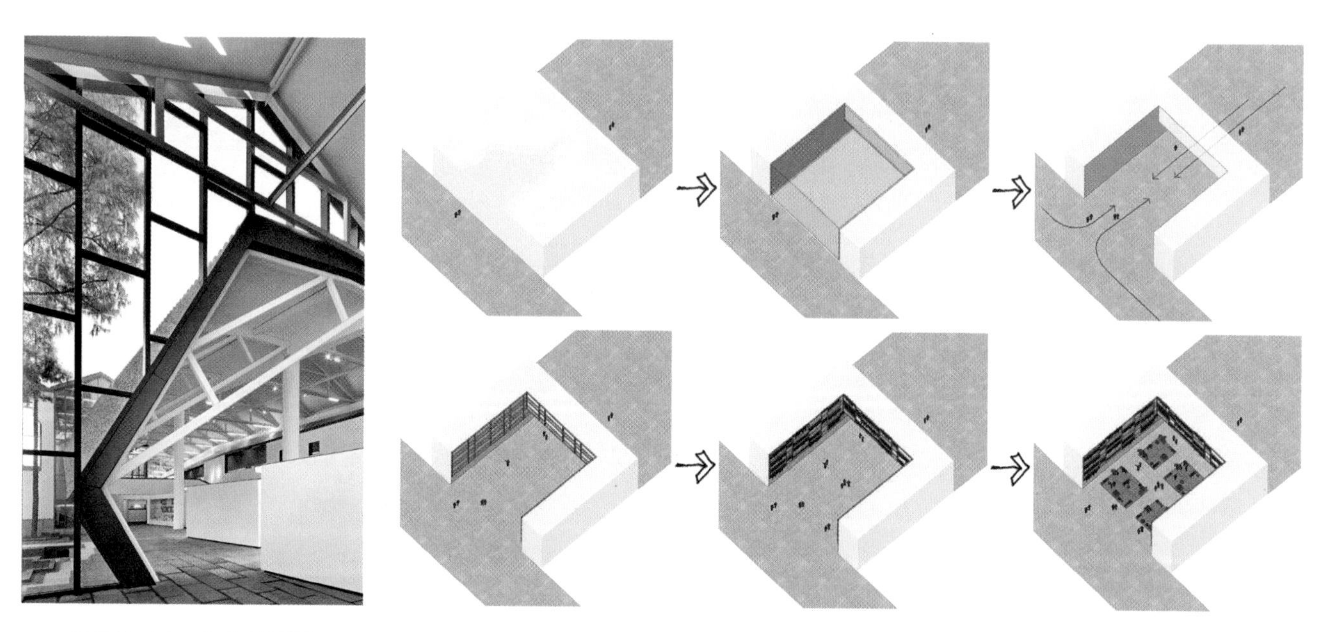

图3.5-14　室内效果图

图3.5-15　上海新天地中庭改造软件模型推演过程

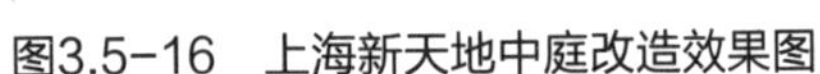
图3.5-16　上海新天地中庭改造效果图

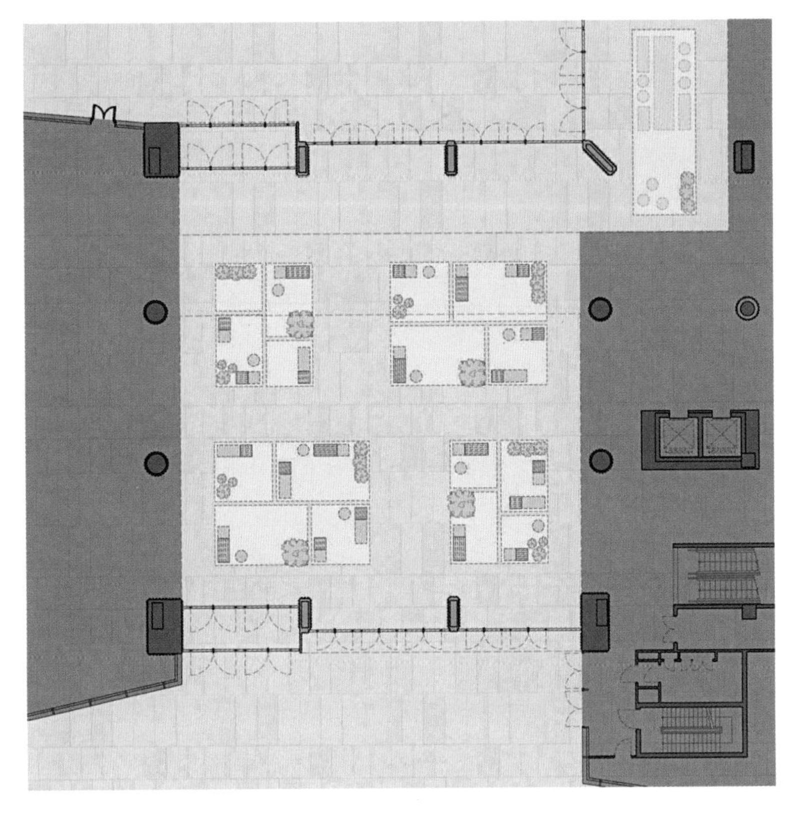

图3.5-17　平面图

本章小结

设计程序既是一个严谨、科学和富有逻辑性的过程，是设计成果品质、可靠性和合理性的保障；也是一个逻辑思辨的过程，包括从前期调研到设计结果的所有环节，能够指导设计者对设计任务进行创造性的回应与解答。通俗来说，设计程序就是设计的指导手册，在其中能够找到设计每一步限制或问题的解答，使初学者也能按照指导，分阶段地分析和解决问题，最终将各个阶段组合为一个整体，做出一个完整的设计方案。但各个设计阶段有时是交叉或反复循环的，因此设计者不必墨守成规，只局限于一套程式化的思维模式，而是要善于冲破束缚，以灵活的思维面对不同的设计项目；在遵循设计程序的基础上，结合运用发散性思维进行头脑风暴和思想实验，并不断积累经验，从而达到用设计创造性解决问题的目的。

参考文献

[1] Rowe P G. Design Thinking[M]. Cambridge, Mass: The MIT Pr, 1987.

[2] Curedale R. Design Thinking: Process & Methods[M]. 2nd edition. Topanga, CA: Design Community College Inc, 2016.

[3] Dohr J H, Portillo M. Design Thinking for Interiors: Inquiry, Experience, Impact[M]. Hoboken, N.J: John Wiley & Sons, 2011.

[4] Stickdorn M, Schneider J. This Is Service Design Thinking: Basics, Tools, Cases[M]. Hoboken, N.J: Wiley, 2011.

[5] [德]普拉特纳H，迈内尔C，莱费尔L等. 斯坦福设计思维课1认识设计思维1 [M]. 北京：人民邮电出版社，2019.

[6] [美]保罗. 拉索. 图解思考建筑表现技法（第3版）[M]. 邱贤丰等译 北京：中国建筑工业出版社，2002.

[7] [美]苏珊·朗格. 感受与形式自《哲学新解》发展出来的一种艺术理论[M]. 高艳萍译. 南京：江苏人民出版社，2013.

[8] 田学哲. 建筑初步（第3版）[M]. 北京：中国建筑工业出版社，2010.

[9] [美]苏珊·朗格. 情感与形式[M]. 刘大基，傅志强等译. 北京：中国社会科学出版社，1986.

[10] [挪威]诺伯舒兹. 场所精神迈向建筑现象学[M]. 施植明译. 武汉：华中科技大学出版社，2010.

[11] [挪威]诺伯舒兹. 存在空间建筑[M]. 尹培桐译. 北京：中国建筑工业出版社，1990.

[12] [美]约翰·O·西蒙兹，巴里·W·斯塔克. 景观设计学场地规划与设计手册[M]. 朱强，俞孔坚，王志芳译. 北京：中国建筑工业出版社，2000.